中国地质调查成果 CGS 2020－028
湘江上游岩溶流域 1∶5 万水文地质环境地质调查项目(DD20160303)资助

湖南新田河岩溶流域地下水调查研究

HUNAN XINTIAN HE YANRONG LIUYU DIXIASHUI DIAOCHA YANJIU

苏春田　唐建生　罗　飞　李兆林　等著

内容提要

本书以地球系统科学理论为指导，以现代岩溶学、岩溶水文地质学、水文地球化学为基础，系统梳理了2003年以来新田河岩溶流域地下水资源调查和开发利用示范成果，详细论述了其岩溶水文地质条件、岩溶水系统特征以及岩溶环境地质问题，同时阐述了富锶地下水形成的水文地质条件和地球化学特点；依据岩溶水以及富锶地下水开发利用现状与潜力，提出了新田河流域岩溶水资源开发利用区划和工程方案以及富锶地下水开发利用区划方案；针对不同地质背景，实施了地下水开发工程示范，建立了水文地质调查新田模式，为脱贫攻坚和地下水合理开发利用提供技术支撑。

本书可为岩溶区各级政府制定水资源开发利用与保护，尤其是优质地下水资源开发利用与保护方案提供依据，也可供岩溶水文地质学、岩溶环境学等专业的教学和科研人员及相关生产人员参阅。

图书在版编目(CIP)数据

湖南新田河岩溶流域地下水调查研究/苏春田等著．—武汉：中国地质大学出版社，2020.6

ISBN 978-7-5625-4804-1

Ⅰ．①湖…

Ⅱ．①苏…

Ⅲ．①岩溶区-地下水资源-调查研究-湖南

Ⅳ．①P641.8

中国版本图书馆CIP数据核字(2020)第102071号

湖南新田河岩溶流域地下水调查研究 苏春田　唐建生　罗　飞　李兆林　**等著**

责任编辑：谢媛华　段　勇　　责任校对：周　旭

出版发行：中国地质大学出版社(武汉市洪山区鲁磨路388号)　　邮编：430074

电　话：(027)67883511　　传　真：(027)67883580　　E-mail:cbb@cug.edu.cn

经　销：全国新华书店　　http://cugp.cug.edu.cn

开本：880毫米×1230毫米　1/16　　字数：476千字　　印张：15

版次：2020年6月第1版　　印次：2020年6月第1次印刷

印刷：武汉中远印务有限公司

ISBN 978-7-5625-4804-1　　定价：198.00元

编撰委员会

前 言

新田河岩溶流域(喀斯特流域)属于湘江水系,流域面积为 991.05km^2,大部分属于新田县管辖。新田县地处湖南省南部,自然条件差,干旱缺水严重,素有“十年九旱”之称,且资源贫乏,是革命老区县、国家扶贫开发工作重点县。广泛分布的岩溶进一步制约了新田县社会经济发展。

新田河岩溶流域地下水资源丰富,开发利用潜力巨大,地下水资源量为 $3.57\times10^8m^3/a$,允许开采量为 $1.40\times10^8m^3/a$,其中岩溶水占 93%,达 $1.30\times10^8m^3/a$。由于岩溶地区复杂的双层水文地质结构,地下水开发利用难度大。对岩溶地区开展 1∶5 万水文地质调查以及重点地段 1∶1 万水文地质调查,对查明工作区水文地质条件、岩溶发育规律、岩溶水系统划分、富水块段划分以及地下水开发利用区划等十分必要。通过实施一系列水文地质调查,本书总结了水文地质调查新田模式,即“水文地质调查-水调夯基、开发岩溶水资源-解决缺水问题、发现环境问题-制订治理规划、评价特色资源-发展富锶产业”。

本书主要集成了 2003 年以来实施的相关调查研究项目成果,包括“西南岩溶地区地下水与环境地质调查综合研究——湖南新田河岩溶流域水文地质调查”(项目编码:200310400043,2003—2005 年)、“湖南新田县重点地区岩溶水勘查与开发利用示范”(项目编码:1212010913039、1212011121159、1212011220957,2009—2014 年)、“湖南新田扶贫区地下水勘查”(项目编码:12120115047001,2015 年)、“湘江上游岩溶流域 1∶5 万水文地质环境地质调查”(项目编码:DD20160303,2016—2018 年)。通过开展野外岩溶地下水调查、地球物理探测、富水块段的划分等工作,重点解决了新田河岩溶流域地下水开发利用存在的关键性技术难题。

本书对岩溶地下水资源调查评价和开发利用工程示范方面,尤其是对富锶地下水开发利用与区划的成果进行了总结汇编。第一章介绍了区域自然地理和地质条件;第二章论述了区域岩溶发育规律以及岩溶发育控制因素;第三章介绍了区域水文地质条件以及富锶地下水水文地质概况;第四章对新田河岩溶流域水系统进行了划分,并建立了岩溶水系统的概念模型;第五章对地下水资源进行了计算评价,尤其是对富锶地下水资源进行了计算;第六章分析了岩溶水开发利用现状及潜力;第七章论述了岩溶水开发利用区划与工程方案,同时对富锶地下水开发利用进行了区划;第八章总结了不同类型区岩溶地下水开发利用示范工程典型实例,建立了岩溶地下水可持续开发利用模式——新田模式;第九章分析了岩溶环境地质问题。

本书由苏春田、唐建生、罗飞、李兆林、夏日元、徐远光、莫源富、杨杨、李小盼、陈宏峰、潘晓东、周鑫、阮岳军、孟小军、谢代兴、程洋、黄晨晖、赵光帅、黄奇波、曾洁、卢海平、赵春红、赵伟、邓亚东、夏逢禄、关碧珠、周立新、梁小平、杜毓超、罗贵荣、蓝芙宁、姚海鹏、张文慧、邹胜章、邱士利、金新锋、姚昕共同编写完成,全书由苏春田统稿,定稿。

本书相关的项目由中国地质科学院岩溶地质研究所承担,参加单位有湖南省地质调查院、湖南省地质矿产勘查开发局 402 队,工作过程中得到了湖南省新田县人民政府、新田县自然资源局、新田县水利局以及相关乡(镇)等的大力支持和协助,在此表示衷心感谢!

著者

2020 年 6 月

目 录

第一章　区域地理和地质条件

第一节　地理概况

一、工作区范围及交通位置

新田河流域行政区大部分属新田县管辖，新田县位于湖南省南部永州市南东。东部与郴州市的桂阳县相邻，南接嘉禾县，西靠宁远县，北接祁阳县，此外南端小部分属宁远县，东部有小部分属桂阳县。地理位置为东经112°04′30″—112°23′00″，北纬25°36′40″—26°06′30″，流域总面积为991.05km²。

新田河流域交通便捷，京珠高速复线新田连线直通长沙、广州，新嘉二级公路连接厦蓉、二广等高速公路，省道S323、S231、S215等贯通县内（图1-1）。

二、地形、地貌特征

新田河流域地处湘南阳明山—九嶷山之间，阳明山、塔山呈北东东向横亘于北部，南面有南岭山地阻挡，地势总特点是北西高、南东低，向东南倾斜。最高点在西北角与祁阳、宁远交界处，最高山峰牛角槽主峰海拔1080m，最低点位于南东新田河出口处（心安渡口），海拔147m，从西北至东南地势高差933m，比降17.7‰。整个流域为南北长（45km）、东西窄（22.1km），北、西、南三面环山向南东开口的不规则掌形盆地。本流域地形、地貌从西北至东南大致由3个阶梯组成，第一阶梯是北部中山区，山地群集，海拔800m以上的山峰有48座，如九峰山、双巴岭、三峰凸等，群峰巍峨，雄伟秀丽，由浅变质岩为主组成，不易侵蚀，山高挺拔，脉络与构造一致，从中山向中低山、低山、丘陵岗地逐级过渡，并见多级夷平面，走向大致为北东-南西，构成流域北部天然屏障；第二阶梯是西部大冠岭（海拔685m）、青光岭（海拔660m）等中低山区，构成南北走向中低山岩溶地貌，并见海拔500m左右的夷平面，山顶多呈丘状起伏，发育溶丘、溶洼等岩溶地貌，亦见岩溶峰林，落水洞、地下河发育，且多呈南北走向，与山走向一致；第三阶梯是东南部由南部丘岗和东部平岗组成的丘岗相间的溶丘地貌，地势大多在海拔250～300m之间，起伏不大。其中西南部丘岗地带主要为岩溶峰林谷地组合地貌，海拔大致在200～300m之间，分布在枧头、毛里、十字等乡（镇）的东南部和金盆圩、石羊、陶岭一带；由于经长期外营力作用，峰林、峰丛多呈红土丘陵岗地，构成丘岗相间的岩溶地貌；地表岩溶强烈发育，主要有峰林、洼地、谷地等，溶峰形态有锥状、塔状，溶蚀谷地多沿南北向断裂发育，具有一定规模，主要有石羊溶蚀谷地和毛里坪溶蚀谷地，而洼地低浅，规模也较大，其中残积红土覆盖，时有间歇性水流出露，地下水多以地下河及岩溶泉形式广泛出露。东部平岗地带主要为岩溶孤峰、红土丘陵组合地貌，除小岗、大岭、低山以外，其余都在海拔200～250m之间，分布在城关、莲花、城东、田家、骥村东南部、茂家、大坪塘、下漕洞、高山、新隆、知市坪、三井等乡（镇）一带岩溶区，因受长期侵蚀、溶蚀作用，表面形态波状起伏，坡度平缓，呈岗地、平原交错的岗地、平原地貌。整个流域地形地貌以山地、岗地为主，山地、丘陵、岗地、平原俱全，盆地内丘岗相间，大致是五分山丘、三分岗地、二分平原和水域（表1-1）。其中山地面积341.73km²，占流域总面积的34.48%；丘

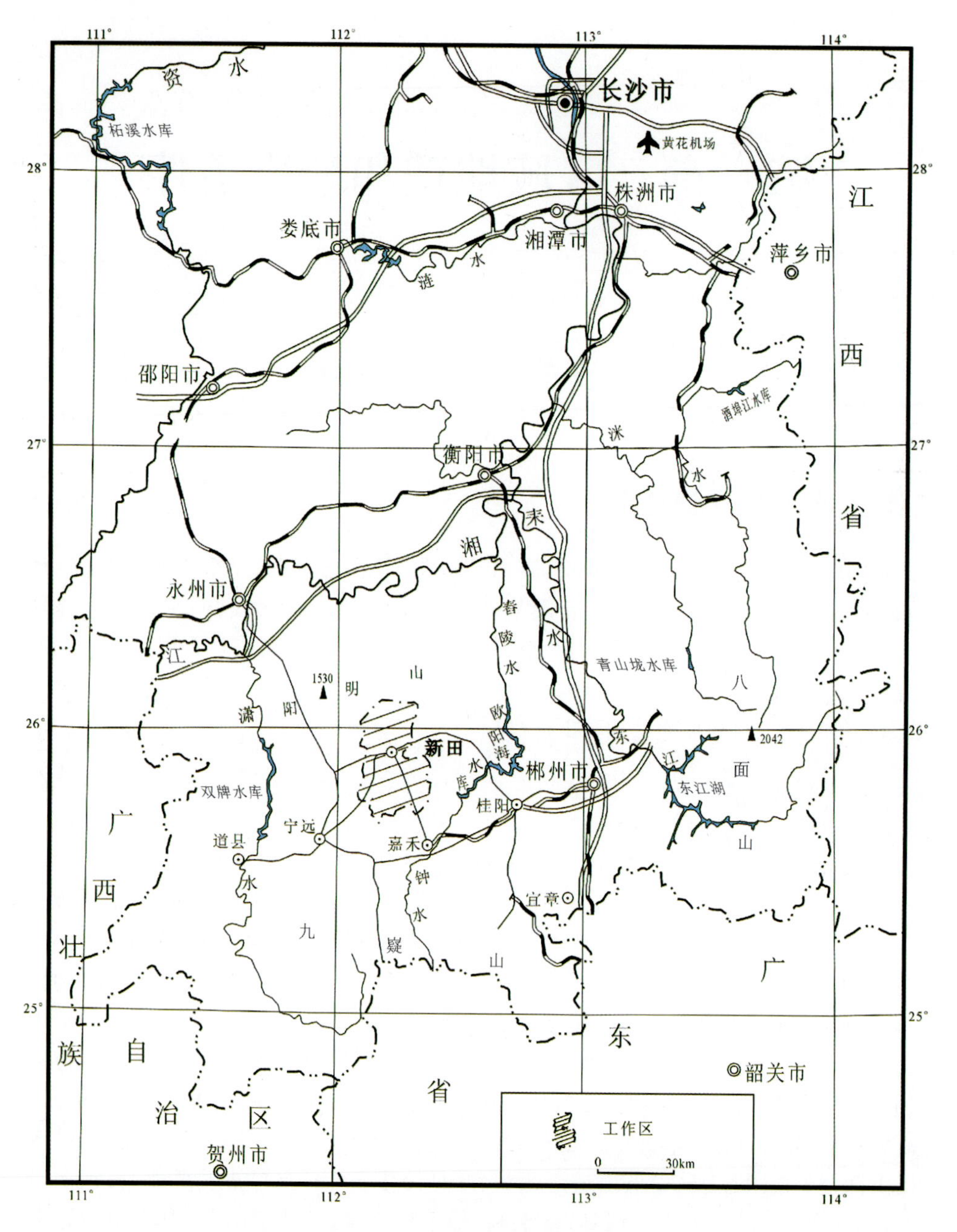

图 1-1　工作区交通位置图

陵面积 147.84km²，占流域总面积的 14.92%；岗地面积 325.05km²，占流域总面积的 32.80%；平原面积 160.10km²，占流域总面积的 16.15%；水面(包括水库、主要河流)面积 16.33km²，占流域总面积的 1.65%。

表 1-1　新田河流域地貌类型分布情况

地貌类型		海拔/m	比高/m	坡度/(°)	面积/km²	占流域总面积/%
山地	中山	>800	>600	>30	232.12	23.42
	中低山	500～800	400～600	>30	88.78	8.96
	低山	300～500	200～400	25～30	20.83	2.10

续表 1-1

地貌类型		海拔标高/m	比高/m	坡度/(°)	面积/km²	占流域总面积/%
丘陵	高丘		150～200	20～25	68.69	6.93
	低丘		60～150	15～20	79.15	7.99
岗地	高岗		30～60	10～15	177.70	17.93
	低岗		10～30	5～510	147.35	14.87
平原	溶蚀		0～10	<5	130.42	13.16
	溪谷		0～10	<5	29.68	2.99
水域	山塘、水库、主要河流				16.33	1.65
合计					991.05	100.00

三、气候、水文特征

(一)气候

新田河岩溶流域属亚热带湿润季风气候，总的特点是气候温和、热量富足、雨量充沛、降水集中。春季寒潮频繁，天气阴晴多变，气温升降无常；夏季干旱，暑热期长；秋季温凉，秋高气爽；冬季严寒，霜雪较少。

新田县多年平均气温 18.2℃(1957—2015 年)，以 1 月平均气温最低，为 6.5℃，7 月平均气温最高，为 28.8℃，年际平均变幅在 17.4～19℃之间。多年平均降水量为 1 436.46mm(1957—2015 年)，最小年降水量为 892mm(2011 年)，最大年降水量为 2 211.2mm(2002 年)，最大日降水量达 171.5mm(1976 年 5 月 15 日)。年际降水极不均匀，春、夏(4—8 月)降水多，占全年总降水量的 72%，其中 4—6 月最集中，占全年总降水量的 43%，而 7 月份相对比 8 月份降水量少，夏末至初冬(9 月至次年 1 月)降水少，仅占全年降水量的 22%(图 1-2、图 1-3)，降水总趋势是从东南向西北递增。

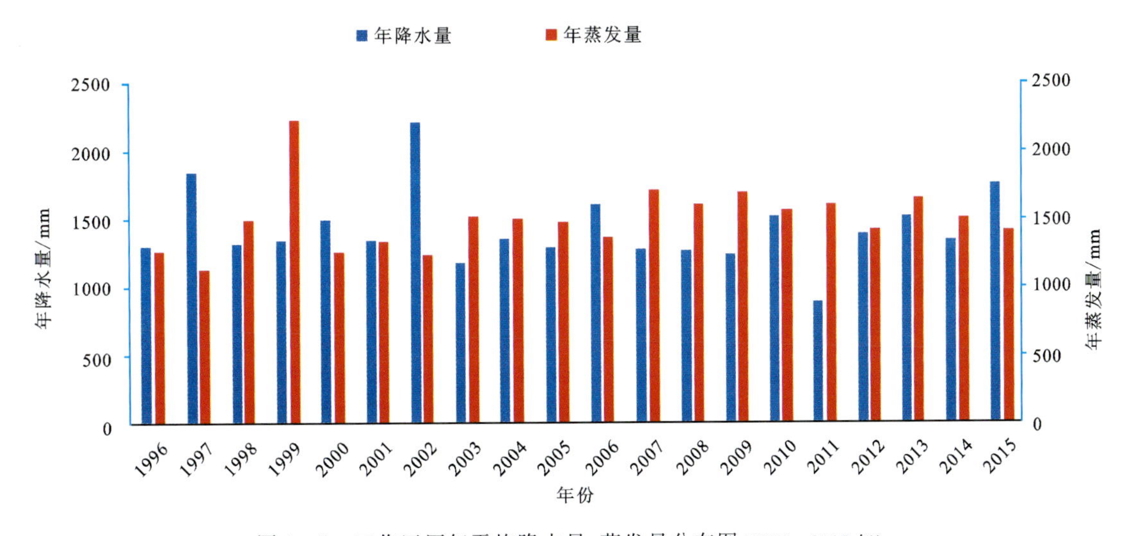

图 1-2 工作区历年平均降水量、蒸发量分布图(1996—2015 年)

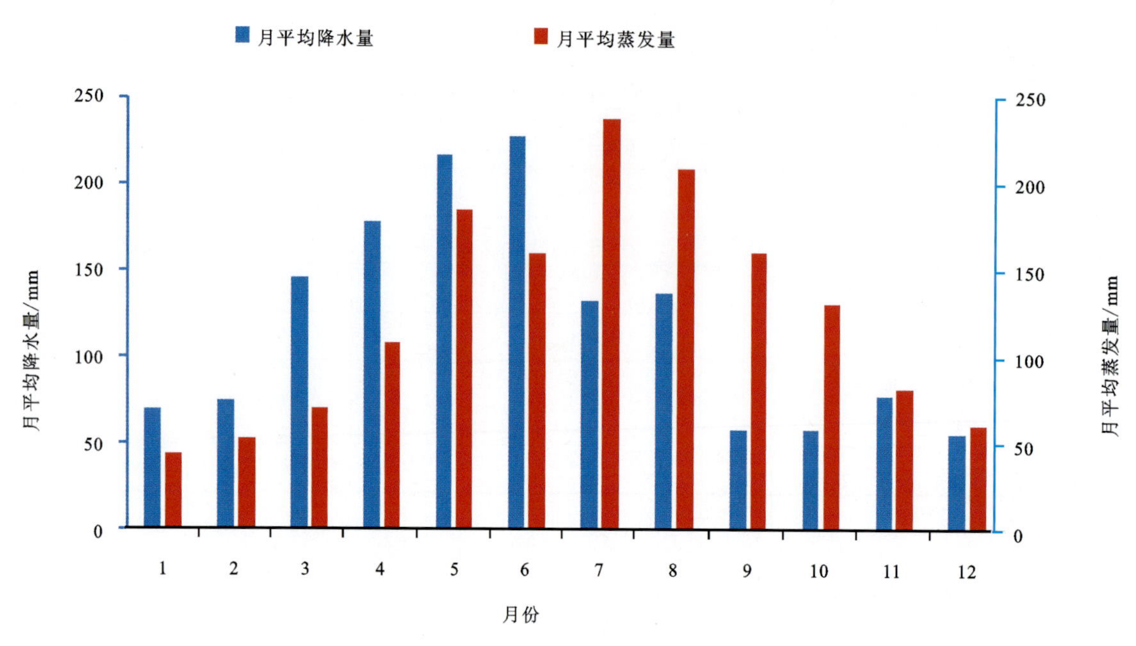

图 1-3 工作区多年各月平均降水量、蒸发量分布图(1995—2015 年)

新田县历年平均蒸发量 1 471.8mm(1957—2015 年),在夏季 7—9 月份蒸发量比降水量大,6—9 月份蒸发量占全年蒸发量的 55%,其中 7 月份最大,占该期间蒸发量总和的 31%,故易致夏秋干旱及地下水补给量减少;相对湿度 52%~89%,平均 78%;多年无霜期 288d;年日照 1712h,太阳辐射值 4 683.26MJ/m^2。

(二)水文

1. 河流

新田河流域属于长江水系三级支流,在县内无较大的河流,包括河、溪、沟、涧共 114 条,呈不规则的树枝状分布,其中干流长度在 5km 以上的有 26 条,1~5km 的有 47 条,其他都是不足 1km 的沟涧,长江二级支流只有过境河——春陵水(在境内干流长度为 4km),三级支流 3 条(新田河、上庄河、千家洞河),四级支流 4 条(日东河、日西河、石羊河、山下洞河),五级、六级支流 65 条;此外,山(平)塘、水库散布其中,水域面积占全流域总面积的 1.65%(图 1-4)。

新田县内主要河流有日东河、日西河两条支流,在县城南门外汇流的新田河入口标高 250m,自北向南东经城东、大坪塘、下漕洞、高山、新隆 5 个乡(镇),在新隆乡纱帽岭流出新田县(标高为 147m),注入春陵水。新田河主流长 31.3km,主支流总长 464km,集水面积 941.58km^2,河网密度 0.45km/km^2,主流坡降 2.08‰。总特点是支流发育受地质构造控制明显且发育较长,分水岭不明显,谷宽坡缓,比降较小,主要受降水补给,随降水流量过程线呈尖高峰形,地表径流洪峰也随之出现。据新田县欧家塘水文站实测,新田河平均流量 8.8m^3/s,最大 262m^3/s,最小 0.45m^3/s,年变幅达 582 倍,汛期最大流量 609m^3/s(1975 年 6 月 5 日),夏末以后为枯水季节,一般流量 1.1m^3/s,最小仅 0.025m^3/s,径流深度 763.7mm。

径流模数最大 719.78L/(s·km^2),最小 1.24L/(s·km^2),平均 24.23L/(s·km^2),径流系数0.49,多年平均出县流量 18.58m^3/s,径流总量 5.86×$10^8$$m^3$/a。各主河、支河特征详见表 1-2。

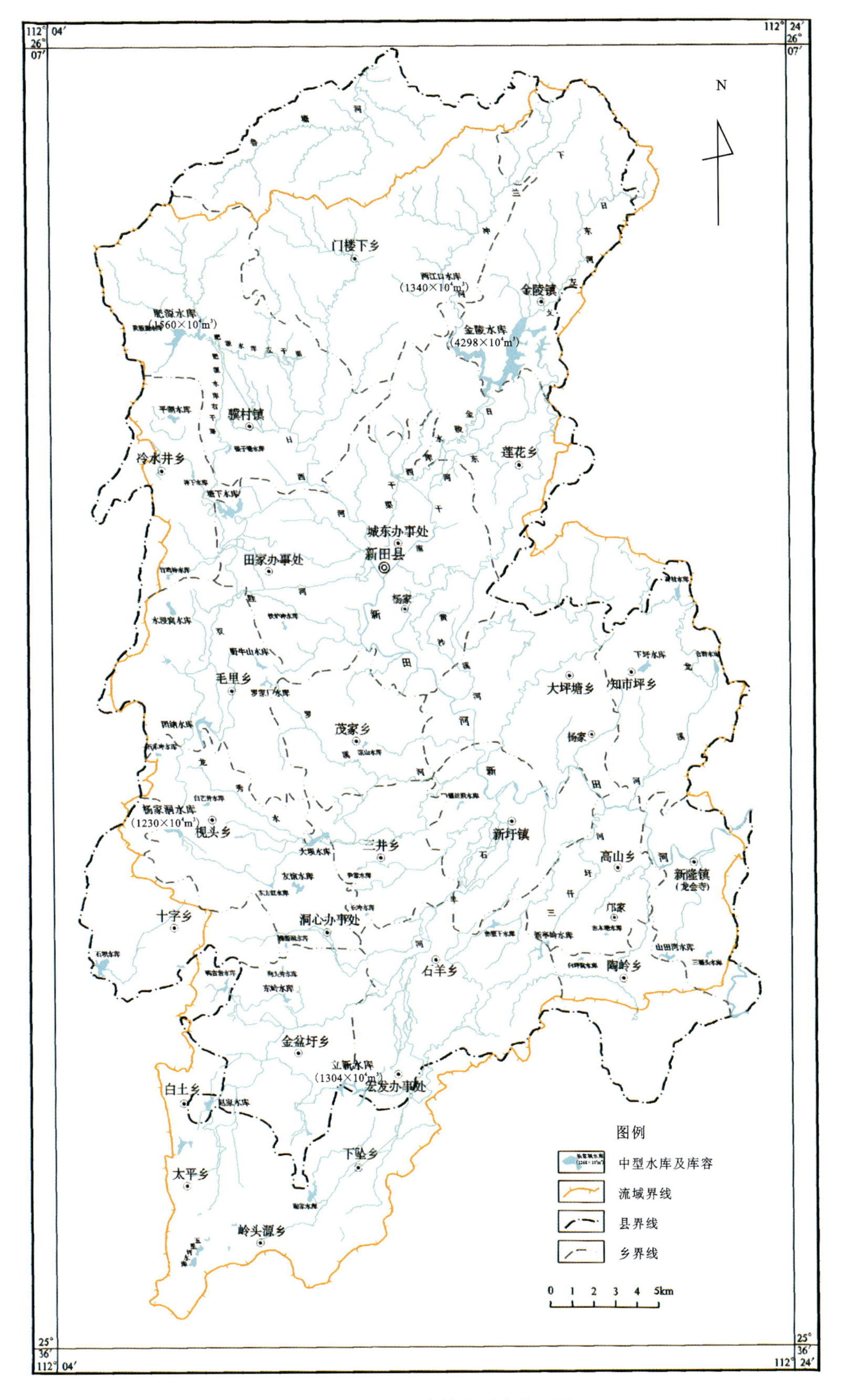

图 1-4 新田河流域地面水分布图

表 1-2　新田河流域主要河流基本特征

水系	河流名称	级别	起讫地点		干流长/km	控制流域面积/km^2	多年平均流量/($m^3 \cdot s^{-1}$)	多年平均径流量/($\times 10^8 m^3 \cdot a^{-1}$)	自然落差/m	坡降/‰
			发源地	河口地						
长江	新田河	3	南门桥	心安渡口	31.30	941.58	18.58	5.854 0	32.55	1.04
	日东河	4	花山脑	新田县城	34.92	108.03	3.88	1.223 6	345.75	9.90
	日西河	4	骥村镇林源家	新田县城	18.99	139.62	3.30	1.040 7	74.06	3.90
	石羊河	4	宋家	新安塘	25.67	186.10	3.84	1.211 0	159.30	6.21
	山下洞河	4	何家	罗溪	15.80	87.75	1.66	0.523 5	39.10	2.48
	其他	5			205.80	548.65	11.51	3.629 8		12.00

2. 山塘、水库

新田河流域现有山塘 16 520 口，其中 10 000m^3 以上骨干山塘 62 口，总灌溉面积达 49 560 亩(1 亩≈666.7m^2)，抗旱能力为 15～20d。

流域内有大小水库 72 座，其中金陵、立新、肥源、杨家洞、两江口中型水库 5 座，有平湖、团结、水浸窝、友谊、赵家、东岭、塘下、罗家厂、野牛山、大坝、新亭岭、山田湾、下圩 13 座小(一)型水库，并有 54 座小(二)型水库，详见表 1-3、表 1-4。合计总库容为 12 408.67×$10^4 m^3$，有效灌溉面积 22.99×10^4 亩。其中毛里乡的水浸窝水库是一座典型的小(一)型地表地下联合水库，库区为岩溶洼地，正常蓄水最高水位标高为 390m，水库地面标高为 355m，出水口标高为 325m，出水口比最近的龙凤塘村高出 60m，是一座居高临下的天然水库。该水库始建于 1984 年，设计库容 196×$10^4 m^3$，集水面积 5.1km^3。

表 1-3　新田河流域水库基本情况统计一览表

序号	名称	类型	集水面积/km^2	总(正常)库容/×$10^4 m^3$	有效灌溉面积/×10^4 亩
1	金陵水库	中型	109.00	4 298.00	6.50
2	立新水库	中型	14.70	1 304.00	2.50
3	肥源水库	中型	40.80	1 560.00	2.61
4	杨家洞水库	中型	32.80	1 230.00	2.41
5	两江口水库	中型	33.80	1 340.00	2.50
6	平湖水库	小(一)	1.20	134.60	0.35
7	团结水库	小(一)	4.50	291.40	0.60
8	水浸窝水库	小(一)	5.10	196.00	0.35
9	友谊水库	小(一)	11.08	232.00	0.39
10	赵家水库	小(一)	2.89	30.37	0.80
11	东岭水库	小(一)	1.25	349.50	0.60
12	塘下水库	小(一)	7.84	342.80	0.80
13	罗家厂水库	小(一)	2.18	184.70	0.45

续表 1-3

序号	名称	类型	集水面积/km^2	总(正常)库容/$\times 10^4 m^3$	有效灌溉面积/$\times 10^4$ 亩
14	野牛山水库	小(一)	2.56	164.40	0.36
15	大坝水库	小(一)	42.50	317.60	0.80
16	新亭岭水库	小(一)	12.80	181.80	0.32
17	山田湾水库	小(一)	3.60	124.40	0.30
18	下圩水库	小(一)	0.78	127.10	0.35
小(二)型共 54 座					
合计			329.38	12 408.67	22.99

表 1-4　新田河流域各乡(镇)小型水库名称一览表

乡(镇)	小(一)型	小(二)型
门楼下乡	—	—
冷水井乡	平湖	神下、竹鸡坪
毛里乡	团结、水浸窝	虎形、星塘
枧头镇	友谊	鸡婆殂、东方红、祖源洞、札源洞、龙凤洞、白芒井、石禾冲、新塘铺
金盆圩乡	赵家、东岭	青山坪、湾背洞、鸭古岩、狗头井、鸡井
田家乡	塘下	铁炉冲
茂家乡	罗家厂、野牛山	滚山、南头岭
三井乡	大坝	尹家、长冲、赤壁下
高山乡	新亭岭	枟木塘、潘溪头
新隆镇	山田湾	三源头、合口亭、高渠
知市坪乡	下圩	芹材、罗卜冲、山口、合群、龙脑背、张家冲、路冲
陶岭乡		狗头窝*、岭背下*、牛塘*、仁岗、白坪窝
新圩镇		螺丝洞
骥村镇		银子塘、长牛塘、黄板源
金陵镇		凉亭桥、灯盏窝
十字乡		刘定元*、上春洞、团结*、鸭古岩
大坪塘乡		梅山、松树下、何家冲、白杜
小计	13 座	54 座

注：* 为新田河流域外水库。

四、生态特征

新田河流域以北主要分布碎屑岩，为低山丘陵地貌，土地覆盖类型基本上是茂密的林地；以南大部分地区为碳酸盐岩出露的丘陵、溶丘地貌，丘陵和溶丘上主要土地覆盖类型为灌木丛、荒草地，风化堆积的残丘上大多有林地及果园，丘谷等地势较低及坡度比较平缓的地区主要为耕地。

土地特征大体是“六分半山，半分水域，两分耕地，一分道路和庄园”的格局。成土母岩以灰岩为主，其次是砂岩、砂页岩等。按土壤普查成果，以红壤土、黑色石灰土、水稻土分布面积大，其次是黄壤土、红色石灰土、紫色土、潮土、菜园土。

流域内森林覆盖率为54%，具有人均森林资源少、分布不匀，纯林多、混交林少，幼林多、成林少的特点。

五、人文经济情况

新田河流域内的新田县是革命老区县、国家扶贫开发工作重点县、中国天然富硒农产品之乡。新田县山川秀美，景物宜人，这里有群山叠翠、生态优美的福音山国家森林公园，有“小桂林”之称的古洞石羊，有佛、道祈福圣地南国武当山，有雄踞山巅的“南国第一堡”大冠岭古堡，有永不枯竭的“南国第一泉”鹅井，有传统乡村的“活化石”之称的龙家大院、彭梓城等古民居，河山岩、谈文溪被收入为中国传统古村落名录，龙家大院被列入全国重点文物保护单位，还有历经2400多年风雨的“千年神树”银杏之王。县内至今发现的商、周、宋、明、清遗址有54处，龙泉山商代遗址、文庙、清代乾隆皇帝撰写的《平定准噶尔碑刻》与青云塔是其中的典范。

新田县内富硒土壤615km^2，是湖南省公开认定的唯一无污染富硒县、原生态富硒食品基地县，生产烤烟、水稻、水果、药材、大豆、辣椒、樱桃谷鸭、万家鹅等富硒农产品，陶岭三味辣椒、新田大豆成为国家地理标志保护产品。县内富锶地下水176km^2，年有效开采量为$725\times10^4m^3$，目前富锶地下水产业已成为新田县新的经济增长点。

新田县内居住着汉族、瑶族两个民族，总人口43.15万，农业结构单一，粮食以稻谷为主，经济作物以烤烟为主。

第二节　地层与岩性

一、地层

新田河流域内地层除缺失下泥盆统、二叠系、三叠系、第三系（古近系、新近系）外，从下古生界寒武系到新生界第四系均有分布。下古生界中上寒武统—志留系主要为一套浅变质的海相碎屑及泥质沉积，厚度为3564～5600m，主要分布在北部中低山区；上古生界泥盆系、石炭系以浅海相碳酸盐岩类沉积为主，次为陆相及滨海相碎屑沉积，其中泥盆系相变较大，主要分布在东部、东南部丘岗地和西部低山区；中生界侏罗系—白垩系均为陆相红色碎屑沉积，仅在西部呈小面积出露，并与下伏地层呈不整合接触；而新生界第四系以残坡积物为主，冲积物次之。残坡积物分布广且薄，在碳酸盐岩分布区多为风化红色黏土，在碎屑岩分布区多为棕褐色、灰黄色碎石黏土，冲积物主要零星分布于河谷两岸。此外，在西部还见有小块岩浆（喷发）岩零星出露。各层岩性特征详见表1-5。

表 1－5　新田河流域地层表

地层单位						符号	厚度/m	岩性及水文地质特征
界	系	统	阶	组/群	段			
新生界	第四系					Q	0～9.5	以残坡积物为主，分布广而薄，次为冲积物，零星分布于河谷两岸。含贫乏孔隙潜水
中生界	白垩系					K	不详	紫红色长石石英砂岩、砂质泥灰岩及砾岩。风化裂隙发育中等，含贫乏风化裂隙水
	侏罗系	下统				J_1	不详	紫红色细粒长石石英砂岩夹砂质页岩、含砾粗粒石英砂岩、灰色页岩及钙质页岩等。风化裂隙发育中等，含贫乏风化裂隙水
上古生界	石炭系	中上统		壶天群		$C_{2+3}H$	174～434	浅灰色—灰白色厚—巨厚层状灰岩、白云质灰岩、白云岩。岩溶发育强烈，洼地密度 0.02 个/km²，含丰富裂隙溶洞水
		下统	大塘阶		梓门桥段	C_1d^3	41～127	灰黑色—深灰色厚—巨厚层状灰岩、白云岩。岩溶发育强烈，含丰富裂隙溶洞水
					测水段	C_1d^2	33～49	深灰色—浅灰色薄—中厚层状细粒石英砂岩、粉砂岩夹砂质、黏土质、碳质页岩。构造裂隙发育中等，含中等构造裂隙水
					石磴子段	C_1d^1	368～594	灰色及深灰色厚—中厚层状灰岩。岩溶发育强烈，洼地密度 0.063 个/km²，含丰富裂隙溶洞水
			岩关阶		上段	C_1y^2	4～20	黄灰色及深灰色钙质页岩、泥灰岩、泥质灰岩，零星分布。岩溶发育中等，含中等溶洞裂隙水
					下段	C_1y^1	110～259	灰黑色及深灰色灰岩、白云质灰岩，局部夹泥质灰岩。岩溶发育强烈，洼地密度 0.106 个/km²，含丰富的裂隙溶洞水
	泥盆系	上统		锡矿山组	上段	D_3x^2	75～236	黄灰色及黄绿色粉砂、细粒石英砂岩及砂质页岩。构造裂隙发育较弱，含贫乏构造裂隙水
					下段	D_3x^1	72～436	灰色—深灰色灰岩、白云质灰岩夹白云岩、泥质灰岩、泥灰岩，局部相变为白云岩与灰岩互层。岩溶发育中等，含中等裂隙溶洞水
				佘田桥组		D_3s	551～915	浅灰色及灰色灰岩夹灰黑色白云质灰岩、白云岩，岩溶发育强烈，含丰富裂隙溶洞水；新田县东南部相变为泥灰岩、泥质灰岩夹灰岩，局部夹石英砂岩，岩溶发育中等，含中等溶洞裂隙水
		中统		棋子桥组		D_2q	193～1048	下段为紫灰色中厚层泥质灰岩、泥灰岩，局部为灰岩；中段灰黑色、灰白色厚层白云岩；上段底部为含粉砂泥质白云岩、生物碎屑灰岩，中部为灰黑色、灰色钙质页岩、泥灰岩夹中厚层灰岩及泥质灰岩。岩溶发育中等，含中等溶洞裂隙水
				跳马涧组		D_2t	165～588	紫红色、暗紫色、紫灰色及灰白色等杂色含砾砂岩、石英砂岩、砂质页岩，底部有一层砾岩。构造裂隙发育较弱，含贫乏构造裂隙水。泉流量一般 0.014～0.079L/s，地下水径流模数0.199～1.97L/(s·km²)

续表 1－5

地层单位						符号	厚度/m	岩性及水文地质特征
界	系	统	阶	组/群	段			
下古生界	志留系					S	>2288	石英砂岩、长石石英砂岩、板岩及砂质板岩，底见 0～22m 碳质板岩。构造裂隙发育较弱，含贫乏构造裂隙水。泉流量 0.014～0.079L/s，地下径流模数 0.033～1.97L/(s·km²)
	奥陶系	中上统				O_{2+3}	75.6～193	黑色薄层状硅质岩夹黑色碳质板岩或互层。构造裂隙发育较弱，含贫乏构造裂隙水。泉流量一般 0.014～0.079L/s，地下径流模数 0.033～1.97L(s·km²)
		下统				O_1	296	灰绿色、灰黑色条带状板岩，下部含砂质、上部含碳质，夹碳质板岩。构造裂隙发育较弱，含贫乏构造裂隙水。泉流量一般 0.014～0.079L/s，地下径流模数0.033～1.097L/(s·km²)
	寒武系	上统				$\in_3$	>3000	浅变质石英砂岩、长石石英砂岩、细粒石英砂岩、板岩及碳质板岩。风化裂隙发育中等，含贫乏风化裂隙水。泉流量一般 0.014～0.079L/s，地下径流模数 0.033～1.097L/(s·km²)
		中统				$\in_2$		
岩浆(喷发)岩						$\beta\mu$	不详	主要为细碧岩、辉绿岩、辉绿玢岩。风化裂隙发育中等，含贫乏风化裂隙水

二、岩性

(一)寒武系(∈)

寒武系(∈)出露于金陵镇北部山区，总厚度大于 3000m，分上、中、下统，流域内主要有上、中统分布。

中统($\in_2$)：浅变质石英砂岩、长石石英砂岩、板岩夹厚度不稳定的碳质板岩、灰质白云岩。

上统($\in_3$)：浅变质石英砂岩、长石石英砂岩、板岩及碳质板岩。

(二)奥陶系(O)

奥陶系(O)出露于流域北部双巴岭北部山区，整合于寒武系之上，大面积连续分布，分为上、中、下统，统与统之间均为整合接触。

下统(O_1)：主要岩性为灰绿色、灰黑色条带状板岩，下部含砂质、上部含碳质，夹碳质板岩，厚 296m。

中上统(O_2+O_3)：岩性为黑色薄层状硅质岩夹黑色碳质板岩或互层，厚 75.6～193m。

(三)志留系(S)

志留系(S)广布于流域北部火烧铺—门楼下一带山区，整合覆于奥陶系之上，大面积连续分布。岩性为浅变质的浅海相复理石建造，由石英砂岩、长石石英砂岩、板岩及砂质板岩组成，底部尚见 0～22m 的碳质板岩，总厚大于 2288m。

(四)泥盆系(D)

泥盆系(D)在流域内广泛分布，不整合覆于志留系之上，下统缺失，中、上统发育完整。岩性由陆相及滨海相碎屑岩、浅海相碳酸盐岩类岩石组成，总厚 1056～3223m。

(1)中统(D_2):分布于新田县城以北金陵镇—莲花镇—源头和流域南部陶岭一带。依岩性可分为跳马涧组(D_2t)和棋子桥组(D_2q),总厚358~1636m。

跳马涧组(D_2t):属陆相及滨海相碎屑沉积,由紫红色、暗紫色、紫灰色及灰白色等杂色含砾砂岩、石英砂岩、砂质页岩组成,底部一般见有一层厚1~3m的底砾岩,砾岩主要成分为石英,胶结物为铁泥质,亦有绢云母及隐晶质胶结,与下伏下古生界浅变质岩呈高角度不整合接触,总厚165~588m。

棋子桥组(D_2q):属浅海相碳酸盐岩类沉积,与下伏跳马涧组呈整合接触,厚193~1048m。岩相变化较大,下段为紫灰色中厚层泥质灰岩、泥灰岩,局部为灰岩;中段为灰黑色、灰白色厚层白云岩;上段底部为含粉砂泥质白云岩、生物碎屑灰岩,中部为灰黑色、灰色钙质页岩、泥灰岩夹中厚层灰岩及泥质灰岩。新田县东南部主要为泥质灰岩夹灰岩或钙质泥页岩;新田县以西为灰黑色、灰白色厚层白云岩、白云质灰岩。

(2)上统(D_3):广泛分布流域中、西、南、东部,根据岩性特征分为佘田桥组(D_3s)和锡矿山组(D_3x),总厚698~1587m。

佘田桥组(D_3s):本组属浅海相碳酸盐岩类沉积,岩性主要为浅灰色及灰色灰岩夹灰黑色白云质灰岩、白云岩;局部为黄绿色泥灰岩、深灰色泥质灰岩夹灰岩,新田县以东至东南一带为泥灰岩、泥质灰岩夹灰岩,局部夹石英砂岩,厚551~915m。

锡矿山组(D_3x):本组属浅海相碳酸盐岩类沉积,部分地区上部为浅海碎屑沉积,与下伏佘田桥组呈整合接触,按岩性可分为上、下两段。下段(D_3x^1)为灰色—深灰色灰岩、白云质灰岩夹白云岩、泥质灰岩、泥灰岩,局部相变为白云岩与灰岩互层。该层区内分布较为广泛,主要出露于新田县北西部;上段(D_3x^2)为黄灰色及黄绿色粉砂、细粒石英砂岩及砂质页岩,新田县以西为黄灰色及黄绿色粉砂岩夹砂岩、砂质页岩。

(五)石炭系(C)

石炭系(C)分布在流域西部和南部,东部亦有出露,主要为浅海相碳酸盐岩类沉积,亦有滨海沼泽含煤碎屑沉积,总厚730~1483m,依化石、岩性可分为下统与中、上统,与上覆及下伏地层均呈整合接触。

1.下石炭统(C_1)

下石炭统(C_1)分布在新田县南部及西部,按岩性可分岩关阶(C_1y)和大塘阶(C_1d),总厚556~1049m。

(1)岩关阶(C_1y):主要为浅海相碳酸盐岩类沉积,主要出露于地势低缓地带和岩溶谷地、平原区。在知市坪、十字乡、金盆圩等地呈较大面积分布。按岩性可分为上、下两段,厚114~279m。

下段(C_1y^1):岩性为灰黑色及深灰色灰岩、白云质灰岩,局部夹泥质灰岩,下部偶含燧石结核,主要出露于东部的杨家洞水库和西南部的欧家山一带。

上段(C_1y^2):岩性为黄灰色及深灰色钙质页岩、泥灰岩、泥质灰岩,该层仅在区内西南部零星分布。

(2)大塘阶(C_1d):主要为浅海相碳酸盐岩类沉积,根据岩性及古生物特征可分为石蹬子段(C_1d^1)、测水段(C_1d^2)、梓门桥段(C_1d^3),总厚442~770m。

石蹬子段(C_1d^1):属浅海相碳酸盐岩类沉积,岩性为灰色、深灰色厚—中厚层状灰岩,微粒或隐晶结构,层理发育,层次清晰,下、中部夹白云质灰岩或白云岩,灰岩常含燧石结核及条带;中、上部夹泥质灰岩及钙质页岩,局部夹少量白云岩,总厚368~594m。在流域南、西、东部均有分布。

测水段(C_1d^2):属滨海沼泽含煤碎屑沉积,岩性为深灰色—浅灰色薄—中厚层细粒石英砂岩、粉砂岩夹砂岩、黏土质页岩、碳质页岩,含无烟煤1~4层,多呈透镜体状或扁豆状,局部为似层状,层次及厚度极不稳定,一般厚0.4~0.8m。砂岩及页岩含白云母或绢云母碎片,碳质页岩中含黄铁矿及菱铁矿结核,总厚33~49m。本流域仅在千山农场、岭头源附近出露。

梓门桥段(C_1d^3):属浅海相碳酸盐岩类沉积,岩性为灰黑色—深灰色厚—巨厚层状灰岩、白云岩,一般呈细粒或中粒镶嵌结构。下、中部多为厚层或巨厚层状,层次不甚清楚;中、上部主要为中厚层白云岩夹白云质灰岩及灰岩,层理清楚,层次明显。总厚41～127m。本流域仅在千山农场附近出露。

2. 中上石炭统壶天群($C_{2+3}H$)

本流域中上石炭统壶天群($C_{2+3}H$)仅在千山农场出露,属浅海相碳酸盐岩类沉积,岩相比较稳定,岩性为浅灰色—灰白色厚—巨厚层状灰岩、白云质灰岩、白云岩,一般呈中至粗粒结构及不等粒结构,常夹白云质灰岩,局部夹少量微粒及角砾状灰岩,一般不显层理,总厚174～434m。

(六)下侏罗统(J_1)

下侏罗统(J_1)属陆相碎屑沉积,岩性为紫红色中层状细粒长石石英砂岩夹砂质页岩、含砾粗粒石英砂岩、灰色页岩及钙质页岩等,厚度不详,零星分布于流域西部。

(七)白垩系(K)

白垩系(K)属陆相碎屑沉积,主要由紫红色长石石英砂岩、砂质泥灰岩及砾岩等组成,底部常有一层灰色巨厚层状含白云质钙质砾岩,厚度不详,零星分布于流域西部和南部。

(八)第四系(Q)

流域内第四系(Q)发育有冲积、残积、坡积等成因类型的松散堆积。冲积层主要分布在新田河沿岸;残积、坡积层在碳酸盐岩区为红土风化壳,一般厚0～9.5m,最深可达20～30m;在碎屑岩区为棕褐色、灰黄色砾石黏土,一般厚2～3m。

三、岩浆(喷发)岩($\beta\mu$)

岩浆(喷发)岩($\beta\mu$)在流域西部零星出露,主要为细碧岩、辉绿岩、辉绿玢岩。

第三节　地质构造

新田河流域位于南岭巨型纬向构造带的北部,祁阳弧形构造带的南缘,经历了多次构造运动,形成了加里东期—印支期的东西向、南北向构造与印支期—燕山期的新华夏系北东向、北北东向构造等多期构造的复合,对水文地质条件和岩溶发育与分布起着严格的控制作用。

一、褶皱

新田河流域地处南岭背斜和北部阳明山-塔山背斜之间,是一个较大的复式向斜,在复式向斜中发育有许多次一级褶皱。这些次一级褶皱中,除呈东西向的紧闭型褶皱青皮源背斜外,其余地区均为近南北向延伸的过渡型褶皱(图1-5)。近南北向延伸的过渡型褶皱自西至东有枧头圩-云潭复式向斜、福音山-陶岭短轴背斜群及千山向斜。

(1)枧头圩-云潭复式向斜轴向南北,长达50km,主要由上泥盆统及下石炭统组成,岩层倾角10°～60°,一般以30°左右为主。主要褶皱有大冠岭背斜、枧头圩-十字乡向斜、枧头镇-彭子城背斜、金盆圩向斜、周家洞向斜等。褶皱轴线总体呈南北向略有弯曲,轴线起伏显著,两端仰起,南北两端收缩,中部开阔。沿向斜两翼及其轴部有一系列规模较大的走向断层,中部发育一组北东向平推断层,致使整个复式向斜支离破碎,在上述剧烈破碎地段有小基性岩体分布。

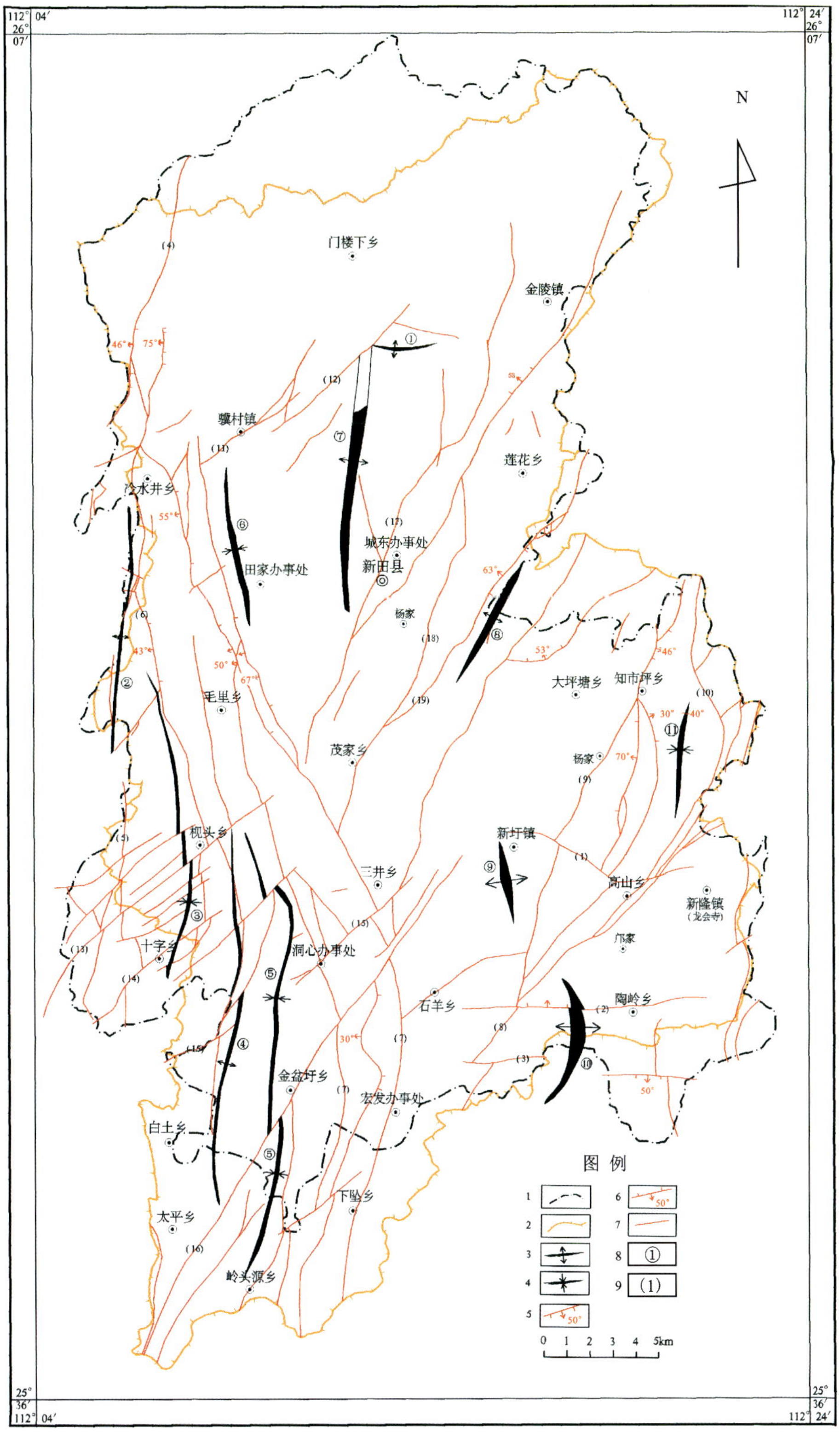

图1-5　新田河流域构造纲要图

1.新田县界线；2.新田河流域界线；3.背斜轴线（空心为推测轴线）；4.向斜轴线；5.正断层；6.逆断层；7.性质不明断层；8.流域内褶皱构造；9.新田河流域断层

(2)福音山-陶岭短轴背斜群中背斜核部主要由跳马涧组或棋子桥组组成，两翼地层则多为上泥盆统。岩层产状平缓，倾角一般在30°以下，背斜轴线总体呈北东向或北北东向。沿背斜群东西两侧有一系列的南北向断层及北北东向断层，破坏背斜的完整性。主要褶皱有福音山背斜、小岗大岭背斜、新圩背斜、陶岭背斜等。

(3)千山向斜轴线近南北向，长约5km，核部由中上石炭统壶天群组成。

新田河流域褶皱构造规模及特征见表1-6。

表1-6 新田河流域褶皱构造规模及特征

编号	褶皱名称	轴向	规模	特征简述
①	青皮源背斜	近东西向	长5km	属紧闭型褶皱，两翼受到强烈压缩，且彼此平行，核部为O_1，两翼均为O_{2+3}，南翼陡，北翼稍缓
②	大冠岭背斜	近南北向	区内长约20km	属过渡型褶皱背斜，核部为D_3s、D_2q(不连续)，两翼由D_3x组成，由于走向断层破坏呈支离破碎，并见有小基性岩体出露
③	枧头圩-十字乡向斜	近南北向	区内长14.5km	属过渡型褶皱向斜，核部为C_1y，偶有C_1d，两翼由D_3x组成，整个向斜被一系列北东向断层切穿，致使整个向斜支离破碎，并见有小基性岩体出露
④	枧头镇-彭子城背斜	近南北向	长5.5km	属过渡型褶皱背斜，核部为D_3x^1，东翼为D_3x^2、C_1y，西翼被走向断层破坏，出露C_1y
⑤	金盆圩向斜	近南北向	区内长22km	属过渡型褶皱向斜，核部为C_1d、C_1y，两翼均由D_3x组成，整个向斜被多条北东向断层切穿，使整个向斜较破碎
⑥	周家洞向斜	近南北向	长6.5km	属过渡型褶皱向斜，核部上覆为K，下伏为C_1y，两翼由D_3x、D_3s组成
⑦	福音山背斜	近南北向	长约6.5km	属过渡型宽缓背斜，轴部为D_2t，两翼为D_2q，但东翼北部与志留系呈不整合接触
⑧	小岗大岭背斜	北东向	长6.5km	属过渡型宽缓背斜，核部为D_2t，东南翼为D_2q，北西翼受北东向断层破坏，由D_3s组成
⑨	新圩背斜	近南北向	长3.5km	属过渡型缓短轴背斜，轴部为D_2q，两翼由D_3s组成，产状较平缓
⑩	陶岭背斜	近南北向	长约4.0km	属过渡型宽缓短轴背斜，轴部为D_2t，两翼由D_2q组成，背斜南、北两端均被东西向断层破坏
⑪	千山向斜	近南北向	长约5km	属过渡型宽缓向斜，轴部为$C_{2+3}H$，两翼由C_1d组成，两翼产状较平缓，两端收缩且仰起

二、断层

流域区内断层发育、纵横交错，大小规模不等，约40条，以近南北向、北东向、北北东向最发育，规模亦较大，近东西向次之，且规模较小。现将主要断层按走向分组简述如下(表1-7)。

表 1－7　新田河流域断层

断层名称及编号	产状	规模	推测发育时期	断层标志
龙坪铺-里伸志正断层(1)	走向近东西向	长约 9km	海西期—印支期	高山一带 C_1y、D_3x^1 被错断
陶岭圩断层(2)	走向东西向，倾向北	长约 10.5km	海西期—印支期	陶岭背斜轴的 D_2t 被错断
石门头断层(3)	走向东西向，倾向南，倾角 50°	长约 10km	海西期—印支期	陶岭背斜轴的 D_2t 被错断
火烧铺断层(4)	走向南北向，倾向西，倾角 40°	区内长约 12km	加里东期	逆断层
刘家山断层(5)	走向南北向，倾向西，倾角 75°	区内长约 30km	加里东期	被多条北东向断层切开
上大坪-马场岭断层(6)	走向南北向，倾向西，倾角 45°	区内长 22km	加里东期	逆断层
下坠-梅湾断层(7)	走向南北向，倾向西，倾角 50°～67°	区内长 38km	加里东期	向南开口断层束
欧家窝-知市坪断层(8)	走向近南北向	区内长 18km	加里东期	正断层
麻窝窑-杨家断层(9)	走向南北向，倾向南，倾角 30°～46°	区内长 20km	加里东期	正断层
冷水塘-定家村断层(10)	走向近南北向	区内长 15km	加里东期	断层带
骥村镇-下槎断层(11)	走向北东向	区内长 7km	加里东期	逆断层
欧家-青皮源断层(12)	走向北东向	区内长 8km	加里东期	逆断层
横干岭-枧头圩断层(13)	走向北东向	区内长 11km	海西期—印支期	断层带
新夏荣-十字圩断层(14)	走向北东向	区内长 7km	海西期—印支期	断层带
上大坪-唐家断层(15)	走向北东向	区内长 13km	海西期—印支期	正断层
金盆圩-石塘村断层(16)	走向北东向	区内长 18km	海西期—印支期	切穿南北向构造带
土珠山-岗上断层(17)	走向北北东向	区内长 25km	海西期—印支期	正断层
茂家-米结窝断层(18)	走向北北东向，倾北西，倾角 58°	区内长 30km	海西期—印支期	正断层
鹅公井断层(19)	走向北北东向，倾向北西，倾角 63°	区内长 15km	海西期—印支期	逆断层
唐家-岭下窝断层(20)	走向北北东向	区内长 18km	海西期—印支期	正断层

(1)东西向断层组：主要分布于工作区东南部，规模不大，一般长 10km 左右，断层性质主要属垂直岩层走向的正断层。如龙坪铺-里伸志正断层、陶岭圩正断层、石门头正断层等。

(2)近南北向断层组:分布于工作区西部,规模较大,一般长10km至数十千米,与褶皱轴向大致平行,断层性质主要属走向逆断层,倾向西,倾角30°~75°不等,多被后期北东向断层错断,尤其在十字圩一带更为发育。代表断层有火烧铺逆断层、刘家山逆断层、上大坪-马场岭逆断层、下坠-梅湾逆断层、欧家窝-知市坪断层、麻窝窑-杨家正断层、冷水塘-定家村断层等。

(3)北东向断层组:主要分布于工作区西南部,规模不大,多属斜交断层组,一般长数千米至10余千米,水平断距数十米至数百米,部分断层切割白垩系。如骥村镇-下槎断层、欧家-青皮源口断层、横干岭-枧头圩断层、新夏荣-十字圩断层、上大坪-唐家断层、金盘圩-石塘村断层等。

(4)北北东向断层组:主要分布于工作区中部和东部,断层线方向25°左右,多属逆断层,亦有正断层,规模大小不一,大者区内长30km,一般小于20km。如土珠山-岗上断层、茂家-米结窝正断层、鹅公井逆断层、唐家-岭下窝正断层等。

第二章　区域岩溶发育规律

第一节　地表地貌

一、地貌类型和分布

新田河流域地处湘南阳明山—九嶷山之间，地势大致呈西北高、东南低，向东南倾斜，整个流域为南北长、东西窄，北、西、南三面环山向南东开口的不规则长条形盆地。流域内地貌总体可以分为非岩溶地貌（Ⅰ）和岩溶地貌（Ⅱ～Ⅴ），岩溶地貌为区内主要的地貌类型（图2-1）。

1. 非岩溶地貌（Ⅰ）

非岩溶区主要分布在新田县北部牛角漕、九峰山、双巴岭、三峰凸等一带，群峰是由浅变质岩、碎屑岩组成的侵蚀构造，中山和南部陶岭、东部小岗大岭等地由碎屑岩组成小面积低山丘陵，面积270.80km^2，占全域总面积的27.3%。

2. 岩溶地貌（Ⅱ～Ⅴ）

除非岩溶地貌以外，其余地区均为以亚热带岩溶类型为主的侵蚀-溶蚀型地貌，碳酸盐岩出露面积达720.25km^2，占全域总面积的72.7%。流域内地表岩溶形态主要有峰丛洼地、峰林谷地、峰林平原和岩溶丘陵-垄岗4种组合类型，分区论述如下。

峰丛洼地区（Ⅱ）：分布在西部大冠岭、青光岭一带的中低山区，系由基座相连的碳酸盐岩高耸林立的山峰与水流作用形成的长条状岩溶洼地组合而成的地表形态，呈南北向分布的岩溶峰丛洼地地貌，并见海拔500m左右的夷平面，洼地一般较宽缓，石峰多呈丘状起伏，地表岩溶发育，见有盲谷，落水洞、地下河发育（图2-2）。

峰林谷地区（Ⅲ）：分布在骥村镇、毛里乡、茂家乡、枧头镇、三井乡、金盆圩乡、白土乡、太平乡、岭头源一带，呈南北向分布的峰林谷地，海拔大致在200～300m之间，地表岩溶强烈发育，主要有峰林、洼地、谷地等，溶峰形态有锥状、塔状等，如水窝塘塔状峰林，溶蚀谷地沿南北向断裂发育，具一定规模；如毛里坪溶蚀谷地红土覆盖，时有间歇水流，地下水多以地下河及岩溶形式广泛出露（图2-3）。

峰林平原区（Ⅳ）：分布在流域南部石羊、宏发、下坠一带，为峰林与平原组合形成的地貌形态，地表岩溶发育，主要有石羊溶蚀平原，见有峰林、孤峰等，溶峰形态有锥状、塔状等，如石羊文明村南见较典型的塔状孤峰，岩溶大泉、地下河发育（图2-4）。

岩溶丘陵-垄岗区（Ⅴ）：分布于金陵、莲花、大坪塘、新圩、新隆一带，主要是由不纯碳酸盐岩溶蚀形成，呈线状分布的岩溶丘陵-垄岗，海拔标高200～350m，比高30～40m，部分可达50m以上，残坡积红土丘陵边坡因流水线状冲刷，常形成谷、匙状等冲沟微地貌（图2-5）。

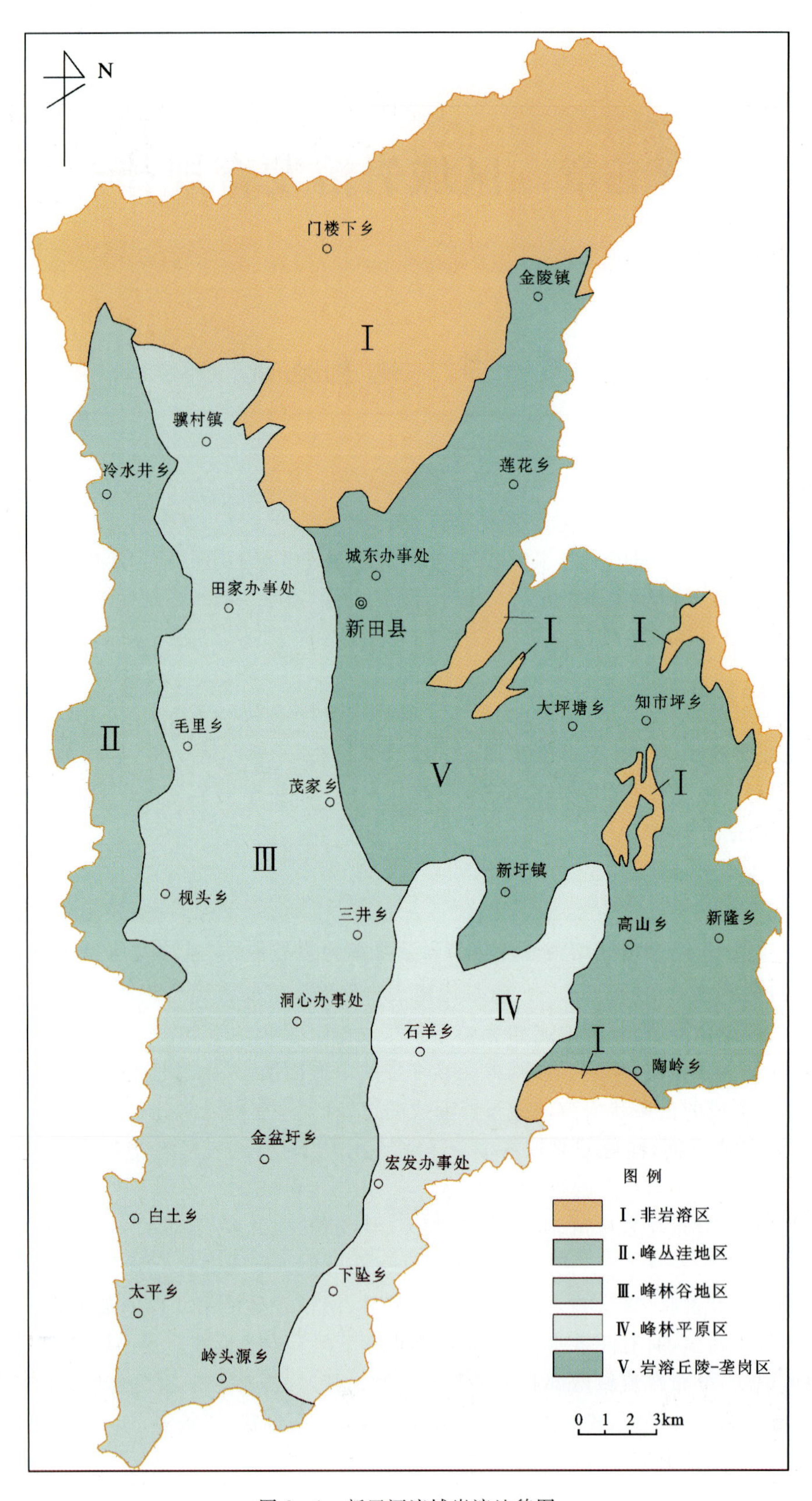

图2-1　新田河流域岩溶地貌图

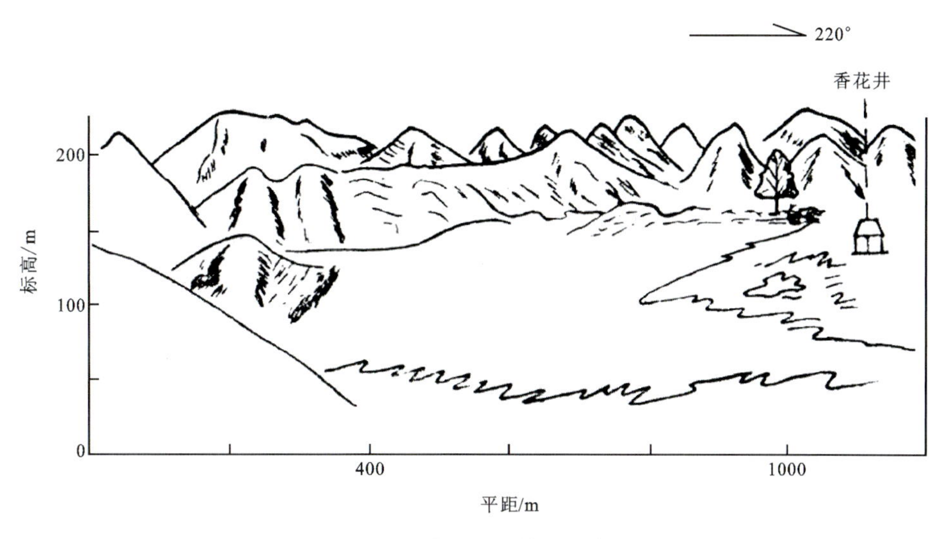

图 2-2　峰丛洼地特征示意图

图 2-3　石羊峰林谷地与峰林平原特征示意图

图 2-4　三井峰林地貌特征示意图

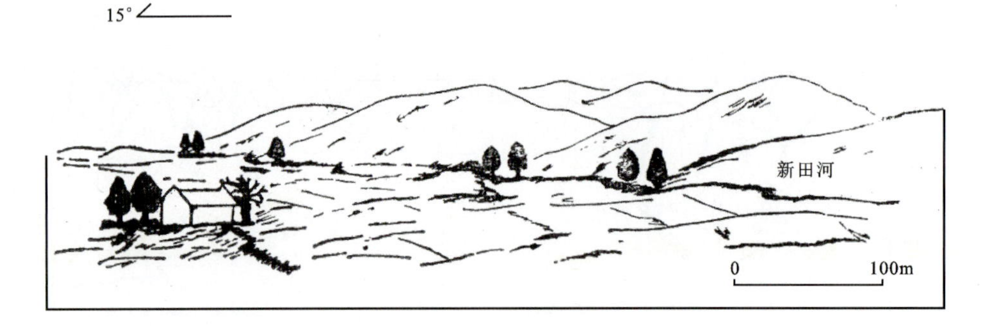

图 2-5 新田河谷岩溶丘陵地貌特征示意图

二、岩溶个体形态

流域内地表岩溶个体形态主要有溶隙、石芽、石林、洼地、小溶洞、溶丘、落水洞(消水洞)、岩溶竖井(溶井)、岩溶天窗、溶潭等。

1. 溶隙和石芽

地表水沿碳酸盐岩的节理裂隙,不断进行溶蚀、侵蚀所产生的槽状形态称为溶槽;溶槽之间残存的尖棱状的芽状岩体,高度小于 3m 者称为石芽(图 2-6)。

溶隙主要沿张裂隙发育,横剖面多呈"V"形,开口宽度多小于 1cm,部分裂隙因后期溶蚀扩大至 1~5cm,长数十厘米到数米,一般呈平行或网状排列展布。流域内的溶隙主要为沿可溶岩表层的节理裂隙经较轻微的溶蚀改造而形成的一种规模较小的缝隙,发育深度一般在 1~2cm 之间,局部可达 5m,裂面常呈舒缓波状,部分裂面略呈锯齿状、阶梯状或平直状。

按产出形式本区石芽可分为埋藏型、掩埋型及裸露型 3 种类型;按形态特征又可分为尖棱状石芽、圆锥状石芽和臼齿状石芽 3 类。尖棱状石芽顶部尖峭、石脊锋利,形似刀刃,高 1~2m,表面粗糙不平,有些呈蜂窝状,偶见0.1~0.5m直径的空洞。圆锥状石芽芽顶尖锐形似圆锥,个别像石笋,高 0.5~1m,芽面较光滑,偶见溶孔。此类石芽分布广泛,并常与尖棱状石芽同时出现。臼齿状石芽芽顶平缓,形似臼齿。槽面形态近似矩形,高 1m 左右,芽壁陡立且粗糙不平,成片分布时似棋盘格状。此类石芽主要发育在新田县一带的佘田桥组,富含泥质灰岩夹石英砂岩的生物结构灰岩中。

石芽是本区分布较为广泛的一种岩溶形态,在调查中枧头镇、石羊、金盆圩、十字乡等地最常见,多呈片状和簇状分布在丘顶和斜坡上,一般沿构造线呈有规律地展布。它的发育受岩性、地层产状及构造裂隙的控制,普遍发育在中厚层灰岩、泥质灰岩中。

2. 石林

石林是石芽的进一步发展,为由密集林立高度达 5~50m 的锥柱状、锥状、塔状岩体组合成的景观,流域内主要为掩埋型石林。掩埋型石林系指被第四系松散堆积物所覆盖的石林,经冲刷或人工开挖出露地表,主要分布在岩溶谷地、洼地的边坡地段,一般高 2~10m(图 2-7),柱面较平,略具麻点状。岩柱间充填的松散堆积物主要是红黄色黏土夹砂砾石透镜体。在充填物与岩柱面接触处,岩壁上有厚 5~10cm呈白色粉末状的溶蚀残留物。石林间沟槽纵横交错,多呈网格状,沟槽延伸方向受构造裂隙控制,不少岩壁本身就是节理裂隙面。

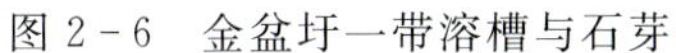

图 2-6　金盆圩一带溶槽与石芽

图 2-7　厚层块状灰岩区的石林

3. 洼地

洼地是底部平坦、面积较大、形似盆地状的封闭负地形，是流域西部峰林谷地和峰丛洼地区多见的岩溶形态之一。本区洼地多属于单一型结构(仅与落水洞叠置)，反映了洼地在形成过程中未经历多期岩溶化作用(洼地形成较晚)，洼地底部均为季节性的地表水汇集地。洼地之下发育地下河，且都是落水洞与地下河相连，成为下部地下河的补给通道之一，且区内洼地受断裂和岩层走向控制明显，洼地长轴方向与岩层走向、断裂走向基本一致，多呈近南北向展布。据调查流域及县城内共有洼地 37 个(其中流域外 15 个)，面积在 0.22～2.09km^2 之间，最大达 7.21km^2(毛里坪洼地)，最小仅 0.004km^2，现将面积大于0.15km^2的岩溶洼地列于表 2-1。

表 2-1　新田河流域岩溶洼地一览表

编号	洼地名称	洼底标高/m	出露地层	面积/km^2	地貌类型
1	刘家山北西	430	D_2q	0.40	峰丛洼地
2	香花井	375	C_1d^1、D_3s	0.22	峰丛洼地
4	九丘田	390	D_3s	0.25	峰丛洼地(流域外)
5	潮水铺	285	C_1y^1—D_2q	2.09	峰丛洼地
6	马场岭	370	D_3s	0.58	峰丛洼地
7	毛里坪	320	D_3s	7.21	峰林谷地
12	双合水库	280	D_3x^1—D_3s	0.34	峰林谷地
13	火炉岭	320	D_3s	0.34	峰林谷地
14	向西林	570	D_3x^1	0.17	峰丛洼地
17	查林铺	350	D_3x^1—D_3s	1.26	峰林谷地
24	豪山	390	C_1y^1	0.27	峰林谷地
31	老花塘	345	D_3x^1	0.18	峰林谷地

4. 小溶洞

小溶洞在流域内较常见(图 2-8),属于近期仍在发育的岩溶洞穴;小溶洞一般沿大裂缝发育,断面形态呈串珠状和匙孔状,洞宽仅数厘米至数十厘米,延伸长度可达数米至数十米,多分布于岩溶沟谷两侧。

小溶洞的成因较简单,主要是构造裂缝在渗水作用下不断被溶蚀扩大或被流水冲击而成。小溶洞在本流域碳酸盐岩和碳酸盐岩夹碎屑岩分布地区到处可见。

5. 溶丘

溶丘是由岩溶作用形成的正向岩溶形态,溶丘的高度一般大于 50m,周坡对称或不对称,在流域东部分布较广(图 2-9)。

图 2-8　石羊围塘小溶洞群

图 2-9　新隆大平头村溶丘

6. 落水洞(消水洞)

落水洞(消水洞)是沿裂隙溶蚀-侵蚀及塌陷而成的消泄地表水的、近于直立或倾斜的洞穴,主要分布在溶蚀洼地及具有一定汇水面积的负地形底部的消水口,常构成地下河的天窗,呈阶梯式与地下河相通。它的主要作用是消水,暴雨时亦能溢出地面。按形态特征,落水洞大致可分为竖井状落水洞和管道(裂隙)状落水洞两种。竖井状落水洞洞口多呈圆形或椭圆形,洞壁陡直且粗糙不平,底部有垮塌岩块堆积;管道(裂隙)状落水洞,纵断面呈管道或裂隙状,常呈陡倾斜向下延伸,洞底常见有淤泥。本次重点调查的落水洞(消水洞)共 15 个(表 2-2),其中垂直向下竖井状落水洞占 76%;倾斜向下的管道(裂隙)状落水洞仅占 24%。如水浸窝地下河消水洞 1(S04),该洞呈不规则倾斜管道发育,洞发育在 D_3s 灰岩中,发育方向为 270°,洞口上小下大,宽 1.4～26.5m,高 1.6～16m,洞底淤泥厚 1～2m,洞内石钟乳及钙华发育,春天有水,冬季干枯;枧头镇尹家凼落水洞(39),洞口呈不规则倾斜长条形,宽 1.0～2.2m,洞深大于 8m,发育在 C_1y^2 薄层泥灰岩与 C_1y^1 厚层状灰岩接触带的灰岩层组一侧,洞口位于地下水流下游方向的岩溶槽谷边缘,发育方向为 50°。该洞主要消水,80 年代被堵塞,大雨时坡立谷地被淹,水深达 2～3m,是谷地的主要消水点,为下游泉水的点状补给途径(图 2-10)。

表 2－2　新田河流域落水洞一览表

野外编号	名称	发育层位	规模	发育特征
S04	水浸窝水库消水洞 1	D_3s	洞口呈不规则倾斜管道，宽 1.4～26.5m，高 1.6～16m	发育在 D_3s 灰岩中，洞内石钟乳、钙华发育，洞底淤泥厚 1～2m
S08	水浸窝水库消水洞 2	D_3s	洞口不明显，为垂直向下消水洞	发育于 D_3x^1 厚层灰岩中，消水洞周边为洼地（宽 50m，长约 60m），属塌陷回填形成的消水洞
S10	水浸窝水库消水洞 3	D_3s	洞口呈漏斗状，洞口宽 2.5m，可见深度 1.3m	发育于 D_3x^1 厚层灰岩中，出露在洼地中心，洞口被砾石充填，主要消水，暴雨时地下水溢出地表
S12	水浸窝水库消水洞 4	D_3s	洞口宽 0.8m，可见深度 1.2m	发育于 D_3x^1 厚层灰岩中，出露在洼地边，与地下河相连通，主要消水，暴雨时地下水溢出地表
83	赤壁水库落水洞	D_3s	洞口为近圆状，直径 4m，洞深大于 10m，近直立状向下发育	发育在 D_3s 泥灰岩夹灰岩中，洞口出露于洼地底部，在 310°方向 300m 处有同样落水洞，两洞相通并与水库下游岩溶泉相通，为消水洞，是洼地的主要泄水点
29	毛里社竹洞	D_3s	洞深大于 10m，现已被充填	发育在 D_3s 泥质灰岩中，洞口位于小河旁边，起消水的作用，丰水期溢水
39	枧头镇尹家凼洞	C_1y^1	洞口呈不规则倾斜长条形	发育在 C_1y^1 厚层状灰岩中，洞口位于岩溶槽谷边缘，发育方向 50°，该洞主要消水，20 世纪 80 年代被堵塞，大雨时谷地被淹，水深达 2～3m
B38	十字圩欧家山洞	C_1y^1	洞口呈长条形，宽 0.8m，长 7～8m	发育在 C_1y^1 白云质灰岩、灰岩中，沿 95°方向裂隙发育，处于溶洼谷地底，起消水作用（属流域外）
B28	十字圩老花塘洞	D_3x^1	洞口呈拉叭形垂直向下	发育于 D_3x^1 白云质灰岩、灰岩中，在直径约 200m 范围内见有 3 个落水洞，洞沿层面与响水岩地下河相通，起消水作用，下雨时冒水
92	砠湾落水洞	C_1y^1	洞口直径约 4m，洞深约 15m	发育于 C_1y^1 灰岩夹白云质灰岩中，此洞只消水，水位埋深 5.5m，枯水期水位 12m、丰水期洞口被掩没
120	宏发圩田头村洞	D_3x^1	洞口不规则，深大于 10m	发育于 D_3x^1 厚层灰岩中，洞口附近基岩裸露，见有石芽、溶槽，此洞以消水为主，水位 2m，大雨不溢出地面
128	金盆圩陈亥叔村洞	C_1y^1	洞口呈拉叭形垂直向下，深大于 20m	发育于 C_1y^1 白云质灰岩中，局部见石英团块和石英脉，洞口基岩裸露，石芽、溶槽极为发育，附近有若干个落水洞，汇水面积 6km²，水位埋深 12m，枯水位约 20m，年水位变幅 20m，大雨时不溢出地面
137	金盆圩乡政府西洞	C_1y^1	洞口不规则，沿裂隙发育，深约 5m	发育于 C_1y^1 白云岩夹白云质灰岩中，位于山脚低洼处，周围岩溶极为发育，溶孔、溶槽、溶蚀裂隙多见，以消水为主
141	杨家洞水库消水洞	C_1y^1	为洼地底部不规则垂直向下的消水洞	发育于 C_1y^1 厚层状灰岩中，周围岩溶发育强烈，见有多个落水洞，主要消水，现已用混凝土堵住，蓄水成库
A16	大头风洞	D_3x^1	顺层倾斜（倾角 18°），发育落水洞	发育于 D_3x^1 厚层状微晶灰岩中，落水洞沿 85°方向发育，洞口狭窄，但人可以进入
B33	十字乡永家山落水洞	D_3s	为洼地底部不规则垂直向下的消水洞	发育于 D_3s 厚层灰岩、白云质灰岩中，周围石芽、溶沟、溶槽十分发育，见有 3 个消水洞，小雨消水，雨季冒水，洼地被淹没（流域外）

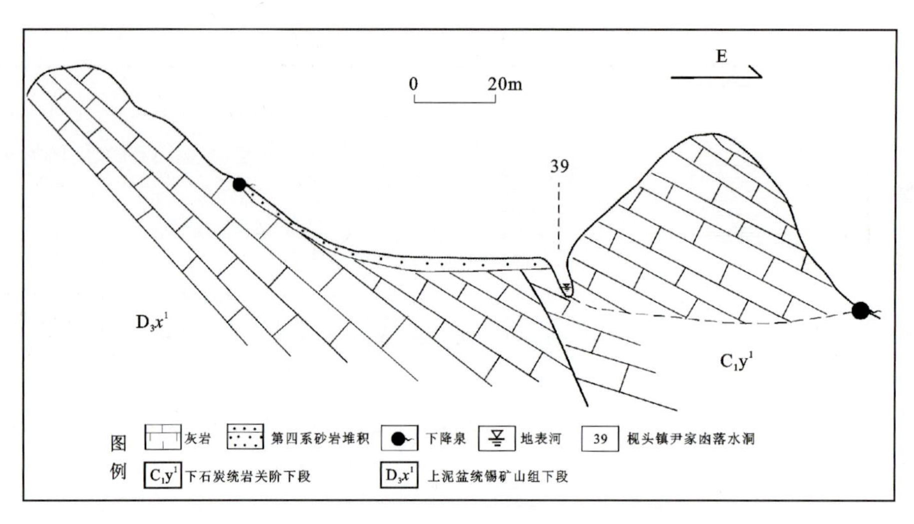

图 2-10 枧头镇尹家凼落水洞剖面示意图

7. 岩溶竖井(溶井)、岩溶天窗

岩溶竖井(溶井)、岩溶天窗为由落水洞进一步发展,或洞穴顶板塌陷而成的数十米至数百米的垂向深井状的通道,多分布在溶蚀洼地、漏斗边缘的负地形,与落水洞同一成因,当竖井(溶井)消水时便成落水洞。岩溶天窗是地下河或溶洞顶板上通向地表的透光部分。区内重点调查岩溶天窗 5 个,竖井 1 个,岩溶天窗特征列入表 2-3。

表 2-3 新田河流域岩溶天窗一览表

野外编号	名称	发育层位	规模	发育特征
S06	水浸窝地下河天窗	D_3s	洞口近圆状,直径 3.5m,垂深 40~50m	发育于 D_3s 灰岩中,周边溶蚀沟槽发育,属地下河天窗,井底见自南向北水流,与地下河相通,堵洞建库后成为蓄水空间
B39	欧家山三月洞岩溶竖井	D_3x^1	洞口近圆状,直径约 8m,垂深约 10m,向下直径 2m,见水	发育于 D_3x^1 厚层状生物屑灰岩中,天窗水位埋深约 10m,据访水由下往上冒,与地下河连通,并有鱼冒出,目前抽水供 400 人饮用及灌溉
18	响水岩地下河天窗	D_3x^1	倾斜向下深 23m	发育于 D_3x^1 厚层状生物屑灰岩中,天窗水位埋深 3.6~23m,调查时 19m,底部见自北向南流的地下河,流量 30L/s
A94	双枣地下河天窗	D_3x^1	倾斜向下,长 25m,宽 2m,垂深 15m,可步行进入	发育于 D_3x^1 厚层状灰岩中,天窗主要沿 290°裂隙发育,以垂向蚀溶为主,底部见地下河,水由 295°转向 25°流,流量 36L/s,雨季水位 1.5m,现供 300 余人用水
B107	金盆圩陈继村地下河天窗	C_1y^1	原为地下河天窗,水位约 12m,现打井 30 多米	发育于 C_1y^1 状灰岩中,准备抽水至山上水池,引水至村中作自来水

8. 溶潭

在岩溶地区成坛状或井状,水深较大的天然地下水露头为溶潭。经调查,区内共发现溶潭 7 个,其分布及发育特征详见表 2-4。

表 2-4　新田河流域溶潭一览表

野外编号	名称	发育层位	规模	发育特征
017	鬼仔岩	D_3x^1	面积 20m×23m，水深 20m	发育于 D_3x^1 中厚层灰岩中，北东向裂隙发育，地下水沿溶潭中溢出，常年不干，枯水位埋深 0.3m，现自流溢出作农田灌溉
091	洞心砠湾	D_3x^1	近椭圆形，垂直向下	发育于 D_3x^1 中厚层灰岩中，溶潭出露于丘峰林地谷底，流量 20～150L/s，随季节变化，但大雨后水不浑，现供 50 多户人生活用水及 100 亩水田灌溉
048	卓家村溶潭	D_3s	近椭圆形，长轴 3m，短轴 1m	发育于 D_3s 泥灰岩中，溶潭出露于峰林谷地谷底，水位 0.3m，动态随季节变化不大，常年不干
B315	千山农场雷公井	$C_{2+3}H$	建泵房、人工水池	发育于 $C_{2+3}H$ 中厚层灰岩、白云质灰岩中，溶洞沿 80°方向延伸，水由 260°出流，水位 2.5m，雨季水量很大，旱季水位较低，现人工围成水池，抽水供 30 人饮用
049	前进水库	C_2y^2	近长方形，长约 15m，宽 2m，深约 2m	发育于 C_2y^2 中厚层灰岩中，此溶潭出露丁峰丛洼地谷底，为洼地的主要消水点，洼地岩溶发育，水库蓄水后漏水严重，水流向自东向西。水位埋深 4m，动态随季节变化，枯水季消水，丰水季冒水
B64	洞心大井头	C_2y^1	水面下溶洞深约 1m，直径约 0.5m，被泥沙充填	发育于 C_2y^1 灰岩夹白云质灰岩中，岩溶发育强烈，溶洞沿 90°方向发育。水位埋深 5.5m，冬季水位略低，目前抽水不干
089	洞心李家溶潭	D_3x^1	出露于峰林槽谷谷底，井口见水流出	发育于 D_3x^1 厚层纯灰岩中，沿 300°裂隙方向发育有 2 个溶潭，调查时流量 20L/s，随季节变化，大雨后漫过地面，并见有鱼，一般水位埋深 3m，冬季水位略低，目前抽水不干

第二节　岩溶洞穴

本流域岩溶发育，溶洞较发育，但一般规模较小，据不完全统计，大小溶洞共 50 多个，主要分布在西部峰丛洼地和峰林谷地区。野外调查的 18 个溶洞规模都较小，大部分为脚洞，发育长度 4～700m 不等。其中有水溶洞 15 个，干溶洞 3 个，主要分布在下石炭统岩关阶下段（C_1y^1）、上泥盆统佘田桥组（D_3s）灰岩夹白云质灰岩、白云岩中，其次发育在上泥盆统锡矿山组下段（D_3x^1）、中泥盆统棋子桥组（D_2q）和下石炭统大塘阶石磴子段（C_1d^1）白云质灰岩、灰岩等层位上（表 2-5）。流域内较大洞穴主要有骥村胡家地下河黄公塘活动带水平充水洞穴、毛里水浸窝地下河洞穴和毛里坪龙珠湾矮婆咀干溶洞。

骥村胡家地下河黄公塘活动带水平充水洞穴（005 号、006 号）：为单管道型洞穴，发育在 D_3s 厚层状灰岩中，洞长约 80m，洞内（宽×高）最大 10m×7m，最小 1m×1m，平均 5.5m×4m，有效使用面积 440m²，有大量积水，与地下河相通（图 2-11）。

表 2-5 新田河流域地表溶洞一览表

野外编号	溶洞名称	发育层位	规模	发育特征
118	宏发圩牛栏湾溶洞	D_3x^1	高 3m,宽 5m,向内变小,呈圆形,直径约 1m	发育在 D_3x^1 厚层状灰岩中,受北东向 30°断层断裂带影响岩溶发育强烈,主要消水,现水位埋深 3m
94	洞心平乐脚溶洞	C_1y^1	高 1.5m,宽 3m,洞口向东	发育在 C_1y^1 厚层状灰岩中,沿层面及 30°的裂隙发育,洞口岩石裸露,溶孔、溶槽发育。水位随季节动态变化,大雨后水接近地面,枯水位 7m,现供约 800 多人生活用水
42	枧头老山溪溶洞	C_1y^1	洞口近椭圆,长轴约 3m,短轴约 2m	发育在 C_1y^1 厚层状灰岩中,并见有断层角砾、方解石、断层泥等,洞口见钙质沉积物。水位 6m,动态变化明显,变幅 2m,供 10 多户人生活用水
S19	龙凤塘北出水溶洞	D_3s	洞口高 2.5m,宽 3.0m,向内变小,高 1.5m,宽 1.2m,延深 35m	发育在 D_3s 厚层状灰岩中,主要为沿近东西向断裂发育的水平洞,洞口宽大,洞内小,洞内地下水常年不干,沿裂隙及层面溢出,丰水期水量较大,流量 1.2L/s,现引水灌溉水田 15～20 亩
146	冷水井李家湾溶洞	D_2q	洞口高 1.5m,宽 2m	发育在 D_2q/D_3s 接触带上,为沿 D_2q 厚层白云岩南北向裂隙发育的水平洞,洞口较小,向内变大,常年出水,流量 20L/s
152	平湖水库溶洞	C_1y^1	洞长 4m,宽 2.5m	发育在 C_1y^1 厚层状灰岩中,附近岩溶发育强烈,石芽遍地可见,洞向内沿 90°转 140°于 10m 处为水坝,坝高 4m,宽 4m,现蓄水 $40\times10^4m^3$,不漏水。当蓄水 $60\times10^4m^3$ 时,沿层面裂隙漏水严重,并与上层洞相通。现洞内筑坝堵截地下水,供灌溉
151	贺家溶洞	C_1y^1	洞口人工围高 5m,宽 2.5m	发育在 C_1y^1 厚层状灰岩中,层面裂隙发育,沿洞口向内 300°坡角 5°方向前进 4m 后,转 250°方向,长 150m 见水,此洞主要消水,亦抽水供饮用
005	黄公塘乌龟岩溶洞	D_3s	洞口不明显,为垂直向下消水洞	发育在 D_3s 碎屑灰岩中,洞口沿 135°∠70°、235°∠75°两条裂隙发育,裂缝宽 10～20cm,裂面粗糙。水位埋深 2.5m,大雨溢水,小雨消水
6	黄公塘村钓鱼岩溶洞	D_3s	洞口呈椭圆形,长轴约 3m,短轴约 2m	发育在 D_3s 厚层状灰岩中,出露在低山与槽谷交界处,洞口朝向北东向 80°。此洞主要消水,水位埋深 8m,随季节动态变化,大雨时溢水。有效使用面积 $440m^2$,洞内有大量积水为地下河
S01	水浸窝地下河溶洞	D_3s	属多层管道形洞穴,洞总长 1300m	发育在 D_3s 厚层状灰岩中,溶洞主要沿构造带发育,见 3 层溶洞,上层为干洞,空间较大(宽 2～12.5m,高 15～35m),底部见地下河,下两层洞以充水洞管为主
177	矮婆咀干溶洞	C_1y^1	洞口朝向 160°,高 2m,宽 3m,洞顶厚 10m,洞底与地表水比差 2m	发育在 C_1y^1 厚层状灰岩中。洞内长 47m,宽×高最大 28m×10m,最小 15m×0.5m,平均 22m×5.0m,有效使用面积 $650m^2$,无积水,属古水平大型洞穴

续表 2-5

野外编号	溶洞名称	发育层位	规模	发育特征
176	十字圩响水岩溶洞	C_1y^1	洞口朝向 260°，高 1.5m，宽 0.8m，洞顶厚 20m，洞底与地表水比差 30m	发育在 C_1y^1 厚层状灰岩中。洞内长 185m，宽×高最大 10m×15m，最小 0.7m×1.0m，平均 5.3m×8.0m，有效使用面积 980m²，洞内有大量积水，为地下河，属活动带水平大型洞穴（流域外）
B39	三月洞	D_3x^1	近圆形，洞口直径 8m，往下变小至 2m，垂深 10m	发育在 D_3x^1 灰岩中，溶隙发育，据访丰水期水上冒并有鱼冒出，应与地下河连通。现抽水供 400 人饮用及灌溉，水位 10m，季节变化大
B223	莲花岗溶洞	D_2q	长 12m，宽 8m，高 2m，底面积 96m²，体积 192m³	洞穴为厅堂形，主要沿走向 315°、50°两组裂隙发育，沿裂隙见有钙华沉淀，洞内被泥沙、大块石充填，洞口部分被垮塌岩石堵塞，洞口下 5m 见一老井
30	枧头彭子城溶洞	C_1y^1	高 2.5m，宽 5.0m	发育在 C_1y^1 灰岩中，沿顺层裂隙发育，位置在山脚，洞的延伸方向 115°，洞内见第四系碎石、黏土等堆积物，洞口见水平溶槽宽 20cm，高 20cm，干洞起消水作用
B393	太平新牛市坪溶洞	C_1y^1	高 1.5m，宽 1.8m，长大于 6m	发育在 C_1y^1 灰岩、白云质灰岩中，岩溶发育，洞口呈椭圆形。洞口进入 6m，仍往下延伸，见地下水位埋深约 7m，消水，雨季水外溢，为有水脚洞
B377	石羊周塘溶洞	D_3s	长 20m，宽 2m，高 3.6m	发育在 D_2q/D_3s 接触带上，洞沿 D_3s 灰岩裂隙发育，呈狭长形，与地下河相通，向 290°延伸，管道直径4.5m，据说山后有出口，为干洞
A24	知市坪溶洞	C_1d^1	原洞高 2m，宽 1.6m	发育在 C_1d^1 白云岩中，岩溶顺层面发育，井前处 320°有一溶洞。现自地面斜向下挖深近 20m，水位埋深 8m，年水位变幅约 4m。原供 500 余人使用，现供 300 余人饮用

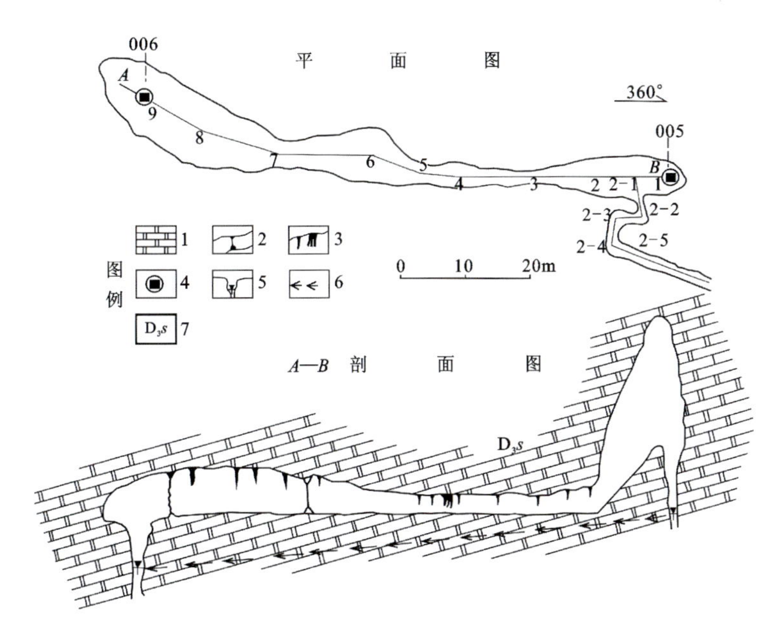

图 2-11　骥村镇胡家地下河黄公塘（005～006）洞穴图

1. 白云质灰岩；2. 石柱；3. 石钟乳及石瀑布；4. 洞内岩溶竖井；5. 地下水位；6. 推测地下水流向；7. 上泥盆统佘田桥组（引自桂阳幅 1∶200 000 区域水文地质普查报告）

毛里水浸窝地下河洞穴(S01):属多层管道形洞穴,洞管总长约1300m,洞穴发育在D_3s厚层状灰岩中,沿240°～260°方向延伸,呈廊道式展布。该溶洞发育深度达75.0m,见3层溶洞,第1层埋深3.9～8.9m,第2层埋深18.6～27.0m,第3层埋深20.7～33.2m。上层为干洞,空间较大,一般宽2.0～3.5m,最宽12.5m,高度一般15.0～20.0m,最高达35.0m,底部见地下河,下两层洞均以充水管道为主(图2-12)。

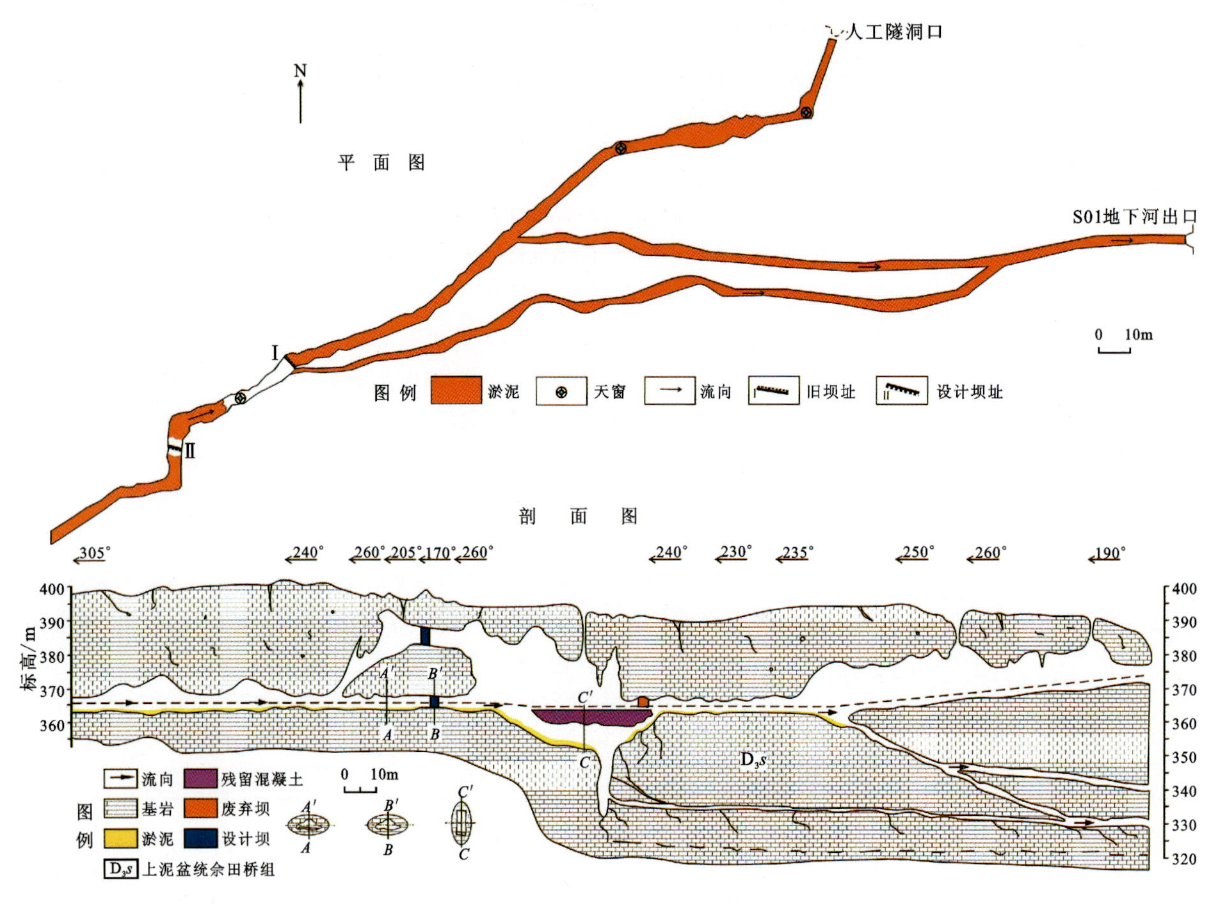

图2-12 毛里水浸窝地下河洞穴图(S01)

毛里坪乡龙珠湾矮婆咀干溶洞(177):出露于峰丛洼地地貌边缘向斜轴部,西侧有近南北向断裂通过,发育地层为下石炭统岩关阶下段(C_1y^1)厚层状灰岩。洞内长47m,最大宽×高为28m×10m,平均宽×高为22m×5.0m,有效使用面积650m²,属无积水古水平大型洞穴。

本次工作中,在施工的51个钻孔中有8个钻孔见溶洞,占钻孔总数的15.7%。最小的溶洞0.2m,最大的11.9m,绝大多数小于1m,均被泥质填充。溶洞分布标高137.90～225.2m,主要集中在180m左右,详见表2-6。

表2-6 钻孔揭露的溶洞

孔号	分布地层	岩性	孔深/m			溶洞所在相应标高/m	备注
			自	至	计		
ZK11-1	D_3s	灰岩	11.80	12.30	0.50	225.20～224.70	
ZK11-6	D_2q	灰岩	9.60	21.50	11.90	176.20～164.30	泥质填充

续表 2-6

孔号	分布地层	岩性	孔深/m			溶洞所在相应标高/m	备注
			自	至	计		
ZK12-4	D_3x^1	灰岩、白云质灰岩	7.70	9.50	1.80	184.10～182.30	泥质填充
ZK12-10	D_3x^1	灰岩、白云质灰岩	6.15	6.35	0.20	203.85～203.65	泥质填充
ZK13-2	D_2q	灰岩	9.20	9.90	0.70	183.80～183.10	泥质填充
ZK13-3	D_2q	灰岩	11.70	12.10	0.40	175.40～175.00	泥质填充
ZK13-5	D_3s	白云质灰岩	6.30	7.15	0.85	173.70～172.85	泥质填充
			7.60	8.00	0.40	172.40～172.00	泥质填充
ZK3	D_3s	泥灰岩	29.45	30.10	0.65	138.55～137.90	少量泥质填充

第三节　地下河、岩溶大泉

一、地下河

在岩溶地区具有河流主要特征的地下岩溶通道称为地下河，它的出口具有明显的洞穴通道和集中补给区，流量动态多属剧变型。根据野外调查，本流域共发现地下河 11 条，总长 20 余千米，平均分布密度为 0.028km/km^2，总排泄量为 1.95m^3/s，年排泄量为 0.61×10^{8}m^3，占流域岩溶水天然补给资源量的 18%。

从地貌分布来看，地下河主要分布在峰丛洼地、峰林谷地、峰林平原区，岩溶丘陵-垄岗区未见出露。地下河埋深一般为 30～60m，最大埋深为 80m，汇水面积一般在 0.3～6km^2 之间，长度为 0.4～2.5km，水力坡度一般在 2‰～27‰之间，其特征见表 2-7。其中水浸窝地下河(S01)是本流域峰林谷地区较典型的地下河与岩溶洼地相结合修建的地表地下联合水库，地下河出露于龙凤塘村西侧，发育在上泥盆统佘田桥组(D_3s)灰岩夹白云质灰岩、白云岩中。洼地底部落水洞为地下河进水口，高程为 371.0m，由南西向北东方向延伸，于龙凤塘排出地表，出口高程为 330.0m，长度为 1.3km，水力坡度约 27‰。地下河接受马场岭一带的汇水补给，总汇水面积为 6.0km^2。地下河明显受断裂构造控制，除有一小叉洞沿北西 300°方向发育外，其主洞方向沿 240°～260°方向发育，呈廊道状，埋深 30～60m。洞体狭窄，宽一般为 2.0～3.5m，最宽为 12.5m，高度一般为 15.0～20.0m，最高达 35.0m，经探测，地下河内除局部见积水潭外，大部分水流畅通，最大的洞内溶潭位于距地下河出口 600m 处，潭宽 15.0m，深大于 1.5m，可见地下河内有较大的蓄水空间。现距地下河出口 600m 处堵坝，建成库容为 196×10^{4}m^3 的小(一)型水库。

表 2-7　新田河流域地下河特征一览表

野外编号	地下河名称	发育层位	发育特征	利用情况
S007	骥村胡家地下河	D_3s	发育于 D_3s 白云质灰岩中，地下河沿向斜翼部，追踪扭裂溶隙面发育，发育方向 5°，发育长度 2.5km，水力坡度约 2‰，枯水期流量 66.8L/s，最大 1.5m^3/s	供生活饮用及农业灌溉

续表 2-7

野外编号	地下河名称	发育层位	发育特征	利用情况
S01	水浸窝地下河	D_3s	出露于 D_3s 灰岩夹白云质灰岩、白云岩中。地下河沿 300°、240°～260°方向发育，长度为 1.3km，与上部洼地组成水浸窝水库，汇水面积 6.0km²，流量季节变化大，最大达 2.5m³/s，最枯为 3.0L/s，调查时为 6L/s	供 2000 人饮用及灌溉 3000 亩田
175	下富柏地下河	C_1y^1	出露于 C_1y^1 灰岩、白云质灰岩中。平行向斜轴部，追踪扭裂面发育，长约 1.0km，流量 120.0L/s	已用
19	大井头地下河	C_1y^1	发育于 C_1y^1 灰黑色厚层状灰岩中，地下河沿 70°方向裂隙发育，上游见有几个落水洞，发育长度 1.44km，流量 190L/s，受季节变化，流量为 90～500L/s	自流灌溉 2000 亩水田
176	十字乡响水岩地下河	C_1y^1 D_3s	发育于 C_1y^1、D_3s 白云质灰岩中，地下河沿追踪断裂发育，上游见多个落水洞，河长共 6.4km，有两条支流，流量为 464.0L/s	未用
B110	金盆圩李迁二地下河	C_1y^1	出露于 C_1y^1 灰岩中，地下河约沿 220°追踪断裂发育，地下水流向 40°，长度为 420m，流量为 50L/s，动态变化很稳定	供 1600 人饮用及灌溉
B105	金盆圩地下河	C_1y^1	出露于 C_1y^1 灰岩、白云质灰岩中。出口方向 50°，洞口被水淹没，直径约 2m，管道斜向下延伸，河长共 1km，有两条支流，流量为 20L/s，季节变化大	利用抽水灌溉农田
117	宏发廖子贞地下河	D_3x^1	出露于 D_3x^1 厚层状白云质灰岩夹灰岩中，地下河沿南西→北东向发育，河长 2.8km，流量为 1500L/s，动态变化大，枯水期流量约 500L/s，下大雨后水量猛涨，变浑	灌溉 1500 多亩水田
B99	金盆河山岩地下河	D_3x^1	出露于 D_3x^1 灰岩、白云质灰岩中。水流向 40°，地下河近南向发育，河长 650m 洞内见有两个溶洞互为相通，距洞口南西方向 350m 有一天窗，水位埋深 4m，地下河出口无水时，此处有水。流量为 8.2L/s(2004 年 8 月 6 日)，雨季水变浑，枯水季断流	利用天窗抽水灌溉农田。
A97	宁远下坠岩头地下河	D_3x^1	出露于 D_3x^1 灰黑色厚层灰岩中，地下水出流方向 75°，地下河沿南南西向发育，长度 850m 见伏流入口，流量为 308L/s，动态变化大，雨季流量约 1m³/s	供 200 余人饮用及灌溉

二、岩溶大泉

本次调查将岩溶水向地表流出的天然露头，凡流量不低于 10L/s 的泉水划归为岩溶大泉。据全流域 23 个岩溶大泉统计，总排泄量为 1.059m³/s，年排泄量为 0.33×10^8m³，占流域岩溶水天然补给资源量的 9.8%。其中上升泉 4 个，下降泉 19 个，90%的大泉分布于峰林谷地和峰林平原，而 75%的大泉与断裂影响带有关。

此外，有些大泉枯水期流量比地下河流量大，但两者有明显区别。地下河具有明显的洞穴通道系统，而大泉的洞穴通道在泉水出口地带不明显或不存在，而是以溶隙为主；地下河有明显集中补给，大泉则不明显；地下河动态多属剧变型，而大泉则属缓变型。如枧头大坝尾岩溶大泉群(034)，沿北西向导水断层发育，上游见天窗，实为地下河出口，但出口小，泉口岩石裸露，直径仅 20cm，流量 200L/s，动态变化不大，常年有水，其特征见表 2-8。

表 2-8　新田河流域岩溶大泉(流量不低于 10L/s)特征一览表

野外编号	名称	出露层位	岩性	流量	利用情况
146	李家湾下降泉	D_2q	厚层状白云岩	20L/s,随季节变化,常年有水流	灌溉农田
B116	尹家下降泉	D_3s	灰岩夹白云质灰岩	18.31L/s,随季节变化	供 100 多人饮用及 100 多亩农田灌溉
B129	李子沅下降泉	D_3s	白云质灰岩	14L/s,随季节变化	现作饮用水
B131	琶塘村下降泉	D_3s	灰岩夹白云质灰岩	25L/s,随季节变化	灌溉农田
B130	费家井下降泉	D_3s	灰岩夹白云质灰岩	30L/s 附近还有 2 个泉随季节变化	现作饮用水
B1	青龙村下降泉	D_3x^1	灰岩	30L/s,随季节变化	现作饮用水
B3	青龙村下降泉	D_3x^1	灰岩、白云质灰岩	15L/s,随季节变化	灌溉农田
B2	青龙村下降泉	D_3x^1	灰岩、白云质灰岩	45L/s,随季节变化	沿水渠引水灌溉
B23	江边山下降泉	C_1y^1	灰岩	40L/s,大部分为水库水	饮用和灌溉 200 亩
043	杨家下降泉	D_3x^1	白云质灰岩	50L/s,枯水时 2～3L/s	灌溉农田
034	杨家下降泉群	D_3x^1	厚层灰岩	200L/s,动态变化不大	为水库补给源及灌溉 500 多亩农田
035	上富村下降泉	C_1d^1	厚层纯灰岩	105L/s,随季节变化,最小流量 20L/s	生活饮用及灌溉农田
085	谈文溪下降泉	C_1y^1	厚层状灰岩	25L/s,流量变化 3～50L/s	现灌溉水田 500 多亩
077	石头村下降泉	C_1y^1	灰岩含铁质	20L/s,随季节变化	灌溉农田和饮用
B70	田心村上升泉	D_3x^1	灰岩、白云质灰岩	19.93L/s,随季节变化	供 1100 多人饮用及灌溉农田
051	塔塔井下降泉	D_3x^1	厚层灰岩	120L/s,流量变化 20～500L/s	作灌溉用水
B36	新夏荣下降泉	C_1y^1	灰岩、白云质灰岩	20L/s,动态较稳定	建有水池(井)供 900 人饮用
123	下塘窝下降泉	D_3x^1	厚层白云岩	20L/s,较稳定	作生活用水
B78	小鹅井上升泉	D_3x^1	灰岩、白云质灰岩	15L/s,较稳定	作灌溉用水
B98	河山岩村降泉	D_3x^1	灰岩、白云质灰岩	23L/s,动态变化大	作灌溉用水,建有提灌站
A52	上和塘下降泉	D_2q	白云岩	80L/s,动态变化大,最大 200m³/s	供 900 余人饮用,并灌溉水田
B147	骥村上升泉	D_3s	白云质灰岩、白云岩	15L/s,随季节变化	作灌溉用水
174	下槎村上升泉	D_2q	白云岩	68.77L/s,动态较稳定	主要作灌溉用水

第四节　表层岩溶带

表层岩溶带是岩溶山区强烈岩溶化的包气带或浅饱水带表层部分，处于岩石圈、大气圈、生物圈、水圈四大圈层的交会部位，岩溶动力作用强烈，环境变化敏感，对岩溶区生态建设与经济发展有着极其重要的影响。表层岩溶带地下水可构成小型供水水源，作为缺水岩溶山区人畜用水和分散农田灌溉的重要水源，在本流域一般以泉水形式溢出地表，且多为间歇泉，其流量的大小取决于大气降水补给多寡，以及表层岩溶带本身发育的基本条件，如发育厚度、覆盖条件（包括植被覆盖）等。

本流域的表层岩溶泉主要出露在西部大冠岭一带，多见于上泥盆统锡矿山组下段（D_3x^1）和佘田桥组（D_3s）灰岩、白云质灰岩中。表层岩溶泉出口处，上覆第四系黏土夹砾石，厚2～5m，局部10m，下伏灰岩溶蚀裂隙发育。据不完全统计，共见表层岩溶泉23个，大部分已开发利用（表2－9）。目前对表层岩溶水的利用主要是围泉、扩泉蓄水、修引水渠、建自来水池，解决10～100人饮水问题及部分灌溉用水问题等，开发能力较低。由于表层岩溶水与降水有直接联系，绝大部分表层泉在雨季流量较大，而雨后不久便干枯断流。对表层岩溶水的利用，除采用上述方法和修集水箱、建山塘水库蓄水的方法外，局部地区可因地制宜，采用修建截水墙的方法，使降水入渗后径流速度减慢，延长滞留时间，提高调节能力。根据表层带岩溶水的集、储及调蓄功能的这一特点，在水资源的开发中，表层带岩溶水的开发具有重要的意义和开发潜力。

表2－9　新田河流域表层岩溶泉特征一览表

野外编号	名称	出露层位	岩性	流量	利用情况
S23	郑家村	D_3x^1	白云质灰岩及灰质白云岩	0.5L/s，流量变化0.1～2.5L/s	现修水池，宽2.5m，长12.0m，深1.5m，供人畜饮用
S24	郑家村	D_3x^1	白云质灰岩及灰质白云岩	0.8L/s，流量变化0～2.0L/s	现修建有蓄水池，供人畜饮用
S25	大岭头	D_3x^1	白云质灰岩及灰质白云岩	1.0L/s，流量变化0.2～3.0L/s	现引水修水池蓄水，供人畜饮用
S26	上仁山	D_3x^1	白云质灰岩及灰质白云岩	1.0L/s，流量变化0～3.5L/s	现引水灌溉及人畜饮用
S27	横干岭*	D_3x^1	白云质灰岩及灰质白云岩	0.8L/s 流量变化0～1.5L/s	扩泉取水，修建大蓄水池，供人畜饮用
S28	横干岭*	D_3x^1	白云质灰岩及灰质白云岩	1.2L/s，流量随季节变化	修有蓄水池引泉蓄水，供约50人饮用
S29	黄陡坡*	D_3x^1	白云质灰岩及灰质白云岩	1.8L/s，流量变化0.5～5.5L/s	现在泉口开引水渠600m供饮用及灌溉
S30	鹅眉凼	D_3s	灰岩	0.6L/s，流量变化0～1.5L/s	泉口处建水塘蓄水，供100多人用水
S31	上雷公井	D_3x^1	灰岩（流域外）	0.5L/s，流量变化0.02～1.5L/s	现在泉口建蓄水池供50人饮用
S32	下雷公井	D_3s	灰岩（流域外）	0.8L/s，流量变化0.01～1.8L/s	现修水池围堰引水，供60多人饮用
S33	庄下窝	D_3s	灰岩	1.2L/s，流量随季节变化	现引泉供居民30～50人饮用

续表 2-9

野外编号	名称	出露层位	岩性	流量	利用情况
S34	鹅眉肉	D_3s	灰岩	0.5L/s，流量变化 0～2L/s	现引泉水(管长 400m，蓄水池 80m³)供人畜饮用
S35	大岭头	D_3x^1	灰岩	0.5L/s，流量变化 0～2L/s	扩泉建蓄水池(宽 2.5m，长 4.0m，深 1.2m)，供 80 多人饮用
B29	新花塘	C_1y^1	灰岩、白云质灰岩	0.2L/s，流量随季节变化	为长 12m，宽 6m 的水塘，抽水灌溉
B30	山夏荣村	C_1y^1	灰岩、白云质灰岩	1.0L/s，冬天断流，但可抽水	建有泵站抽水作饮用自来水
S17	郑家村	D_3s	白云质灰岩	1.8L/s，流量随季节变化	现供 20～30 亩水田灌溉及当地饮用
S16	龙凤塘	D_3s	白云质灰岩	0.8L/s，流量变化 0.01～1.5L/s	现为当地人畜饮用
S18	关口村	D_3x^1	灰岩、灰质白云岩	1.3L/s，流量变化 0～5.0L/s	作生活饮用用水源
S15	刘家桥	D_3s	白云质灰岩	1.6L/s，流量变化 0.15～4.0L/s	现引泉水灌溉 15～20 亩
S14	刘家桥	D_3s	白云质灰岩	1.2L/s，流量变化 0.5～3.5L/s	现引泉水灌溉 20 亩
B6	歧宅背	D_3x^1	灰岩、白云质灰岩	0.5L/s，流量随季节变化	围水池供 100 多户人饮用
B7	新宅岭	D_3x^1	灰岩、白云质灰岩	0.1L/s，流量随季节变化	曾作饮用水井，建有水池，现已不用
024	查林泉	D_3s	含泥质灰岩	0.1L/s，流量随季节变化	作饮用水

第五节　岩溶发育控制因素

碳酸盐岩岩溶作用是碳酸盐岩、水、CO_2 三相平衡系统的一个可逆的过程，其中 CO_2 的进入或逸出对系统的反应起到关键作用。岩溶发育受地层岩性、地质构造、地下水动力条件、水的侵蚀性等 4 个基本条件的制约，最有利的地质构造部位，首先生成溶隙或溶缝一类微形态，随着时间的推移，这些微形态逐渐得到扩展而形成规模不等的洞道或溶洞。一般情况下，水流在有利构造(特别是断裂)条件下首先富集而在该处逐渐形成溶洞；不同岩组的岩性，通过岩石主要成岩矿物和微量成岩矿物、结构影响岩溶发育程度，气候等外动力条件通过内因起作用。本区影响岩溶发育的主要因素是岩性和构造，当岩性条件相同时，构造则成为影响岩溶发育的主控因素。

一、可溶岩类型与气候条件

可溶岩是岩溶发育的内在因素和物质基础，是岩溶发育的基本条件之一。可溶岩类型(主要是碳酸盐岩类)的分布状况决定了区域岩溶分布的总格局，而气候则是岩溶发育的一个极为重要的外部条件，是岩溶作用的主要外动力，不同气候带内岩溶作用的主导因素、岩溶发育速度、发育特征等方面都大不相同。气候条件对岩溶发育的影响具有宏观的地带性，本区属于亚热带湿润环境，多年平均气温18.1℃，月平均气温最低为6.5℃，平均气温最高为28.8℃，极端最高温为39.3℃，极端最低温为−6.1℃，10℃以上年均积温4 968.8～5 712.9℃。年降水量947.1～2 211.2mm，年平均降水量1388～1550mm。年日照1712h，太阳辐射值为4 683.26MJ/m^2(111.93kcal/cm^2)。充足的光、热、降水资源有利于岩溶的发育。

二、岩溶发育受岩性控制

碳酸盐岩的岩性对岩溶作用、发育程度和发育特征都有着明显的影响。碳酸盐岩中物质成分的不均一在一定程度上影响岩溶作用，特别是一些不可溶解物质的存在，它不但使岩溶发育程度减弱，且对岩溶形态也产生一定的影响。岩性对岩溶发育的影响主要包括岩石成分、结构、物理力学性质三个方面，岩石成分主要影响碳酸盐岩的化学溶解量，物理力学性质决定物理破坏量，而物理力学性质取决于岩石的结构，因此控制破坏量的主要因素还是岩石结构。

野外调查结果表明，区内$C_{2+3}H$、C_1d^3、C_1d^1、C_1y^1、D_3s等纯的碳酸盐岩地层中，普遍发育着表征岩溶化程度较高的溶沟、溶槽、溶缝、石芽及石林等岩溶形态，表层岩溶带的厚度大多在10m以上，而D_2q、D_3s(新田县东南)泥质含量较高的不纯碳酸盐岩地层中，岩溶形态以岩溶化程度较低的细小溶隙(隙宽一般在1～10cm之间)为主，表层岩溶带的厚度大多在1～2m之间。

流域内碳酸盐岩的岩溶化程度及厚度具有纯碳酸盐岩高于不纯碳酸盐岩、灰岩高于白云岩的规律。此外，岩石的结构特征对岩溶发育的强度也有一定影响。前人在区内的研究成果表明，生物屑结构、球粒结构及成分复杂的不均一结构的碳酸盐岩要比泥晶结构、晶粒结构及成分单一的均匀结构的碳酸盐岩具有更高的岩溶化程度。产生这种现象的主要原因在于不同结构的碳酸盐岩具有不同岩性的组合(岩溶层组类型)，可溶岩与非可溶地层接触部位岩溶较发育，当强岩溶层的顶底板与非可溶岩接触时，地下水沿可溶岩层部位活动，加剧了岩溶的发育。

三、岩溶发育受构造控制

构造对岩溶发育的影响主要表现为岩溶发育方向受构造控制。区内碳酸盐岩地层分布区褶皱强烈、断裂发育，产生了多组节理裂隙，尤其层面与纵张裂隙发育为最甚，给岩溶发育通道创造了良好的条件。这些通道受岩层走向、裂隙发育方向、构造线所控制。构造对区内岩溶发育强度的影响主要表现如下。

(1)当地层岩性相同时，产状平缓的岩层岩溶发育程度较高，产状陡的岩层岩溶发育程度较低。受褶皱、断层的控制，一般在复式向斜扬起部位、次级向斜核部以及不同构造形迹的复合部位，岩溶发育强烈，岩溶洼地、落水洞、地下河、伏流等多种岩溶形态均很发育。如西部骥村—白土乡一带，特别是枧头圩、十字圩等地，大规模走向断层与一些规模较小的横切或斜交的平推断层发育，形成"格式"构造，使可溶岩层连成一片，促进了岩溶发育，同时因断层密集，岩层破碎，断层破碎带构成岩溶发育通道，更为地下水运动创造了条件，地下河往往追踪断层或裂隙发育，如十字响水岩176号地下河，发育长度6.4km，大井头19号地下河，发育长度为1.44km等。此外，区内其他岩溶化层位上也具有西部岩溶发育程度高于东部的特征。产生这种差异现象主要是不同的地面坡度影响降水入渗量和水流在表层裂隙中运动速度的大小及发生溶蚀作用时间的长短，最终表观为岩溶发育程度的差异。

(2)表层的节理、裂隙等构造是岩溶发育的先导条件，它为降水向表层岩体中渗透和溶蚀提供了良好的基础条件。调查发现，区内断裂构造旁侧表层裂隙、节理发育密集带及构造应力较集中的部位，岩溶发育程度相对较高，厚度也相对较大。如骥村镇-下槎断层影响带内，泉、地下河发育，构造应力集中，裂隙密集发育，成为岩溶发育程度相对较高的区域。

区内各类岩溶形态的发育与岩层走向、构造轴线方向基本一致。由于北北东向为主的构造组成了本区的构造骨架，纵张断裂和横张断裂、节理的相互切割常常成为地下水活动通道，也成为地下水富集地带。如水浸窝地下河（S01），主要沿宽缓背斜轴部发育，除有一小管道沿北西300°发育外，地下岩溶主管道主要沿北北东-南南西向延伸，呈廊道状，平面上落水洞、天窗呈串珠状分布，垂向所见的3层溶洞高差小于10m，而且岩溶发育具有多次重叠现象，说明了西部的构造运动（特别是新构造运动）长期处于相对稳定状态，地下水以水平径流作用为主，兼长期的剥夷作用，岩溶演化进入以水平作用为主的阶段，由于岩溶作用的长期稳定性，致使洼地发展成大型溶蚀谷地，如毛里坪、石羊圩等溶蚀谷地。

在岩性、水动力条件相似的环境下，有利的构造条件对溶洞的初始发育、发展方向和空间展布等都具有重要的控制作用。调查区控洞的断裂构造主要为北北东向挤压强破裂带，洞体多沿糜棱岩化碎裂的一侧发育，洞体狭窄，形态较单一。洞体周缘常有构造岩、构造裂隙和压扭性结构面。

四、岩溶发育受地形地貌及水动力条件影响

地形地貌条件控制区内地表水动力的主要特征和局部流场的分布格局，从而在一定程度上制约岩溶的发育，不同地貌部位上岩溶发育的强度存在一定的差异。

本流域汇水盆地位于盆地东侧地势较低的地域，有利于降水和地表水流的汇集。同时，区内气候温暖湿润，雨量充沛，植被茂密，水中侵蚀性CO_2含量高，土壤层中水的饱和度小，地下水具有较强的溶蚀能力。区内地表、地下河床坡度陡，水力坡降大，水流侵蚀、溶蚀能力强。由于具备这些有利于岩溶化的自然条件，故而塑造出地表岩溶形态种类全、地下洞道纵横交错的岩溶景观。

（1）在裸露条件下：山峰顶部、岩溶台面、洼地周边斜坡及沟谷两岸斜坡上部、山体斜坡地带凸起部位等，常为地下水域的补给区，水力坡度大，且其碳酸盐岩表面风化裂隙相对发育，水动力条件优越，刚入渗地下的雨水形成具有较高的侵蚀和溶蚀能力的地下径流，岩溶作用强烈，而在山底坡脚、洼地周边斜坡下部及洼地底部、坡间沟谷的底部等部位，常为岩溶地下水的排泄区。随着地下水径流途径的增长，水中碳酸盐饱和程度不断增加以及水力坡度的减缓，在一定程度上降低了地下径流的溶蚀和侵蚀能力，岩溶作用弱化，岩溶发育程度相对较低。

（2）在有土层覆盖或半覆盖的条件下：在山垭口、坡间低洼地带、坡脚、洼地及沟谷底部等地形相对平缓、地势相对较低的部位，由于降水的汇集和入渗条件较好，常形成较为集中、持续时间相对较长的土壤水径流，在一定程度上延长了岩溶作用持续的时间。加之土壤中CO_2通过排放或溶解而活跃参与岩溶作用，使岩溶作用得到进一步增强，故这些部位岩溶发育程度相对较高，而在山体顶部、山脊及山体斜坡地带凸起部位等地形较为陡的地带，雨水入渗条件差，多形成坡面流从地面流失，在很大程度上减少了水岩接触的机会，岩溶作用产生的几率和时间相对减小，这些地段的岩溶发育程度相对较低。

总之，峰丛洼地和峰林谷地区地表岩溶发育强烈，漏斗、落水洞、洼地密布，洼地成为吸收大气降水和地表水的主要通道，地下水以管道式地下河方式运移；峰林平原和岩溶丘陵区地表岩溶发育中等至弱，以地下岩溶发育为主，地表漏斗、落水洞发育稀少，在构造适宜部位或断层带上常有较大的岩溶泉及地下河出露。

五、岩溶发育期

本流域地处阳明山与九嶷山之间。根据前人分析，香花岭地区约在古近纪形成海拔350～950m最老一级的剥夷面（包括非岩溶区），经历了漫长的剥蚀过程。最老的一级岩溶峰丛顶面岩溶强烈发育，形成的溶蚀洼地、漏斗、落水洞、干谷等，随着构造上升运动而普遍隆起，侵蚀基准面相应下降，岩溶作用向深部发展，形成一系列以水平循环为主的地下河道。第四纪初期以来，随着地壳不等量间歇上升，致使侵蚀基准面又一次下降，形成新的漏斗、洼地、落水洞、盲谷、地下河向地下跌降伸延，而在原溶蚀面上重合新的岩溶现象，形成层状岩溶地貌形态。

本流域按不同高程岩溶发育对比，区内地表岩溶发育最高海拔为688m（冷水井林场），最低海拔为

148m，高差达 540m，按照不同高程的岩溶发育特征可分为 4 级溶蚀带（表 2－10）。

表 2－10　新田河流域岩溶高程分带特征表

分级代号	海拔/m	溶蚀洼地/个	地下河/条	岩溶大泉/个	表层泉/个	落水洞/个	溶洞/个
A	大于 600	0	0	0	0	0	0
B	600～400	1	0	2	18	3	2
C	400～200	10	11	18	5	14	13
D	＜200	0	0	3	0	0	1
合计		11	11	23	23	17	16

A 级：海拔 600～680m 以地表石芽、峰丛、干谷为主的溶蚀峰丛台地的顶面。

B 级：海拔 400～600m 以地表峰林、洼地、天窗、落水洞、表层岩溶泉为主的溶蚀斜坡带。

C 级：海拔 200～400m 洼地、溶洞、落水洞、溶潭、地下河、岩溶大泉发育的强烈溶蚀带。

D 级：海拔 200m 以下以泉水为主的地下溶蚀带。

各种岩溶形态在不同高程的发育状况，说明了由于岩溶作用方式在不同高度具有各自特点。岩溶在不同高程上的分布特征，既反映了岩溶作用的分期性，也反映了地下水循环条件的变化特征。

第三章 区域水文地质条件

第一节 地下水类型及含水岩组富水程度

地下水赋存于不同含水层之中，它的埋藏、分布、径流等受到地质条件的控制。不同的地质构造特征造成不同的储存水条件，不同的含水介质形成不同的地下水类型。根据流域内含水层介质的性质、赋存条件、水理性质和水力特征，将区内地下水分为孔隙水、岩溶水和裂隙水3种类型；根据不同含水岩组又可以划分为松散岩类孔隙、碳酸盐岩裂隙溶洞、碳酸盐岩夹碎屑岩溶洞裂隙、红层风化裂隙、碎屑岩构造裂隙、浅变质岩和岩浆岩风化裂隙6个含水岩组。依据岩组的富水程度又可分为丰富、中等及贫乏3个等级（表3－1，图3－1）。富水程度根据含水岩组内出露泉（地下河）流量以及地下径流模数来确定。泉（地下河）流量等级划分：10～100L/s为丰富；1～10L/s为中等；低于1L/s为贫乏。地下径流模数（F）是指含水岩组单位面积上所流出的水量，可采用公式3－1计算：

$$F=Q/A \tag{3-1}$$

式中：A为含水岩组面积（km^2）；Q为含水岩组内地下水总排泄量（L/s）。

表3－1 新田河流域地下水类型及含水岩组富水程度

地下水类型	含水岩组	出露层位	分布面积/km^2	富水级别	富水程度主要指标特征	
					泉（地下河）流量/（$L\cdot s^{-1}$）	地下径流模数/[$L/(s\cdot km^2)$]
孔隙水	松散岩类孔隙含水岩组	Q		贫乏	0.01～0.1	
岩溶水	碳酸盐岩裂隙溶洞含水岩组	$C_{2+3}H$、C_1d^3、C_1d^1、C_1y^1、D_3s	244.30	丰富	20～500	4.19～57.59，平均8.42
		C_1y^2、D_3x^1	169.74	中等	10～120	平均5.99
	碳酸盐岩夹碎屑岩溶洞裂隙含水岩组	D_2q	102.38	中等	0.2～3.0	平均5.99
		D_3s（新田县东南）	203.83	贫乏	0.1～1.0	平均2.17
裂隙水	红层风化裂隙含水岩组	K、J	3.16	贫乏	0.10～0.5	1.61～7.5 平均1.08
	碎屑岩构造裂隙含水岩组	C_1d^2、D_3x^2、D_2t、S、O_{2+3}、O_1	224.40	贫乏	0.01～1.0	平均1.19
	浅变质岩和岩浆岩风化裂隙含水岩组	$\in_3$、$\in_2$、$\beta\mu$	43.24	贫乏	0.01～0.5	0.03～1.10，平均0.95

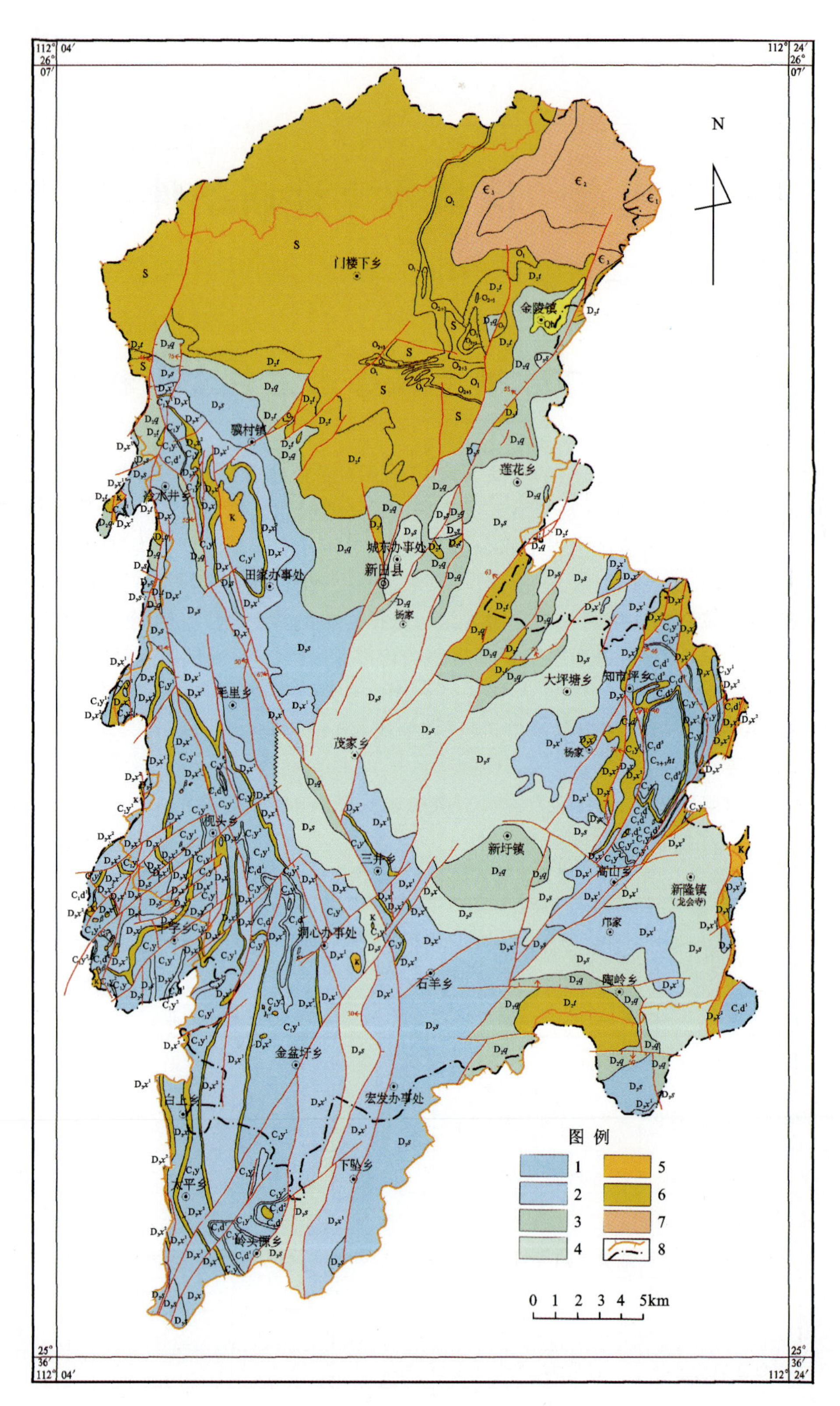

图 3-1 新田河流域含水岩组分布图

1.含水丰富的碳酸盐岩裂隙溶洞含水岩组;2.含水中等的碳酸盐岩裂隙溶洞含水岩组;3.含水中等的碳酸盐岩夹碎屑岩溶洞裂隙含水岩组;4.含水贫乏的碳酸盐岩夹碎屑岩溶洞裂隙含水岩组;5.含水贫乏的红层风化裂隙含水岩组;6.含水贫乏的碎屑岩构造裂隙含水岩组;7.含水贫乏的浅变质岩和岩浆岩风化裂隙含水岩组;8.流域界线

一、松散岩类孔隙含水岩组

松散岩类孔隙含水岩组广布于碳酸盐岩及碎屑岩出露区，岩性主要为残坡积黏土，厚度一般为1～10m，多处在包气带上部，一般属透水不含水层，无供水意义；其次是冲积物，零星分布于新田河谷两岸，岩性主要为砂、砾层，因厚度薄且多处在潜水面以上，含水性差，仅新田河谷的局部地段与河流相通而常年储水，其余的无供水价值，故未作评价。

二、碳酸盐岩裂隙溶洞含水岩组

该类型含水岩组为区内分布面积较广的地下水类型，根据富水性可分为含水丰富岩组和含水中等岩组。

1. 含水丰富岩组

含水丰富岩组分布于流域西部骥村、冷水井乡、毛里乡、枧头镇、十字乡、三井镇、洞心村、金盆圩、太平圩及南东石羊镇、宏发圩、知市坪一带的中上石炭统壶天群（$C_{2+3}H$），下石炭统大塘阶梓门桥段（C_1d^3）、石磴子段（C_1d^1），岩关阶下段（C_1y^1）和上泥盆统佘田桥组（D_3s）等出露区，面积为244.30km²。岩性以厚—巨厚层状灰岩、白云质灰岩、白云岩为主，岩溶发育强烈，但不均一。地表主要形态为溶沟、溶槽、溶洞、落水洞、洼地；地下形态则为裂隙、溶洞、岩溶管道、地下河等。地表与地下水力联系比较密切，地下水露头也较多，地下水运移管流-隙流并存，但以管流为主，岩溶水泉及地下河多见，泉流量一般为0.5～10L/s，最大达105L/s，最小为0.01L/s，岩溶大泉流量一般为15～80L/s，地下河流量一般在20～500L/s之间，最大达1500L/s，地下径流模数为4.19～57.59L/(s·km²)，平均为8.42L/(s·km²)，岩溶强发育带垂直深度一般在100m左右。

2. 含水中等岩组

含水中等岩组分布于流域西部、西南及东部的田家、三井、金盆圩、高山等乡镇一带的下石炭统岩关阶上段（C_1y^2）和上泥盆统锡矿山组下段（D_3x^1）等出露区，面积为169.74km²。岩性为灰岩、白云质灰岩组成，夹少量白云岩及泥质灰岩，岩溶发育中等。地下河流量一般为8.2～700L/s，最大为1500L/s，岩溶大泉流量一般为10～120L/s，最大为200L/s，小型岩溶泉较多，一般流量为0.02～3L/s，地下径流模数平均为5.99L/(s·km²)。

三、碳酸盐岩夹碎屑岩溶洞裂隙含水岩组

1. 含水中等岩组

含水中等岩组分布于新田城关、金陵圩、新圩及大平塘北部一带的中泥盆统棋子桥组（D_2q）出露区，面积为102.38km²。岩性变化较大，新田县东南部主要为泥质灰岩夹灰岩或钙质泥岩，新田县以西为灰黑色、灰白色厚层白云岩、白云质灰岩。岩溶发育中等，泉流量一般为0.2～3.0L/s，最大为80L/s，最小为0.01L/s，地下径流模数平均为5.99L/(s·km²)。

2. 含水贫乏岩组

含水贫乏岩组分布于莲花圩、新田县城南、茂家、大坪塘、新隆及新圩和陶岭北部一带的上泥盆统佘田桥组（D_3s）、锡矿山组下段（D_3x^1）出露区，面积为203.83km²。岩性相变大，在新田县城以东至东南一带为泥灰岩、泥质灰岩夹灰岩，局部夹石英砂岩。岩溶发育弱，泉流量一般为0.05～1.0L/s，最大为

3.0L/s，最小为0.01L/s，地下径流模数平均为2.17L/(s·km^2)。

四、红层风化裂隙含水岩组

红层风化裂隙含水岩组主要分布于三井乡东侧塘下水库一带，出露地层为中生代陆相沉积的白垩系(K)红色碎屑岩系的长石石英砂岩、含砾粗砂岩，面积为3.16km^2。经风化后裂隙发育中等，含贫乏风化裂隙水，极少有泉水出露，流量一般为0.1～0.5L/s，地下径流模数为1.61～7.50L/(s·km^2)，平均为1.08L/(s·km^2)。

五、碎屑岩构造裂隙含水岩组

碎屑岩构造裂隙含水岩组主要分布在新田县城北部的志留系(S)、中、上奥陶统(O_{2+3})、下奥陶统(O_1)和南部陶岭南及东部大平塘北、知市坪一带中泥盆统跳马涧组(D_2t)出露区以及区内碳酸盐岩层组中的下石炭统大塘阶测水段(C_1d^2)、上泥盆统锡矿山组上段(D_3x^2)夹层出露带，总面积为224.40km^2。岩性以细粒石英砂岩、杂色含砾砂岩、粉砂岩、页岩、泥岩为主，构造裂隙发育中等—较弱。含贫乏构造裂隙水，泉流量一般为0.1～1.0L/s，最大为2.0L/s，地下径流模数为0.199～1.97L/(s·km^2)，平均1.19L/(s·km^2)。碳酸盐岩层组中的碎屑岩夹层导透水弱，在岩溶水系统中起到阻水作用，在来水方向的接触带常有泉水出露，但厚度较薄，在构造断裂易被切穿，透水。

六、浅变质岩和岩浆岩风化裂隙含水岩组

浅变质岩和岩浆岩风化裂隙含水岩组分布于流域北东角金陵镇北部地段的上、中、下寒武统($\in_3$、$\in_2$、$\in_1$)及西部枧头镇、金盆圩附近小块的岩浆(喷发)岩($\beta\mu$)出露区，面积为43.24km^2。岩性为浅变质石英砂岩、长石石英砂岩、板岩和辉绿玢岩等，风化裂隙发育中等，含贫乏风化裂隙水。地下水露头较小，地下径流模数为0.033～1.097L/(s·km^2)，平均为0.95L/(s·km^2)。其中岩浆岩呈斑点状出露，基本不具备储存、调蓄地下水的功能。

第二节　富锶地下水区水文地质概况

经调查、勘探与采样分析，新田县内发现的富锶(Sr≥0.2mg/L)地下水区分布在东北至南部及东南一带(图3-2)，面积约176.7km^2，分布地层为上泥盆统佘田桥组(D_3s)及中泥盆统棋子桥组(D_2q^1)下段，其他地段及地层目前未见分布。

一、富锶地下水区含水层组

新田县富锶地下水区分布地层主要为上泥盆统佘田桥组(D_3s)，归属为区域水文地质中的碳酸盐岩夹碎屑岩溶洞裂隙含水岩组，其岩性为泥灰岩、泥质灰岩、灰岩、薄层不纯灰岩、泥页岩及少量硅质岩，该组可分为7个($D_3s^{1\sim7}$)含水岩性段，总厚约851.4m，分析如下。

(1)泥质灰岩、灰岩溶洞裂隙含水岩组段：呈三段(D_3s^2、D_3s^4、D_3s^6)分布于D_3s中，单层厚25～133m，层均厚51～75m，三层总厚约195m，占D_3s总厚的23%。岩溶弱发育，下降泉流量6～10L/s，最大16.1L/s，小型下降泉流量0.1～4L/s，钻孔涌水量一般100～400m^3/d，最大485m^3/d(ZK1102)，地下水径流模数平均2～4L/(s·km^2)，透水性及富水性较好。

(2)泥灰岩夹泥页岩裂隙含水岩组段：主要分布于D_3s的底部(D_3s^1)和顶部(D_3s^7)，单层厚30～193m，层均厚74～125m，两层总厚约199m，占D_3s总厚的23%。岩溶不发育，泉水小而稀少，流量

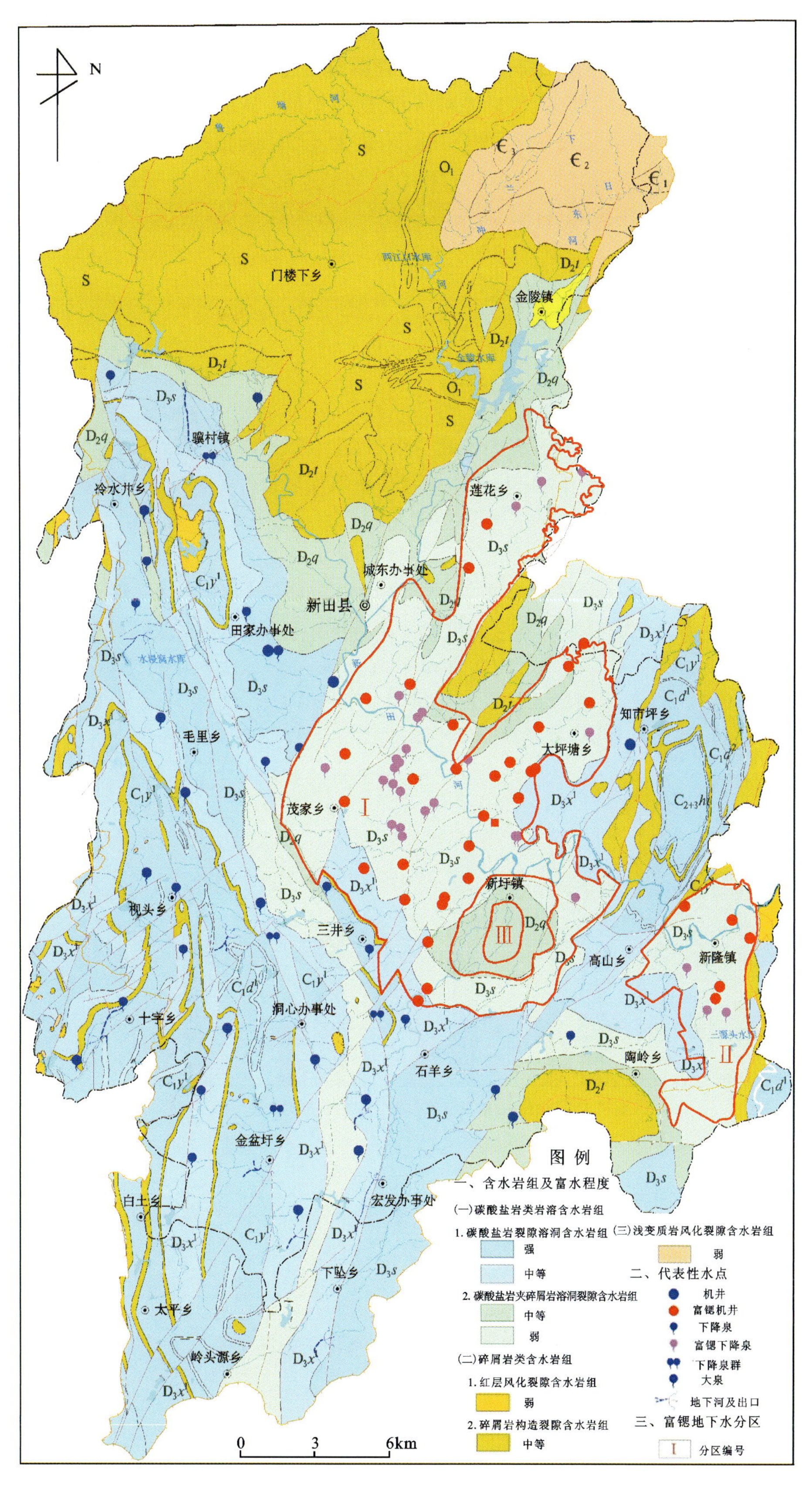

图 3-2　新田河流域富锶地下水分布区

0.01～0.5L/s，钻孔涌水量约15～30m^3/d，地下水径流模数平均0.1～1L/(s·km^2)，透水性及富水性差，可视为较好的隔水层。

(3)泥灰岩夹少量薄层不纯灰岩、硅质岩、泥页岩溶缝裂隙含水岩组段：主要分布于D_3s的中部(D_3s^3、D_3s^5)，单层厚83～610m，层均厚171～287m，两层总厚约458m，占D_3s总厚的54%。岩溶弱发育至不发育，小型下降泉较多，泉流量一般0.5～5L/s，最大6.5L/s，钻孔涌水量一般70～300m^3/d，最大380m^3/d(ZK3)，地下水径流模数平均0.5～2L/(s·km^2)，富水性弱至一般，泥灰岩、泥页岩层透水性差，为较好隔水层，薄层不纯灰岩、硅质岩夹层较破碎，透水性一般，为该段的主要储水层，富水性较好。

二、富锶地下水形成条件

1.地质条件

赋存于岩石圈中的地下水在运移过程中不断与围岩发生各种化学反应，从而导致化学元素的迁移、聚集和分散。不同岩石锶元素含量不同，大气降水降落至地面后流经不同岩石，致使地下水中锶元素浓度也有差异。

岩石、土壤测试结果表明(图3-3)，富锶地下水区顶板地层泥盆系锡矿山组(D_3x)下段灰岩岩石的锶元素平均含量为244mg/kg，土壤锶元素平均含量为93.5mg/kg；佘田桥组(D_3s)灰岩段岩石锶元素平均含量为438.77mg/kg，土壤锶元素平均含量为101.68mg/kg，佘田桥组(D_3s)泥灰岩段岩石锶元素平均含量为292.35mg/kg，土壤锶元素平均含量为106.75mg/kg；底板棋子桥组(D_2q)上段灰岩岩石锶元素平均含量为289.5mg/kg，土壤锶元素平均含量为67.3mg/kg。

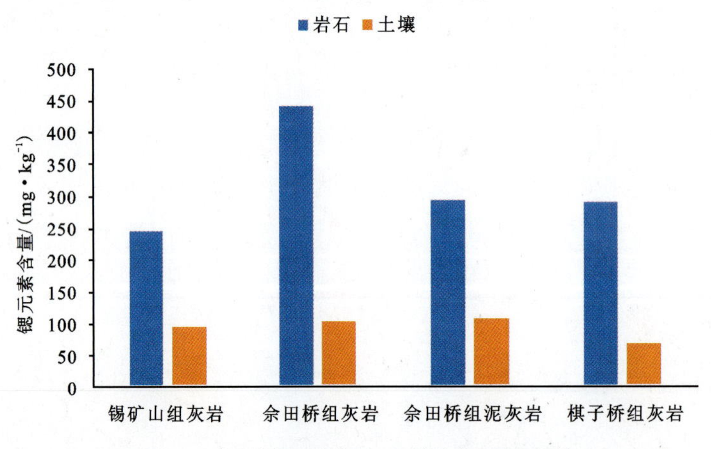

图3-3 不同地层岩石、土壤中锶元素含量

不同地层岩石中锶元素含量远大于土壤中锶元素含量，可以说明岩石中锶元素是地下水中锶的主要来源，且不同地层岩石中锶元素含量具有D_3s灰岩>D_3s泥灰岩>D_2q灰岩>D_3x灰岩的规律，只有D_3s灰岩中锶元素含量大于地壳锶元素平均丰度值(375mg/kg)，分析认为佘田桥组(D_3s)灰岩夹层中高锶含量是地下水中锶的主要来源(图3-4)。

2.岩溶地质条件

新田县西部及南部D_3x、D_2q的岩性以灰岩类为主，岩溶强烈发育，大型岩溶现象及大泉众多，岩溶发育程度多以中等—强烈发育为主。D_3s岩性相变较大，新田县东部以泥灰岩为主夹泥质灰岩、灰岩、不纯灰岩，岩溶以弱发育为主，见有溶沟溶槽、溶坑、溶蚀裂隙、石芽、小型溶洞、溶孔、溶缝等，钻孔线岩

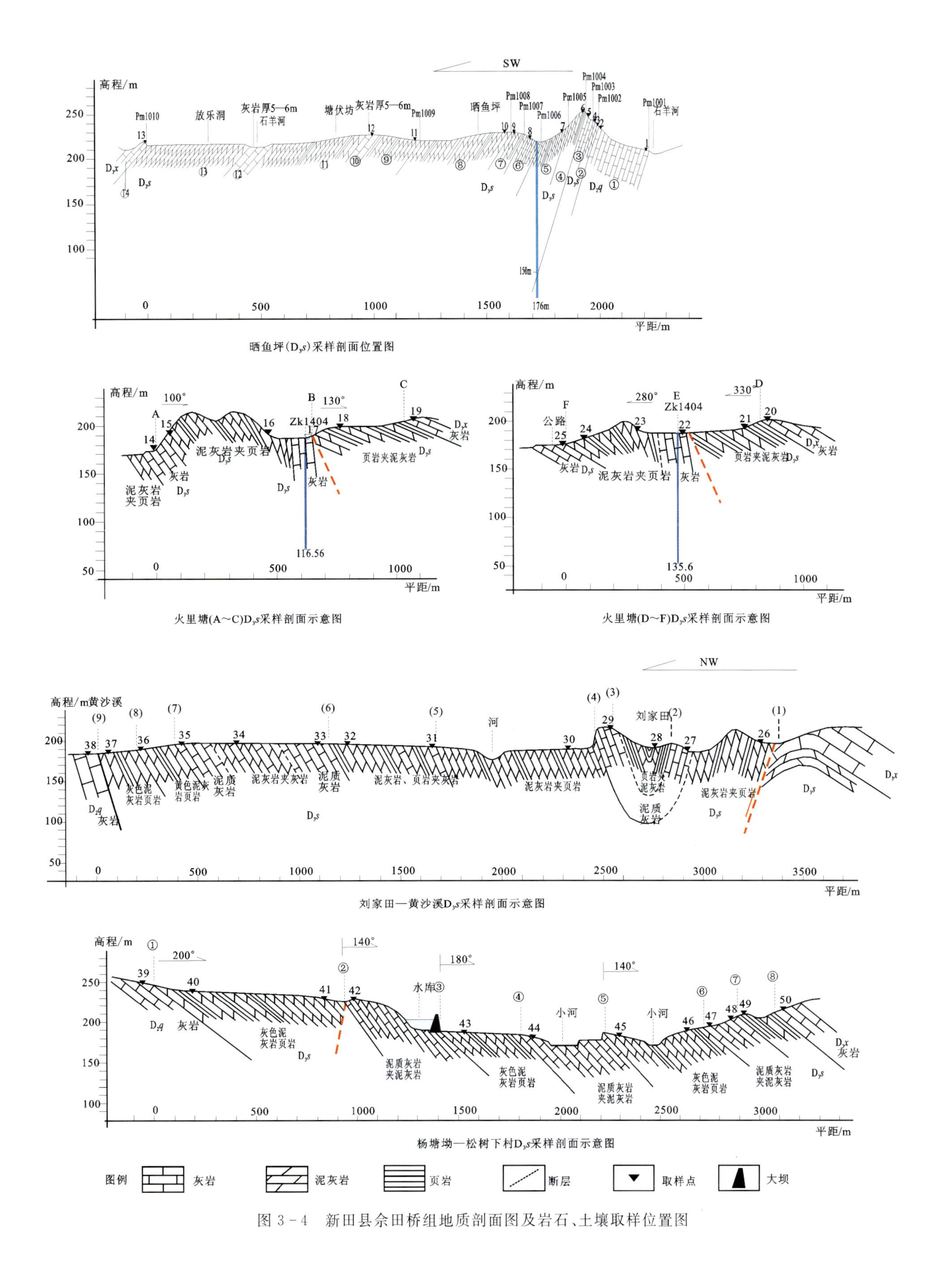

图3-4 新田县佘田桥组地质剖面图及岩石、土壤取样位置图

溶率 0.1%～2.0%，地表未发现大溶洞、消（落）水洞、洼地等岩溶现象。综合分析认为泥质灰岩、灰岩、不纯灰岩夹层段岩溶以微弱发育为主，泥灰岩则未见岩溶现象，岩溶不发育。

3. 水文地质条件

D_3x、D_2q 水文地质条件属复杂类型，具有岩性较单一，构造及岩溶发育，地下水接受雨水和地表水的补给量大、排泄量也大，动态变化显著，地表水、地下水转化快等特点。

D_3s 中巨厚的泥灰岩层内，泥（页）层、泥灰岩与泥（页）岩夹层段，可视为相对隔水层，厚度稍小；横向上连续性较差的泥质灰岩、灰岩等夹层及薄层不纯灰岩与泥灰岩互层段，为 D_3s 中的含水层，这些呈藕节状或透镜体状或格子块状的富水岩体岩溶发育微弱，纵向及横向上连通性较差，多为封闭或半封闭富水块段或独立的岩溶水系统，块段之间水力联系差，相互干扰性小，富锶地下水区的水文地质条件应属于简单类型。

富锶地下水区具有较显著的隔水层、含水层，构造发育少，岩溶发育微弱，地下水排泄量小、接受雨水和地表水补给的量少，地下水流动变化小，地表水、地下水转化较慢的特点，对锶在 D_3s 岩石中的富集存储有利，D_3x、D_2q 岩石中锶含量为 244～289.5mg/kg，构造发育强烈、岩溶发育强烈、水量丰富、水循环快，为开放型地下水系统，补给与排泄量大、水文地质条件复杂，不具备锶的储存条件，对锶的储存能力差，尚未见有大于 0.2mg/L 的地下水点。

D_3s 岩石中锶含量为 292.4～438.8mg/kg，构造较发育、岩溶发育微弱、水量较贫乏、地下水补给与排泄量较少、水循环慢，为封闭至半封闭型地下水系统，水文地质条件简单，基本具备了富锶地下水的形成条件，对锶的储存能力强，形成了较大面积的富锶区。

第三节　岩溶地下水补给、径流、排泄条件及动态变化规律

一、补给条件

本流域为水系源头型的四级流域，水资源以大气降水为唯一来源，地下水系统边界基本与地表水系一致。地下水的主要补给来自于大气降水，其补给方式大体是大气降水落到地面后，一部分渗入地下，除消耗于表层土持水、植被截流外，通过岩溶通道如溶沟、溶槽、落水洞、地下河天窗、溶隙等直接灌入或缓慢入渗地下，补给地下水；另一部分以地面径流进入地表水系（即雨强大于下渗速度时）。降水对地下水补给量大小，受当地地形地貌、含水介质、断裂构造、岩溶发育程度、土壤植被及降水量、降水强度等自然因素的制约。由于各地段所具备的上述因素不一，大气降水有效入渗强度亦有差别。

经综合收集资料和调查结果归纳，本区平均降水入渗系数红层（K、J）分布区为 0.06；浅变质碎屑岩（∈）分布区为 0.026；碎屑（砂、页）岩（D_3x^2、D_2t、S、O）分布区为 0.057；碳酸盐岩分布区中岩溶发育强烈区（$C_{2+3}H$、C_1d^3、C_1d^1、C_1y^1、D_3s）为 0.443，岩溶发育中等区（C_1y^2、D_3x^1、D_2q）为 0.348，岩溶发育较弱区（新田县东南部 D_3s、D_3x^1）为 0.17。

区内地下水主要的补给方式有面状分散补给和点状集中补给。典型的补给方式除裸露岩溶区普遍存在的溶蚀缝隙导水和消水洞、落水洞等岩溶管道集中注入外，还存在非岩溶补给区溪流进入岩溶区对岩溶含水层的补给、地表水库蓄水渗漏对地下水的补给和农业灌溉水漏失等补给方式。

二、径流条件

区内地下水的径流条件严格受含水介质及地形条件的制约，不同类型的地下水在各种条件影响下，具有各种径流状态，据调查分析区内地下水流态主要有分散渗流和集中管流两种径流状态。

1. 分散渗流

当降水及其他类型补给水源到达地面，除满足植物截留、包气带持水后则产生重力下渗补给地下水，其径流方向依地势由高往低运动，地下水无固定水面，潜水面变化大，但基本与地形坡度一致，径流途径短，且补给区与径流区基本一致。此种流态在区内分布较广，尤其是新田河流域北部的碎屑岩裂隙水分布区，以及具有较弱岩溶化岩溶裂隙含水介质性质的不纯碳酸盐岩夹碎屑岩分布区，其他地区多呈小块或条带状分布。分散流在以溶洞裂隙介质为特征的岩溶水系统中普遍存在，以面状补给为来源，并多以潜流向河谷排泄带运移排泄或小泉水出露地表。

2. 集中管流

集中管流在纯碳酸盐岩区广泛分布，岩溶发育强烈，溶洞、管道成为岩溶含水层的主要导储水空间。岩溶水系统中溶洞、管道周边也存在分散流，是地下水流向地下河或岩溶强径流带汇聚的重要渗流形式，但溶洞、管道的作用更为显著。当雨水及地表径流通过地表岩溶通道，如落水洞、漏斗、地下河天窗等直接灌入或沿溶缝(隙)缓慢渗入地下，形成有一定方向的地下水流，沿岩溶隙缝、管道集中径流及排泄，其流动速度的快慢取决于补给水量的大小、岩溶含水介质的缝隙、管道发育程度、形态大小和缝隙、管道底板坡度等。一般在一次洪水过程中，地下水受细小岩溶裂隙一类含水介质控制，始终沿细小岩溶缝隙运动，流速较慢，流量平稳且动态变化小，水流呈现出慢速线性层流流态，而地下水在坡度较陡、岩溶洞穴管道较大中流动时，地下水速流相当快，流量动态变化剧烈且极不稳定，并呈现出瞬时洪峰向地下河出口或岩溶大泉快速径流排泄，水流呈现出非线性紊流流态，这种地下水在雨季往往成为弃水，需经一定水利工程调节方能利用。

三、排泄条件

地下水的排泄受地形地貌、排泄基准面(地表水系)、含水层性质和地质构造等水文地质条件控制，新田河流域岩溶水系统具有相对独立的水流补给、径流和排泄水动力场结构。总体上岩溶水系统接受大气降水的补给，向新田河河谷排泄，但是由于岩溶水文地质条件的变化，“三水”转化强烈，尤其在地形和水力梯度变化较大的中西部岩溶区，表层岩溶带水流快速交替，表层泉排泄表层循环水形成近源排泄，其排水量的相当一部分会再次渗入地下，进入下部岩溶含水层。在峰丛山区与岩溶谷地的过渡地带，因水力梯度突变，在浅层循环带的地下河洞穴、管道形成溢流，在山前岩溶谷地形成岩溶水系统的高位溢洪排泄或内排带，成为次级岩溶水系统中地表水系的起源。下渗进入深循环体系的岩溶水流，受新田河排泄基准面的控制，主要向岩溶水系统的排泄区新田河谷地带汇集、排泄。

在碎屑岩分布区地下水以近源为主。在以潜水形式存在的基岩裂隙水和松散岩类孔隙水区分布较明显。地下水在径流途中同时接受降水的补给而在适宜地段如溪沟或低洼地带排泄，密集的水文网使地下水的排泄条件通畅，尤其是在中高山陡坡的浅变质岩分布区，侵蚀深度可达含水层底板，地下水全部由河谷排泄，因此碎屑岩区仅见到少量小泉出露。

在低山丘陵地带的不纯碳酸盐岩类裂隙水区，具有局部排泄方式，受含水层性质变化和构造控制，而侵蚀基准面的影响不明显，地下水以潜水为主，并有一部分为承压水或脉状水，以泉、井方式在地层接触带和构造带排泄，部分也排泄于河溪侵蚀流的沟谷、槽谷地带。

四、地下水动态变化特征

各类地下水的补给源都是大气降水，因此气候的变化，特别是降水量的周期变化明显地控制地下水动态形成的全过程。区内大气降水特征由图 1-2 和图 1-3 可知：丰水期出现在每年 4—6 月，3 个月降水量之和占全年降水量的 42.8%，平水期出现在每年 2、3、7、8 月，4 个月降水量之和占全年降水量的

35.5%，而每年9、10、11、12月及次年1月则为枯水期，5个月降水量之和仅占全年降水量的21.7%。从目前6个地下水长期观测点的动态曲线(图3-5、图3-6)来看，地下水的动态曲线基本与降水量相一致，反映了地下水动态与降水量的关系密切。但由于降水量在时空上是一个不断变化的因素，各观测点依其出露地形、地貌及含水介质、地下水赋存条件，以及补给、径流、排泄条件的差异有所变化，如毛里乡龙王井，泉水自溶洞中流出，补给水源来自岩溶山区。该岩溶水系统由质纯碳酸盐岩构成，地形高差较大，岩溶发育强烈，降水通过溶缝、裂隙和落水洞等通道快速补给，水流通畅，循环交替快，泉水流量的动态变化滞后降水一般1～2d。其他一些泉域规模小的泉水流量变化滞后特征则不明显。

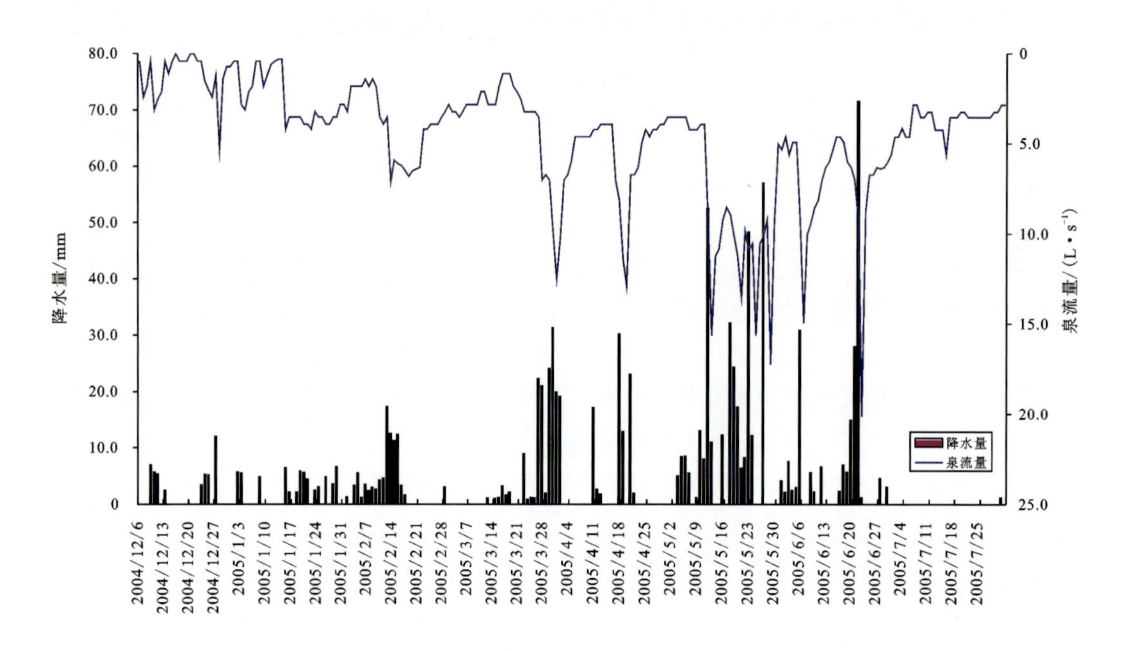

图3-5 毛里乡龙王井流量与降水量动态曲线

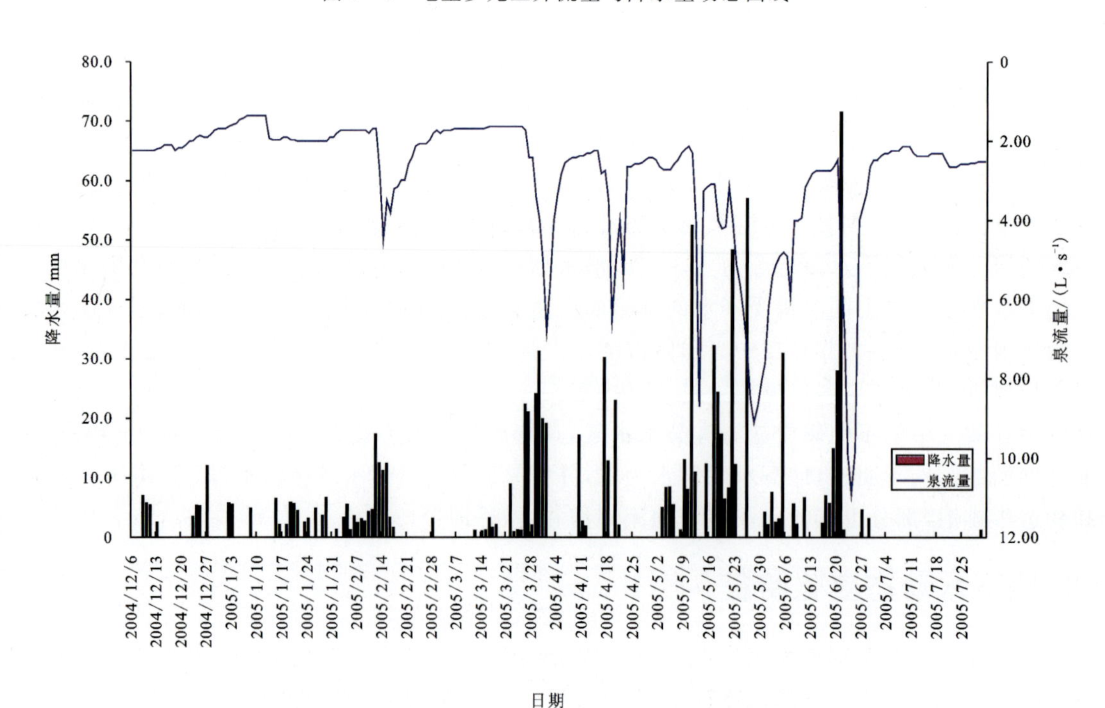

图3-6 知市坪定家村泉井流量与降水量动态曲线

第四节 岩溶水水化学特征及水质评价

水是环境中最活跃的自然要素之一，在其循环、运移过程中，通过与围岩介质的相互作用，地下水的化学组分及溶解离子浓度随作用条件的变化而变化，在一定的地理、地质、水文地质和地球化学条件下，形成特定的水文地球化学特征，并影响地下水质量的优劣。地下水水化学形成的主要作用是溶滤作用和混合作用，其作用的强弱与溶解体(围岩介质)的性质、溶剂的黏滞性和运移速度有关。影响地下水水化学形成的主要因素是大气降水、地表水、地形、土壤、植被和岩石介质等，它们均能直接或间接地影响地下水化学成分的形成和引起水化学组分的变化。

一、新田河流域水化学特征及水质评价

新田河流域共采集地下水水样 173 组，其中 2011 年以前的样品 135 组，2012—2016 年的 38 组，收集地下水测试资料 24 份，2011 年以前的样品绝大多数于 2011 年丰水期末—平水期采集。通过地下水出露和赋存条件的调查、水化学取样(图 3-7)测试结果，结合水化学成因条件分析，新田县地下水水化学特征详见表 3-2。

(一)水化学特征

据本次调查、测试结果分析，新田县地下水水化学总体特征如下。

(1)地下水 pH 在 7.10～7.94 之间，均值为 7.42，属中性偏弱碱性水。

(2)地下水综合指标溶解性总固体(TDS)、总硬度(HB)和溶解 CO_2 特点：TDS 一般在 77.00～723.00mg/L 之间，均值为 339.63mg/L；HB 一般在 69.00～512.71mg/L 之间，均值为 269.70mg/L；水中游离 CO_2 一般在 0～79.2mg/L 之间，均值为 11.87mg/L，属低矿化淡水。

(3)水化学组分主要由 Ca^{2+} 和 HCO_3^- 构成的碳酸盐为主，Ca^{2+} 含量一般在 46.67～167.67mg/L 之间，均值为 88.43mg/L，HCO_3^- 含量一般在 166.88～517.0mg/L 之间，均值为 286.71mg/L，这两种离子的含量之和占溶解离子总量的 87.2%，而 Cl^-、SO_4^{2-}、Mg^{2+}、Na^+ 和 K^+ 等离子的含量之和仅占溶解离子总量的 12.7%；其中 Cl^- 含量一般在 0.43～134.01mg/L 之间，均值为 12.37mg/L，SO_4^{2-} 含量一般在 2.00～230.00mg/L 之间，均值为 26.87mg/L，Mg^{2+} 含量一般在 0.69～64.46mg/L 之间，均值为11.86mg/L，Na^+ 含量一般在 0.15～190.0mg/L 之间，均值为 5.39mg/L，K^+ 含量一般在 0.02～18.2mg/L之间，均值为 1.36mg/L，分别占溶解离子总量约 2.5%、6.1%、2.7%、1.1%和 0.3%。区内地下水水化学类型复杂多样，HCO_3-Ca、$HCO_3-Ca\cdot Mg$ 型，占分析水样的 93.3%，其余有 $HCO_3\cdot SO_4-Ca$型、$HCO_3-Ca\cdot Na$ 型、$HCO_3\cdot Cl-Ca$ 型、$HCO_3-Mg\cdot Ca$ 等类型。

(二)水化学动态变化特征

将本次调查所分析的 135 组样品测试数据，与 2007 年中国地质科学院岩溶地质研究所的测试数据对比分析。结合新田县水循环自然和人为因素，初步分析判断区内地下水水化学变化规律。

大气降水是新田县地下水的重要补给来源，也是影响地下水水化学特征的主要因素之一。通过对区内降水量频率分析，2007 年降水量为 1 277.8mm，相当频率为 73.3%的偏枯水年，而 2011 年降水量为 892.0mm，相当频率为 100.0%的特枯水年，在入渗系数变化不大的情况下，区内的地下水天然补给量减少了 35.1%。2012—2016 年间降水量平均为 1 492.36mm，地下水补给量增加，相当频率为11.6%～60.0%，平均为 36.00%(图 3-8)。

从表 3-3 可以看出区内 2007 年与 2011 年地下水主要化学组分的均值含量变化幅度较大，除 Ca^{2+}

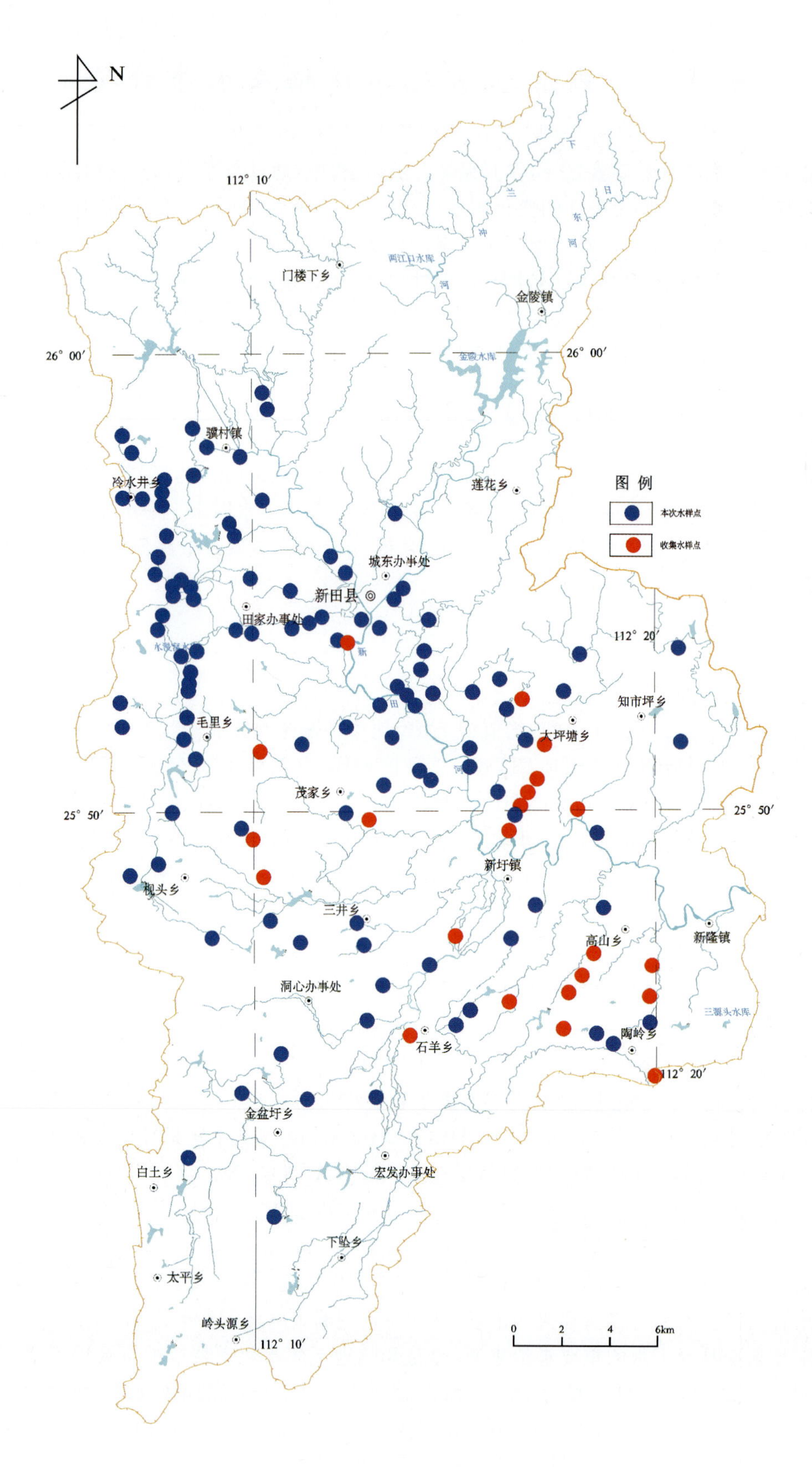

图 3-7　新田河流域水样点分布图

表 3－2　新田县地下水水化学组分特征值统计表

单位：mg/L

类型	碳酸盐岩裂隙溶洞水											碳酸盐岩夹碎屑岩溶洞裂隙水						碎屑岩基岩裂隙水			
层位	C_1d^1	C_1y^1			$C_{2+3}H$	D_3s			D_3x^1			D_2q			D_3s(泥灰岩区)			D_3x^2			O_3
特征值	测试值	最小值	最大值	平均值	测试值	最小值	最大值	平均值	最小值	最大值	平均值	最小值	最大值	平均值	最小值	最大值	平均值	最小值	最大值	平均值	测试值
总硬度	308.20	170.59	357.34	261.27	237.44	69.00	512.71	262.69	194.26	507.76	256.57	186.30	507.76	273.31	171.10	452.35	297.58	240.54	349.38	294.96	228.63
TDS	287.00	193.00	482.00	287.31	205.00	205.00	612.00	399.61	77.00	723.0	389.60	187.00	639.00	342.42	189.00	700.00	399.60	337.00	443.00	390.00	283.00
K^+	4.15	0.16	2.83	1.37	0.18	0.14	18.20	1.63	0.16	3.76	1.50	0.20	4.39	1.95	0.02	3.37	1.27	0.39	2.36	1.38	0.53
Na^+	2.21	0.52	5.46	2.37	0.78	0.15	190.00	38.47	0.28	119.51	24.86	0.28	57.83	11.88	0.38	62.90	18.32	1.76	1.93	1.85	1.16
Ca^+	109.26	61.52	110.60	87.47	75.87	12.40	143.49	80.45	59.86	167.67	86.43	46.67	167.67	88.72	53.95	143.49	90.78	83.25	108.22	95.74	50.34
Mg^+	8.60	3.68	21.46	10.42	11.66	4.91	64.46	38.30	4.23	28.87	12.83	31.95	26.46	12.49	0.69	25.84	13.35	7.94	19.24	13.59	25.01
Cl^-	11.85	1.52	20.17	8.02	2.94	4.15	47.54	12.74	1.25	134.01	12.22	2.87	134.01	27.17	0.43	47.54	11.80	9.77	10.13	9.95	7.98
SO_4^{2-}	60.00	4.00	50.00	26.31	35.00	4.00	70.00	21.42	2.00	230.00	32.46	5.00	110.00	21.31	4.62	70.00	21.84	2.00	50.00	26.00	15.00
HCO_3^-	277.32	171.10	392.77	273.66	233.77	166.88	564.00	377.04	192.51	517.00	328.24	169.57	396.63	311.14	178.44	473.00	350.36	280.56	339.32	309.94	242.60
游离 CO_2	9.90	0	12.10	8.50	8.80	0	35.20	8.43	0	61.60	16.34	0	18.70	8.86	0	79.20	22.24	5.94	21.12	13.53	8.36

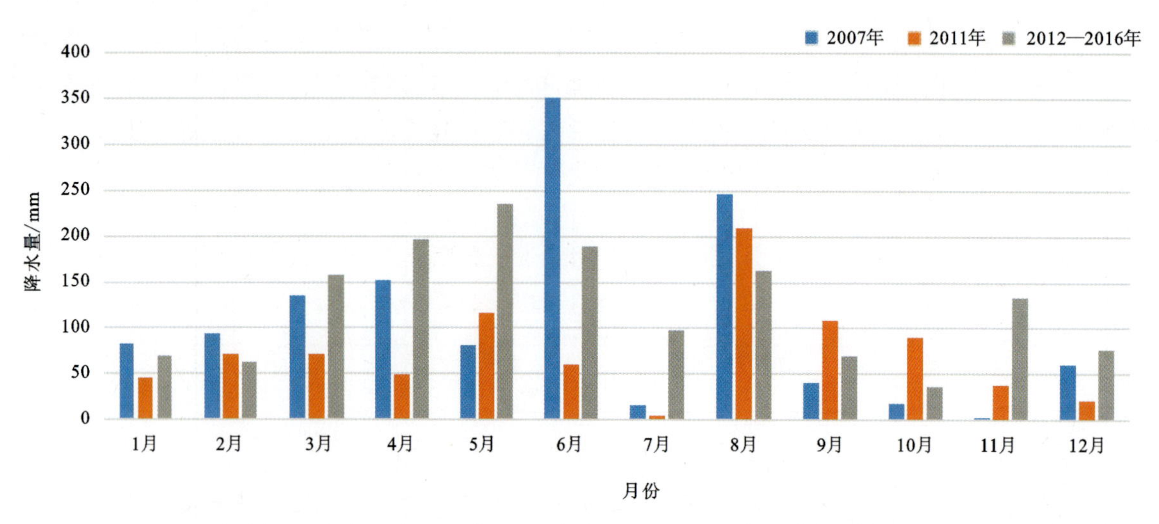

图 3-8　新田县 2007 年、2011 年、2012—2016 年各月降水量对比图

浓度略微降低外，其他均大幅增加，其中游离 CO_2、Na^+、SO_4^{2-}、Mg^{2+} 变幅分别达到了 349%、288%、266%、234%。从主要阴阳离子的标准偏差来看，阴离子的 HCO_3^-、SO_4^{2-} 的偏差分别为 65.39mg/L、25.73mg/L排首两位，而阳离子的 K^+、Mg^+ 以 1.74mg/L、8.30mg/L 居末。从变异系数来看，阳离子中 Na^+、K^+，阴离子的 Cl^- 均超过 100%，而 Ca^+ 最小，为 24.7%。2012 年以后，由于降水量逐年增加，地下水补给充沛，致使离子含量除 Na^+ 外，其他化学组分如 K^+、Ca^{2+}、Mg^{2+}、Cl^-、SO_4^{2-}、HCO_3^-、游离 CO_2、HB、TDS 的含量普遍降低。

表 3-3　新田县 2007 年、2011 年、2012—2016 年地下水水化学组分特征值统计表

特征值	均值/(mg·L⁻¹)			最大值/(mg·L⁻¹)			最小值/(mg·L⁻¹)			标准偏差/(mg·L⁻¹)		变异系数/%	
年份	2007	2011	2012—2016	2007	2011	2012—2016	2007	2011	2012—2016	2011	2012—2016	2011	2012—2016
HB	240.27	269.70	1 368.82	191.63	512.71	507.76	312.28	170.59	69.00	66.02	265.87	24.50	211.64
TDS	246.70	339.64	196.69	324.82	639.00	743.74	185.15	77.00	236.92	114.92	370.33	33.80	222.63
K^+	1.00	1.36	0.78	2.26	18.20	3.76	0.30	0.02	0.29	1.74	1.63	127.40	237.60
Na^+	1.39	5.40	12.70	2.45	119.51	190.00	0.14	0.15	0.28	13.13	39.00	243.30	1 313.89
Ca^{2+}	90.30	88.43	40.24	70.00	167.67	167.67	129.99	46.67	12.40	21.84	83.33	24.70	229.78
Mg^{2+}	3.55	11.86	6.90	14.78	64.46	25.81	0	0.69	1.95	8.30	13.15	70.0	235.86
Cl^-	9.33	12.37	3.73	17.22	134.01	134.01	1.01	0.43	1.60	19.76	23.00	159.70	702.57
SO_4^{2-}	7.35	26.87	8.44	40.87	230.00	230.00	0	2.00	5.00	25.72	36.01	95.70	652.20
HCO_3^-	267.07	286.72	176.63	349.54	504.98	564.00	215.10	166.88	218.76	65.39	326.86	22.80	222.10
游离 CO_2	2.64	11.87	11.20	6.50	79.20	61.60	0	0	61.60	13.78	20.40	116.10	238.27

总的来说，新田县内大气降水减少较多时，地下水水化学组分的变化幅度也较大，枯水年降水量小于蒸发量，地表水多数组分浓度增大，地下水也表现出组分浓度随大气降水量反向波动的特征，补给量增大时呈正向波动变化。从深一层的角度来看，区内的浅层岩溶地下水受季节、降水量的影响较大，反映出区内浅层岩溶地下水接受补给源复杂、水化学组分相对动态变化大的特征。

（三）水源质量特征及水质评价

由于新田县大部分地区为岩溶地区，故地下水资源丰富，但分布不均，主要集中在西南部岩溶地区赋存；地表水资源时空分布极不均匀，丰水期往往造成洪涝灾害，枯水期形成旱灾，人口较密集，经济欠发达，为国家级贫困县，因此地下水在社会经济发展中占有举足轻重的作用。本次对新田县的15个代表性地下水水源点水质分析结果进行统计分析。各代表性地下水水源地概况见表3－4。

表3－4 新田县代表性地下水水源点概况表

编号	位置	含水岩组	水量/($m^3\cdot d^{-1}$)	备注
ZK12－4	大坪塘乡土桥坪村	D_3x^1	102.5	钻孔提引开发点
ZK10－4	高山乡梅家村李家	D_3x^1	485.6	钻孔提引开发点
KF1	枧头镇贺家井	C_1y^1	1 600.0	地下河开发利用示范点
ZK9－3	金盆圩乡陈维新村	C_1y^1	311.0	钻孔提引开发示范点
ZK12－1	冷水井乡黄庆村	C_1y^1	394.4	钻孔提引开发点
1445	龙泉镇大历县村	D_3s	535.7	农村安全供水工程点
ZK9－4	龙泉镇源头村	C_1y^1	500.0	钻孔提引开发点
ZK12－11(收集)	茂家乡茂家村	D_3x^1	252.0	农村安全供水工程点
ZK13－10(收集)	三井乡晒鱼坪村	D_2q	401.0	农村安全供水工程点
KF3(9017)	三井乡塘坪村	C_1y^1	200.0	地下河开发利用示范点
KF2(9012)	十字乡刀疤岩	C_1d^1	1 600.0	岩溶潭开发利用示范点
9282	石羊镇小鹅井	D_3x^1	770.7	岩溶大泉
ZK10－3	陶岭乡周家	D_2q	120.0	钻孔提引开发示范点
ZK11－2	新圩镇火里塘钻孔	D_3x^1	482.0	钻孔提引开发示范点
1488	知市坪乡龙井塘村	$C_{2+3}H$	274.8	岩溶泉

1.水源质量特征

为查明水源质量状况，保证供水点附近工农业生产和居民生活的安全与健康要求，对水源质量进行监测分析。检测结果表明，15处水源的水体清澈透明、无色、无异臭、异味、无悬浮异物，口感良好，色度、浑浊度等各项物理感官性状符合《生活饮用水卫生标准》(GB 5749—2006)要求。水的一般化学指标中pH在7.22～7.83之间，均值为7.38，属中性偏碱性水，水源温度一般在17.5～22.0℃之间，平均为19.5℃，属冷水。

溶解性总固体(TDS)在204～639mg/L之间，均值为304.26mg/L，总硬度(HB)在170.59～381.45mg/L之间，均值为253.53mg/L，均呈低矿化的软水，氯化物、硫酸盐和Fe、Mn、Cu、Zn等金属离子的浓度也普遍较低，分别低于《生活饮用水卫生标准》(GB 5749—2006)限量值和《地下水质量标准》(GB/T 14848—2017)的较好类水标准值，水源的一般化学指标均符合GB 5749—2006和GB/T 14848—2017标准。水源中有毒微量元素和氟化物含量大都低于国家标准规定限量值，未见明显超标现象。其中砷、汞、镉、六价铬和铅等具蓄积性有毒物基本上没有检出，总体上处于极低的背景水平，符合国家标准要求。人为活动污染的氰化物基本没有检出。亚硝酸盐含量绝大部分低于地下水质量标准良好类水的标准值，区内各水源基本保持天然背景状态，总体上没有遭受明显污染，水质状况基本达到国家标准要求。但局部地带，如城镇、村庄的污水沟渠和废弃物堆放场地附近，少数水源受到污染，以硝酸盐类污染物浓度增高为特征，如龙泉镇源头村(ZK9－4)亚硝酸盐浓度达 0.04mg/L，超出标准限制，2016 年施工的钻孔 ZK1 孔、ZK2 孔氟化物分别超标 0.52mg/L、1.23mg/L。ZK13－9 孔氟化物超标 0.2mg/L。ZK12－6 孔汞超标 0.009mg/L，ZK13－4 孔氟化物超标 0.2mg/L、镉超标 0.015mg/L、铅超标 0.09mg/L、锰超标 0.57mg/L、耗氧量超标 1.20mg/L。

2. 水源质量评价

1)评价方法

根据 2017 年实施的中华人民共和国国家标准《地下水质量标准》(GB/T 14848—2017)，将地下水质量划分为 5 类。Ⅰ类主要反映地下水化学组分的天然低背景含量，适用于各种用途；Ⅱ类主要反映地下水化学组分的天然背景含量，适用于各种用途；Ⅲ类以人体健康基准值为依据，主要适用于集中式生活饮用水水源及工业、农业用水；Ⅳ类以农业和工业用水要求为依据，除适用于农业和部分工业用水外，适当处理后可作生活饮用水；Ⅴ类不宜饮用，其他用水可根据使用目的选用。

根据地下水质量分类指标对各单项进行分类评分，对各单项组分评价分值按表 3－5，以此为基本值，对地下水质量进行分级。

表 3－5　单项组分评价分值(GB/T 14848—2017)

类别	Ⅰ类	Ⅱ类	Ⅲ类	Ⅳ类	Ⅴ类
F_i	0	1	3	6	10

评价方法为综合指数法，计算公式为：

$$F=\sqrt{\frac{\overline{F}^2+F_{\max}^2}{2}} \tag{3-2}$$

$$\overline{F}=\frac{1}{n}\sum_{i=1}^{n}F_i \tag{3-3}$$

式中：$\overline{F}$ 为各单项组分评价分值 F_i 的平均值；$F_{\max}$ 为各单项组分评价分值 F_i 中的最大值；n 为项数。

根据综合评价分值 F，按地下水质量级别进行分级(表 3－6)。

表 3－6　地下水质量级别划分(GB/T 14848—2017)

级别	优良	良好	较好	较差	极差
F	<0.80	0.80～2.50	2.50～4.25	4.25～7.20	>7.20

2)评价结果

本次根据取样分析项目，地下水水质评价因子为 18 项，即 pH、总硬度(HB)、溶解性总固体(TDS)、硫酸盐、氯化物、铁、锰、铜、锌、硝酸盐、亚硝酸盐、氨氮、氟化物、汞、砷、镉、六价铬、铅(表 3－7)。

表 3-7　地下水质量分类指标(GB/T 14848—2017)

序号	项目标准值类别	Ⅰ类	Ⅱ类	Ⅲ类	Ⅳ类	Ⅴ类
1	pH	6.5～8.5	6.5～8.5	6.5～8.5	5.5～6.5 8.5～9.0	<5.5 >9.0
2	总硬度(以 $CaCO_3$ 计)	≤150	≤300	≤450	≤550	>550
3	溶解性总固体(TDS)	≤300	≤500	≤1000	≤2000	>2000
4	硫酸盐	≤50	≤150	≤250	≤350	>350
5	氯化物	≤50	≤150	≤250	≤350	>350
6	铁(Fe)	≤0.1	≤0.2	≤0.3	≤1.5	>1.5
7	锰(Mn)	≤0.05	≤0.05	≤0.1	≤1.0	>1.0
8	铜(Cu)	≤0.01	≤0.05	≤1.0	≤1.5	>1.5
9	锌(Zn)	≤0.05	≤0.5	≤1.0	≤5.0	>5.0
10	硝酸盐(以 N 计)	≤2.0	≤5.0	≤20	≤30	>30
11	亚硝酸盐(以 N 计)	≤0.001	≤0.01	≤0.02	≤0.1	>0.1
12	氨氮(以 N 计)	≤0.02	≤0.02	≤0.2	≤0.5	>0.5
13	氟化物(F)	≤1.0	≤1.0	≤1.0	≤2.0	>2.0
14	汞(Hg)	≤0.000 05	≤0.000 5	≤0.001	≤0.001	>0.001
15	砷(As)	≤0.005	≤0.01	≤0.05	≤0.05	>0.05
16	镉(Cd)	≤0.000 1	≤0.001	≤0.01	≤0.01	>0.01
17	铬(Cr^{6+})	≤0.005	≤0.01	≤0.05	≤0.01	>0.01
18	铅(Pb)	≤0.005	≤0.01	≤0.05	≤0.1	>0.1

注:标准值中 pH 值无量纲,其余单位为 mg/L。

单项评价结果见表 3-8。从表中可以看出新田县代表性地下水水源点水质现状较好,参与评价的15个代表性水源点,地下水水质状况优良及良好为 14 个,占总数的 93.3%。整体来看,新田县代表性地下水水源点除 ZK13-4 孔外,其他各类水质指标大部分均符合《生活饮用水卫生标准》(GB 5749—2006)和达到《地下水质量标准》(GB/T 14148—2017)良好类水质量,水质清澈透明,无任何异臭、异味、异物,未受污染,品质优良,适合各种用途的开发利用,地下水水质恶化状况仅在局部地段出现,污染物以亚硝酸盐、镉、铅、锰、氟化物为主。因此,由于本区地表水-地下水转换强烈,多数小型或分散居民的供水源地及地下水富集汇水区虽远离工业区、城镇区,但距居民点及农田较近,受生活粪便、垃圾、化肥农药的影响,水源区易受地表环境污染。为保持水源质量稳定,不受地表环境污染影响,水源开发时必须建立环境卫生保护区,健全水源区环境管理设施和水质检测制度,切实保护水源环境卫生条件,以保证水源供水安全。综合单项评价结果,15 组代表性水源点地下水污染评价结果见表 3-9,除 1 处较差外,其余均良好,主要超标因子为亚硝酸盐。

表 3-8　新田县代表性水源点地下水质量分析、评价结果

编号		ZK12-4	ZK10-4	KF1	ZK9-3	ZK12-1	1445	ZK9-4	ZK12-11	ZK13-10	KF3	KF2	9282	ZK10-3	ZK11-2	1488
类型		岩溶水	岩溶水	岩溶水	岩溶水	岩溶水	岩溶水	岩溶水	岩溶水	岩溶水	岩溶水	岩溶水	岩溶水	岩溶水	岩溶水	岩溶水
地层		D_3x^1	D_3x^1	C_1y^1	C_1y^1	C_1y^1	D_3s	C_1y^1	D_3x^1	D_2q	C_1y^1	C_1d^1	D_3x^1	D_2q	D_3x^1	$C_{2+3}H$
评价项目	pH 值	7.79	7.71	7.52	7.76	7.74	7.62	7.58	7.22	7.79	7.60	7.72	7.71	7.32	7.65	7.27
	总硬度（以 $CaCO_3$ 计）	280.67	199.56	170.59	256.46	265.46	228.00	207.47	322.18	238.34	292.73	274.87	381.45	298.94	237.44	452.31
	TDS	294.42	204.00	213.00	351.00	293.67	262.00	225.00	540.81	229.00	302.00	276.00	639.00	449.00	205.00	504.00
	硫酸盐	5.00	40.00	30.00	4.35	5.00	20.80	25.00	14.22	28.31	43.47	41.20	110.00	20.00	35.00	60.00
	氯化物	9.04	3.30	6.45	7.41	12.05	2.40	2.91	4.98	1.52	3.08	4.61	120.58	6.84	2.94	47.54
	铁(Fe)	0	0	0	0	0.01	0	0	0	0	0	0	0	<0.08	0	<0.08
	锰(Mn)	<0.05	<0.02	0	0	<0.05	0.003 5	0	0.04	0	0	0	<0.02	<0.1	<0.02	0.67
	铜(Cu)	<0.10	<0.04	0	0	<0.10	0.002 3	0	<0.05	0	0	0	<0.04	0	<0.04	<1
	锌(Zn)	0.029	<0.01	0	0	0.002	0.002 9	0	<0.05	0	0	0	<0.01	0.011	<0.01	0.09
	硝酸盐（以 N 计）	10.00	0.10	3.00	11.00	10.00	5.70	2.50	0.20	3.00	5.00	5.00	0.10	0.50	0.10	2.00
	亚硝酸盐（以 N 计）	0	0	0.01	0	0	0	0.04	0	0	0	0	0	0.001 7	0	0
	氨氮（以 N 计）	0	0.02	0.01	0	0	0	0.02	0.02	0	0	0	0.02	<0.01	0.04	0
	氟化物(F)	0.04	0	0.08	0.04	0.04	0.08	0.04	0.68	0.06	0.02	0.02	0	0	0	1.20
	汞(Hg)	0.000 3	<0.001	<0.001	<0.001	0.000 5	<0.000 5	<0.001	0.000 6	<0.001	<0.001	<0.001	<0.001	0	<0.001	<0.001
	砷(As)	<0.005	<0.025	0.009	0.009	<0.005	0.000 5	0.009	<0.01	0.003	0.009	0.009	<0.025	0	<0.025	0.002
	镉(Cd)	<0.002	<0.02	<0.005	<0.005	<0.002	0.000 1	<0.005	<0.001	<0.005	<0.005	<0.005	<0.02	0	<0.02	0.02
	铬(Cr^{6+})	<0.001	<0.001	<0.001	<0.001	<0.004	0.001 9	<0.001	<0.001	<0.001	<0.001	<0.001	<0.001	0	<0.001	<0.05
	铅(Pb)	<0.01	<0.10	0	0	<0.01	0.000 1	0	<0.01	0	0	0	<0.10	<0.01	<0.10	0.10
评价结果		良好	良好	良好	良好	良好	良好	较差	良好	良好	良好	良好	良好	良好	优良	良好

注：除 pH 值无量纲，其余单位为 mg/L。

表 3-9 新田县代表性水源点地下水污染评价结果

编号	位置	含水岩组	评价结果	综合评分值	超标因子
ZK12-4	大坪塘乡土桥坪村	D_3x^1	良好	2.16	
ZK10-4	高山乡梅家村李家	D_3x^1	良好	2.19	
KF1	枧头镇贺家井	C_1y^1	良好	2.14	
ZK9-3	金盆圩乡陈维新村	C_1y^1	良好	2.16	
ZK12-1	冷水井乡黄庆村	C_1y^1	良好	2.16	
1445	龙泉镇大历县村	D_3s	良好	2.13	
ZK9-4	龙泉镇源头村	C_1y^1	较差	4.27	亚硝酸盐
ZK12-11	茂家乡茂家村	D_3x^1	良好	2.24	
ZK13-10	三井乡晒鱼坪村	D_2q	良好	2.17	
KF3(9017)	三井乡塘坪村	C_1y^1	良好	2.13	
KF2(9012)	十字乡刀疤岩	C_1d^1	良好	2.14	
9282	石羊镇小鹅井	D_3x^1	良好	2.14	
ZK10-3	陶岭乡周家	D_2q	良好	2.28	
ZK11-2	新圩镇火里塘钻孔	D_3x^1	良好	0.72	
1488	知市坪乡龙井塘村	$C_{2+3}H$	良好	2.22	

二、富锶地下水水化学特征及水质评价

2016 年 8 月，对新田县内出露的富锶下降泉、富锶机井进行集中采样，共采集样品数量为 51 组，其中下降泉 21 组、机井 30 组。

(一)地下水水化学特征

1. 下降泉水化学特征

新田县内 21 个下降泉锶元素含量平均值为 0.38mg/L(表 3-10)，是国家饮用天然矿泉水锶含量限值的 1.90 倍。pH 值范围为 6.76～7.81，平均值为 7.07，呈弱碱性；TDS 范围为 201.48～395.92mg/L，平均值为 291.57mg/L，属于淡水(＜1000mg/L)。下降泉硬度范围为 181.71～351.57mg/L，平均值为 262.61mg/L，属于微硬水—硬水。

下降泉阳离子当量浓度变化范围为 3.66～7.12mEq/L，平均值为 5.50mEq/L，阴离子当量浓度变化范围为 3.84～7.05mEq/L，平均值为 5.49mEq/L；下降泉中阳离子当量浓度与阴离子当量浓度基本相等，相对误差率介于－2.30%～1.44%之间，小于±5%。下降泉阳离子以 Ca^{2+} 为主，Ca^{2+} 含量占阳离子组成的 83.63%～95.64%，平均含量为 91.28%；阴离子以 HCO_3^- 为主，HCO_3^- 含量占阴离子组成的 73.86%～95.76%，平均含量为 90.23%。离子含量平均值大小顺序为 $HCO_3^- > Ca^{2+} > SO_4^{2-} > NO_3^- > Cl^- > Mg^{2+} > Na^+ > K^+$。

由下降泉 Piper 三线图(图 3-9)可知，下降泉水化学类型全部为 HCO_3-Ca 型，体现了含水介质对 Ca^{2+}、HCO_3^- 化学成分的制约。

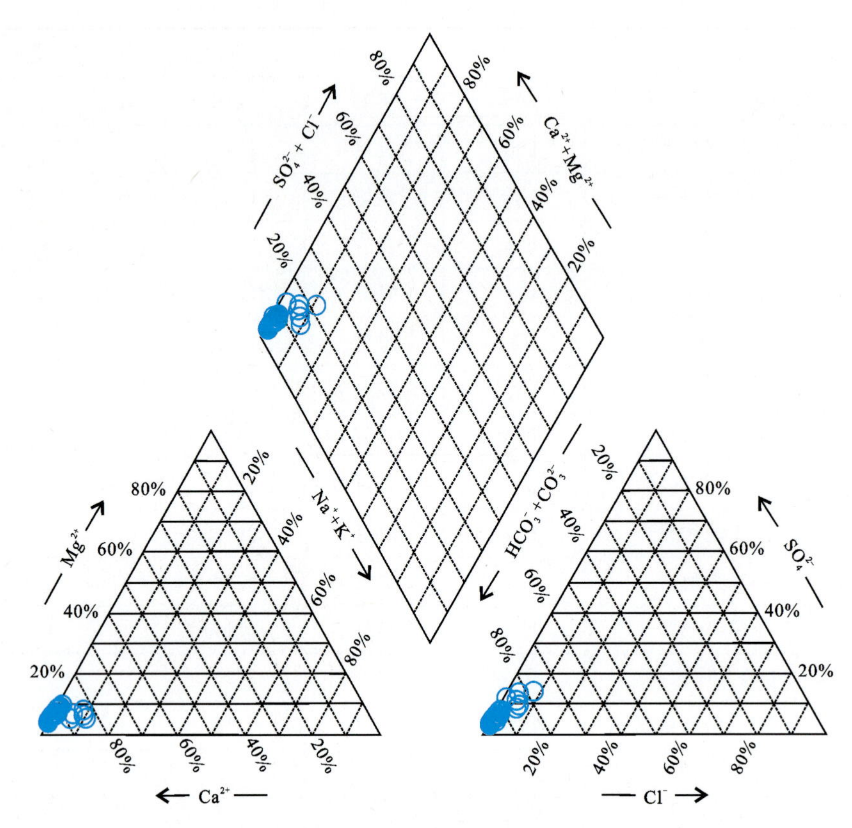

图 3-9　下降泉 Piper 三线图

2. 机井中水化学特征

由表 3-10 可知，新田县内 30 个机井锶元素含量平均值为 2.76mg/L，是国家饮用天然矿泉水锶含量限值的 13.8 倍。pH 值范围为 6.74～7.90，平均值为 7.20，呈弱碱性；TDS 范围为 239.74～732.81mg/L，平均值为 425.66mg/L，属于淡水；硬度范围 82.02～612.20mg/L，平均值为 318.84mg/L，属于硬水—极硬水。

表 3-10　富锶地下水水化学特征统计表

项目	下降泉(21 个)					机井(30 个)				
	最小值	最大值	平均值	标准差	变异系数/%	最小值	最大值	平均值	标准差	变异系数/%
pH	6.76	7.81	7.07	0.30	4.25	6.74	7.90	7.20	0.27	3.79
TDS/$(mg \cdot L^{-1})$	201.48	395.92	291.57	63.27	21.70	239.74	732.81	425.66	114.87	26.99
硬度/$(mg \cdot L^{-1})$	181.71	351.57	262.61	53.04	20.20	82.02	612.20	318.84	101.03	31.69
K^+/$(mg \cdot L^{-1})$	0.07	3.82	1.06	1.17	110.88	0.36	19.17	2.51	3.42	135.91
Na^+/$(mg \cdot L^{-1})$	0.52	15.68	3.56	4.57	128.53	0.87	219.72	35.05	47.30	134.96
Ca^{2+}/$(mg \cdot L^{-1})$	69.16	131.14	100.13	18.17	18.15	14.85	156.95	88.04	34.49	39.18
Mg^{2+}/$(mg \cdot L^{-1})$	2.04	6.76	3.98	1.60	40.24	4.08	58.22	24.03	15.56	64.73
Cl^-/$(mg \cdot L^{-1})$	1.40	19.66	4.96	5.14	103.59	1.68	88.78	16.64	18.28	109.87

续表 3-10

项目	下降泉(21 个)					机井(30 个)				
	最小值	最大值	平均值	标准差	变异系数/%	最小值	最大值	平均值	标准差	变异系数/%
SO_4^{2-}/(mg·L^{-1})	5.29	41.78	16.35	11.58	70.83	5.18	236.34	38.84	42.33	108.98
HCO_3^-/(mg·L^{-1})	222.07	398.43	299.52	50.16	16.75	248.20	630.30	407.74	84.25	20.66
NO_3^-/(mg·L^{-1})	1.80	24.51	6.33	6.25	98.74	1.78	43.14	5.12	7.45	145.47
Sr/(mg·L^{-1})	0.24	0.67	0.38	0.11	30.34	0.30	8.47	2.76	2.29	83.01
ZT^+/(mEq·L^{-1})	3.66	7.12	5.50	1.14	20.72	4.40	13.03	7.96	2.04	25.60
ZT^-/(mEq·L^{-1})	3.84	7.05	5.49	1.08	19.71	4.45	13.08	8.04	2.06	25.66
NICB/%	−2.30	1.44	0.04	0.93	2 376.02	−2.06	1.40	−0.53	0.82	−152.54

机井阳离子当量浓度变化范围为4.40～13.03mEq/L,平均值为7.96mEq/L,阴离子当量浓度变化范围为4.45～13.08mEq/L,平均值为8.04mEq/L,阴离子当量浓度略大于阳离子当量浓度,相对误差率介于−2.06%～1.40%之间,小于±5%。机井中阳离子 Ca^{2+} 含量占阳离子组成的6.59%～91.99%,平均含量为58.05%,阴离子 HCO_3^- 含量占阴离子组成的57.10%～96.08%,平均含量为84.52%,离子含量平均值大小顺序为 $HCO_3^- > Ca^{2+} > SO_4^{2-} > Na^+ > Mg^{2+} > Cl^- > NO_3^- > K^+$,阳离子以 Ca^{2+} 为主,阴离子以 HCO_3^- 为主。

由 Piper 三线图(图3-10)可知,机井水化学类型以 HCO_3-Ca、HCO_3-Ca·Mg 型为主,也有 HCO_3-Na·Ca·Mg、HCO_3-Na·Ca、HCO_3-Na·Mg、HCO_3-Na 等类型,说明除了含水介质对水化学成分的制约作用外,还受环境、溶滤时间、阳离子交换等因素的影响。

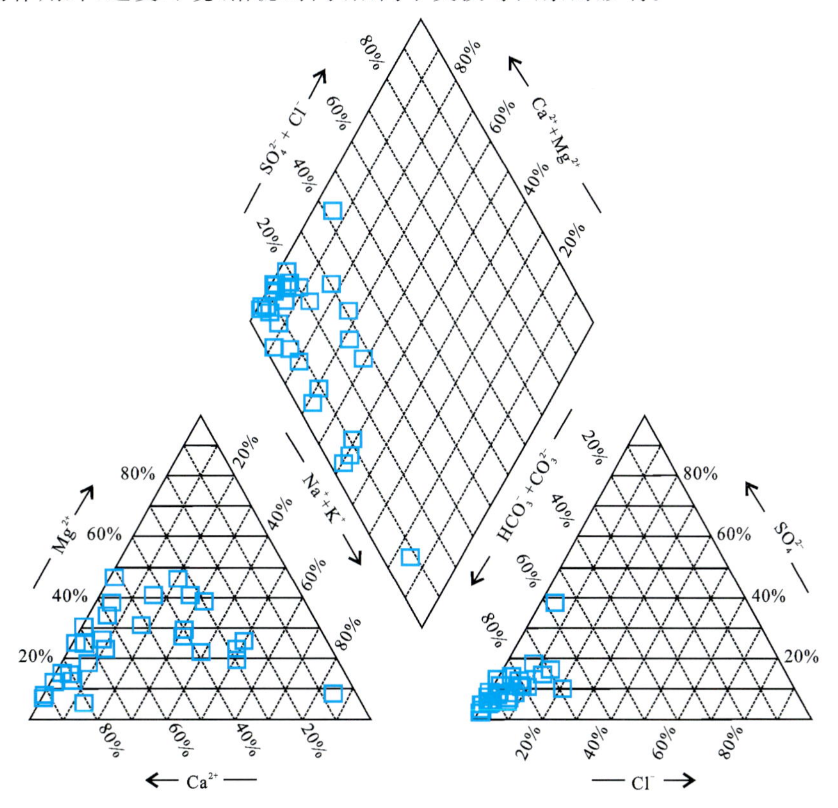

图3-10 机井地下水 Piper 三线图

工作区下降泉、机井 pH 值均低于桂林岩溶区(7.57)、马山岩溶区(7.70)、重庆金佛山岩溶区(8.20)地下水,反映了地层岩性对岩溶地下水 pH 值的控制作用。研究区地层为泥盆系佘田桥组,岩性为中薄层泥灰岩夹灰岩、页岩,而桂林岩溶区、马山岩溶区、重庆金佛山岩溶区为中至厚层灰岩、白云岩、白云质灰岩。下降泉、机井阴阳离子当量均值高于桂林地区(4.08mEq/L),下降泉阴阳离子当量均值低于贵阳地区(7.40mEq/L),而机井阴阳离子当量均值高于贵阳地区,反映了不同地理环境、含水介质、地下水径流时间、溶滤作用时间对岩溶水水化学特征的控制作用。

(二)地下水水化学动态特征

选取富锶地下水区典型的 S45 下降泉和 ZK1 机井作为动态监测点,通过一年的测试数据,阐明地下水水化学的时间变化规律。

1. Sr^{2+} 含量

一年的测试数据结果表明(图 3-11),S45 下降泉 Sr^{2+} 含量年内表现为相对稳定,最小值为 230.00μg/L,最大值为 311.00μg/L,平均值为 261.00μg/L,变异系数为 9.04%;ZK1 机井 Sr^{2+} 含量全年表现基本为正态曲线,最小值在 2 月份,其值为 451.00μg/L,最大值在 7 月份,其值为 858.00μg/L,平均值为 671.45μg/L,变异系数为 19.51%。ZK1 机井 Sr^{2+} 含量、变异系数均大于 S45 下降泉。

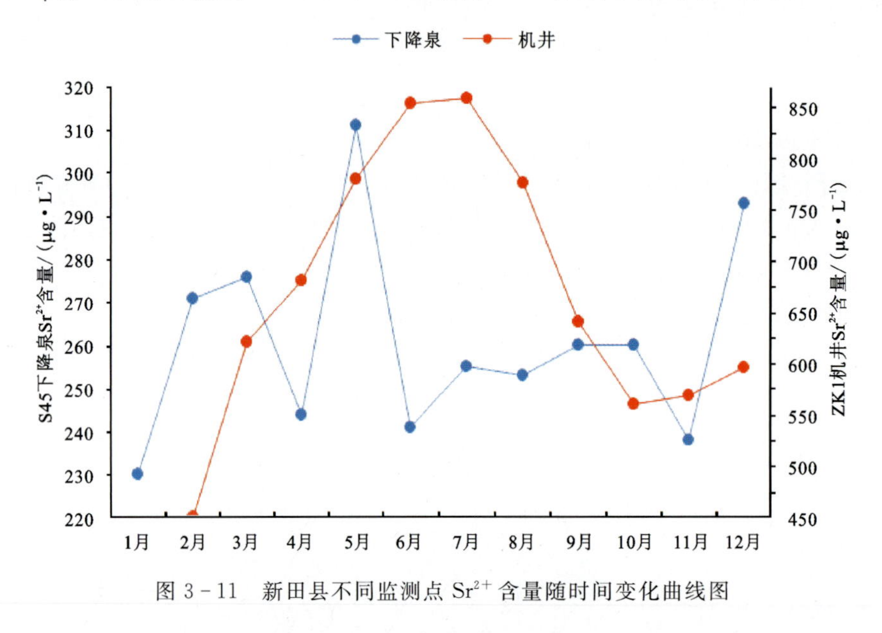

图 3-11 新田县不同监测点 Sr^{2+} 含量随时间变化曲线图

2. pH 值

一年的测试数据结果表明(图 3-12),S45 下降泉 pH 值年内动态表现为小幅波动,变化范围为 6.88~7.62,平均值为 7.31,呈弱碱性,变异系数为 2.92%;ZK1 机井 pH 值年内动态表现为基本稳定,变化范围为 8.17~8.37,平均值为 8.27,呈弱碱性,变异系数为 0.87%。ZK1 机井 pH 平均值大于 S45 下降泉,但变异系数小于 S45 下降泉。

3. 溶解性总固体(TDS)

一年的测试数据结果表明(图 3-13),S45 下降泉 TDS 年内动态表现为相对稳定,变化范围为 222.58~234.32mg/L,平均值为 230.54mg/L,变异系数为 1.38%;ZK1 机井 TDS 年内动态整体表现为小幅下降趋势,变化范围为 593.94~681.68mg/L,平均值为 642.20mg/L,变异系数为 3.79%。ZK1 机井 TDS 平均值大于 S45 下降泉,但变异系数大于下降泉。

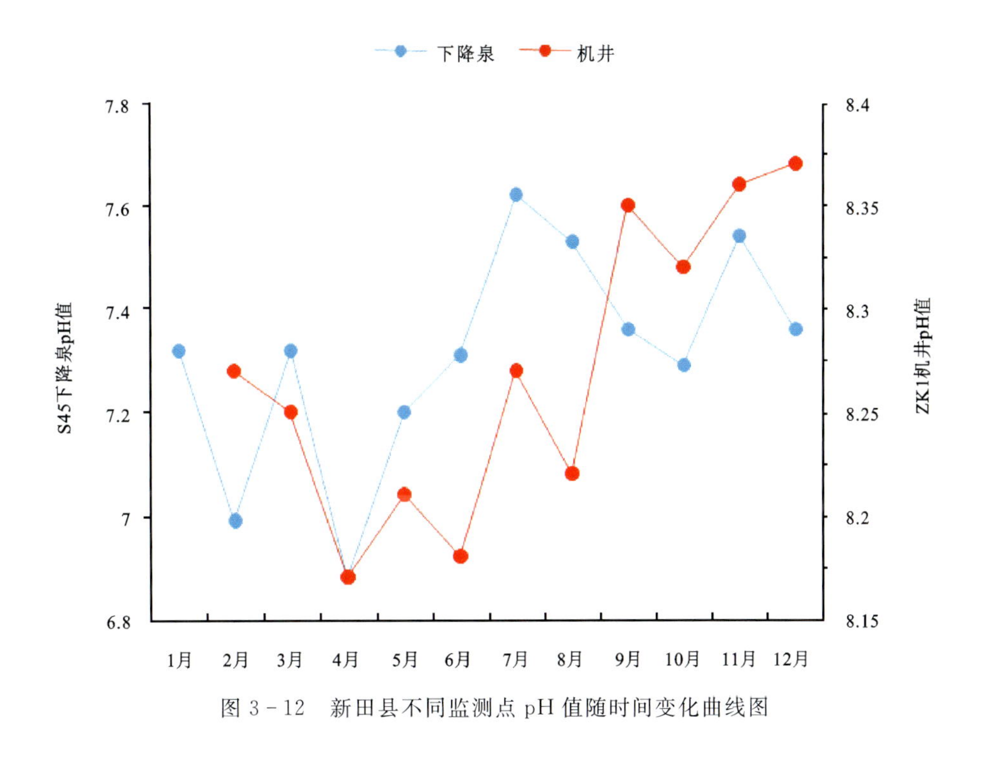

图 3-12 新田县不同监测点 pH 值随时间变化曲线图

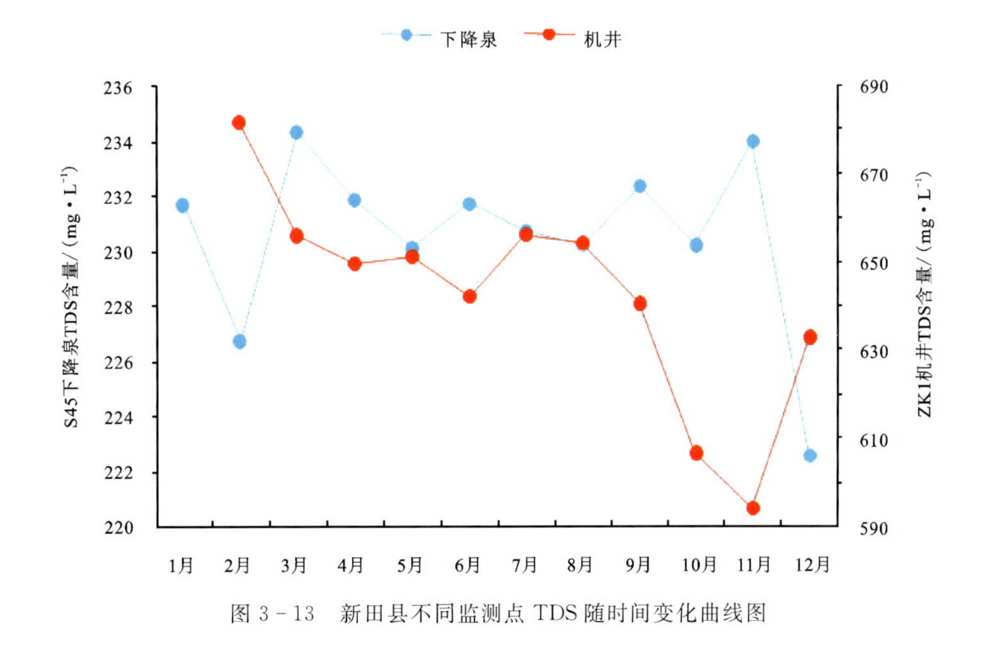

图 3-13 新田县不同监测点 TDS 随时间变化曲线图

4. 硬度(HB)

一年的测试数据结果表明(图 3-14),S45 下降泉硬度年内动态表现为相对稳定,变化范围为 211.44～219.45mg/L,平均值为 216.89mg/L,变异系数为 1.06%;ZK1 机井硬度年内动态整体表现为小幅增加趋势,变化范围为 21.22～43.04mg/L,平均值为 31.59mg/L,变异系数为 19.66%,ZK1 机井硬度平均值小于 S45 下降泉,但变异系数大于下降泉。

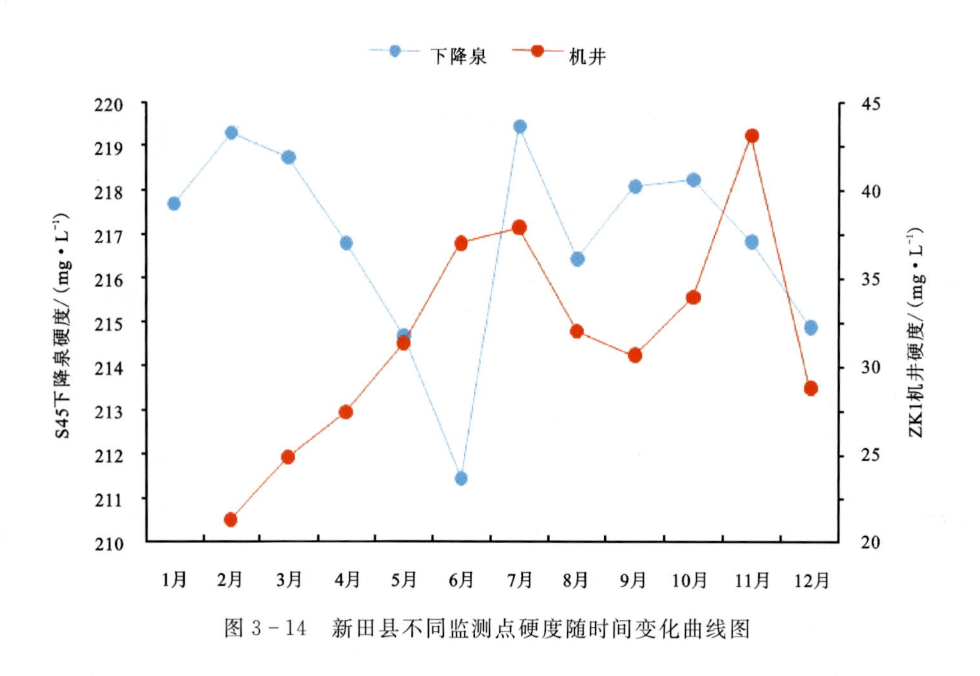

图 3-14　新田县不同监测点硬度随时间变化曲线图

(三)富锶地下水质量评价

按照新田河流域地下水质量评价的方法对富锶地下水质量进行评价。评价的结果显示,富锶泉水的质量总体要高于机井地下水。

21 个富锶泉水评价结果显示,均为优良型及良好型,其中优良型有 13 个,良好型有 8 个,适用于各种用途。

30 个机井水评价结果显示,除差类、较好类型水以外均有分布,以良好和较差类型水为主,其中良好型有 8 个,较差型有 16 个。优良型水也有分布,有 6 个。较差类型水主要超标的有 Fe^{3+}、F^-、NH_4^+、NO_2^- 等指标,通过现场调查发现,Fe^{3+} 超标是由于流域内机井套管均为铁皮套管,可能在取样时前期抽水并未完全排出套管内的原有水,导致 Fe^{3+} 超标;NH_4^+、NO_2^- 指标超标则主要是受农业污染的影响,加之机井上层隔水不完全造成的;F^- 超标一部分受套管影响,其他则主要是受原生地质条件的影响。上述超标项可以通过相应的处理方式处理后再利用。

第四章 岩溶水系统

第一节 岩溶水系统划分

新田河流域岩溶水系统是以大气降水补给为来源，以新田河谷为一级排泄基准面，以碳酸盐岩溶洞—裂隙含水介质为储集、运移空间的水流循环系统。受地形地貌、岩性构造和地表水系的控制，该岩溶水系统以新田河流域的分水岭为边界，以新田河出境河段为排泄边界。该岩溶水系统分布面积 991.05km²，整个系统呈一南北长、东西窄，向南东开口的不规则长条形盆地，亦是一个相对较完整的补给、径流、排泄地下水流域系统。

一、岩溶水系统分级原则

(1)当岩溶水系统边界与地表河流域边界基本一致时，系统分级参照水利部的流域划分，即长江干流属一级系统、湘江干流为二级系统、湘江一级支流如春陵水流域为三级系统、湘江二级支流为四级系统、湘江三级支流为五级系统(图 4－1)。

(2)在调查工作部署中，为了明确掌握调查区的水资源特征，着重按岩溶水流域布置调查与评价，同时考虑资源利用规划与管理，兼顾行政区划的隶属关系。将新田河流域作为完整的四级岩溶水系统，新田河支流分为五级系统，此外，在新田县行政区内的其他岩溶水流域归为五级岩溶水系统。

(3)根据岩溶系统结构特征和岩溶水的补给、径流、排泄条件，岩溶水系统可细分出地下河系统、蓄水构造体系、泉域系统和散流块段。在具体划分时依次进行，先划分地下河系统，最后划分散流块段。

(4)对于岩溶水系统内的非岩溶区，根据其地表、地下水与岩溶水的关系，划入相应的次级系统。

(5)在不纯碳酸盐岩分布区面积较大的五级岩溶水系统中，泉水流量普遍较小，含水层蓄水能力弱，一般可不再细分地下河系统、蓄水构造体系、泉域系统和散流块段。

二、岩溶水系统划分依据

(1)根据本次调查结果和收集的前人资料，在系统分析已有资料的基础上，确定岩溶水系统边界。

(2)以流域分水岭、隔水层产状、阻水构造展布格局，作为圈定岩溶水系统边界的主要依据。

(3)由于岩溶区地表、地下水的交替转化频繁，在划分岩溶水系统时，既要区别地表水与地下水的差异，又要注意两者在水动力机理上的一致性。

(4)系统的划分不受行政区划的限制，但部分边界则局限于工作区所划定的测区界线。

三、岩溶水系统划分结果

1. 新田河流域岩溶水系统

新田河流域岩溶水系统为四级岩溶水系统，属于长江流域湘江水系中游春陵水的上游支流(图 4－1)，

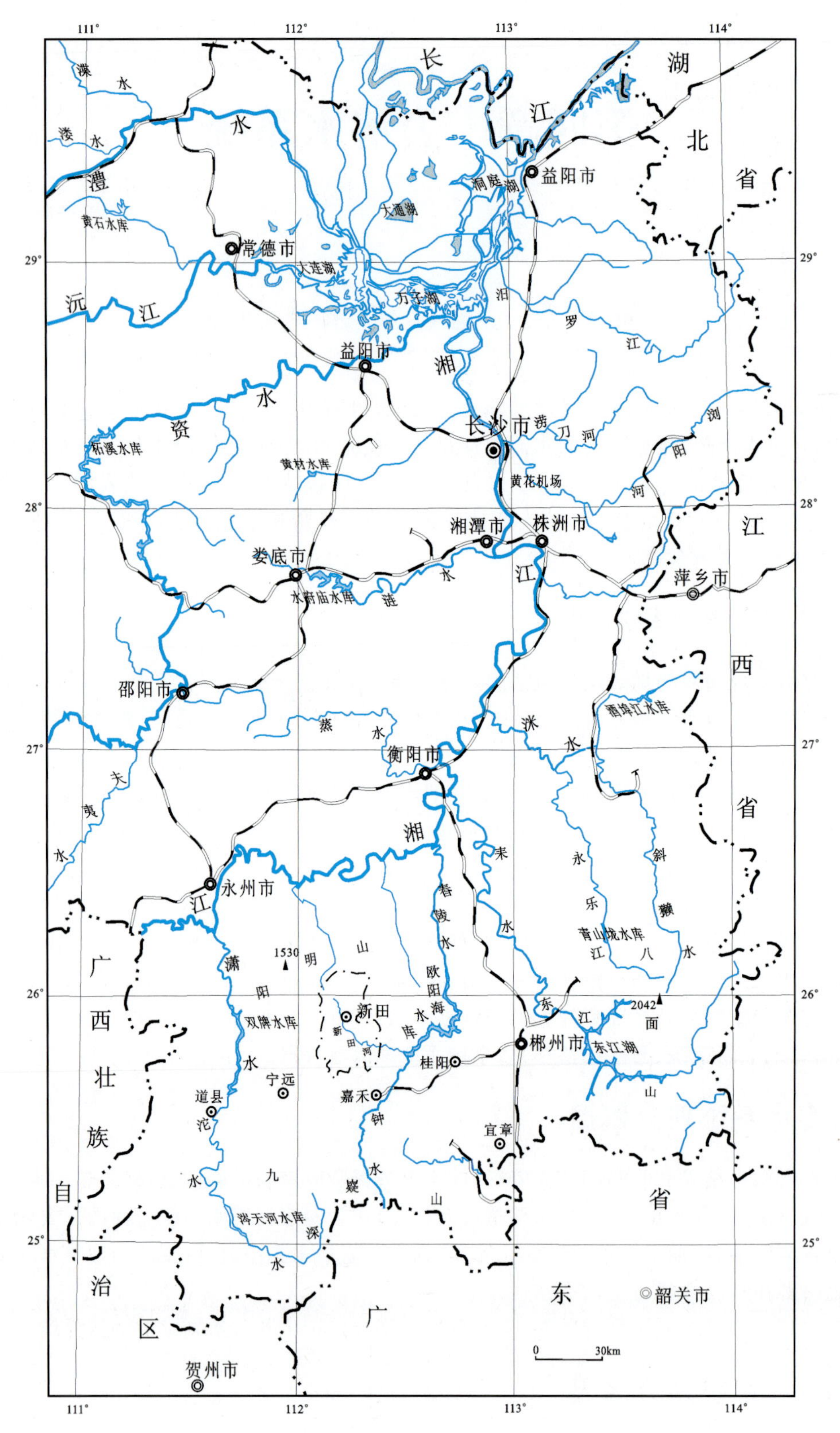

图 4-1 新田河流域水系隶属关系略图

该岩溶水系统四面环山，系统边界以分水岭边界为主。其中北部边界处于金陵—楼门下北侧九峰山至三峰凸一带非碳酸盐岩中山区；西部边界处于以大冠岭碳酸盐岩山区；东部边界以不纯碳酸盐岩和非碳酸盐岩丘陵低山区为主；南部边界则主要是碳酸盐岩丘陵区。

2. 五级岩溶水系统划分

根据野外调查资料分析，将具有相对独立且完整的补给、径流、蓄水、排泄条件的封闭水文地质单元，主要以地表水分水岭和地质构造条件，将新田河流域岩溶水系统划分出13个五级岩溶水系统和3个散流块段(表4-1，图4-2)。

在16个岩溶水系统中，发育地下河系统9个，泉域系统6个。此外，在新田河流域岩溶水系统外，新田县十字乡内发育地下河系统2个。

表4-1　新田河流域岩溶水系统五级系统划分结果与含水岩组分布特征

编号	五级系统(或散流块段)名称	系统(块段)面积/km²	含水岩组分布特征/km²		
			碳酸盐岩	不纯碳酸盐岩	非碳酸盐岩
①	日西河系统	170.75	36.23	27.08	107.44
②	日东河系统	173.57	0.29	59.01	114.27
③	双胜河系统	74.43	63.36	7.60	3.47
④	罗家河系统	7.63		7.63	
⑤	黄沙溪系统	22.12		17.39	4.73
⑥	下村水系统	47.55	9.64	33.83	4.08
⑦	龙溪河系统	35.94	22.89		13.05
⑧	罗溪河系统	91.39	58.67	28.67	4.05
⑨	石羊河系统	216.81	171.03	37.79	7.99
⑩	祖亭河系统	8.05	1.26	6.79	
⑪	三仟圩河系统	37.12	16.81	18.21	2.10
⑫	邝家河系统	25.76	12.51	10.04	3.21
⑬	新隆河系统	22.66	4.05	16.46	2.15
⑭	茂家块段	27.06	1.91	25.15	
⑮	杨家块段	20.79	12.81	5.04	2.94
⑯	龙会寺北块段	9.42	2.58	5.55	1.29
总计		991.05	414.04	306.21	270.80

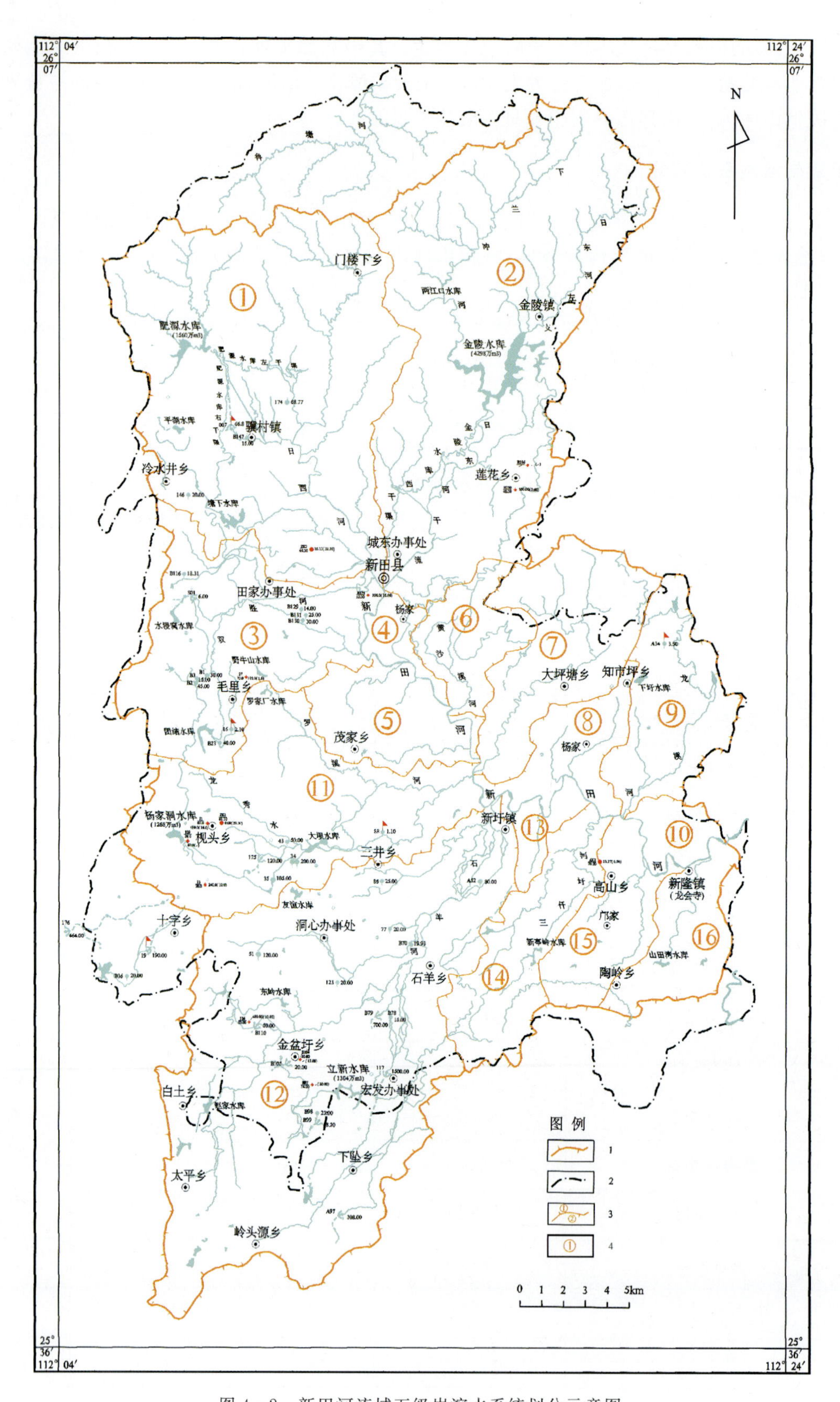

图 4-2 新田河流域五级岩溶水系统划分示意图

1. 流域界线；2. 新田县行政区界线；3. 五级岩溶水系统（或散流块段）界线；4. 五级系统（或散流块段）编号

第二节　岩溶水系统结构

岩溶水系统结构受岩性、构造、地形地貌、水动力条件等因素的制约，与岩溶发育程度密切相关。

一、岩溶水系统结构基本特征

新田河流域岩溶水系统处于湘江水系舂陵水与潇水分水岭地带的舂陵水源头支流流域，是以地表分水岭为主要边界的系统，本测区岩溶含水介质可分为碳酸盐岩裂隙溶洞含水介质和碳酸盐岩夹碎屑岩溶洞裂隙含水介质两种类型，前者主要分布在系统的西部骥村镇—枧头镇—太平圩和南部石羊镇—下坠乡，以及东部知市坪—高山乡一带；后者主要分布在系统中东部莲花乡—城关镇—新圩镇—新隆镇一带（表4-2，图4-2）。

表4-2　新田河流域岩溶水系统含水介质类型及分布特征

含水介质类型	层位	分布面积/km^2	富水程度	分布区域
碳酸盐岩裂隙溶洞含水介质	$C_{2+3}H$、$C_1d^3C_1d^1$、C_1y^1、D_3s	244.30	丰富	流域西部骥村镇、枧头镇、前进、太平圩及南东石羊镇、千山农场一带
	C_1y^2、D_3x^1	169.74	中等	流域西部、西南及东部的田家乡、三井镇、金盆圩、高山乡等乡镇一带
碳酸盐岩夹碎屑岩溶洞裂隙含水介质	D_2q	102.38	中等	新田县城关镇、金陵圩一带
	D_3s（新田县东南）	203.83	贫乏	莲花圩、新田县城、大坪塘、新圩镇一带

区内非碳酸盐岩在北部中低山区连片分布，为新田河流域系统的主要水源区。由于地层构造和地形地貌的影响，地表水系的发育，使系统周边中低山补给区的地表、地下水向新田河谷汇集，地表水系的密度较大，水面面积占土地总面积的0.82%，河流总长464km，平均河网密度0.47km/km^2，沿新田河谷发育规模较大的（干流5km）次级支流20余条，形成次一级的水动力系统。根据水动力条件和岩溶含水层的空间分布，将新田河流域岩溶水系统划分成13个五级岩溶水系统和3个散流块段（表4-3）。规模较大的有日西河、日东河、双胜河、罗溪河、石羊河岩溶水系统，分布面积合计达726.95km^2，占整个新田河流域系统的73.35%。其中以双胜河、罗溪河、石羊河岩溶水系统的岩溶分布面积较大，分别占各系统面积的95.3%、95.6%和96.3%；日西河、日东河系统北部非碳酸盐岩出露面积较大，岩溶分布面积仅为37.1%和34.2%，碎屑岩山区对岩溶水系统形成较强的补给，在系统的中下游岩溶地下水较丰富。茂家、杨家和龙会寺北分散流块段为沿新田河谷发育的岩溶块段，地下水和地表溪沟直接向新田河谷排泄或汇流，规模较小或水流分散。

表 4-3　新田河流域五级岩溶水系统结构特征表

编号	系统名称	系统边界	地下水类型	介质类型	面积/km²
①	日西河	北部、西部为新田河流域地表分水岭，东为与日东河分水岭，西南为地下水分水岭边界及新田河入口	岩溶水	裂隙-溶洞型	36.23
				溶洞-裂隙型	27.08
			裂隙水	非岩溶裂隙	107.44
				小计	170.75
②	日东河	北、东、西部为地表分水岭，南部为地下分水岭与罗家河系统分界	岩溶水	裂隙-溶洞型	32.80
				溶洞-裂隙型	26.50
			裂隙水	非岩溶裂隙	114.27
				小计	173.57
③	双胜河	北部与日西河分界，西部为大冠岭分水岭，东部新田河为界，南部为地下分水岭	岩溶水	裂隙-溶洞型	63.36
				溶洞-裂隙型	7.60
			裂隙水	非岩溶裂隙	3.47
				小计	74.43
④	罗家河	北部与日东河系统分界，西部为新田河河谷，东部与黄沙溪系统地下分水岭分界	岩溶水	溶洞-裂隙型	7.63
				小计	7.63
⑤	茂家块段	北、西、南部为地下分水岭，东部为新田河河谷	岩溶水	裂隙-溶洞型	1.91
				非岩溶裂隙	25.15
				小计	27.06
⑥	黄沙溪	北、东部为地表分水岭，西部为地下分水岭，南部为新田河河谷	岩溶水	裂隙-溶洞型	17.39
			裂隙水	非岩溶裂隙	4.73
				小计	22.12
⑦	下村水	北东部为地表分水岭，东、西、南部为地下水分水岭	岩溶水	裂隙-溶洞型	9.64
				溶洞-裂隙型	33.83
			裂隙水	非岩溶裂隙	4.08
				小计	47.55
⑧	杨家块段	西、北、东部为地下水分水岭，南部边界为新田河河谷	岩溶水	裂隙-溶洞型	12.81
				溶洞-裂隙型	5.04
			裂隙水	非岩溶裂隙	2.94
				小计	20.79
⑨	龙溪河	北东部为地表分水岭，西北和南部为地下水分水岭	岩溶水	裂隙-溶洞型	22.89
			裂隙水	非岩溶裂隙	13.05
				小计	35.94

续表 4-3

编号	系统名称	系统边界	地下水类型	介质类型	面积/km^2
⑩	龙会寺北块段	东部为地表分水岭，北部与龙溪河系统交界，西、南部为新田河河谷	岩溶水	裂隙-溶洞型	2.58
				溶洞-裂隙型	5.55
				非岩溶裂隙	1.29
				小计	9.42
⑪	罗溪河	西部为大冠岭地表分水岭，北部与双胜河系统及茂家块段、南部与石羊河系统交界，东部到新田河河谷	岩溶水	裂隙-溶洞型	58.67
				溶洞-隙型	28.67
				非岩溶裂隙	4.05
				小计	91.39
⑫	石羊河	西南部为地表分水岭，北部与罗溪河系统交界，东部与三仟圩河及祖亭河系统交界	岩溶水	裂隙-溶洞	171.03
				溶洞-隙型	37.79
				非岩溶裂隙	7.99
				小计	216.81
⑬	祖亭河	北部为新田河河谷，东、南、西部为地下分水岭	岩溶水	裂隙-溶洞型	1.26
				溶洞-裂隙型	6.79
				小计	8.05
⑭	三仟圩河	南部为新田河流域分水岭，东南、西北部为地下分水岭，东北部为新田河河谷	岩溶水	裂隙-溶洞型	16.81
				溶洞-裂隙型	18.21
			裂隙水	非岩溶裂隙	2.10
				小计	37.12
⑮	邝家河	南部为新田河流域分水岭，东南、西北部为地下分水岭，北部以新田河河谷为边界	岩溶水	裂隙-溶洞型	12.51
				溶洞-裂隙型	10.04
			裂隙水	非岩溶裂隙	3.21
				小计	25.76
⑯	新隆河	南、东部以新田河流域分水岭为界，西部与邝家河系统相接，北部以新田河河谷为界	岩溶水	裂隙-溶洞型	4.05
				溶洞-裂隙型	16.46
			裂隙水	非岩溶裂隙	2.15
				小计	22.66

二、地下河系结构特征

新田河流域岩溶水系统中，只有日西河、石羊河、双胜河和罗溪河 4 个岩溶水系统内发育有地下河，受岩溶发育条件的控制，地下河系的规模小、结构单一，现分述如下。

1. 日西河岩溶水系统

该系统内有地下河 1 条，是骥村镇胡家地下河(S007)，发育于 D_3s 白云质灰岩中，地下河沿向斜翼部，追踪扭裂溶隙面发育，发育方向 5°，发育长度 2.5km，水力坡度约 2‰，枯水期流量为 66.8L/s，最大为1.5m³/s(图 4－3)。

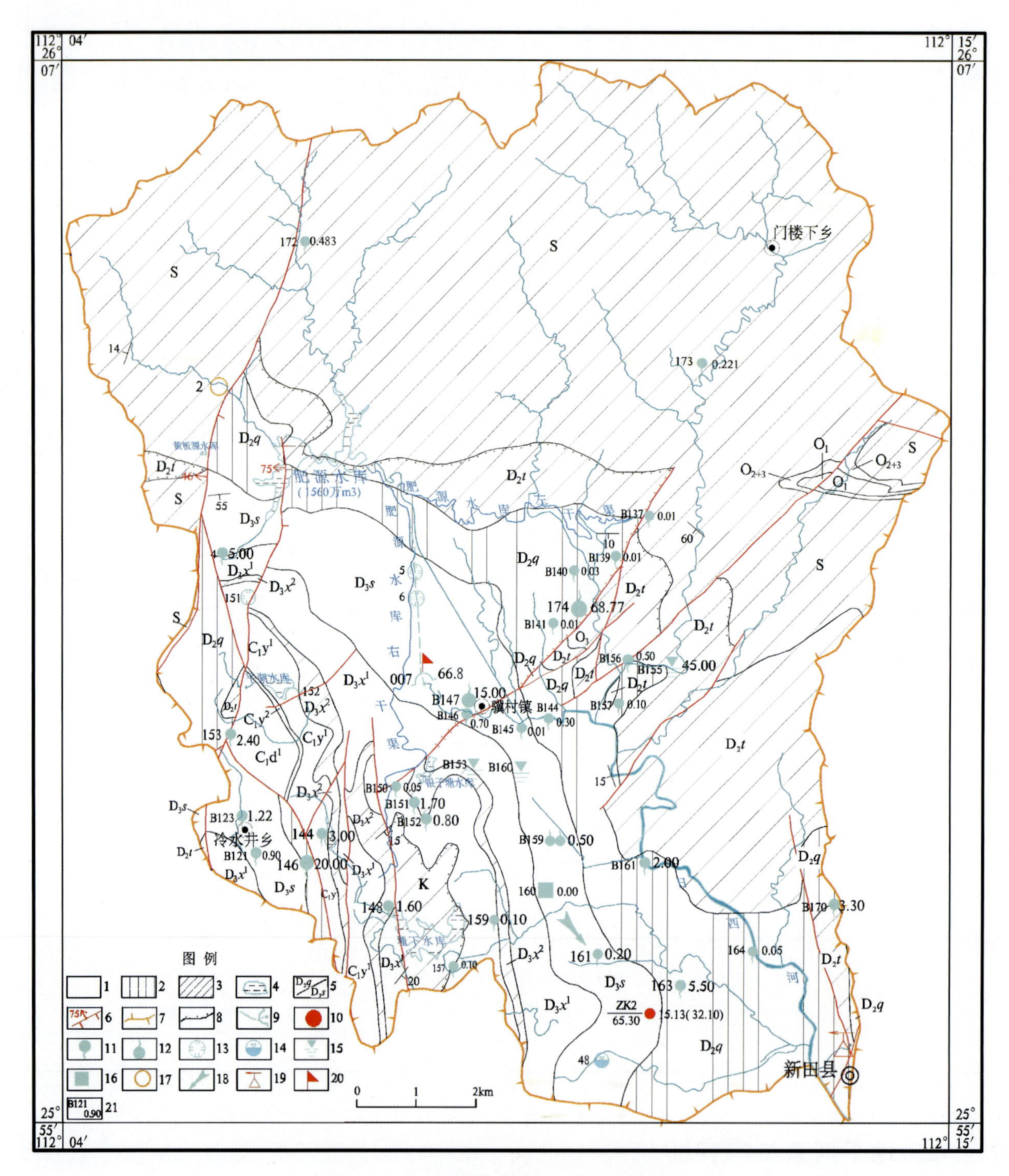

图 4－3　日西河岩溶水系统水文地质特征图

1.溶洞管道水分布区；2.溶隙裂隙水分布区；3.碎屑岩裂隙水分布区；4.地表水库；5.地层界线及符号；6.断层；7.系统边界；8.不整合界线；9.地下水河出口；10.钻孔；11.下降泉；12.上升泉；13.有水溶洞；14.溶潭；15.地表水点；16.民井；17.地质点；18.地下水流向；19.气象观测点；20.地下水长期观测点；21. 左为编号，右为流量(L/s)

地下河水源于西侧岩溶峰丛山区，在山前自北向南沿构造裂隙发育，沿地下河发育有消水洞、溶潭、

有水溶洞、深洼地等岩溶现象，尤其在黄公塘一带多有分布。补给区为峰丛洼地，其中木井塘洼地通过堵洞成库建成平湖水库(图4-4)，正常库容为$134.6\times10^4m^3$，由于地下岩溶发育，所堵溶洞仍有渗漏，对地下含水层形成补给。从地形地貌和表层岩溶发育特点来看，该地下河系统既有点状集中补给，又有面上降水入渗补给。地下水通过岩溶管道、裂隙向地下河汇集。地下河出口位于岩溶谷地边缘，为一半掩伏状出水溶洞(图4-5)，雨季(2004年7月18日)测流达$1.5m^3/s$，枯水季流量为66.8L/s。

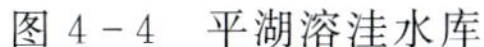

图4-4 平湖溶洼水库

图4-5 驥村胡家地下河出口

2. 双胜河岩溶水系统

该系统发育1条规模较小的地下河，即水浸窝地下河(S01)，平面结构简单，垂向空间结构较复杂。水浸窝地下河发源于龙凤塘西南侧的洼地，由洼地底部的落水洞为进水口，高程为371.0m。地下河系主要接受马场岭一带的汇水补给，总汇水面积$6.0km^2$。地下河由西南向北东方向延伸，于龙凤塘排出地表(图4-6)，出口高程为330.0m，长度为1.3km，水力坡度约27‰。地下河发育主要受区域构造所影响，除有一小叉洞沿北西300°方向发育外，其主洞方向沿240°～260°方向发育(图4-7)。溶洞发育的主要特点是洞体狭窄，但高度较大。形态特征为沿构造带呈廊道状的岩溶洞穴，埋藏深度在地表以下30～60m之间。地下河径往洞内600m后，洞内变为充满地下水的岩溶管道。该地下河为库区内各洼地的地下水汇集地，是区内的唯一排泄通道，地下河内常年有水。据探测，河内除局部见有积水潭外，大部分水流畅通。最大的洞内溶潭位于洞内600m段，可见潭宽15.0m，深大于1.5m。

图4-6 水浸窝地下河出口

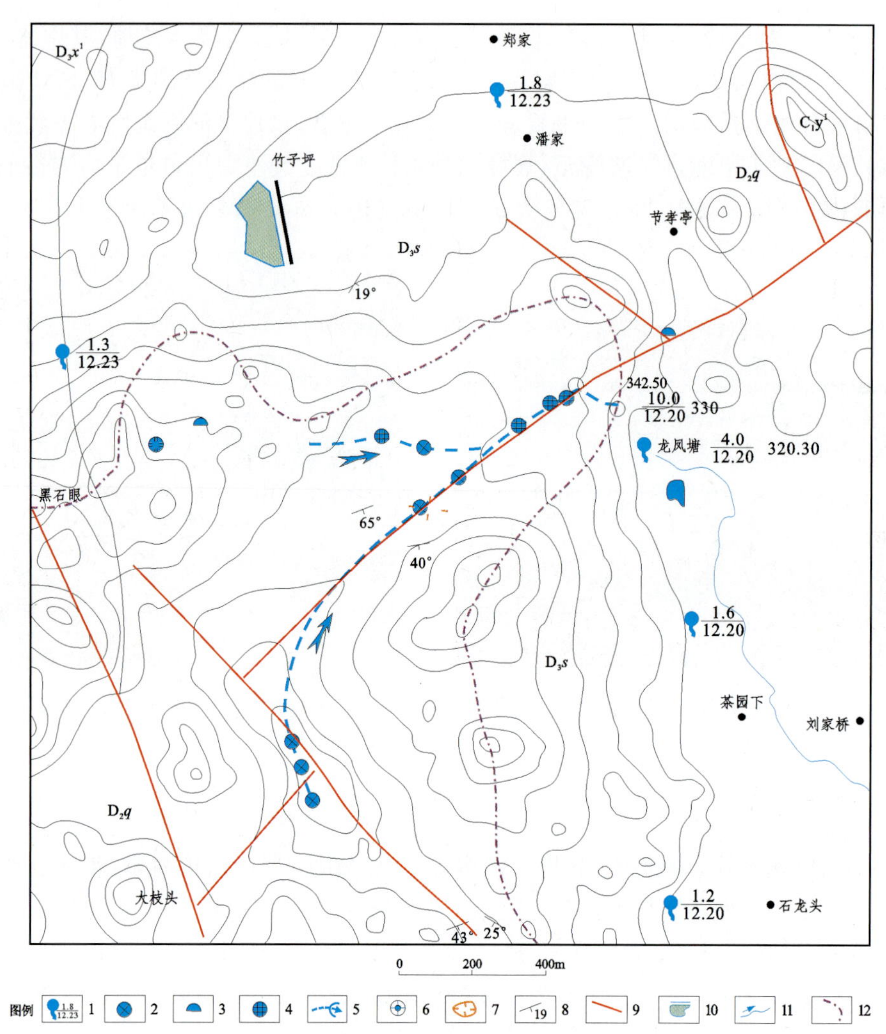

图 4-7 水浸窝地下河平面展布特征图

1.泉水(分子为流量,单位 L/s,分母为调查日期);2.塌陷;3.溶洞;4.天窗;5.地下河及出口;6.落水洞;7.洼地;8.产状;9.断层;10.山塘;11.河溪及流向;12.地表分水岭

由于该地下河位于高位洼地上,岩溶发育强烈,区内无任何地表水系,降水入渗迅速。地下水流量受降水影响较为明显,根据观测地下河流量一般为 30.0L/s,最小为 12.0L/s,暴雨时最大达 1500L/s(2002 年 8 月)。

3.石羊河岩溶水系统

该系统发育有石羊大鹅井地下河(B79)、金盆圩李迁二地下河(B110)、宏发廖子贞地下河(117)、宁远下坠岩头地下河(A97)、金盆河山岩地下河(B99)、金盆圩地下河(B105)6 条地下河,是新田河流域岩溶水系统中地下河最为发育的五级岩溶水系统。

(1)石羊大鹅井地下河:发育于 D_3x^1 白云质灰岩中,顺层发育,出口 90°,不见洞口,形成一直径 100m 的圆形水潭,为河流的源头,130°方向 30m 见溶洞与地下河相通,发育长度为 740m,枯水期流量为 308.60L/s,调查时流量为 700L/s(2004 年 8 月 4 日),流量较稳定。

(2)金盆圩李迁二地下河:出露于 C_1y^1 灰岩中,地下河约沿 220°追踪断裂发育,地下水流向 40°,长度 420m,流量 50L/s,动态变化很稳定。

(3)宏发廖子贞地下河:出露于 D_3x^1 厚层状白云质灰岩夹灰岩中,地下河沿南西→北东层面发育,河长为 2.8km,流量为 1500L/s,动态变化大,枯水期流量约 500L/s,下大雨后水量猛涨,变浑。

(4)宁远下坠岩头地下河：出露于 D_3x^1 灰黑色厚层灰岩中，地下水出流方向为 75°，地下河沿南南西向发育，长度 850m 见伏流入口，流量为 308L/s，动态变化大，雨季流量约 $1m^3/s$。

(5)金盆河山岩地下河：出露于 D_3x^1 灰岩、白云质灰岩中。水流向 40°，地下河近南向发育，河长 650m 洞内见有 2 个溶洞互为相通，距洞口南西方向 350m 有一天窗，水位埋深 4m，地下河出口无水时，此处有水。流量为 8.2L/s(2004 年 8 月 6 日)，雨季水变浑，枯水季水断流。

(6)金盆圩地下河(B105)：出露于 C_1y^1 灰岩、白云质灰岩中，处于丘陵谷地边缘的山下，出口段走向 50°，洞口被水淹没，地下河溶洞直径约 2m，管道斜向下延伸。出口上游见落水洞和地下河天窗，有 2 条支流，主干河长共 1km，实测流量为 20L/s，季节变化大。

4. 罗溪河岩溶水系统

该系统发育有下富柏地下河(175)，出露于 C_1y^1 灰岩、白云质灰岩中。平行向斜轴部，追踪扭裂面发育，长为 300m，流量为 120.0L/s。在其下游，受断层或含水层岩性变化的影响地下水以泉群形成较集中的排泄(图 4-8)。

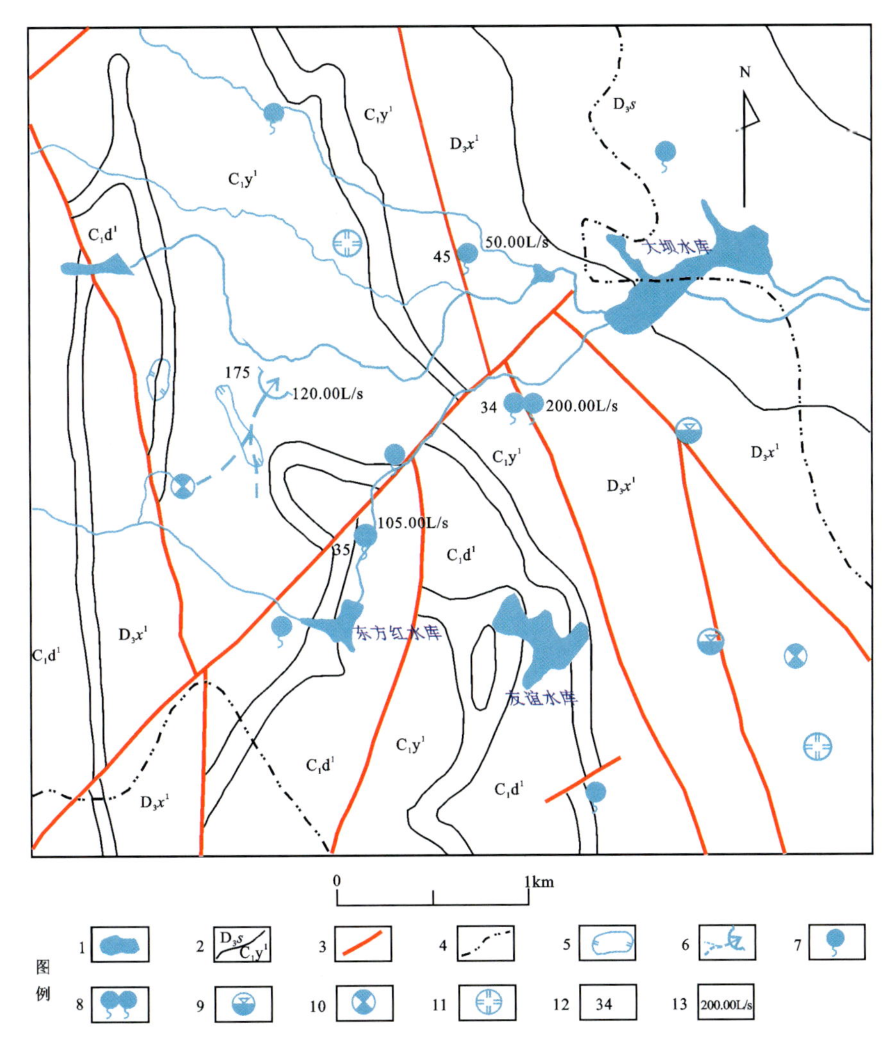

图 4-8　罗溪河岩溶水系统的下富柏地下河及岩溶大泉分布特征略图

1. 水库；2. 地层代号及界线；3. 断层；4. 乡镇区界线；5. 岩溶洼地；6. 地下河及出口；7. 岩溶泉；8. 岩溶泉群；9. 溶潭；10. 落水洞；11. 有水溶洞；12. 编号；13. 流量

三、岩溶大泉结构特征

由于本区主要岩溶含水岩组的岩性组合关系和构造、地貌条件的影响，岩溶泉的形成和出露具有特殊地带性，但规模一般较小，流量大于10L/s的泉点只有23处，其中90%分布于峰林谷地和峰林平原，而与断裂影响带有关的占75%。岩溶大泉的主要类型为下降泉、断层溢出泉。

1. 杨家村岩溶泉群(34)

杨家村岩溶泉群(34)位于罗溪河岩溶水系统，出露于D_3x^1灰岩、白云质灰岩中，泉口岩石裸露，为导水断层带侵蚀下降泉，地下水自一处近三角形小溶洞中流出，实测流量为200L/s(2004年7月24日)。追溯断层，见断层面溶孔、溶槽、溶沟发育，泉口上游洼地边缘见落水洞，可见沿断裂带地下水富集，受侵蚀切割出露地表(图4-9、图4-10)。

图4-9 杨家村岩溶泉群(34)出露特征

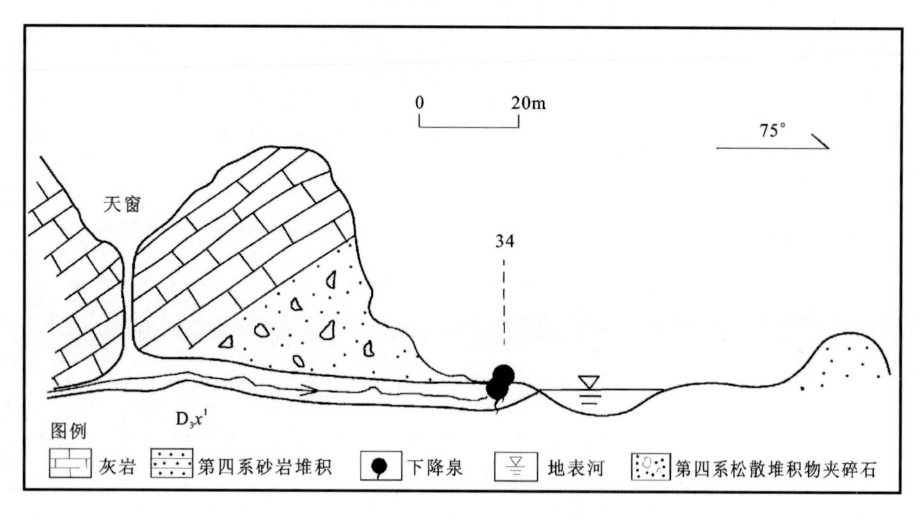

图4-10 杨家村岩溶泉群(34)出露条件示意图

2. 骥村下槎村断层溢出上升泉(174)

骥村下槎村断层溢出上升泉(174)位于日西河岩溶水系统,出露于 D_2q 厚层状白云质灰岩地层中,构造部位处于下搓村北东向正断层的上盘。由于断层导水和下盘碎屑岩阻水,在断层上盘的岩溶含水层形成地下水富集,并于河谷阶地形成上升泉(图 4-11),枯水季流量达 68.77L/s。

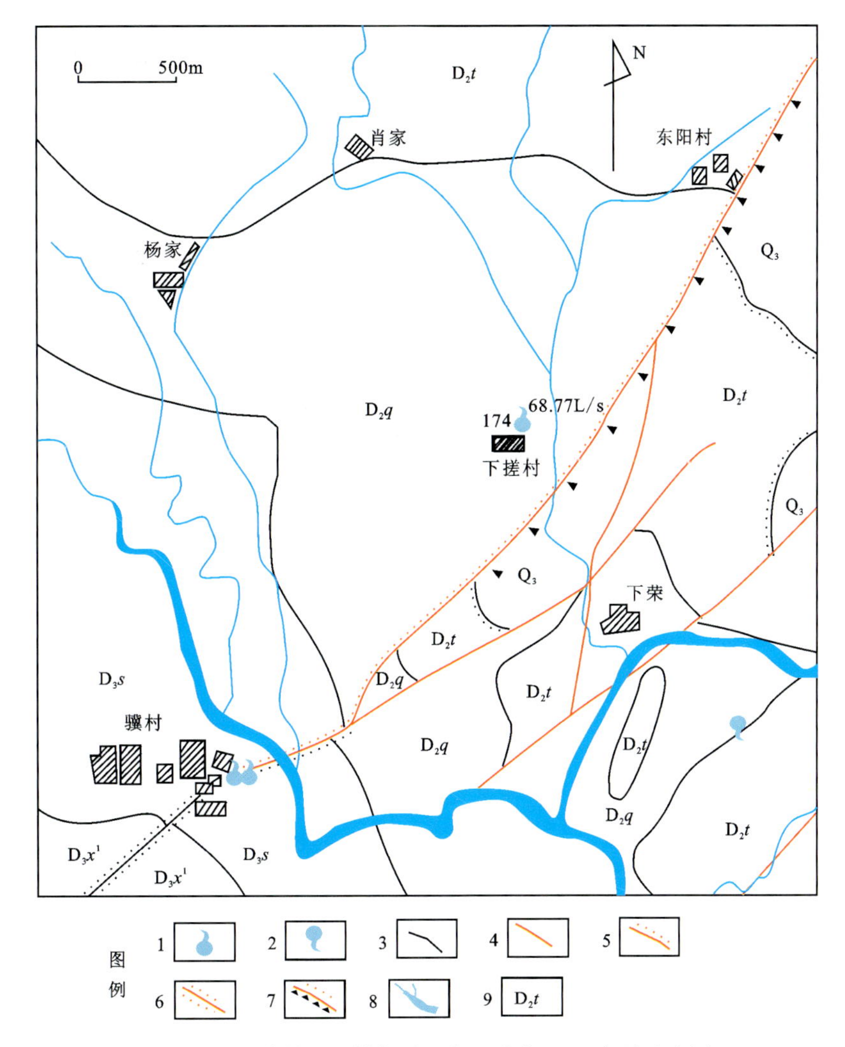

图 4-11 骥村下搓村断层溢出上升泉(174)出露示意图

1. 上升泉;2. 下降泉;3. 地质界线;4. 断层;5. 一侧导水;6. 两侧导水;7. 一侧阻水,一侧导水;8. 河流;9. 地层代号

3. 上富村下降泉(35)

上富村下降泉(35)位于枧头镇上富村,属于罗溪河岩溶水系统,出露于峰林谷地顶端,产出地层为 C_1d^1 厚层状灰岩,受北东向断裂及下盘 C_1y^2 泥灰岩、钙质页岩等不纯碳酸盐岩阻隔,含水层具裂隙-溶洞管道介质特征,随季节变化的流量动态变化较大,常年有水,实测 105L/s(2004 年 7 月 24 日),据访枯水季流量约 20L/s(图 4-12)。

4. 上和塘村下降泉(A52)

上和塘村下降泉(A52)位于石羊河岩溶水系统,出露层位为 D_2q 的深灰色厚层细晶白云岩,岩层中

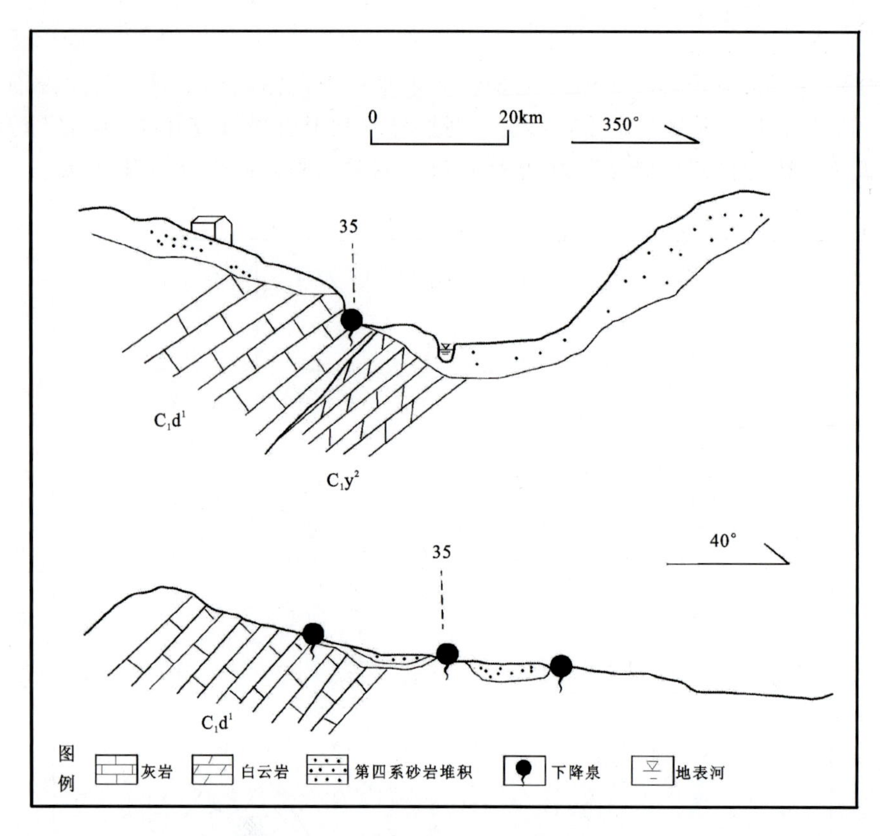

图 4-12　上富村下降泉(35)结构素描图

主方向为东西向的节理裂隙发育，具有较强溶蚀。地下水通过溶蚀裂隙运移、富集，在岩溶谷地边缘因侵蚀切割，地下水出露地表，实测流量 80L/s(2004 年 11 月 28 日)，据访该泉水年变化较大，丰水期流量可达 200L/s(图 4-13)。

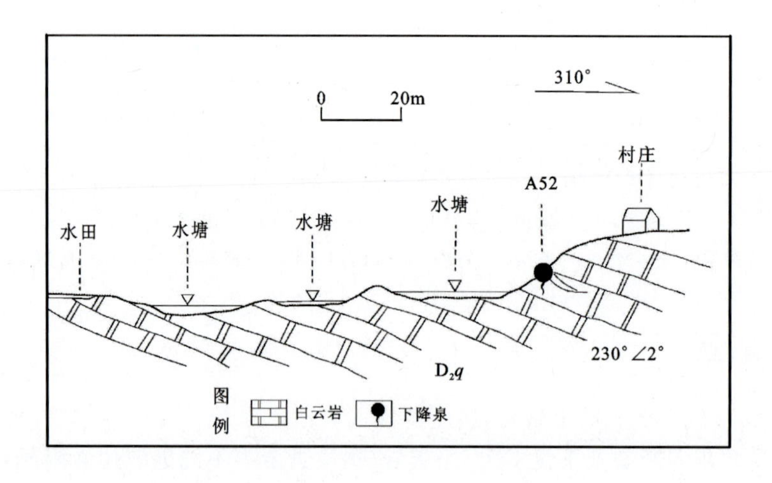

图 4-13　上乐塘村下降泉(A52)出露条件素描图

四、表层岩溶泉结构特征

新田河流域岩溶水系统中表层岩溶泉也较发育，从调查结果分析，本区表层岩溶泉主要分布在西部大冠岭、中部火炉岭、东部高山一带的峰丛(丘丛)山地,多出露于上泥盆统锡矿山组下段(D_3x^1)和佘田桥组(D_3s)灰岩、白云质灰岩中。山坡中下段(A52)由于构造裂隙、含水层岩性变化和地形突变等因素的制约,表层岩溶带中蓄积水流排出地表。泉水流量变化大,与降水的季节性变化关系密切,泉域面积一般为不足1平方千米至几平方千米之间,最大流量每秒可达数十升,平水期一般为0.1~5.0L/s,枯水季流量明显减少或断流。如下典型泉水的形成与出露条件可以反映本区表层岩溶泉的结构特征(图4-14~图4-17)。

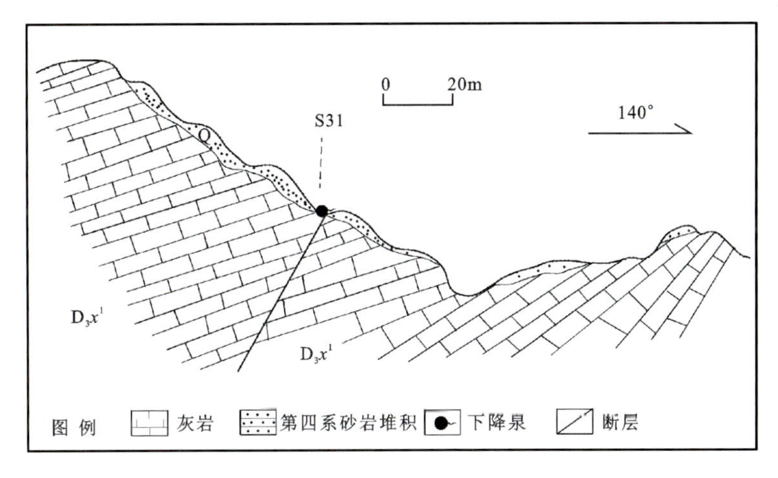

图4-14　上雷公井断层影响产生的表层泉

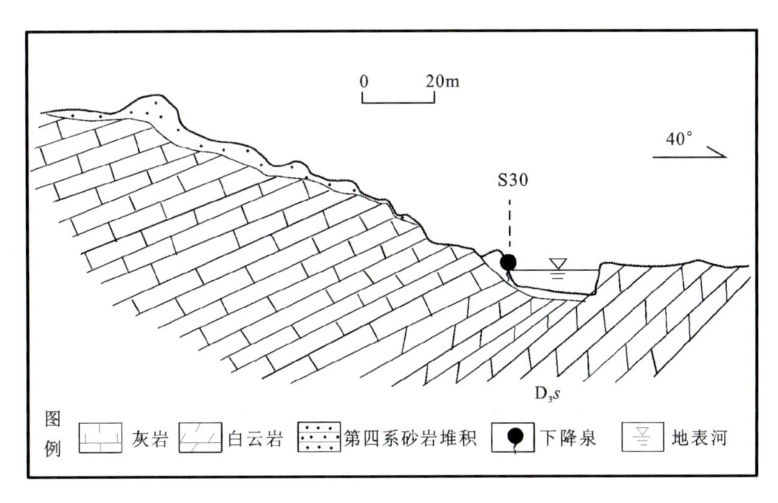

图4-15　鹅眉凼泥灰岩夹层阻水产生的表层泉

五、散流块段的结构特征

新田河流域岩溶水系统中的散流块段包括茂家块段、杨家块段、龙会寺北块段3处,各块段的结构特点是以新田河河谷为边界,地下水富集程度较弱,汇水区域小,水流分散,泉水出露少,流量小。岩溶含水层主要由泥灰岩、泥质灰岩和泥岩、页岩夹灰岩的不纯碳酸盐岩构成,岩溶发育弱,对地下水的蓄积、运移能力差,泉流量一般为0.1~2.0L/s,地表水系为集水面积较小的小溪流。

1. 茂家块段

茂家块段总面积为27.06km²,D_3s不纯碳酸盐岩分布面积为25.15km²、碳酸盐岩面积为1.91km²,

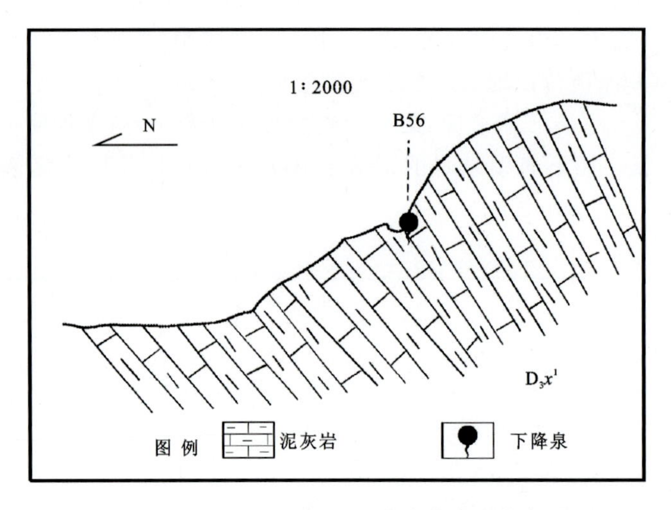

图 4-16　三井打石坪因地形变化产生的表层

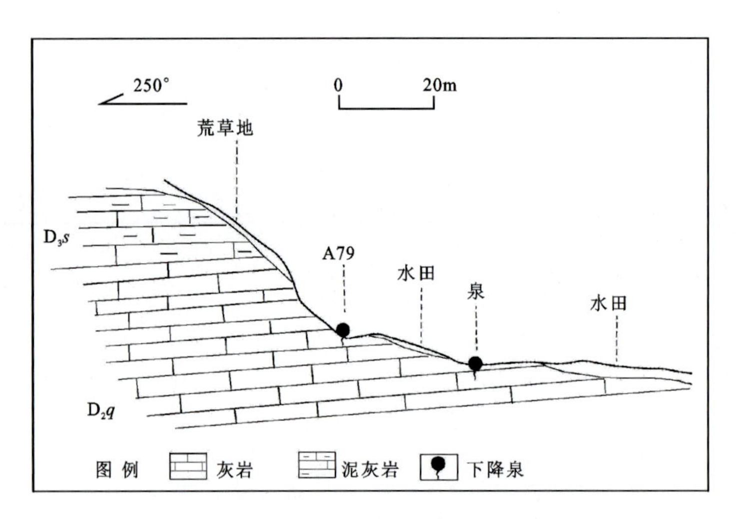

图 4-17　地形突变产生的表层泉与深层岩溶泉

该块段以新田河河谷为排泄边界，沿河长度为 12.3km。发育 3 条小溪，长度为 1.5～5.0km，直接汇入新田河。地下水含水介质以溶蚀和风化裂隙为主，局部见小型溶洞管道，富水程度中等，泉水流量为 0.01～2.0L/s，地下水分散向新田河河谷径流、排泄。

2. 杨家块段

杨家块段总面积为 20.79km²，为 D_3x^1 碳酸盐岩与 D_3x^2 泥页岩地层间互分布的区域，碳酸盐岩分布面积 12.81km²，不纯碳酸盐岩分布面积 5.04km²，非碳酸盐岩面积 2.94km²。岩溶水汇流面积小，岩溶含水层富水程度中等，地下水含水介质以溶蚀裂隙为主，局部发育规模较小的溶洞管道，泉水流量 0.01～2.0L/s，地下水流分散。该块段以新田河河谷为排泄边界，长度为 12.3km，发育 2 条小溪，长度为 3.5～9.6km，直接汇入新田河。

3. 龙会寺北块段

龙会寺北块段为一沿河地块，总面积为 9.42km²，为 D_3s 不纯碳酸盐岩分布区，北部以 D_3x^2 泥页岩地层为隔水边界，南部以新田河为边界，河段长为 6.5km。块段内地表水系和岩溶泉均不发育，地下水

位埋藏较浅，岩溶含水层分布面积6.84km^2，岩溶水汇流面积小，岩溶不发育，地下水含水介质以溶蚀裂隙为特征，岩溶含水层富水程度中等，民井水位埋深为0.30～2.30m，用水量小，枯水季地下水流分散。

六、地下水之间以及地下水与地表水的水力联系

（一）地下水之间的水力联系

新田河流域岩溶水系统划分为13个五级岩溶水系统和3个散流块段，其间均以地表分水岭、地下分水岭、新田河河谷或隔水层为系统边界，系统与块段间不存在明显的地下水水力联系。

在单个五级岩溶水系统内，部分系统由于地层岩性变化、阻水构造、隔水层的存在，地下水动力场存在不连续的状况，或者由于地形变化，浅循环带地下水在岩溶谷地和岩溶盆地的山前排出地表，形成地表水系水源。深循环地下水则总体向新田河河谷运移，构成统一的水动力系统，最终在河谷地带排泄。五级岩溶水系统中地下水动力变化较典型的有日西河岩溶水系统、双胜河岩溶水系统、罗溪河岩溶水系统、石羊河岩溶水系统、龙溪河岩溶水系统。

1. 日西河岩溶水系统

冷水井一带峰丛山地为系统补给区，地下水总体向日西河方向运移，而在坦头坪-李家湾-新子坪-骥村岩溶谷地形成一级排泄带，构成日西河及其支流的常年性水源，李家湾一带岩溶泉水外排进入地表水系后汇集于塘下水库；骥村地下河排水形成溪流直接汇入日西河（表4-4）。在一级排泄带和河谷地区形成地下水的富集带，地下水具有统一水位，水源丰富且埋藏较浅，便于开发利用。

表4-4 日西河岩溶水系统地下水出露高程对比表

编号	出露位置	水动力分区	出露高程/m	水点类型	出露层位	流量/(L·s^{-1})
B161	骥村镇流芳桥自然村南西方250m	河谷排泄区	210	下降泉	D_2q	2.0
164	田家乡瑶塘富村		198	下降泉	D_2q	0.5
B175	新田县城		190	下降泉	D_2q	1.5
161	田家乡盘家坝村		219	下降泉	D_3s	0.2
163	田家乡扒田坵村		220	下降泉	D_2q	5.5
048	田家乡卓家村北北东150m		217	溶潭（埋深0.3m）	D_3s	-
146	冷水井乡李家湾村西	岩溶谷地内排带	368	下降泉	D_2q	20.0
148	冷水井乡少步岭村南东5m		268	下降泉	D_3x^2	1.60
144	冷水井乡李家湾村东20m		323	下降泉	C_1y^1	3.01
B117	冷水井乡潮水铺村刘胡自然村西		312	下降泉	D_3s	2.04
B116	冷水井乡潮水铺村尹家自然村		327	下降泉	D_3s	18.31
B115	冷水井乡潮水铺村郑家自然村		329	下降泉	D_3s	0.6
B119	冷水井乡坦头坪村		350	下降泉	D_3s	6.0

续表 4-4

编号	出露位置	水动力分区	出露高程/m	水点类型	出露层位	流量/(L·s^{-1})
B122	冷水井乡九丘田村北东 200m	峰丛山地补给区	395	水井	D_3s	0.82
B121	冷水井乡冷水井村		415	下降泉	D_3s	0.90
B123	冷水井乡乡政府西		380	下降泉	D_3s	1.22
153	冷水井乡刘家山村		427	下降泉	C_1d^1	2.40

2. 双胜河岩溶水系统

大冠岭岩溶峰丛区为补给区，地下水总体向新田河河谷运移。受地形地貌和山前断层影响，在青龙坪谷地形成一级排泄带，浅循环地下水以岩溶泉和地下河形式排入地表水系，且部分地表径流通过岩溶裂隙再次转入地下形成对岩溶含水层的补给。

由于梅湾断层带的影响，地下水在断层上盘的青龙坪谷地富集，地下水位明显高于下游新田河谷地。补给区来水在青龙坪谷地部分排出地表，沿河溪向北径流，自梅湾垭口拐向西南流向新田河；地下潜流则在青龙坪一带汇集，经珠美洼地向东运移，在香花井西侧以侵蚀断层泉排泄，形成双胜河南支流源头，用于野牛山水库的补给源。同时，在双胜河中下游岩溶谷地形成地下水的集中排泄区，为该系统地下水的区域性富集地带，多个大泉密集出露，构成该系统的二级排泄带。因此，在区域上，本系统的地下水运移具有双层水力网，浅部循环水与地表水关系密切，具有交替互补特征。深部循环水受新田河排泄基准面的控制，构成统一水力系统(图 4-18)。

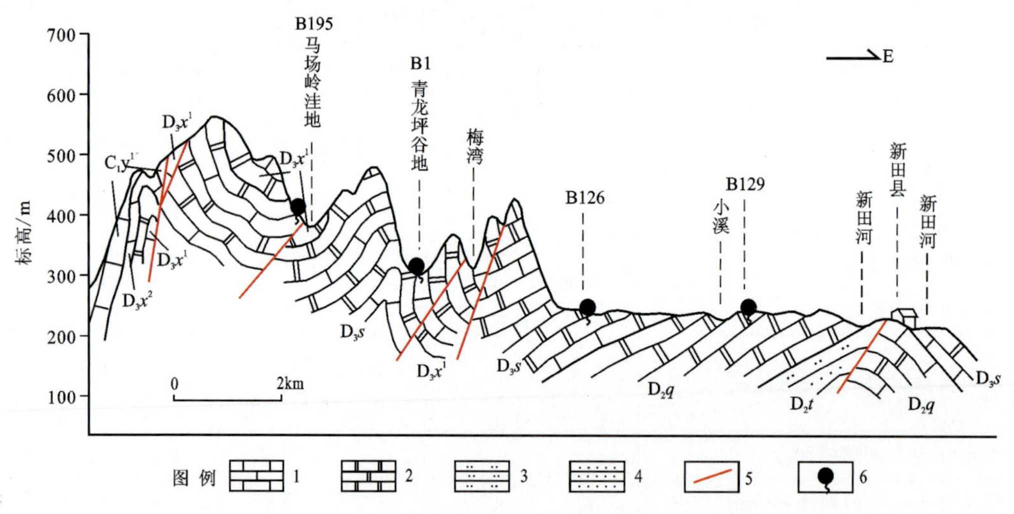

图 4-18 双胜河岩溶水系统地下水循环特征剖面示意图

1.灰岩；2.白云岩；3.砂质泥岩；4.粉砂岩；5.断层；6.泉

3. 罗溪河岩溶水系统

该岩溶水系统的补给区为大冠岭峰丛山区，枧头峰林谷地既是补给区来水的一级排泄带，又是地下水富集区块。自补给区到径流区，由于地质构造控制 D_3x^2 碳酸盐岩夹泥页岩弱透水层出露，对地下水运移起到一定的阻隔作用，在局部地带形成隔水层，上游地段形成地下水富集区，如彭子城泉群带。但从整个系统来看，因本区北北东向和北西向两组断裂较发育，断裂构造导水，补给区来水总体形成自西向东的统一地下水流场，同时地下水的富集与分布又受到导水构造和含水层分布的控制，存在较强的不均一性，在构造有利部位地下水较丰富，泉水出露多受断裂构造控制，因此在枧头镇以东的峰林谷地形成下枧头至富柏的地下水富集带，泉水流量总计达511L/s(表4－5)。在该富集带中，彭子城块段受弱透水层阻隔形成较高水势，地下水位高程达390～400m；枧头地段岩溶含水层连续分布，地下水位高程为330～355m；对于下游富柏—杨家地段的地下水位高程为283～320m，呈现地层构造影响下，区段间水力联系的空间不均一性。

表4－5 罗溪河岩溶水系统地下水富集块段水点特征

编号	位置	出露高程/m	水点类型	出露层位	流量/(L·s^{-1})
036	枧头镇上富村	305	下降泉	C_1y^1	4
032	枧头镇彭子城村	400	下降泉	D_3x^1	5
031	枧头镇彭子城村	390	下降泉	D_3x^1	4.5
035	枧头镇上富村	325	下降泉	C_1y^1	105
038	枧头镇伊家凼村	340	下降泉	C_1y^1	3
046	枧头镇龙凤村	330	下降泉	C_1y^1	2
037	枧头镇政府旁	350	下降泉群	C_1y^1	5
B15	枧头镇枧头村南250m	355	下降泉	C_1y^1	4
041	枧头镇下枧头村	340	下降泉	C_1y^1	0.8
143	枧头镇贺家村	298	下降泉	C_1y^1	3.7
043	枧头镇杨家村	283	下降泉	D_3x^1	50
B26	枧头镇豪山村东	385	下降泉	C_1y^1	1.2
B16	枧头镇龙凤圩自然村南	360	下降泉	C_1y^1	3
034	枧头镇杨家村大坝坝尾	290	下降泉群	D_3x^1	200
175	枧头镇龙下富柏村	320	地下河	C_1y^1	120

4. 石羊河岩溶水系统

该岩溶水系统是新田河流域中最大的五级岩溶水系统，具有峰林谷地和峰林平原特征，地势相对平缓，由西南补给边界到东北排泄边界的直线距离达27km，地下水位高程自397m降至180m，石羊河在新田河的汇入口高程为165m。由于系统中部近南北向分布的D_3s不纯碳酸盐岩条带透水性较弱，在该条带的西侧地下水位显著高于东侧。在金盆圩地下水富集带，地下河出口高程为305～310m；而下游5～6km的石羊地下水富集带地下河出口和大泉出露高程仅230～240m。

由此可见，受含水层性质的影响，系统的上下游之间存在一个水动力突变带，由于D_3s不纯碳酸盐岩弱透水带的制约，该系统在金盆圩—洞心和宏发—石羊形成2处地下水的内排泄带，地下河和岩溶大泉集中出露(图4－19)。

5. 龙溪河岩溶水系统

该岩溶水系统具有特殊的边界类型特征，除排泄边界的新田河河谷为碳酸盐岩外，四周的地下水分水岭边界几乎都由D_3x^2不纯碳酸盐岩夹泥页岩弱透水层构成，整体为一宽缓的向斜蓄水构造，地下水自补给区向龙溪河河谷及向斜轴部汇集，在本系统内地下水总体由北向南运移，向新田河河谷排泄。在系统径流区龙溪—板溪一带，受C_1d^2非碳酸盐岩地层的隔水作用，岩溶水形成局部富集，因河谷侵蚀切割地下水以泉水方式排出地表(图4－20)。

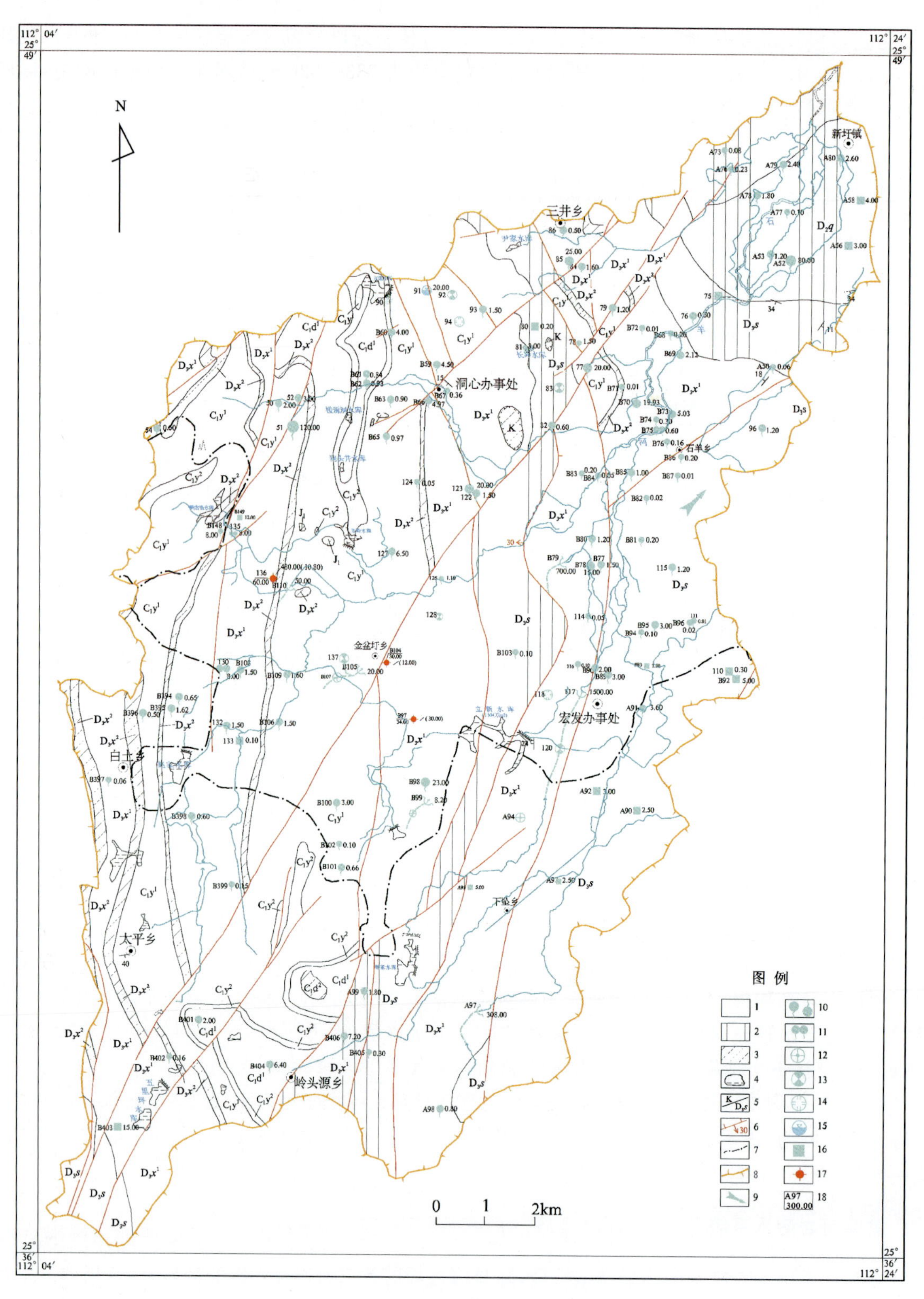

图 4－19　石羊河岩溶水系统地下水赋存特征

1.溶洞管道水分布区；2.溶缝裂隙水分布区；3.碎屑岩裂隙水分布区；4.地表水库；5.地层代号及界线；6.断层；7.富水块段界线；8.系统边界；9.地下水流向；10.泉点；11.泉群；12.天窗；13.落水洞；14.有水溶洞；15.溶潭；16.民井；17.钻孔；18.编号及流量(L/s)

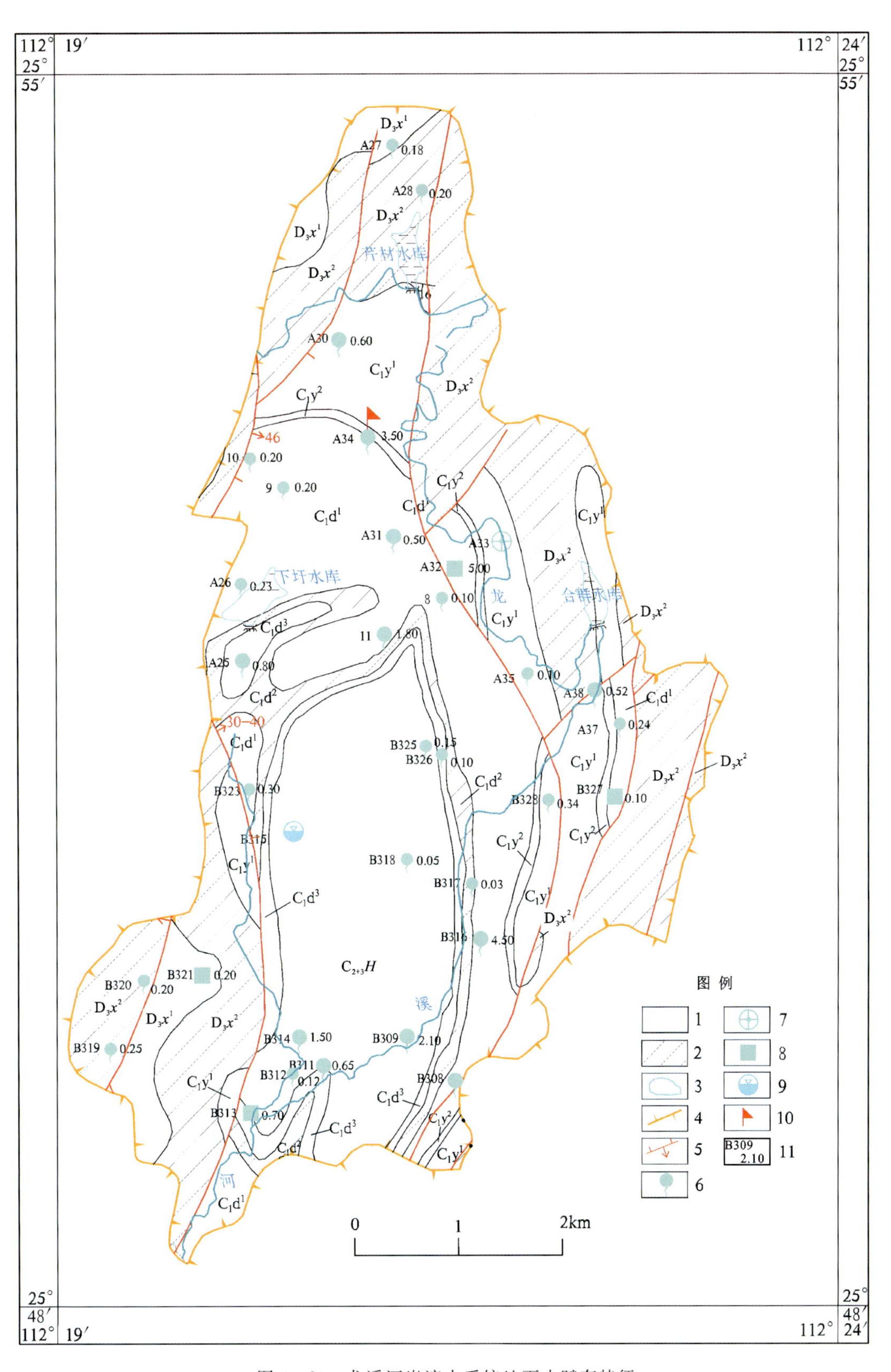

图 4-20　龙溪河岩溶水系统地下水赋存特征

1.溶洞管道水分布区；2.溶缝裂隙水分布区；3.地表水库；4.断层；5.系统边界；6.泉点；7.天窗；8.民井；9.有水溶洞；10.观测点；11.编号及流量(L/s)

总体上，新田河流域各五级岩溶水系统具有相对独立的水动力场体系，相互之间往往以地表、地下分水岭、隔水边界或复合型边界相接。在五级系统内，地下水的总体趋势是由补给区向排泄区运移，上述5个地质构造条件较复杂的岩溶水系统，其地下水的运移循环、汇集排泄在空间上各自存在突出特点。而其余的五级系统，规模较小且介质结构、水动力条件较简单，自补给到排泄，地下水间的水力联系具有连续性特征。

（二）地表水与地下水之间的关系

从各个五级岩溶水系统的地下水形成及循环交替状况分析，本区地表水与地下水的关系密切。在13个岩溶水系统和3个散流块段中，都具有自补给区向新田河河谷径流运移的总体趋势，在各个五级岩溶水系统中，岩溶泉和地下河的排泄是构成地表水系的主要水源。地表水对地下水的补给主要在各系统的补给、径流区，典型方式如下。

1. 非岩溶补给区溪流进入岩溶区对岩溶含水层的补给

非岩溶补给区溪流进入岩溶区对岩溶含水层的补给较典型的有日西河、日东河、邝家河、龙溪河等岩溶水系统，碎屑岩山区地表径流进入岩溶区后，由于岩溶裂隙渗漏产生对地下水的补给，在山前岩溶区形成地下水富集或岩溶泉出露，如邝家河系统南部陶岭 D_2t 碎屑岩山区地表径流，通过山前洪坡积层下渗进入岩溶含水层，在郑家、白水窝一带虽然临近补给区边界，但地下水仍较丰富，且有多处岩溶泉出露（B380、105等7个泉，流量1.50～5.0L/s，一般2.0～3.0L/s，合计19.2L/s）。

2. 地表水库蓄水渗漏对地下水的补给

本区建于岩溶区内的中、小型水库中存在不同程度渗漏的有26处，占现有中小型水库的35%，其中中型水库的50%、小(一)型水库的90%存在岩溶渗漏问题。

水浸窝水库的岩溶渗漏使该库不能正常蓄水，补给区来水通过消水洞、溶蚀裂缝进入地下河，在下游岩溶谷地排出地表。调查证明，该水库渗漏具有多方面原因，与岩溶发育、构造和坝址区的工程地质条件相关。据观测，渗漏量与地下河排泄量相当，一般为15～30L/s，最大为1.5m^3/s，最小为8L/s。渗漏途径主要有以下几个方面。

1)岩溶发育与渗漏

区内属碳酸盐岩分布区，岩溶发育强烈，地貌上以丘峰和峰丛洼地为主，洼地一般走向北东，地表岩溶形态各异，各种奇形异石，风景优美。可见大于30m的地下河天窗4处，其中一处天窗有明显的微风吹出。另外，落水洞、漏斗随处可见。如在库盆底部可见连续发育的3处落水洞与下部地下河直接连通。该落水洞是造成库盆漏水的主要渗点。

2)区域构造带渗漏

区内构造主要有北东向和北北西向两组。

(1)北东向构造带，走向70°，倾向北西，倾角近陡立，构造面平直，开启程度较好，具有先压后张的特征，主构造带主要分布于龙凤塘至库区一带，沿构造带岩溶发育强烈，地下河就发育在该断裂带中，埋深为40～70m，为狭长廊道式展布。根据物探分析，在地下河床以下岩溶发育较弱，对渗漏影响不大。

构造带从地表上多反映为裂隙发育，有串珠状的洼地分布。可见最大溶蚀裂隙宽度为2m，洼地底部均为第四系土层覆盖。由于地下岩溶发育强烈，地下河空间较大，沿途地表的洼地中见有塌陷现象。如08号点曾发生过两次塌陷，最大塌陷深度可见2.2m。沿构造带局部裂隙直接与地下河相通，对绕坝渗漏会造成一定的影响。

(2)北北西向构造带。沿该构造发育的主要为库区的岩溶洼地。洼地长轴方向330°，沿洼地底部仅在库区见有串珠状漏水洞，但均与地下河相连通，与地下水库合为一体，对水库的渗漏没有影响。

3)邻谷渗漏

库区位于高位的溶丘洼地上，洼底标高为371.0m，四面环山，西南向为水库的补给区，北东向为径流排泄区。在东部0.8～1.0km为一处残峰谷地，谷底高程为307.0m，与库底高差为34.0m。周边地下水天然露头点较少，仅在谷地边缘见有两处表层泉出露，从水文地质条件分析，泉水与库区内无任何水力联系，库区周边除有沿构造带发育的裂隙外，均为完整基岩，故区内不存在邻谷渗漏问题。

4)坝下渗漏

从调查和前人资料分析，渗漏主要产生于地下河内的坝址区，以坝下渗漏为主。该坝修建于北东向和北西向断裂交会带的南端地下河段，坝下附近有一垂直发育的竖井深19.0m，水坝建于洞内堆积的黏土、淤泥之上，堆积物厚度大于15.0m。据物探探测该段岩溶发育深度为75.0m，为岩溶深槽。渗漏的主要原因是建坝时由于清基没有彻底，蓄水后在水头压力的作用下，击穿下部黏土层而产生渗漏。虽经多次灌浆和坝前铺盖或填料处理，均由于处理没达到有效深度，再次被击穿而产生严重渗漏。

总的来说，渗漏在岩溶区的水库普遍存在，查清渗漏原因和条件对渗漏的治理至关重要。因此，除了要总结分析原有的基础资料，进行野外地质和洞穴调查及地球物理探测，综合分析该库的渗漏方式和原因外，也要从地下河系统与水文地质结构特征分析，研究地下水的循环交替，评估渗漏规模和强度，为设计治理方案和措施提供科学依据。

3. 农田灌溉回灌补给

据统计(2003年)，新田县耕地面积22.4×10^4亩，其中有效灌溉水田15.61×10^4亩，分布在岩溶区的约占70%，折算约73km^2。利用水库蓄水灌溉，供水的有效库容为1.04×10^8m^3，农田水回灌下渗进入岩溶含水层，对地下水形成补给。对于整个水资源系统来讲，这部分水已包含在水资源总量之中，但利用中在时空分布上进行了再次分配，除了生产利用过程的消耗(吸收、蒸发、蒸腾)外，必然有部分渗入地下进入系统的水流循环。参照相邻气候、土地与岩溶地质环境区的农田回灌系数0.16，估算每亩田灌溉用水800m^3，回灌水量达128m^3/(亩·年)。

综上所述，本区的地下水和地表水之间具有密切关系，在时空上的相互转化是地下水从补给到排泄整个运移过程的主要形式，在区域上的表现显示出西部岩溶区更为突出、强烈、频繁，而中、东部岩溶区较简单且规模小。

第三节　岩溶水系统的水动力场、温度场和水化学场

新田河流域岩溶水系统的水动力场、温度场和水化学场，是岩溶水系统中物质与能量迁移转化的具体表征，在时空分布上具有描述或刻画岩溶水系统特征及其演化的功能，因此成为分析研究岩溶水系统的重要因素。由于水动力场、温度场和水化学场的形成是地表大气-水-岩石-生物四大圈层内各种物质及其之间的物理、化学、生物、光照作用的结果，岩溶水系统的物质基础和系统中的各种作用是岩溶水水动力场、温度场和水化学场的形成条件和转化因素，因此当系统中相互作用对象的物质和作用程度在时间或空间存在较大差异时，不同地区的岩溶水系统、岩溶水系统的不同部位所表现的水动力场、温度场和水化学场特征及其随机变化特征显示出明显的空间分布差异。

一、水动力场特征

调查表明，新田河流域岩溶水系统由13个五级系统和3个散流块段构成，各个次级系统具有相对独立的水动力特征，从岩溶水的补给、径流、排泄条件和地下水出露特点分析，本区的水动力场的主要特点如下。

(1)地下水出露类型多样、规模大小不一,系统中的水流循环交替存在较明显的分带性,在纵向上存在表层循环带,在区域上呈非连续分布;垂直渗流带补给区厚度较大,一般为30～50m,径流、排泄区较薄,一般为5～15m;季节变动带在补给区的厚度一般为20～30m,径流一般为10～25m、排泄区为3～10m;水平径流带受系统排泄基准面控制,在补给区埋藏深、厚度小,在径流区厚度大,一般为40～60m,与水平发育的岩溶管道、裂隙介质结构相对应,具有层状结构特征,为岩溶发育较强的层段,底界埋深在岩溶谷地、平原区一般为60～80m;深部循环带以岩溶裂隙、构造裂隙为水流运移通道,受区域排泄基准面和碳酸盐岩分布及地层岩性变化的控制,本区日西河、双胜河、石羊河和龙溪河岩溶水系统的深部循环较深,罗溪河下游径流排泄区大面积分布的不纯碳酸盐岩岩溶发育较弱,对上游侧向径流形成阻挡,造成多级排泄,使水位抬升,水力梯度减小,水流循环变浅(表4-6)。日东河、黄沙溪等岩溶水系统岩溶含水介质以不纯碳酸盐岩为主,地下水渗流条件较差,岩溶发育深度较浅,地下水动力各分带的厚度较小,且深度较浅。受水动力和岩溶介质条件的影响,水力梯度较大的岩溶水系统往往存在两级排泄,地下水以地下河或岩溶大泉形式在岩溶谷地和地形突变地带部分排出。从调查结果分析,内排带的排泄具有非全排特征,地下水潜流向系统排泄边界径流运移。在汇水范围较大的石羊河岩溶水系统,地下水径流途径较长,地形地势的变化较大,同时受地层构造的影响,系统内形成多级排泄,在不同高程的岩溶谷地中,构成金盆圩地下水富集块段和宏发-石羊富水块段(图4-21)。

表4-6 新田河流域各五级岩溶水系统水动力特征统计表

序号	系统名称	水势特征			排泄特征			
		水点最高/m	水点最低/m	水力梯度/%	内排带		系统出口	
					位置	高程/m	位置	高程/m
①	日西河	424.5	190	2.0	骥村	230	城关	185
②	日东河	278	197	0.8	/	/	城关	185
③	双胜河	537	190	3.4	青龙坪	330	河大桥	175
④	罗家河	230	185	1.6	/	/	大历县	173
⑤	茂家块段	220	175	1.0	/	/	黄土园	166
⑥	黄沙溪	249	180	1.1	/	/	石榴窝	172
⑦	下村水	215	172	0.6	/	/	道塘	165
⑧	杨家块段	220	158	2.5	/	/	草坪	156
⑨	龙溪河	285	170	1.1	龙溪	215	石桥	155
⑩	龙会寺北块段	205	151	1.8	/	/	古龙尾	146
⑪	罗溪河	560	166	2.6	富柏	325	道塘	165
⑫	石羊河	410	168	1.0	金盆/龙眼	310/230	杏干	164
⑬	祖亭河	190	160	1.4	/	/	万年村	158
⑭	三仟圩河	279	150	1.0	王凤	180	程家	156
⑮	邝家河	198	152	0.9	/	/	龙会寺	148
⑯	新隆河	198	159	0.6	/	/	满塘	146

(2)岩溶水系统的地下水位和水点流量变化与降水补给关系密切,均随降水的时空变化而变化,但由于系统介质结构的不同,其变化幅度和规模及相对滞后的程度不同。在新田河流域西部岩溶区以溶

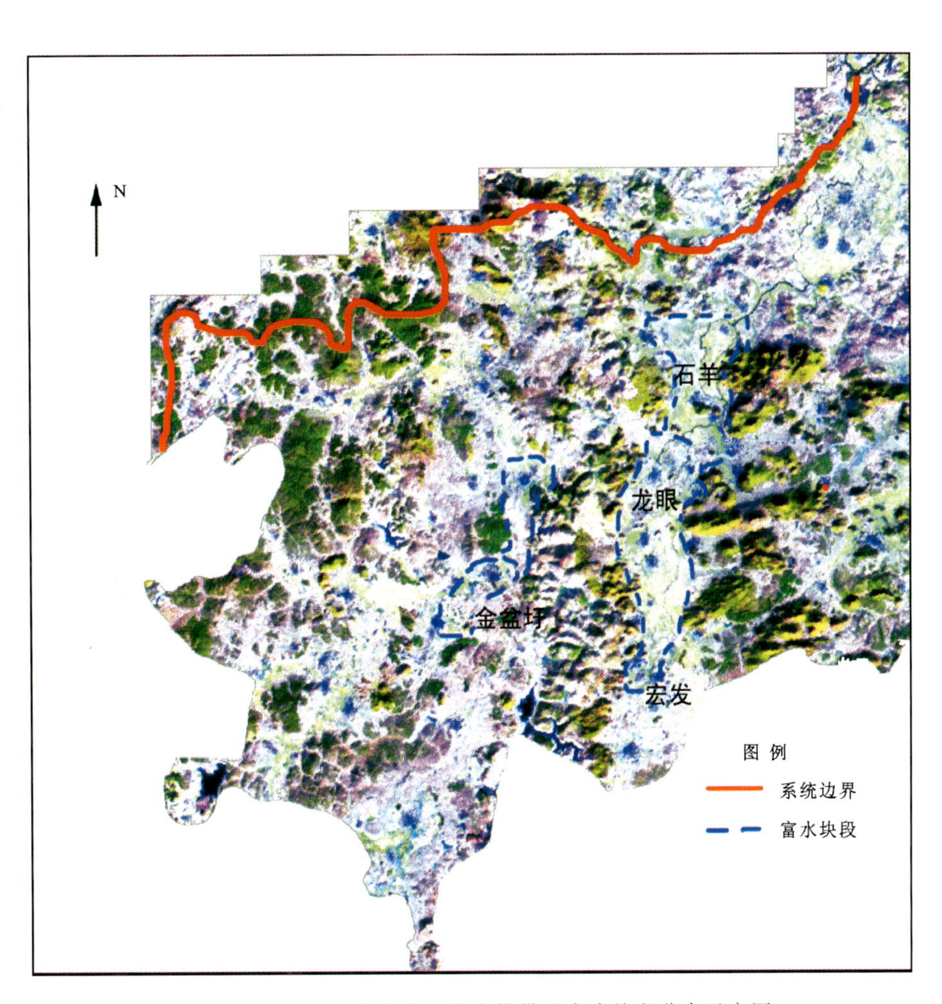

图 4-21 石羊河岩溶水系统内排带及富水块段分布示意图

洞-管道为介质的地下河、岩溶大泉的动态变化大，稳定系数一般小于 0.1，变幅 10～>50 倍；中东部岩溶区以岩溶裂隙介质为特征的不纯碳酸盐岩系统，岩溶水的循环交替较弱，运移较慢，岩溶泉的规模较小，流量很少超过 10L/s，流量变化幅度介于 5～20 倍之间，稳定系数一般为 0.1～0.5。

(3)从地下水出露情况分析，岩溶山区为地下水的补给区，表层岩溶泉、浅循环带小泉水分散出露，一般高程为 350～530m，产出原因多为地形切割、含水层岩性变化或断层构造的影响，泉水流量一般较小，动态极不稳定，部分以季节性出流为特征。在山前岩溶谷地，高程在 290～360m 之间，为水动力场的水势变化地带，发育于岩溶山区的地下河或导水溶洞管道出口处于谷地边缘，地下水的出露较频繁，如图 4-22 中此高程段水点出露频数呈一峰值，本区各五级岩溶水系统均以新田河河谷为排泄边界，河谷平原或岩溶平原区是水动力平缓、水力梯度较小的地带，在 150～250m 高程段是地下水排出地表的集中区段，在图中呈很高的频数峰值，出露水点占调查水点总数的 62%。

从整个新田河流域岩溶水系统来看，地下水流总体以新田河河谷为运移方向，水动力场的水势和流场变化较大，自北向南流的有日西河、日东河、黄沙溪、龙溪等岩溶水系统；自西向东流的有双胜河、罗溪河等岩溶水系统；自南向北流的有石羊河、三仟圩河、邝家河、新隆河等岩溶水系统。可见，新田河河谷地带是本区地下水动力场的低水势地带，为各岩溶水系统的统一排泄带，但对于次级岩溶水系统之间存在相对独立的补给、径流途径，相互间的水力联系较弱，在区域上呈现不连续性，同时反映了本区岩溶含水层分布的地带性特征。受地形地貌和含水介质性质及地质构造的影响，新田河西侧岩溶水系统的水力梯度较大，水流交替循环条件较复杂，自山前岩溶谷地到河谷谷地或平原区，地下水流场存在一处突变地带，地下水位相差超过 100m。新田河东侧的岩溶水系统水力梯度较平缓，含水介质性质的变化对

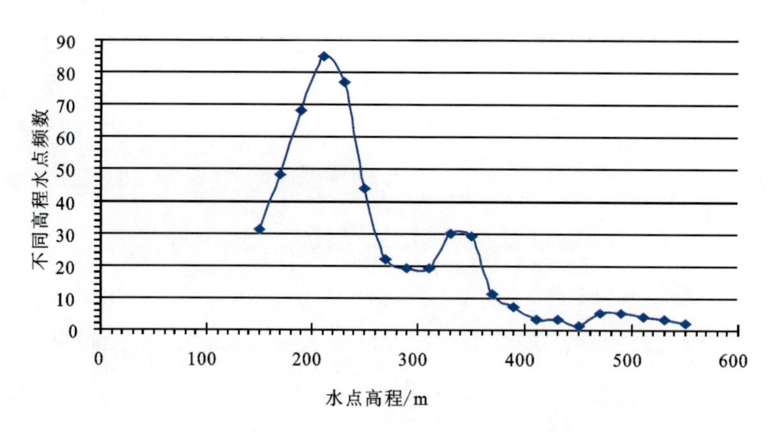

图 4-22 新田河流域地下水点高程分布曲线图

水动力场的影响较明显，间夹的泥质弱透水层分布使地下水沿层间岩溶裂隙带运移，形成与含水层走向相近的各向异性明显的流场特征。

二、地下水温度场

岩溶区地下水温度场是岩溶水系统在地球内外营力作用下，地下水循环过程中能量转换的反映，受当地年均气温和地温变化规律的制约，是地下水循环交替过程中水体与含水层之间能量交换的结果，是地下水补给、运移、储存及排泄条件的综合反映。

新田河流域岩溶水系统由多个次级岩溶水系统构成，地下水温度场与其地下水的循环运移条件密切相关。一般情况下，地下水的温度与系统所处区域的年平均气温相近，总体在 17～23℃之间(图 4-23)，地下水温略高于当地平均气温。在区域分布上，北部、西部岩溶区一般 17～22.5℃，中东部岩溶区一般 17.5～21.5℃，南部岩溶区一般 18.0～23.0℃(图 4-24)。

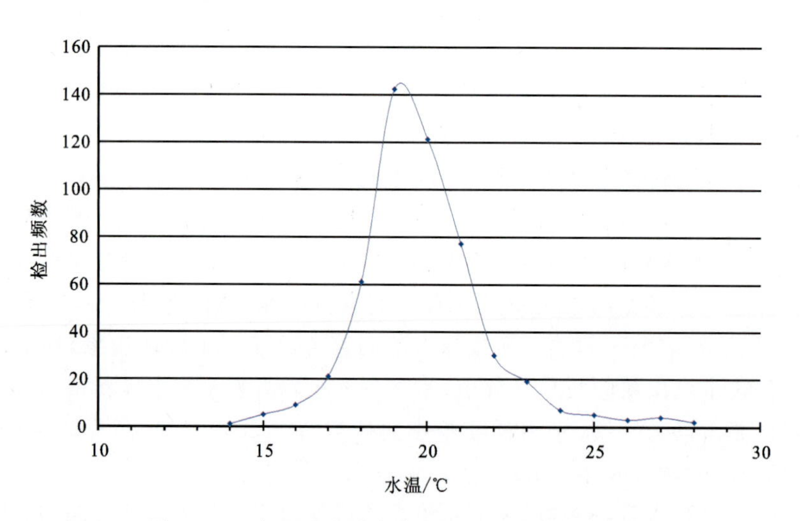

图 4-23 新田河流域岩溶水温度分布频率曲线图

一些循环深度较大，在含水层内逗留时间较长，交替较缓慢的水体温度较高，其中包括在岩溶水系统中下游段出露泉水或民井、有水溶洞、溶潭，如田家、三井、茂家、龙溪等地；在规模较大的断层带附近出露的泉水、开挖民井，如宏发、三井石塘、石羊乐山等地；受构造或含水层性质变化影响形成循环较深的上升泉、储水构造溢出泉，如石羊小山、骥村下搓、枧头上富等地带。

出露在岩溶山区，出露位置较高且循环交替较快，径流途径较短的泉水温度易受气温的影响，夏季水温较高、冬季水温较低，但其平均温度总体上低于岩溶谷地、平原区岩溶水的平均温度。

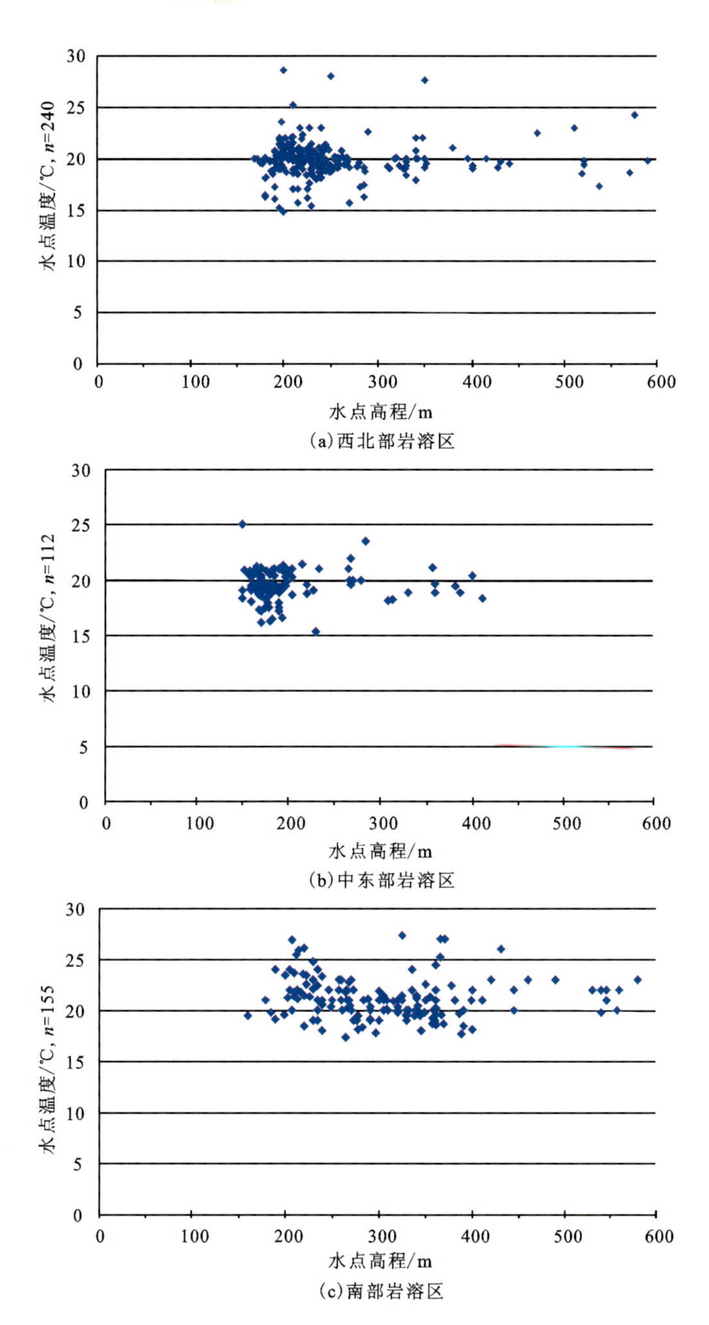

图 4-24 新田河流域地下水温度分布特征

三、水化学场特征

地下水系统的水化学场是系统介质性质的空间变化与水动力条件、补给来源和环境化学特征的综合反映。在水流循环运移过程中，水与介质的相互作用随着作用条件的变化，在一定的地理、地质、水文地质和地球化学条件下，形成特定的水文化学场特征。

本区岩溶水水化学特征的形成与峰林谷地岩溶区岩溶水形成的条件有关，本流域岩溶水具有较低的溶解离子含量，岩溶地下水类型较单一，绝大部分属 HCO_3-Ca 型水，仅极个别泉水(B135)出现 $HCO_3-Ca\cdot Mg$型水，表征了该流域岩溶水系统的地下水形成与岩溶发育的物质基础和环境条件特点。

在岩溶水系统中，地下水流自补给到排泄，因水与介质的相互作用、不同来源的水流混合、地表环境物质的进入或水体溶质的转化迁出，水化学组分的含量特征存在不同量级的变化，水化学场的总体特征如下(图 4-25～图 4-32,表 4-7)。

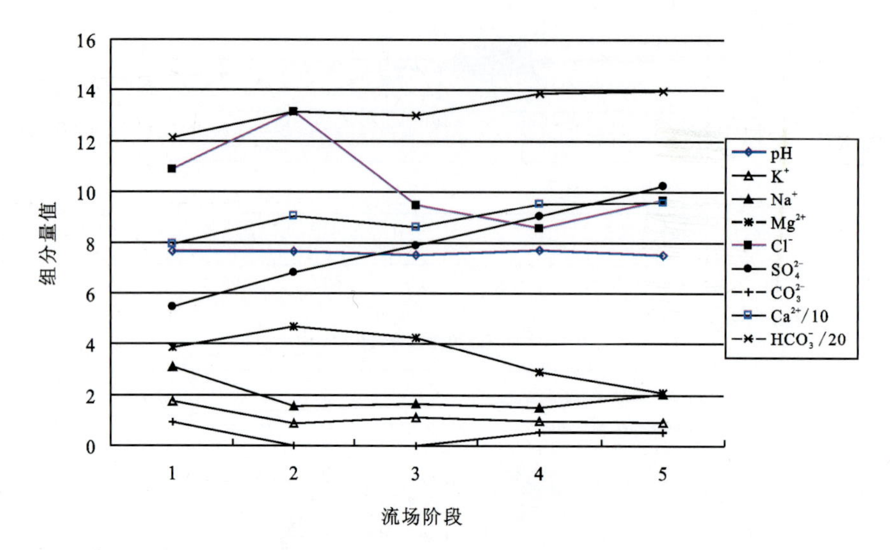

图 4-25 不同阶段岩溶水主要水化学组分的含量变化曲线

流场阶段:1.补给区;2.补给区与径流区过渡带;3.径流区;4.径流内排带;5.排泄区

注:pH 无量纲,其他离子浓度单位为 mg/L

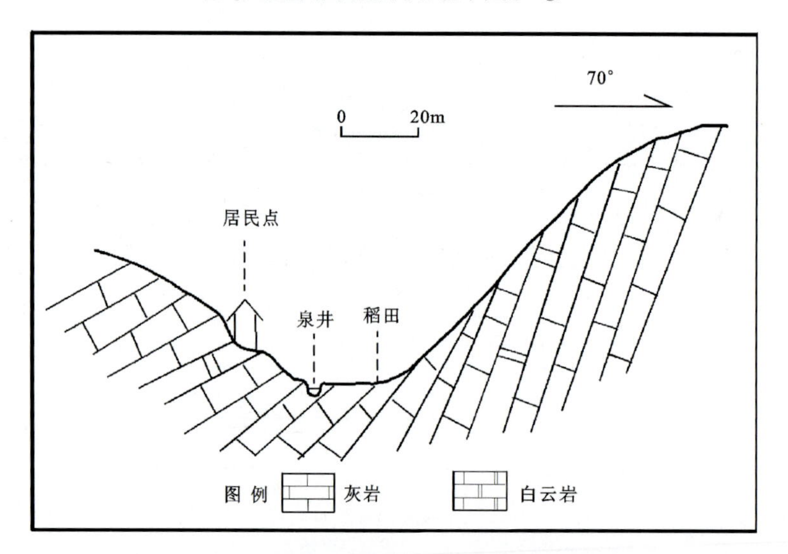

图 4-26 田家乡石甑源村泉井出露环境示意图

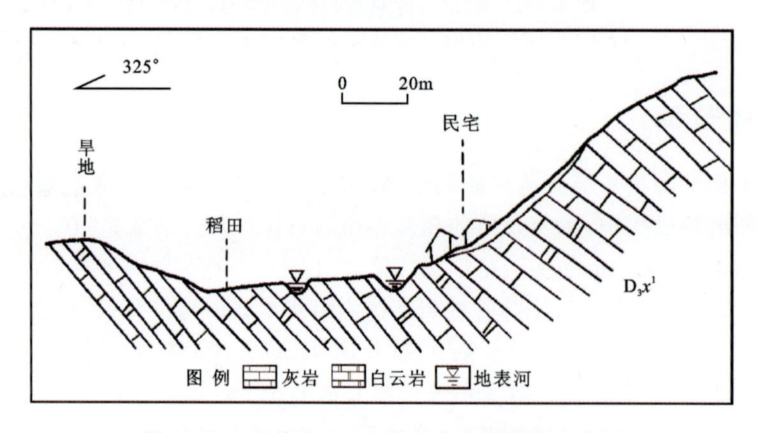

图 4-27 石羊乡田心自然村泉出露环境示意图

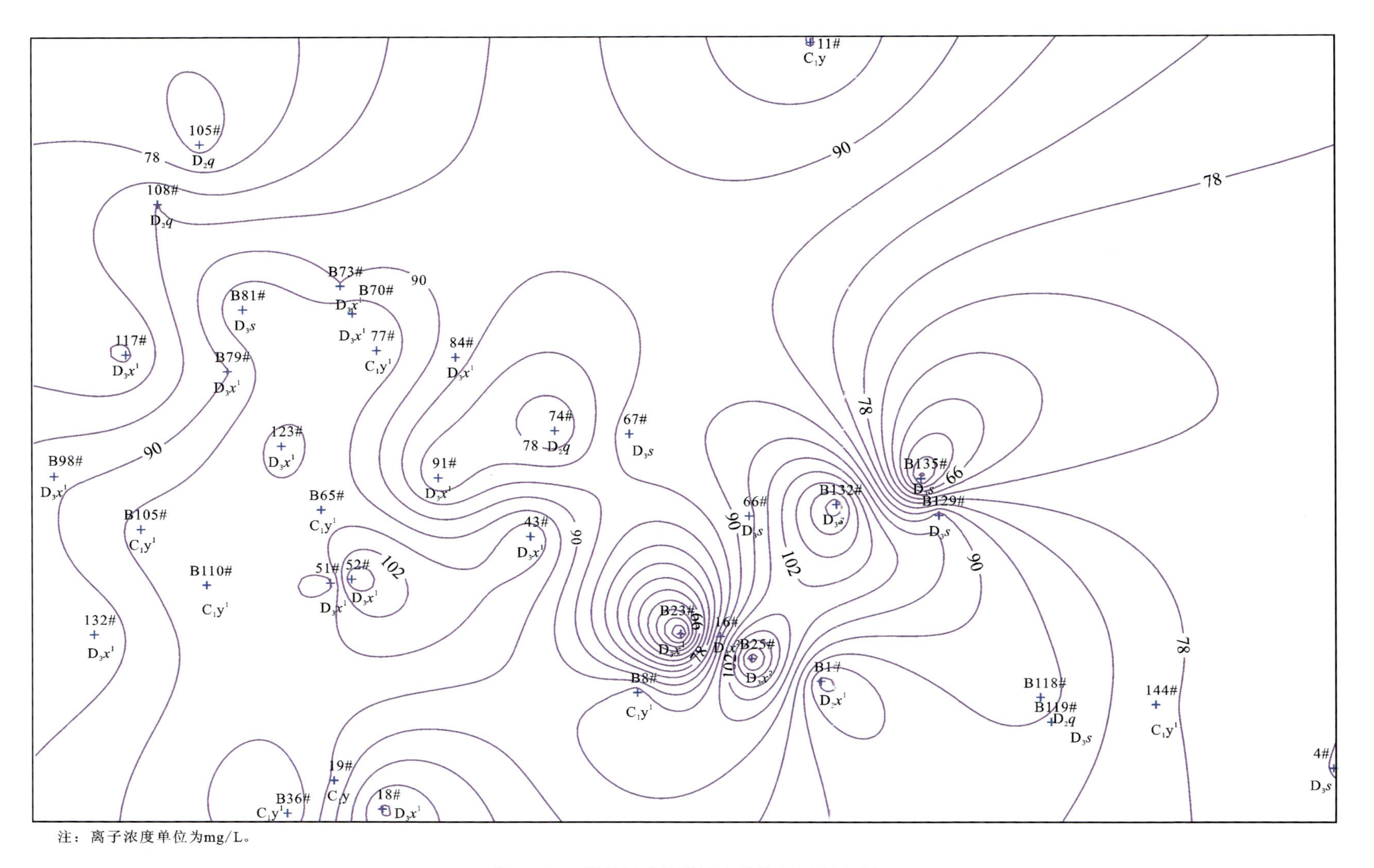

注：离子浓度单位为mg/L。

图4－28　新田河流域岩溶水系统 Ca^{2+} 浓度场

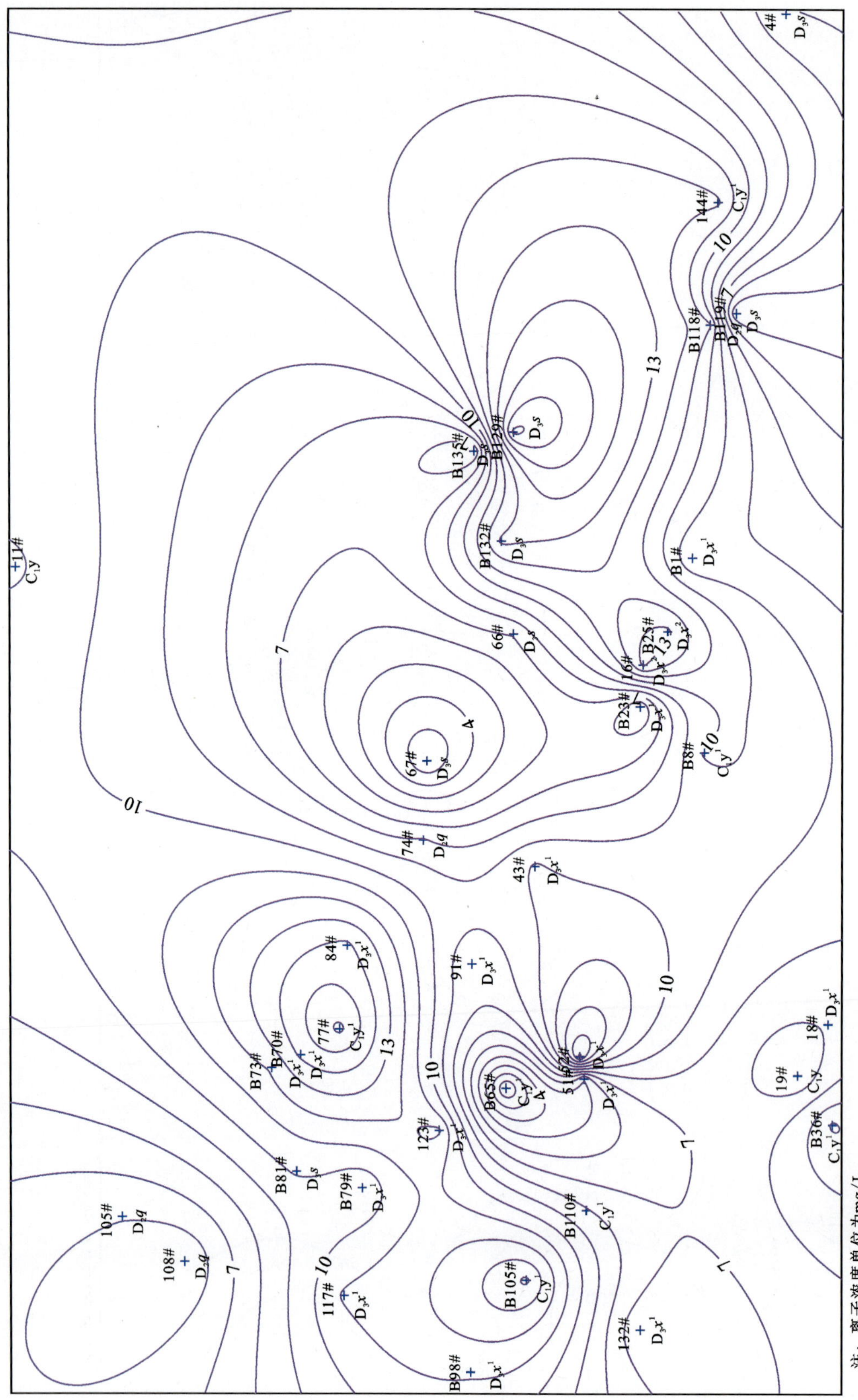

注：离子浓度单位为mg/L。

图 4－29 新田河流域岩溶水系统 Cl^- 浓度场

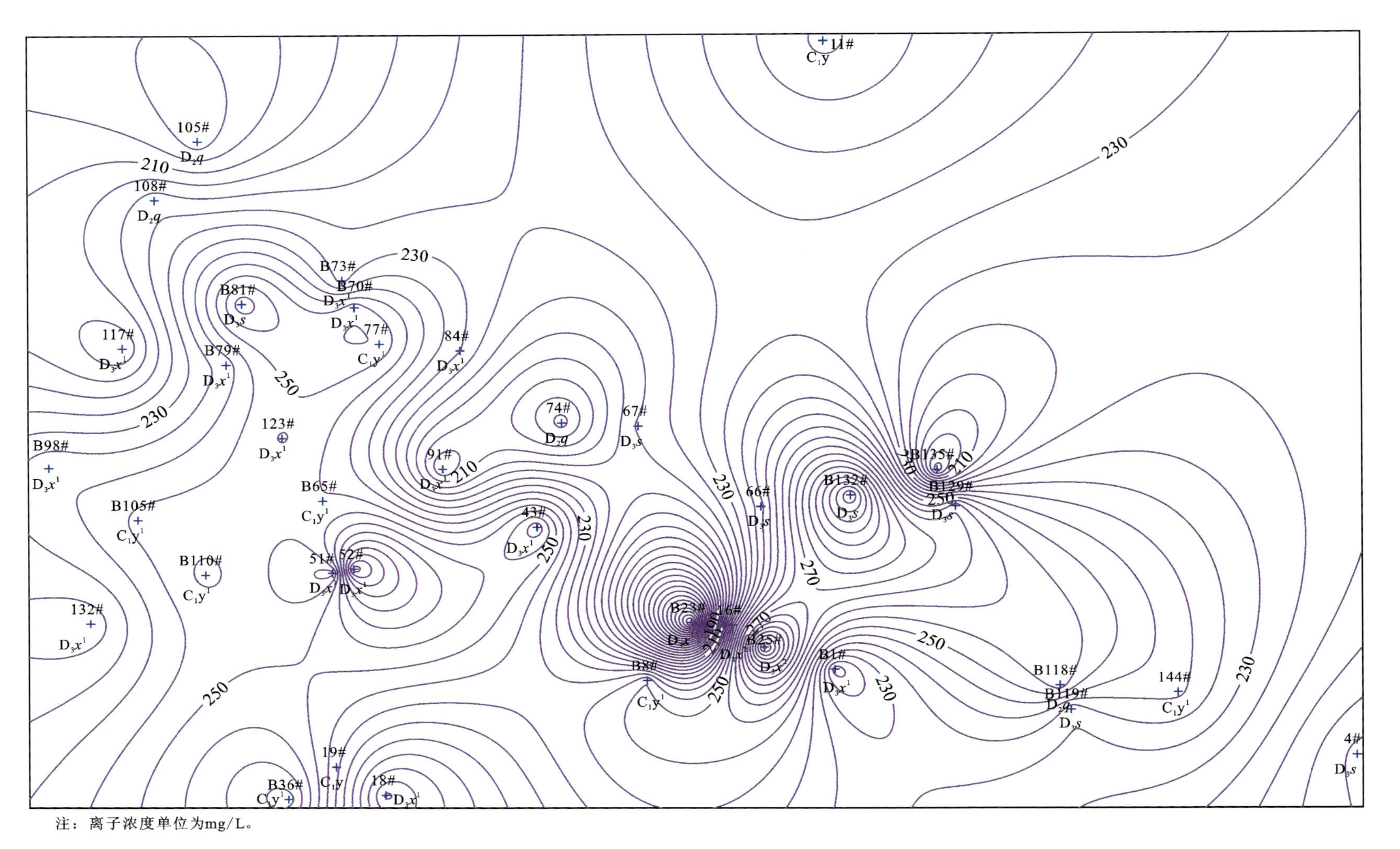

注：离子浓度单位为mg/L。

图4-30 新田河流域岩溶水系统总硬度浓度场

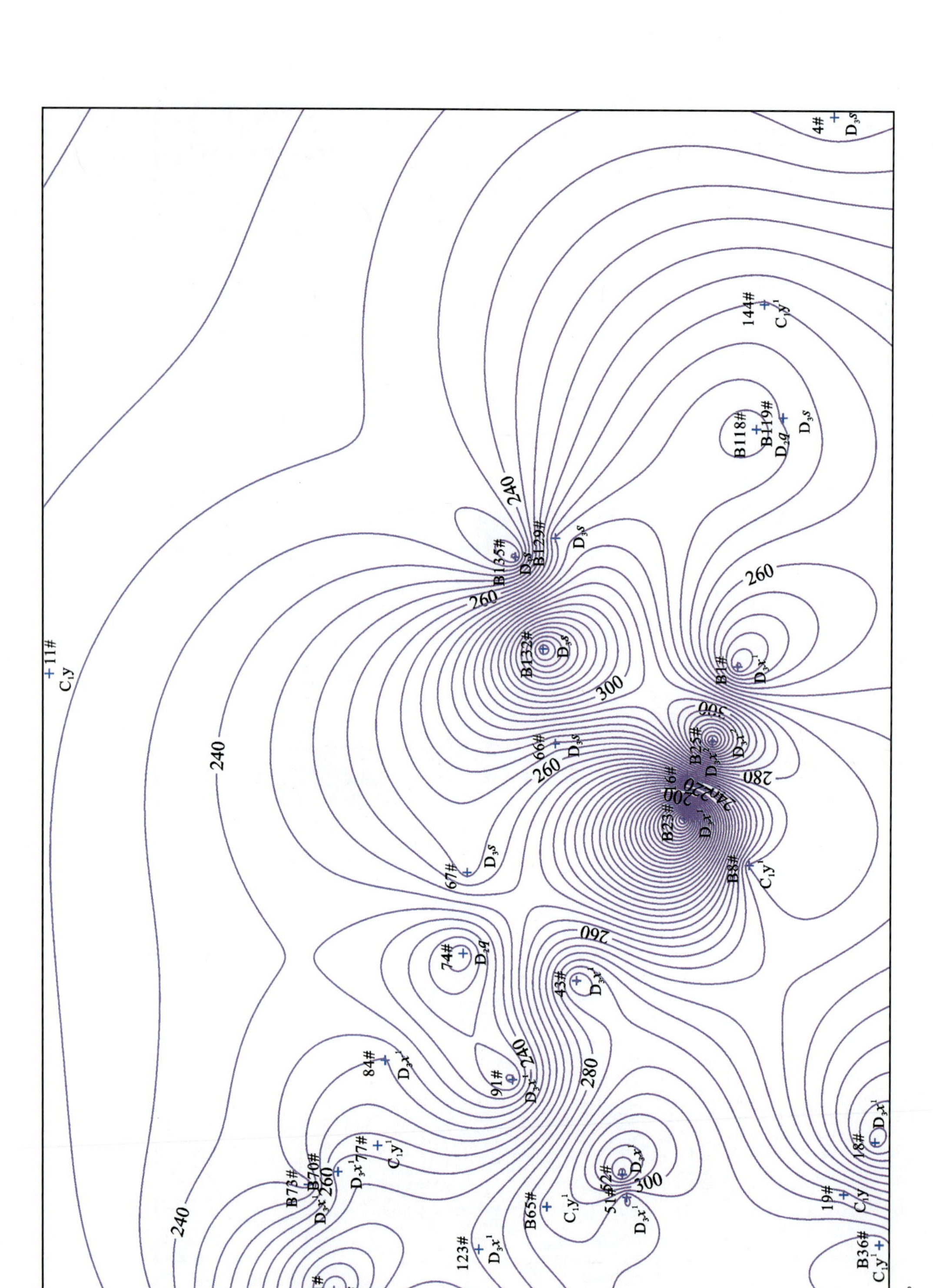

注：离子浓度单位为mg/L。

图 4－31　新田河流域岩溶水系统 HCO_3^- 浓度场

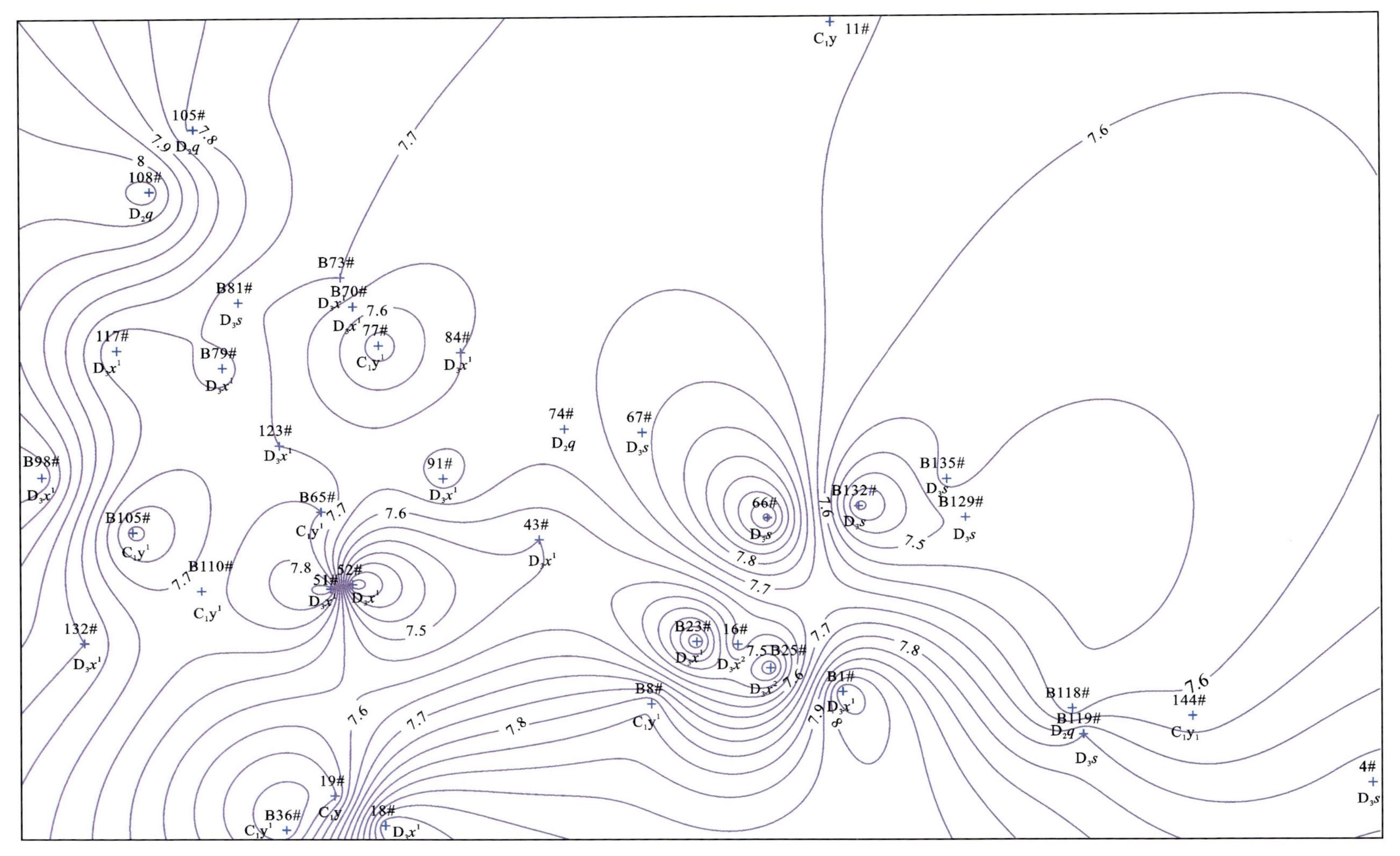

图4-32 新田河流域岩溶水系统地下水pH值分布场

表 4-7 新田河流域不同水动力条件水化学主要成分含量特征表

野外编号	水动力分区	地层	pH 值	K^+	Na^+	Ca^{2+}	Mg^{2+}	Cl^-	SO_4^{2-}	HCO_3^-	CO_3^{2-}
B119	补给区	D_3s	7.7	1.35	1.62	77.14	2.96	11.14	8.76	215.10	0
91		D_3x^1	7.65	2.20	2.18	87.70	2.71	14.18	5.84	250.39	0
105		D_2q	8.10	1.02	0.74	77.14	3.94	7.09	3.89	236.95	4.96
108		D_2q	7.75	0.62	0.17	85.26	4.43	4.05	5.84	273.92	0
B118		D_2q	7.73	0.62	0.62	77.95	1.23	8.10	0.97	223.51	0
4		D_3s/D_3x^1	8.08	0.42	0.29	86.07	1.97	5.06	3.89	255.43	3.31
B171		D_3s	7.30	6.21	17.98	65.21	11.58	32.52	0.07	238.84	0
B91		D_3x^1	7.24	1.79	2.02	69.18	3.03	9.29	11.21	207.46	0
B404		D_3x^1	7.14	1.48	1.97	89.86	2.88	6.50	8.83	282.42	0
平均值			7.63	1.75	3.07	79.50	3.86	10.88	5.48	242.67	0.92
B23	补径过渡带	D_3x^1	7.50	1.17	2.32	92.57	7.88	17.22	10.70	275.60	0
B8		C_1y^1	7.77	0.67	1.23	89.73	3.20	9.12	1.95	265.52	0
132		D_3x^1	7.59	0.77	1.17	89.32	2.96	13.17	7.78	248.71	0
平均值			7.62	0.87	1.57	90.54	4.68	13.17	6.81	263.28	0.00
144	径流区	C_1y^1	7.52	1.88	2.43	97.44	2.71	16.20	11.68	262.16	0
11		C_1y	7.58	2.26	2.04	95.41	1.97	14.18	11.68	265.52	0
B65		C_1y^1	7.63	2.03	2.34	97.04	2.71	14.18	13.62	268.88	0
B81		D_3s	7.87	0.30	0.34	92.57	1.72	5.06	1.95	284.00	0
67		D_3s	7.70	1.25	1.49	99.47	0.49	12.15	2.92	275.60	0
84		D_3x^1	7.41	0.89	1.95	101.50	3.45	10.13	4.87	299.13	0
B1		D_3x^1	7.62	1.05	1.72	78.77	10.84	12.15	9.73	265.52	0
74		D_2q	7.85	0.49	0.79	86.89	2.22	6.08	0	262.16	0
66		D_3s/D_3x^1	7.78	0.46	0.14	72.27	3.94	6.08	0	231.91	0
16		D_3x^2	7.56	1.34	1.58	87.70	9.60	11.14	9.73	284.00	0
16		D_3x^2	7.16	1.02	1.23	86.68	3.80	7.43	13.53	263.24	0
146		D_2q	7.32	1.93	2.00	96.22	4.30	6.50	10.32	299.85	0
88		D_3x^1	7.31	1.42	1.80	70.37	2.30	7.40	11.64	203.97	0
A34		C_1d^1	7.23	0.14	1.55	80.39	1.42	6.50	6.45	245.81	0
B217		D_3s	7.00	0.61	3.09	82.70	1.80	10.22	17.93	235.35	0
平均值			7.51	1.13	1.64	88.34	4.25	9.47	7.88	260.35	0

续表 4-7

野外编号	水动力分区	地层	pH 值	K^+	Na^+	Ca^{2+}	Mg^{2+}	Cl^-	SO_4^{2-}	HCO_3^-	CO_3^{2-}
123	径流区内排带	D_3x^1	7.67	1.40	1.69	73.89	1.97	8.10	1.95	215.10	0
B25		D_3x^2	7.78	0.63	0.54	73.89	4.43	5.06	5.84	230.23	0
B91		D_3x^1	7.74	0.38	0.33	88.51	0	2.03	3.89	262.16	0
77		C_1y^1/D_3x^1	7.33	1.16	2.36	116.93	4.43	13.17	11.68	349.54	0
B105		C_1y^1	7.73	0.57	0.86	97.04	2.22	8.10	5.84	292.41	0
B110		C_1y^1	7.26	2.09	2.39	109.62	3.45	14.18	0.97	322.65	0
52		D_3x^1	7.35	0.93	2.24	120.99	2.46	13.17	13.62	342.82	0
B70		D_3x^1	7.66	1.01	2.45	98.25	1.48	11.14	40.87	228.55	0
B79		D_3x^1	7.75	0.34	0.48	96.63	0.99	1.01	1.95	292.41	0
B73		D_3x^1	7.71	1.20	2.02	97.85	4.68	10.13	3.89	295.77	0
43		D_3x^1	8.10	0.93	1.13	76.33	6.40	8.10	9.73	233.59	3.31
B98		D_3x^1	8.07	0.70	0.87	92.57	2.96	7.09	6.81	268.88	3.31
51		D_3x^1	7.84	1.27	1.90	96.63	1.97	10.13	10.70	275.6	0
平均值			7.69	0.97	1.48	95.32	2.88	8.57	9.06	277.67	0.51
19	排泄区	C_1y	7.11	0.53	1.80	94.63	2.12	7.40	8.60	289.39	0
B132		D_3s	7.70	1.41	2.05	90.13	0.74	12.15	19.46	243.67	0
B129		D_3s	7.55	1.00	1.59	102.31	1.97	10.13	8.76	295.77	0
B135		D_3s	8.09	0.95	1.83	89.32	3.94	11.14	15.57	245.35	3.31
B383		D_3x^1	6.99	0.98	3.54	103.37	1.83	11.15	9.09	317.29	0
平均值			7.49	0.97	2.16	95.95	2.12	10.39	12.30	278.29	0.66

注：pH 值无量纲，离子浓度为 mg/L。

(1)自补给区到排泄区，岩溶水中碳酸盐、硫酸盐等主要溶解离子的含量具有明显增高的趋势(图 4-25)。其中增幅较大的是在补给区向径流区运移的过渡阶段，如 Ca^{2+} 含量在补给区一般为 65.21～89.86mg/L，平均为 79.50mg/L；在径流区则达到 70.37～101.5mg/L，平均为 88.34mg/L，上升 11%；而在补给区与径流区过渡带，碳酸盐组分的含量已明显增高，Ca^{2+} 含量达 89.32～92.57mg/L，HCO_3^- 含量为 248.7～275.6mg/L，其均值增高 8.5%～14.7%。

(2)在补给区和汇水排泄区的局部地段存在较强的地表水与地下水转化过程，使地下水中 CO_3^{2-} 含量增高，水的侵蚀性增强。

(3)在整个流域中，碳酸盐、硫酸盐组分的高值区主要分布在各次级岩溶水系统的内排带或排泄区，氯化物则在补给区、径流区含量较高，径流排泄区较低，因此，与之对应的 K^+、Na^+ 浓度也呈现从补给区到排泄区整体下降的趋势，但在局部地段受人为活动的影响，来自地表污染物的入渗使其浓度上升。如田家乡石甑源村泉井(B132)和石羊乡田心自然村泉(B70)，出露于灰岩夹白云质灰岩地层之中，岩溶较为发育，岩石表面溶蚀严重，大量的溶槽发育，有些地段有石芽出现，泉水开挖成井，水位年变幅为 2～3m，泉井处于谷地边缘，上游有居民点，谷地内为农田(图 4-26、图 4-27)。由于居民点污水和生活废弃物的下渗致使地下水中氯化物和硫酸盐的含量增高。

(4)流域水化学场的变化既存在总体的趋势,各个次级岩溶水系统又具有其不同的特点。在水动力场变化较大的中西部或汇水面积较大的五级岩溶水系统中,水化学场的变化较大,而东部水力梯度较小,含水层以不纯碳酸盐岩为主的五级岩溶水系统中,水化学场的变化幅度较小,而且因岩溶裂隙水的运移交替缓慢,补给区泉水的化学组分含量较高。

(5)在汇水排泄区,地势较平缓,水流运移循环较慢,人为活动较强,水化学组分的来源复杂,水中氯化物、硫酸盐的浓度比径流区有较明显的上升。当有地表水体形成较强补给时碳酸盐组分含量则明显降低,如团结水库下游的B23号点,Ca^{2+}浓度(44.66mg/L)、HCO_3^-浓度(121.0mg/L)仅为所处区域正常地下水的50%左右。

第四节　岩溶水系统的概念模型

新田河流域岩溶水系统是以岩溶洞穴、管道、溶蚀缝隙为主要导储水介质空间,大气降水为补给源,地表水系为排泄基准面的水流循环系统。本系统为开放型地下水系统,水资源储存于岩溶化的潜水含水层,地下水动态与降水补给在时空变化上具有一致性,地下水资源的再生性强。

受地形地貌、地表水系、含水层性质和地质构造等水文地质条件的控制,新田河流域岩溶水系统由13个次级岩溶水系统和3个散流块段构成,各个次级岩溶水系统具有相对独立的水流补给、径流和排泄特征。在整个水循环圈层中,岩溶水系统承接大气降水的补给,向新田河河谷排泄,由于岩溶水文地质条件的变化,"三水"转化强烈,尤其在水力梯度变化较大的中西部岩溶区,表层岩溶带水流快速交替,表层泉排水相当一部分会再次渗入地下进入岩溶含水层。当雨季降水大量补给时,在浅层循环带的地下河洞穴、管道形成溢流,在山前岩溶谷地形成岩溶水系统的高位溢洪排泄或内排带,成为次级岩溶水系统中地表水系的起源;而在枯水期,表层带和浅层循环带储存水下渗进入深循环体系,分布于岩溶山区和岩溶谷地的高位岩溶泉、地下河排泄水流量减少,部分泉水干枯,地下水主要向岩溶水系统的排泄区汇集、排泄,以致形成了地下水资源时空不均一分布的特征。

从地下水的形成、补给、径流、排泄特征和岩溶水系统结构分析,本区岩溶水系统可归纳为3种类型的水文地质模式。

(1)碳酸盐岩连续分布,水流循环、补给、排泄交替强烈,为富水型岩溶水系统。

此类型岩溶水系统包括日西河、双胜河、龙溪河岩溶水系统,系统内含水层的岩溶化较强,地下水补给条件好,径流通畅,水流循环交替强。日西河、双胜河岩溶水系统,当大气降水下渗进入岩溶含水层时,在补给区水力梯度大,水流运移交替较快,随着地势变缓,地下水在山前岩溶谷地会聚,产生浅循环水流的排泄,受新田河排泄基准面的控制,深循环水流仍向河谷地带径流运移,在骥村—田家—新田河形成河谷盆地的地下水富集带(图4-33)。龙溪河岩溶水系统的水力梯度较小,上游补给径流地下水也向新田河河谷汇集,在系统下游径流排泄区形成富水块段。

(2)不纯碳酸盐岩间夹分布,地下水径流排泄受阻,为地层构造富水型岩溶水系统。

此类型岩溶水系统包括罗溪河、石羊河、三仟圩河、邝家河岩溶水系统,其主要特征是在系统中下游大面积分布不纯碳酸盐岩含水层,因岩溶发育较弱,岩溶系统介质导水性改变,地下径流受阻,地下水的富集受地层构造控制,在阻水构造的上游形成地下水的富集,而在临近河谷排泄区地下水的富集程度较弱。如罗溪河岩溶水系统,在径流区杨柳冲一带不纯碳酸盐岩出露宽度达1~2km,因其岩溶化较弱、透水性差对上游地下径流形成阻挡,在上游方向形成上、下地下水富集带,地下河和岩溶大泉集中出露。而在下游排泄区自罗溪河到新田河河谷一带为不纯碳酸盐岩含水层分布区,地下水分散向河谷运移排泄,富集程度较弱(图4-34)。

(3)不纯碳酸盐岩连续分布,地下水循环交替缓慢,为弱富水型岩溶水系统。

此类型岩溶水系统包括日东河、黄沙溪河、下村水、罗家河、新隆河、祖亭河岩溶水系统和茂家、杨

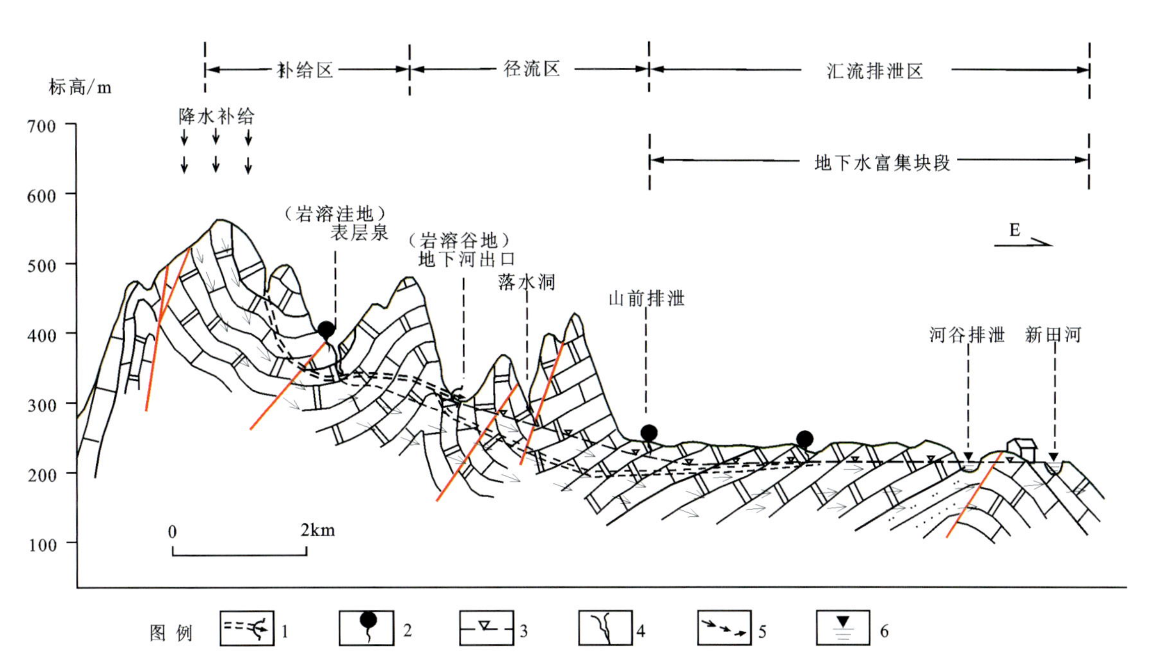

图 4-33　新田河流域碳酸盐岩连续分布型岩溶水系统模式

1.地下河及出口；2.岩溶泉；3.地下水位；4.岩溶落水洞及溶缝 5.地下水流向；6.地表水

家、龙会寺北散流块段，其特点为系统内大面积分布不纯碳酸盐岩岩溶含水层，岩溶发育较弱，以岩溶裂隙含水介质为特征，水流运移交替缓慢。其中泥质含量较低的灰岩、泥质灰岩层段较富水，但多呈条带状展布，受补给条件和储水空间规模的限制，该类型岩溶水系统的局部富水程度达到中等，多为弱富水等级。

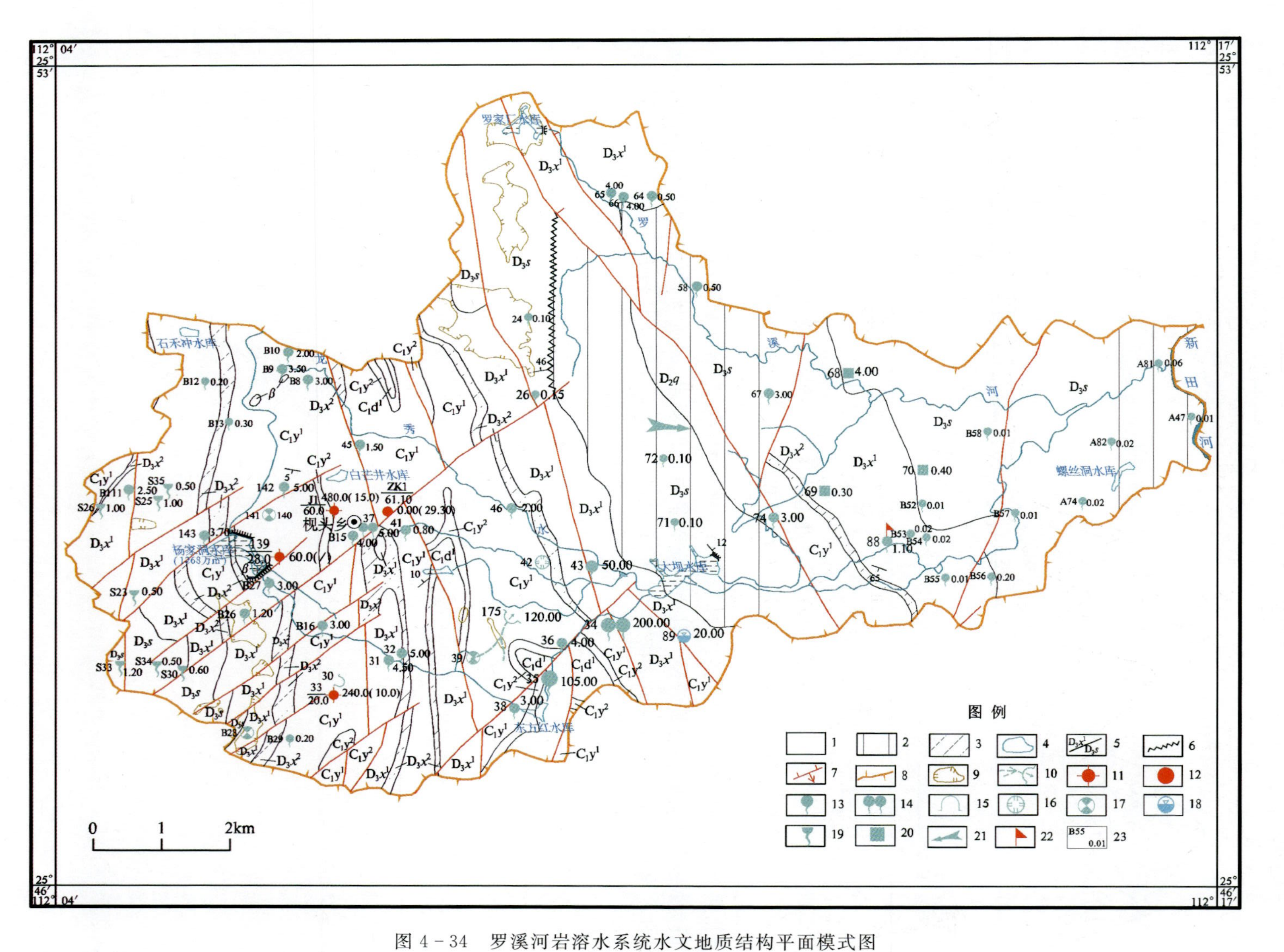

图 4－34　罗溪河岩溶水系统水文地质结构平面模式图

1. 纯碳酸盐岩溶洞管道介质分布区；2. 不纯碳酸盐岩溶缝裂隙介质分布区；3. 碎屑岩分布区；4. 地表水库；5. 地层代号及界线；6. 地层岩性相变线；7. 断层；8. 系统边界；9. 洼地；10. 地下河及出口；11. 钻孔或机井；12. 勘探孔；13. 泉水；14. 泉群；15. 干溶洞；16. 有水溶洞；17. 落水洞；18. 溶潭；19. 表层泉；20 民井；21. 地下水流向；22. 长期观测点；23. 编号及流量(L/s)

第五章　地下水资源计算与评价

第一节　地下水资源计算区划分

新田河流域系湖南南部峰林谷地类型区中一个较为典型的流域，流域内四面环山，西北地势较高，中部、东南部低，并由日东河和日西河汇流形成新田河干流，新田河于心安渡口最低出口处（标高147.0m）流出，整个流域呈南北长、东西窄，向南东开口的不规则长条形低山丘陵盆地，亦是一个相对较完整的补给、径流、排泄地下水流域系统。

大气降水为本流域水资源的唯一补给来源，由于地质条件的差异，流域内降水补给存在汇入式、注入式及渗入式3种形式，大气降水自东、南、西、北四面山区接受补给后，就地入渗或形成坡面流向中部新田河及支流汇流，以及碳酸盐岩区发育的落水洞对地下含水层补给，降水量、地表产流条件及其径流、地表蒸发量大小是影响地下水资源量的主要因素。

本次地下水资源评价依据中国地质调查局（2003年10月）《西南岩溶区水文地质调查技术要求（1：50 000）（征求意见稿）》，主要计算地下水天然补给资源量和地下水可采资源量。地下水天然补给资源量是指地下水系统中参与现代水循环和水交替，可恢复、更新的重力地下水，本流域主要是计算浅部地下水，因此以现状均衡状态下的补给总量（或排泄总量）表示，并按降水量系列计算多年平均值（降水量均值）和枯水年（降水量75%频率）的地下水天然补给资源量；地下水可开采资源量是指在一定经济、技术条件约束下，可以持续开采利用的地下水量，并在开采过程中不发生严重的环境问题的地下水量，因此可开采资源量与一定的开采方案有关，而且随经济、技术的发展而变化，但必须指出在开采地下水时，地下水可开采资源量一般不得超过枯水年地下水天然补给资源量，以免引起环境地质问题的发生。为了便于地下水资源规划利用，特将新田河流域（面积为991.05km^2）分成16个小流域（或块段），以及按新田县（面积为997.14km^2）各乡镇为单位分成19个块段分别进行地下水资源计算。小流域划分原则是按野外调查资料，在1：50 000地理底图和地质底图的基础上，将具有相对独立且完整的补给、径流、排泄条件的水文地质单元，或以地表水分水岭为界的小流域系统边界进行圈定，然后再进行野外验证确定，其计算分区详见图5-1。

第二节　地下水资源计算方法与参数确定

一、计算方法

本流域地下水天然资源根据地下水均衡原理，流域内天然状态下地下水天然补给量与天然排泄量是均衡的，即天然补给量也可用排泄量来反求。通过对本流域地质、水文地质条件分析及对地下水补给、径流、排泄途径的研究，初步概化出新田河流域岩溶地下水系统浅层水的水均衡计算水文地质概念模型（图5-2）。

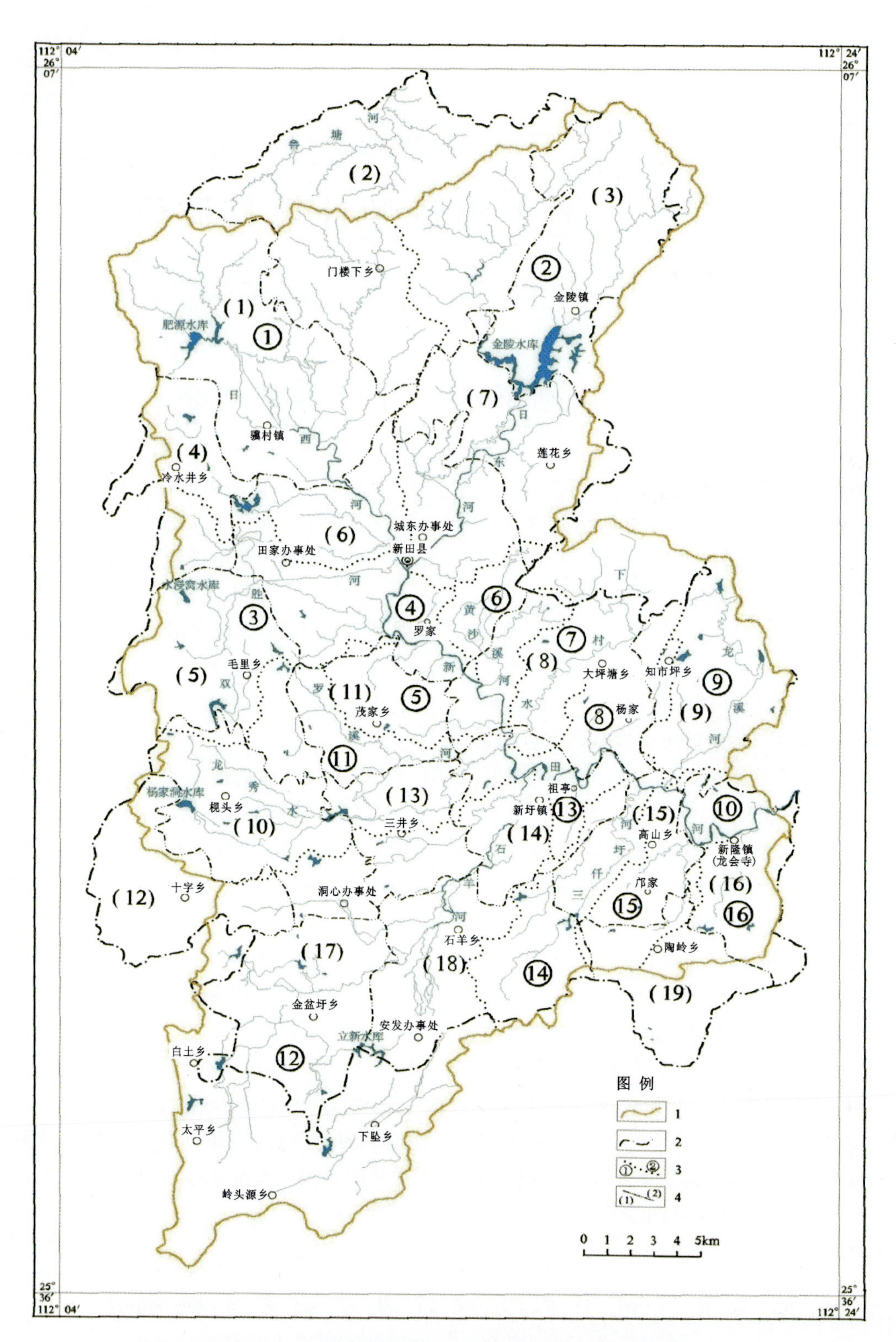

图 5-1 新田河流域地下水天然资源计算块段划分图

1.新田河流域界线;2.新田县界线;3.小流域界线及计算区编号;4.乡镇界线及计算区编号

小流域名称及编号:日西河①、日东河②、双胜河③、罗家河④、茂家块段⑤、黄沙河⑥、下村水⑦、杨家块段⑧、龙溪河⑨、龙会寺北块段⑩、罗溪河⑪、石羊河⑫、祖亭河⑬、三仟圩河⑭、邝家河⑮、新隆河⑯;

乡镇名称及编号:骥村镇(1)、门楼下乡(2)、金陵镇(3)、冷水井乡(4)、毛里乡(5)、新田城郊(6)、莲花乡(7)、大坪塘乡(8)、知市坪乡(9)、枧头镇(10)、茂家乡(11)、十字乡(12)、三井乡(13)、新圩镇(14)、高山乡(15)、新隆镇(16)、金盆圩乡(17)、石羊镇(18)、陶岭乡(19)

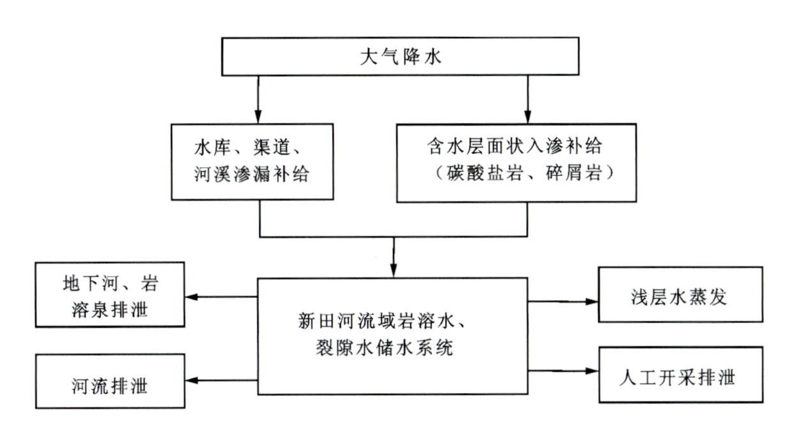

图 5-2　新田河流域地下水均衡计算水文地质概念模型

地下水均衡方程式为：

$$Q_B + Q_L = Q_{泉} + Q_{河} + Q_{开} + Q_{蒸} \tag{5-1}$$

即 $\sum Q_{总补} = \sum Q_{总排}$

式中：Q_B为降水入渗补给量（$\times10^4 m^3/a$）；Q_L为水库、渠道渗漏补给量（$\times10^4 m^3/a$）；$Q_{泉}$为地下河、岩溶泉总排泄量（$\times10^4 m^3/a$）；$Q_{河}$为浅层水从河流总排泄量（$\times10^4 m^3/a$）；$Q_{开}$为浅层水人工总开采量（$\times10^4 m^3/a$）；$Q_{蒸}$为浅层水总蒸发量（$\times10^4 m^3/a$）。

从图 5-2 和式（5-1）均衡方程可见，本流域地下水天然补给资源量主要由大气降水（面状）入渗补给含水层以及河流、水库、渠道（面状及线状）渗漏补给构成。所以地下水天然补给资源量的计算系采用大气降水入渗法所求得的降水入渗补给量（Q_B）和水库、渠道渗漏补给量（Q_L）之和，作为本流域地下水天然总补给资源量（$Q_{总补}$），但因水库、渠道渗漏补给量无观测数据，故地下水天然补给资源量的计算只能采用大气降水入渗系数法式（5-2）求得，为了验算大气降水入渗系数法计算天然补给资源量的准确性，还采用排泄量法式（5-3）和水文分析法来验证。地下水可采资源量（或允许开采量）可采用枯水季径流模数法求得式（5-4）。

（一）地下水天然补给资源量（Q_B）

1. 大气降水入渗系数法

大气降水入渗系数法计算公式为：

$$Q_B = 100 \cdot F \cdot x \cdot \alpha \tag{5-2}$$

式中：Q_B为降水入渗补给量（$\times10^4 m^3/a$）；F 为计算面积（km^2）；x 为多年平均降水量（m/a）；α 为降水入渗系数。

2. 排泄量法

依据上述均衡方程本流域地下水总排泄量（$\sum Q_{总排}$）应等于全流域内地下河、岩溶泉总排泄量（$Q_{泉}$）、浅层水从河流排泄量（$Q_{河}$）、浅层水人工开采排泄量（$Q_{开}$）、浅层水蒸发量（$Q_{蒸}$）之总和，其方程为：

$$\sum Q_{总排} = Q_{泉} + Q_{河} + Q_{开} + Q_{蒸} \tag{5-3}$$

3. 水文分析法

为了验算大气降水入渗系数法所计算的天然补给资源量的准确性，除采用浅层地下水均衡法求其排泄量来验证外，还设法取用流域南东边界新田河出口心安渡口处水文站资料用基流分割法来求算地下水资源量，但因未收集到该站系统水文观测数据，无法较准确地求算，只能用心安渡口处多年流出新田县平均流量估算地下水资源量。

（二）地下水可采资源量（或允许开采量）($Q_{可}$)

地下水可采资源量（或允许开采量）($Q_{可}$)计算公式为：

$$Q_{可}=3.1536M_{枯}\cdot F \tag{5-4}$$

式中：$Q_{可}$为地下水可采资源量（或允许开采量，$\times10^4\ m^3/a$）；$M_{枯}$为枯季径流模数[$L/(s\cdot km^2)$]；F为计算面积(km^2)。

二、参数厘定

1. 降水量(h)

多年平均年降水量确定：采用新田县气象局1957—2004年（表5-1）和金陵水库雨量站1956—2004年（表5-1）历年年平均降水量，分别为1 444.5mm和1 395.6mm的平均值1 420.1mm，作为全流域采用降水入渗法计算地下水多年平均天然补给资源量的降水量参数。

枯水年（75%频率）年降水量确定：利用新田县气象局（1957—2004年）和金陵水库雨量站（1956—2004年）系列年降水量数据，通过频率分析（表5-1），选取出现频率为75%时对应年的降水量作为枯水年降水量，经频率排序结果，两站75%频率的年降水量分别为1 210.6mm和1 209.3mm，两站平均值为1 210.0mm，对应年份分别为1985年和1963年，作为全流域采用降水入渗法计算地下水枯水年天然补给资源量的降水量参数。

表5-1　新田县气象局、金陵水库雨量站年降水量频率分析计算结果表

新田县气象局（1957—2004年）				金陵水库雨量站（1956—2004年）			
序号 m	年份	降水量 h/mm	频率 $P=m/(n+1)\cdot100$/(%)	序号 m	年份	降水量 h/mm	频率 $P=m/(n+1)\cdot100$/(%)
1	2002	2211.2	2.0	1	2002	1983.4	2.0
2	1994	2159.1	4.1	2	1975	1950.6	4.0
3	1975	1982.0	6.1	3	1994	1899.7	6.0
4	1959	1855.1	8.2	4	1981	1773.6	8.0
5	1997	1842.1	10.2	5	1959	1768.7	10.0
6	1961	1767.4	12.2	6	1968	1767.5	12.0
7	1968	1739.7	14.3	7	1961	1739.9	14.0
8	1981	1710.1	16.3	8	1997	1718.5	16.0
9	1973	1672.0	18.4	9	1973	1679.1	18.0
10	1990	1653.7	20.4	10	1962	1651.8	20.0
11	1970	1628.2	22.4	11	1977	1573.1	22.0
12	1977	1626.8	24.5	12	1957	1558.7	24.0
13	1962	1606.4	26.5	13	1971	1556.0	26.0
14	1972	1577.0	28.6	14	1990	1541.8	28.0
15	1983	1575.6	30.6	15	1972	1540.6	30.0

续表 5-1

新田县气象局(1957—2004年)				金陵水库雨量站(1956—2004年)			
序号 m	年份	降水量 h/mm	频率 $P=m/(n+1)\cdot 100/(\%)$	序号 m	年份	降水量 h/mm	频率 $P=m/(n+1)\cdot 100/(\%)$
16	1995	1541.1	32.7	16	1983	1534.3	32.0
17	1957	1508.8	34.7	17	1987	1505.0	34.0
18	1992	1496.7	36.7	18	1960	1463.6	36.0
19	2000	1496.0	38.8	19	1989	1430.8	38.0
20	1976	1481.1	40.8	20	1976	1429.3	40.0
21	1960	1480.1	42.9	21	1998	1411.2	42.0
22	1987	1462.4	44.9	22	1995	1397.4	44.0
23	1967	1454.8	46.9	23	1992	1393.0	46.0
24	1980	1427.9	49.0	24	1988	1381.8	48.0
25	1989	1421.3	51.0	25	2000	1381.3	50.0
26	1993	1415.9	53.1	26	1967	1359.1	52.0
27	1982	1394.7	55.1	27	1982	1345.4	54.0
28	2004	1350.4	57.1	28	1999	1343.6	56.0
29	1999	1347.7	59.2	29	1980	1338.8	58.0
30	2001	1341.1	61.2	30	1956	1337.6	60.0
31	1979	1322.2	63.3	31	1993	1301.9	62.0
32	1998	1314.6	65.3	32	1986	1299.2	64.0
33	1996	1298.1	67.3	33	1996	1297.6	66.0
34	1988	1275.5	69.4	34	2004	1285.5	68.0
35	1963	1241.3	71.4	35	1979	1253.6	70.0
36	1964	1215.2	73.5	36	1965	1229.7	72.0
37	1985	1210.6	75.5	37	1963	1209.3	74.0
38	1986	1209.7	77.6	38	1964	1179.4	76.0
39	1984	1192.9	79.6	39	1985	1152.6	78.0
40	1965	1187.4	81.6	40	1984	1110.1	80.0
41	2003	1177.2	83.7	41	2001	1100.7	82.0
42	1958	1160.3	85.7	42	1991	1094.8	84.0
43	1969	1112.3	87.8	43	1970	1060.6	86.0
44	1991	1111.9	89.8	44	1969	1056.6	88.0
45	1978	1087.9	91.8	45	1978	1054.5	90.0
46	1974	1029.4	93.9	46	1958	1026.2	92.0
47	1971	1016.9	95.9	47	1974	988.9	94.0
48	1966	947.1	98.0	48	1966	973.1	96.0
				49	2003	956.3	98.0

注：n 为监测数据总年数。

2. 降水入渗系数(α)

本次计算所取用的降水入渗系数(α),除利用《1∶20万桂阳幅区域水文地质普查报告》野外实测数据平均值外,还利用本次调查期间所建立的长期观测点数据。如16号毛里乡石古湾村龙王井,该观测点位于毛里乡石古湾村南东,泉域汇水面积为0.72km^2,出露地层为C_1y^1、D_3s、D_3x^1等,经2004年8月至2005年9月观测,年总流量为1 210.18L/s(3 816.42×10^{4}m^3/a)。

观测期间年降水量为1 346.9mm,采用上述观测数据计算降水入渗系数(α)为0.394,其计算结果与《1∶20万桂阳幅区域水文地质普查报告》提供的相应层位降水入渗系数值相符合,经综合分析厘定,本次计算所采用的各层位平均降水入渗系数取值详见表5-2,作为地下水天然补给资源量计算的关键参数是符合实际的。

表5-2 平均降水入渗系数(α)表

地下水类型	含水岩组	代号	出露层位	入渗系数(α)
岩溶水	碳酸盐岩裂隙溶洞含水岩组	1-1	$C_{2+3}H$、C_1d^3、C_1d^1、C_1y^1、D_3s	0.443
		1-2	C_1y^2、D_3x^1	0.348
	碳酸盐岩夹碎屑岩溶洞裂隙含水岩组	2-1	D_2q	0.348
		2-2	D_3s(新田县东南)	0.170
裂隙水	红层风化裂隙含水岩组	3	K、J	0.060
	碎屑岩构造裂隙含水岩组	4	C_1d^2、D_3x^2、D_2t、S、O	0.057
	浅变质岩、岩浆岩风化裂隙含水岩组	5	$\in$、$\beta\mu$	0.026

3. 计算面积(F)

以新田河流域1∶50 000MapGIS数字化岩溶水文地质图为基础,考虑到以岩溶水系统的方式能较精确地掌握流域的水资源状况,同时考虑便于水资源利用的规划与管理,按照所划分的五级岩溶水系统及散流块段,圈出其各种不同含水岩组类型的分布范围,采用MapGIS分别从图面直接读取分区面积(表5-3)。

表5-3 新田河小流域各含水岩组面积计算一览表

序号	系统(块段)名称	*各含水岩组面积/km^2							
		1-1	1-2	2-1	2-2	3	4	5	小计
1	日西河	26.19	10.04	27.08		2.27	105.17		170.75
2	日东河	0.29		32.51	26.50		71.10	43.17	173.57
3	双胜河	42.55	20.81	6.12	1.45	0.03	3.47		74.43
4	罗家河			0.33	7.30				7.63
5	茂家块段	1.38	0.53		25.15				27.06
6	黄沙河			6.31	11.08		4.73		22.12
7	下村水		9.64	5.87	27.96		4.08		47.55

续表 5-3

序号	系统(块段)名称	*各含水岩组面积/km^2							
		1-1	1-2	2-1	2-2	3	4	5	小计
8	杨家块段	0.58	12.23		5.04		2.94		20.79
9	龙溪河	19.70	3.19				13.05		35.94
10	龙会寺北块段	2.05	0.53		5.55		1.28	0.01	9.42
11	罗溪河	31.57	27.10	1.65	27.02		4.01	0.04	91.39
12	石羊河	99.81	71.22	9.75	28.04	0.40	7.57	0.02	216.81
13	祖亭河		1.26	2.90	3.89				8.05
14	三仟圩河	10.99	5.82	7.69	10.52		2.10		37.12
15	邝家河	9.19	3.32	1.92	8.12		3.21		25.76
16	新隆河		4.05	0.25	16.21	0.46	1.69		22.66
总计		244.30	169.74	102.38	203.83	3.16	224.40	43.24	991.05

*含水岩组代号：1-1代表 $C_{2+3}H$、C_1d^3、C_1d^1、C_1y^1、D_3s 等层位；1-2代表 C_1y^2、D_3x^1 层位；2-1代表 D_2q 层位；2-2代表 D_3s(新田县东南)层位；3代表K、J层位；4代表 C_1d^2、D_3x^2、D_2t、S、O等层位；5代表∈、$\beta\mu$ 层位。

4. 径流模数(M)

本次计算所取用的径流模数(M)，除利用《1∶20万桂阳幅区域水文地质普查报告》提供的野外实测数据平均值外，还利用本次调查期间所建立的长期观测点数据，经综合分析确定，此数据由枯水季溪沟测流及收集矿区溪沟观测站的枯水期流量求得，可靠性较高(表5-4)。

表5-4　枯水季径流模数(M)表

地下水类型	含水岩组	代号	出露层位	径流模数 $M/[L/(s\cdot km^2)]$
岩溶水	碳酸盐岩裂隙溶洞含水岩组	1-1	$C_{2+3}H$、C_1d^3、C_1d^1、C_1y^1、D_3s	8.42
		1-2	C_1y^2、D_3x^1	5.99
	碳酸盐岩夹碎屑岩溶洞裂隙含水岩组	2-1	D_2q	5.99
		2-2	D_3s(新田县东南)	2.17
裂隙水	红层风化裂隙含水岩组	3	K、J	1.08
	碎屑岩构造裂隙含水岩组	4	C_1d^2、D_3x^2、D_2t、S、O	1.19
	浅变质岩、岩浆岩风化裂隙含水岩组	5	∈、$\beta\mu$	0.95

5. 地下河、岩溶泉水排泄量($Q_{泉}$)

经调查实测全流域内共出露地下河11条，排泄量为4 866.20L/s(15 346.05×$10^4m^3/a$)；出露大小岩溶泉共540个，排泄量为1 642.15L/s(5 178.68×$10^4m^3/a$)；合计全流域内地下河、泉水总排泄量为6 508.35L/s(即20 524.73×$10^4m^3/a$)。

6. 浅层水从河流排泄量($Q_{河}$)

经调查全流域河、溪、沟、涧共114条,呈不规则的树枝状分布,其中干流长度5km以上的26条,1～5km的47条,其他都是不足1km的沟涧,本次计算是采用新田县欧家塘水文站实测的新田河多年平均流量8.8m^3/s(即27 751.68×10^4m^3/a),据前人和现有资料分析,浅层地下水从河流排泄量约占总径流量的30%,即$Q_{河}$为8 325.50×10^4m^3/a。

7. 浅层水人工开采排泄量($Q_{开}$)

浅层水人工开采排泄量($Q_{开}$)包括全流域内机井和压水井等开采井的开采量总和,据统计$Q_{开}$为1 075.68×10^4m^3/a。

8. 浅层水总蒸发量($Q_{蒸}$)

参考邻省调查资料提供的经验值,浅层水总蒸发量占地下水天然补给资源总量的8.7%～10.2%,本次计算采用天然总补给量的10%,即全流域$Q_{蒸}$=35 740.85×10^4m^3/a×10%=3 574.09×10^4m^3/a。

第三节　地下水天然资源量计算结果

本次对新田河流域地下水天然资源量的计算,是依据本次野外调查实测数据,并结合《1∶20万桂阳幅区域水文地质普查报告》提供的野外实测数据,综合分析取舍确定的,故计算所选用的各项参数基本可靠。为了水资源规划和利用方便,计算区分别按新田河流域中的小流域和新田县按乡镇为单元进行计算。其中,新田河流域计算面积为991.05km^2,分成日西河①、日东河②、双胜河③、罗家河④、茂家块段⑤、黄沙河⑥、下村水⑦、杨家块段⑧、龙溪河⑨、龙会寺北块段⑩、罗溪河⑪、石羊河⑫、祖亭河⑬、三仟圩河⑭、邝家河⑮、新隆河⑯16个岩溶水系统(或块段);新田县计算面积为997.14km^2,分别按乡镇分成骥村镇(1)、门楼下乡(2)、金陵镇(3)、冷水井乡(4)、毛里乡(5)、新田城郊(6)、莲花乡(7)、大坪塘乡(8)、知市坪乡(9)、枧头镇(10)、茂家乡(11)、十字乡(12)、三井乡(13)、新圩镇(14)、高山乡(15)、新隆镇(16)、金盘圩乡(17)、石羊镇(18)、陶岭乡(19)19个块段。然后按岩溶水系统、散流块段和乡镇按岩溶水和裂隙水两种地下水类型分成5个含水岩组分别进行计算。其中,1-1代表碳酸盐岩裂隙溶洞含水岩组,含水丰富的$C_{2+3}H$、C_1d^3、C_1d^1、C_1y^1、D_3s等含水层位;1-2代表碳酸盐岩裂隙溶洞含水岩组,含水中等的C_1y^2、D_3x^1含水层位;2-1代表不纯碳酸盐岩夹碎屑溶洞裂隙含水岩组,含水中等的D_2q含水层位;2-2代表碳酸盐岩夹碎屑岩岩溶裂隙含水岩组,分布在新田县东南含水贫乏的D_3s含水层位;3代表红层风化裂隙含水岩组,含水贫乏的K、J含水层位;4代表碎屑岩构造裂隙含水岩组,含水贫乏的C_1d^2、D_3x^2、D_2t、S、O等含水层位;5代表浅变质岩和岩浆岩风化裂隙含水岩组,含水贫乏的∈、$\beta\mu$含水层位。具体分布地域参见图5-1。

一、地下水天然补给资源量计算结果

1. 大气降水入渗系数法

按式(5-2)和上述厘定的参数进行计算,其结果为:全流域地下水天然(降水入渗)补给资源量多年平均值为35 740.85×10^4m^3/a,其中碳酸盐岩及碳酸盐岩夹碎屑岩岩溶水为33 737.85×10^4m^3/a,占总量的94.4%,而碎屑岩裂隙水为2 003.00×10^4m^3/a,仅占总量的5.6%;枯水年(75%频率)为30 453.09×10^4m^3/a,其中碳酸盐岩岩溶水为28 746.42×10^4m^3/a,占总量的94.4%,而碎屑岩裂隙水

为 1 706.66×10^4 m^3/a，仅占总量的 5.6%（表 5-5）。

表 5-5　新田河流域地下水天然补给资源量计算结果表

计算区 编号	系统（块段）名称	地下水类型	含水岩组代号	计算参数 面积 F /km^2	入渗系数 α_β	降水量 h/mm 多年年均	降水量 h/mm 枯水年	降水入渗补给量 $Q_B=100\cdot F\cdot x\cdot\alpha_\beta$ /（×10^4 m^3/a） 多年年均	降水入渗补给量 枯水年
1	日西河	岩溶水	1-1	26.19	0.443	1 420.1	1 210.0	1 647.62	1 403.86
			1-2	10.04	0.348	1 420.1	1 210.0	496.17	422.76
			2-1	27.08	0.348	1 420.1	1 210.0	1 338.28	1 140.28
		裂隙水	3	2.27	0.06	1 420.1	1 210.0	19.34	16.48
			4	105.17	0.057	1 420.1	1 210.0	851.31	725.36
			小计	170.75				4 352.72	3 708.75
2	日东河	岩溶水	1-1	0.29	0.443	1 420.1	1 210.0	18.24	15.54
			2-1	32.51	0.348	1 420.1	1 210.0	1 606.63	1 368.93
			2-2	26.50	0.170	1 420.1	1 210.0	639.76	545.11
		裂隙水	4	71.10	0.057	1 420.1	1 210.0	575.52	490.38
			5	43.17	0.026	1 420.1	1 210.0	159.39	135.81
			小计	173.57				2 999.55	2 555.77
3	双胜河	岩溶水	1-1	42.55	0.443	1 420.1	1 210.0	2 676.84	2 280.81
			1-2	20.81	0.348	1 420.1	1 210.0	1 028.42	876.27
			2-1	6.12	0.348	1 420.1	1 210.0	302.45	257.70
			2-2	1.45	0.170	1 420.1	1 210.0	35.01	29.83
		裂隙水	3	0.03	0.06	1 420.1	1 210.0	0.26	0.22
			4	3.47	0.057	1 420.1	1 210.0	28.09	23.93
			小计	74.43				4 071.05	3 468.75
4	罗家河	岩溶水	2-1	0.33	0.348	1 420.1	1 210.0	16.31	13.90
			2-2	7.30	0.170	1 420.1	1 210.0	176.23	150.16
			小计	7.63				192.54	164.06
5	茂家块段	岩溶水	1-1	1.38	0.443	1 420.1	1 210.0	86.82	73.97
			1-2	0.53	0.348	1 420.1	1 210.0	26.19	22.32
			2-2	25.15	0.170	1 420.1	1 210.0	607.16	517.34
			小计	27.06				720.17	613.62
6	黄沙溪	岩溶水	2-1	6.31	0.348	1 420.1	1 210.0	311.84	265.70
			2-2	11.08	0.170	1 420.1	1 210.0	267.49	227.92
		裂隙水	4	4.73	0.057	1 420.1	1 210.0	38.29	32.62
			小计	22.12				617.61	526.24

续表 5-5

计算区		地下水类型	含水岩组代号	计算参数				降水入渗补给量 $Q_B=100\cdot F\cdot x\cdot \alpha_\beta$ /(×$10^4 m^3$/a)	
编号	系统(块段)名称			面积 F /km^2	入渗系数 α_β	降水量 h/mm			
						多年年均	枯水年	多年年均	枯水年
7	下村水	岩溶水	1-2	9.64	0.348	1 420.1	1 210.0	476.40	405.92
			2-1	5.87	0.348	1 420.1	1 210.0	290.09	247.17
			2-2	27.96	0.170	1 420.1	1 210.0	675.00	575.14
		裂隙水	4	4.08	0.057	1 420.1	1 210.0	33.03	28.14
			小计	47.55				1 474.52	1 256.37
8	杨家块段	岩溶水	1-1	0.58	0.443	1 420.1	1 210.0	36.49	31.09
			1-2	12.23	0.348	1 420.1	1 210.0	604.40	514.98
			2-2	5.04	0.170	1 420.1	1 210.0	121.67	103.67
		裂隙水	4	2.94	0.057	1 420.1	1 210.0	23.80	20.28
			小计	20.79				786.36	670.02
9	龙溪河	岩溶水	1-1	19.70	0.443	1 420.1	1 210.0	1 239.34	1 055.98
			1-2	3.19	0.345	1 420.1	1 210.0	156.29	133.17
		裂隙水	4	13.05	0.057	1 420.1	1 210.0	105.63	90.01
			小计	35.94				1 501.26	1 279.15
10	龙会寺北块段	岩溶水	1-1	2.05	0.443	1 420.1	1 210.0	128.97	109.89
			1-2	0.53	0.348	1 420.1	1 210.0	26.19	22.32
			2-2	5.55	0.170	1 420.1	1 210.0	133.99	114.16
		裂隙水	4	1.28	0.057	1 420.1	1 210.0	10.36	8.83
			5	0.01	0.026	1 420.1	1 210.0	0.04	0.03
			小计	9.42				299.54	255.23
11	罗溪河	岩溶水	1-1	31.57	0.443	1 420.1	1 210.0	1 986.08	1 692.25
			1-2	27.10	0.348	1 420.1	1 210.0	1 339.27	1 141.13
			2-1	1.65	0.348	1 420.1	1 210.0	81.54	69.48
			2-2	27.02	0.170	1 420.1	1 210.0	652.31	555.80
		裂隙水	4	4.01	0.057	1 420.1	1 210.0	32.46	27.66
			5	0.04	0.026	1 420.1	1 210.0	0.15	0.13
			小计	91.39				4 091.81	3 486.44

续表 5-5

计算区		地下水类型	含水岩组代号	计算参数				降水入渗补给量 $Q_B=100\cdot F\cdot x\cdot \alpha_\beta$ /($\times10^4\ m^3/a$)	
编号	系统（块段）名称			面积 F /km^2	入渗系数 α_β	降水量 h/mm			
						多年年均	枯水年	多年年均	枯水年
12	石羊河	岩溶水	1-1	99.81	0.443	1 420.1	1 210.0	6 279.09	5 350.12
			1-2	71.22	0.348	1 420.1	1 210.0	3 519.66	2 998.93
			2-1	9.75	0.348	1 420.1	1 210.0	481.84	410.55
			2-2	28.04	0.170	1 420.1	1 210.0	676.93	576.78
		裂隙水	3	0.40	0.060	1 420.1	1 210.0	3.41	2.90
			4	7.57	0.057	1 420.1	1 210.0	61.28	52.21
			5	0.02	0.026	1 420.1	1 210.0	0.07	0.06
			小计	216.81				11 022.28	9 391.56
13	祖亭河	岩溶水	1-2	1.26	0.348	1 420.1	1 210.0	62.27	53.06
			2-1	2.90	0.348	1 420.1	1 210.0	143.32	122.11
			2-2	3.89	0.170	1 420.1	1 210.0	93.91	80.02
			小计	8.05				299.50	255.19
14	三仟圩河	岩溶水	1-1	10.99	0.443	1 420.1	1 210.0	691.39	589.10
			1-2	5.82	0.348	1 420.1	1 210.0	287.62	245.07
			2-1	7.69	0.348	1 420.1	1 210.0	380.04	323.81
			2-2	10.52	0.170	1 420.1	1 210.0	253.97	216.40
		裂隙水	4	2.10	0.057	1 420.1	1 210.0	17.00	14.48
			小计	37.12				1 630.01	1 388.86
15	邝家河	岩溶水	1-1	9.19	0.443	1 420.1	1 210.0	578.15	492.61
			1-2	3.32	0.348	1 420.1	1 210.0	164.07	139.80
			2-1	1.92	0.348	1 420.1	1 210.0	94.89	80.85
			2-2	8.12	0.170	1 420.1	1 210.0	196.03	167.03
		裂隙水	4	3.21	0.057	1 420.1	1 210.0	25.98	22.14
			小计	25.76				1 059.12	902.43
16	新隆河	岩溶水	1-2	4.05	0.348	1 420.1	1 210.0	200.15	170.54
			2-1	0.25	0.348	1 420.1	1 210.0	12.35	10.53
			2-2	16.21	0.170	1 420.1	1 210.0	391.34	333.44
		裂隙水	3	0.46	0.060	1 420.1	1 210.0	3.92	3.34
			4	1.69	0.057	1 420.1	1 210.0	13.68	11.66
			小计	22.66				621.44	529.50

续表 5-5

计算区		地下水类型	含水岩组代号	计算参数				降水入渗补给量 $Q_B=100\cdot F\cdot x\cdot \alpha_\beta$ /($\times10^4m^3/a$)	
编号	系统(块段)名称			面积 F /km^2	入渗系数 α_β	降水量 h/mm			
						多年年均	枯水年	多年年均	枯水年
总计		岩溶水	1-1	244.30	0.443	1 420.1	1 210.0	15 369.02	13 095.21
			1-2	169.74	0.348	1 420.1	1 210.0	8 388.46	7 147.41
			2-1	102.38	0.348	1 420.1	1 210.0	5 059.57	4 311.02
			2-2	203.83	0.170	1 420.1	1 210.0	4 920.80	4 192.78
		裂隙水	3	3.16	0.060	1 420.1	1 210.0	26.93	22.94
			4	224.40	0.057	1 420.1	1 210.0	1 816.42	1 547.69
			5	43.24	0.026	1 420.1	1 210.0	159.65	136.03
			总计	991.05				35 740.85	30 453.09

2. 地下水资源量排泄量法

按式(5-3)和上述厘定的参数进行,其计算结果为:全流域地下水总排泄量为 33 500.00×$10^4m^3/a$(表 5-6)。

表 5-6 新田河流域地下水资源排泄量法计算结果表

地下水总排泄量($\times10^4m^3/a$)			
$Q_泉$	$Q_河$	$Q_开$	$Q_蒸$
20 524.73	8 325.50	1 075.68	3 574.09
合计:33 500.00			

3. 水文分析法

据新田县水电局提供的新田河心安渡口处多年流出新田县平均流量 18.58m^3/s(偏小),若按平均径流模数 24.23L/(s·km^2)(控制流域面积 941.58km^2)计,多年流出新田县平均流量应为 22.82m^3/s,因未收集到该站系统水文观测资料,无法用水文基流分割法较准确地求算地下水排泄量,只能用心安渡口处多年流出新田县平均流量 22.82m^3/s(71 965.15×$10^4m^3/a$),并参照径流系数(0.49)来估算,估算结果为:地下水资源量约为多年流出新田县平均流量的 49%,即 Q_B=71 965.15×$10^4m^3/a$×0.49=35 262.92×$10^4m^3/a$。

从表 5-7 可见,新田河流域地下水天然补给(输入)量(35 740.85×$10^4m^3/a$)与总排泄(输出)量(33 500.00×$10^4m^3/a$)、河流基流量(35 262.92×$10^4m^3/a$)稍有差别,补给量比总排泄量大 2 240.85×$10^4m^3/a$、比河流基流量大 477.93×$10^4m^3/a$,即总排泄量比补给量少 6.69%、河流基流量比补给量少 1.36%。可见,采用大气降水入渗系数法所计算地下水天然补给资源量的结果基本上能反映本流域地下水循环的实际,各层位所选取的入渗系数是符合实际的,故本次地下水资源评价确定取用大气降水入渗系数法计算新田河流域的地下水天然补给资源量是有依据的。

表 5－7　新田河流域不同方法计算地下水资源量成果对照表

评价方法	地下水多年平均天然资源量（$\times 10^4 m^3/a$）			与补给量比较 /%	确定取用评价方法
	补给量	总排泄量	基流量		
大气降水入渗系数法	35 740.85				入渗系数法
地下水资源排泄量法		33 500.00		−6.69	
水文分析法			35 262.92	−1.36	

二、地下水可采资源量（或允许开采量）计算结果

地下水可采资源量（或允许开采量）按式（5－4）和上述厘定参数进行计算，计算结果为（表 5－8）：新田河流域地下水可采资源量为 14 004.64×$10^4 m^3/a$，其中碳酸盐岩及碳酸盐岩夹碎屑岩岩溶水为 13 022.21×$10^4 m^3/a$，占可采资源总量的 93%，而碎屑岩裂隙水为 982.43×$10^4 m^3/a$，仅占可采资源总量的 7%。

表 5－8　新田河流域地下水可采资源量（或允许开采量）计算结果表

计算区		地下水类型	含水岩组代号	计算参数		地下水可采资源量 $Q_{可}=3.153\,6M_{枯}\cdot F$ /（$\times 10^4 m^3/a$）
编号	系统（块段）名称			面积 F /km^2	枯水季径流模数 $M_{枯}$ /[m^3/（$km^2\cdot a$）]	
1	日西河	岩溶水	1－1	26.19	8.42	695.43
			1－2	10.04	5.99	189.66
			2－1	27.08	5.99	511.54
		裂隙水	3	2.27	1.08	7.73
			4	105.17	1.19	394.68
			小计	170.75		1 799.04
2	日东河	岩溶水	1－1	0.29	8.42	7.70
			2－1	32.51	5.99	614.12
			2－2	26.50	2.17	181.35
		裂隙水	4	71.10	1.19	266.82
			5	43.17	0.95	129.33
			小计	173.57		1 199.32
3	双胜河	岩溶水	1－1	42.55	8.42	1 129.84
			1－2	20.81	5.99	393.10
			2－1	6.12	5.99	115.61
			2－2	1.45	2.17	9.92
		裂隙水	3	0.03	1.08	0.10
			4	3.47	1.19	13.02
			小计	74.43		1 661.60

续表 5-8

计算区		地下水类型	含水岩组代号	计算参数		地下水可采资源量 $Q_{可}=3.1536M_{枯}\cdot F$ /(×$10^4 m^3$/a)
编号	系统(块段)名称			面积 F /km^2	枯水季径流模数 $M_{枯}$ /[m^3/($km^2\cdot a$)]	
4	罗家河	岩溶水	2-1	0.33	5.99	6.23
			2-2	7.30	2.17	49.96
			小计	7.63		56.19
5	茂家块段	岩溶水	1-1	1.38	8.42	36.64
			1-2	0.53	5.99	10.01
			2-2	25.15	2.17	172.11
			小计	27.06		218.76
6	黄沙河	岩溶水	2-1	6.31	5.99	119.20
			2-2	11.08	2.17	75.82
		裂隙水	4	4.73	1.19	17.75
			小计	22.12		212.77
7	下村水	岩溶水	1-2	9.64	5.99	182.10
			2-1	5.87	5.99	110.88
			2-2	27.96	2.17	191.34
		裂隙水	4	4.08	1.19	15.31
			小计	47.55		499.64
8	杨家块段	岩溶水	1-1	0.58	8.42	15.40
			1-2	12.23	5.99	231.03
			2-2	5.04	2.17	34.49
		裂隙水	4	2.94	1.19	11.03
			小计	20.79		291.95
9	龙溪河	岩溶水	1-1	19.70	8.42	523.10
			1-2	3.19	5.99	60.26
		裂隙水	4	13.05	1.19	48.97
			小计	35.94		632.33
10	龙会寺北块段	岩溶水	1-1	2.05	8.42	54.43
			1-2	0.53	5.99	10.01
			2-2	5.55	2.17	37.98
		裂隙水	4	1.28	1.19	4.80
			5	0.01	0.95	0.03
			小计	9.42		107.26

续表 5-8

计算区		地下水类型	含水岩组代号	计算参数		地下水可采资源量 $Q_{可}=3.1536M_{枯}\cdot F$ /(×10⁴m³/a)
编号	系统(块段)名称			面积 F /km²	枯水季径流模数 $M_{枯}$ /[m³/(km²·a)]	
11	罗溪河	岩溶水	1-1	31.57	8.42	838.29
			1-2	27.10	5.99	511.92
			2-1	1.65	5.99	31.17
			2-2	27.02	2.17	184.91
		裂隙水	4	4.01	1.19	15.05
			5	0.04	0.95	0.12
			小计	91.39		1 581.45
12	石羊河	岩溶水	1-1	99.81	8.42	2 650.29
			1-2	71.22	5.99	1 345.35
			2-1	9.75	5.99	184.18
			2-2	28.04	2.17	191.89
		裂隙水	3	0.40	1.08	1.36
			4	7.57	1.19	28.41
			5	0.02	0.95	0.06
			小计	216.81		4 401.53
13	祖亭河	岩溶水	1-2	1.26	5.99	23.80
			2-1	2.90	5.99	54.78
			2-2	3.89	2.17	26.62
			小计	8.05		105.20
14	三仟圩河	岩溶水	1-1	10.99	8.42	291.82
			1-2	5.82	5.99	109.94
			2-1	7.69	5.99	145.26
			2-2	10.52	2.17	71.99
		裂隙水	4	2.10	1.19	7.88
			小计	37.12		626.90
15	邝家河	岩溶水	1-1	9.19	8.42	244.02
			1-2	3.32	5.99	62.72
			2-1	1.92	5.99	36.27
			2-2	8.12	2.17	55.57
		裂隙水	4	3.21	1.19	12.05
			小计	25.76		410.62

续表 5-8

计算区		地下水类型	含水岩组代号	计算参数		地下水可采资源量 $Q_{可}=3.1536M_{枯} \cdot F$ /(×$10^4 m^3$/a)
编号	系统(块段)名称			面积 F /km^2	枯水季径流模数 $M_{枯}$ /[m^3/(km^2·a)]	
16	新隆河	岩溶水	1-2	4.05	5.99	76.50
			2-1	0.25	5.99	4.72
			2-2	16.21	2.17	110.93
		裂隙水	3	0.46	1.08	1.57
			4	1.69	1.19	6.34
			小计	22.66		200.07
总计		岩溶水	1-1	244.30	8.42	6 486.97
			1-2	169.74	5.99	3 206.40
			2-1	102.38	5.99	1 933.96
			2-2	203.83	2.17	1 394.87
		裂隙水	3	3.16	1.08	10.76
			4	224.40	1.19	842.12
			5	43.24	0.95	129.54
			合计	991.05		14 004.64

* 含水岩组代号:1-1 代表 $C_{2+3}H$、C_1d^3、C_1d^1、C_1y^1、D_3s 等层位;1-2 代表 C_1y^2、D_3x^1 层位;2-1 代表 D_2q 层位;2-2 代表 D_3s(新田县东南)层位;3 代表 K、J 层位;4 代表 C_1d^2、D_3x^2、D_2t、S、O 等层位;5 代表∈、$\beta\mu$ 层位。

三、地下水资源量计算成果

新田河流域总面积为 991.05km^2,其中岩溶水分布面积为 720.25km^2,裂隙水分布面积为 270.80km^2,共分成 13 个岩溶水系统和 3 个散流块段进行计算。计算结果如下。

全流域地下水多年平均天然补给资源总量为 35 740.85×10^4m^3/a,枯水年(75%)总量为 30 453.09×10^4m^3/a,枯水年地下水天然补给资源量约占多年平均地下水天然补给资源量的 85%。其中岩溶水多年平均天然补给资源量为 33 737.85×10^4m^3/a,资源模数为 46.84×10^4m^3/(km^2·a);枯水年(75%)天然补给资源量为 28 746.42×10^4m^3/a,资源模数为 39.99×10^4m^3/(km^2·a)。

裂隙水多年平均天然补给资源量为 2 003.00×10^4m^3/a,资源模数为 7.40×10^4m^3/(km^2·a)。枯水年(75%)天然补给资源量为 1 706.66×10^4m^3/a,资源模数为 6.31×10^4m^3/(km^2·a)。

全流域地下水可采资源量为 14 004.64×10^4m^3/a,其中岩溶水为 13 022.21×10^4m^3/a,可采资源模数为 18.08×10^4m^3/(km^2·a);裂隙水为 982.43×10^4m^3/a,可采资源模数为 3.63×10^4m^3/(km^2·a)。地下水可采资源量占枯水年天然补给资源量的 46%左右。

表 5－9　新田河流域地下水资源计算成果汇总表

计算区		地下水类型	面积 F /km^2	地下水天然补给资源量/($\times10^4 m^3$/a)		地下水资源模数/[$\times10^4 m^3$/($km^2\cdot a$)]		地下水可采资源量/($\times10^4 m^3$/a)	地下水可采资源模数/[$\times10^4 m^3$/($km^2\cdot a$)]
编号	系统(块段)名称			多年年均	枯水年	多年年均	枯水年		
1	日西河	岩溶水	63.31	3 482.08	2 972.55	55.00	46.95	1 396.63	22.06
		裂隙水	107.44	870.65	743.25	8.10	6.92	402.41	3.75
		小计	170.75	4 352.72	3 715.80	25.49	21.76	1 799.04	10.54
2	日东河	岩溶水	59.30	2 264.63	1 933.25	38.19	32.60	803.16	13.54
		裂隙水	114.27	734.92	627.38	6.43	5.49	396.16	3.47
		小计	137.57	2 999.55	2 560.63	17.28	14.75	1 199.32	6.91
3	双胜河	岩溶水	70.93	4 042.71	3 451.15	57.00	48.66	1 648.48	23.24
		裂隙水	3.50	28.34	24.20	8.10	6.91	13.12	3.75
		小计	74.43	4 071.05	3 475.35	54.70	46.69	1 661.60	22.32
4	罗家河	岩溶水	7.63	192.54	164.37	25.23	21.54	56.19	7.36
		小计	7.63	192.54	164.37	25.23	21.54	56.19	7.36
5	茂家块段	岩溶水	27.06	720.17	614.79	26.61	22.72	218.76	8.08
		小计	27.06	720.17	614.79	26.61	22.72	218.76	8.08
6	黄沙河	岩溶水	17.39	579.33	494.56	33.31	28.44	195.02	11.21
		裂隙水	4.73	38.29	32.68	8.09	6.91	17.75	3.75
		小计	22.12	617.61	527.24	27.92	23.84	212.77	9.62
7	下村水	岩溶水	43.47	1 441.50	1 230.57	33.16	28.31	484.32	11.14
		裂隙水	4.08	33.03	28.19	8.09	6.91	15.31	3.75
		小计	47.55	1 474.52	1 258.76	31.01	26.47	499.64	10.51
8	杨家块段	岩溶水	17.85	762.56	650.98	42.72	36.47	280.92	15.74
		裂隙水	2.94	23.80	20.32	8.09	6.91	11.03	3.75
		小计	20.79	786.36	671.30	37.82	32.29	291.95	14.04
9	龙溪河	岩溶水	22.89	1 395.62	1 191.41	60.97	52.05	583.36	25.49
		裂隙水	13.05	105.63	90.18	8.09	6.91	48.97	3.75
		小计	35.94	1 501.26	1 281.58	41.77	35.66	632.33	17.59
10	龙会寺北块段	岩溶水	8.13	289.15	246.84	35.57	30.36	102.43	12.60
		裂隙水	1.29	10.40	8.88	8.06	6.88	4.83	3.74
		小计	9.42	299.55	255.72	31.80	27.15	107.26	11.39
11	罗溪河	岩溶水	87.34	4 059.20	3 465.23	46.48	39.68	1 566.28	17.93
		裂隙水	4.05	32.61	27.84	8.05	6.87	15.17	3.75
		小计	91.39	4 091.81	3 493.07	44.77	38.22	1 581.45	17.30

续表 5-9

计算区		地下水类型	面积 F /km²	地下水天然补给资源量/($\times10^4m^3/a$)		地下水资源模数/[$\times10^4m^3/(km^2\cdot a)$]		地下水可采资源量/($\times10^4m^3/a$)	地下水可采资源模数/[$\times10^4m^3/(km^2\cdot a)$]
编号	系统(块段)名称			多年年均	枯水年	多年年均	枯水年		
12	石羊河	岩溶水	208.82	10 957.52	9 354.13	52.47	44.80	4 371.7	20.94
		裂隙水	7.99	64.76	55.28	8.11	6.92	29.83	3.73
		小计	216.81	11 022.28	9 409.41	50.84	43.40	4 401.53	20.30
13	祖亭河	岩溶水	8.05	299.50	255.67	37.20	31.76	105.2	13.07
		小计	8.05	299.50	255.67	37.20	31.76	105.20	13.07
14	三仟圩河	岩溶水	35.02	1 613.01	1 376.98	46.06	39.32	619.02	17.68
		裂隙水	2.10	17.00	14.51	8.09	6.91	7.88	3.75
		小计	37.12	1 630.01	1 391.49	43.91	37.49	626.90	16.89
15	邝家河	岩溶水	22.55	1 033.14	881.96	45.82	39.11	398.58	17.68
		裂隙水	3.21	25.98	22.18	8.09	6.91	12.05	3.75
		小计	25.76	1 059.12	904.14	41.11	35.10	410.62	15.94
16	新隆河	岩溶水	20.51	603.84	515.48	29.44	25.13	192.16	9.37
		裂隙水	2.15	17.60	15.02	8.19	6.99	7.91	3.68
		小计	22.66	621.44	530.50	27.42	23.41	200.07	8.83
总计		岩溶水	720.25	33 737.85	28 801.07	46.84	39.99	13 022.21	18.08
		裂隙水	270.80	2 003.00	1 709.91	7.40	6.31	982.43	3.63
		合计	991.05	35 740.85	30 510.97	36.06	30.79	14 004.64	14.13

第四节　基于 FEFLOW 模型计算地下水资源量

选取新田河流域为研究区，在收集、整理研究区地质、水文地质基础资料和以往工作资料的基础上，通过综合分析掌握研究区地下水环境特点，建立水文地质概念模型，利用高程数据、降水入渗及渗透系数分区数据等建立 FEFLOW 三维含水结构模型，并通过拟合校正、识别验证等建立地下水渗流模型，计算研究区地下水资源量。

一、平台介绍

本次评价工作采用德国水资源规划与系统研究所(DHI-WASY)于 20 世纪 70 年代末开发的基于有限单元法的 FEFLOW(Finite Element Subsurface FLOW System)软件，它是迄今为止功能最为齐全的地下水模拟软件包之一，可用于复杂三维非稳定水流和污染物运移的模拟。

在众多模拟软件中，FEFLOW 主要有以下 4 点优势：

(1)具有基于交互式图形输入输出和地理信息系统(ArcGIS)数据接口，能自动产生空间多种有限单元网格，可以进行空间参数区域化，内部采用了多种快速、精确的数值计算法，如时间步长的自动优选法。

(2)对于非承压含水层采用了变动上边界的办法(BASD)以适应变化的潜水水位。

(3)FEFLOW 拥有强大的选择功能,可以对各个不同区域不同层位的地层进行选择、调色、赋参等,对模型的可视化、计算的精确性创造了很好的条件。

(4)FEFLOW 提供了一个 Discrete Feature Element 操作模块,可以刻画透镜体、水平井等特殊水文地质体,甚至可以刻画局部区域的裂隙流、管道流,从而可以综合考虑到各种复杂水文地质条件,给模拟者带来极大的方便,同时也有效地提高了模拟的仿真度。

二、水文地质概念模型

水文地质概念模型是把含水层或含水系统实际的边界性质、内部结构、渗透性能、水力特征和补给排泄等条件进行合理的概化,以便可以进行数学与物理模拟。科学、准确地建立水文地质概念模型是地下水环境影响预测评价的关键。

根据前述水文地质概念模型结合已有的各类水文地质资料,确定本次模拟研究区边界条件如下(图 5-3)。

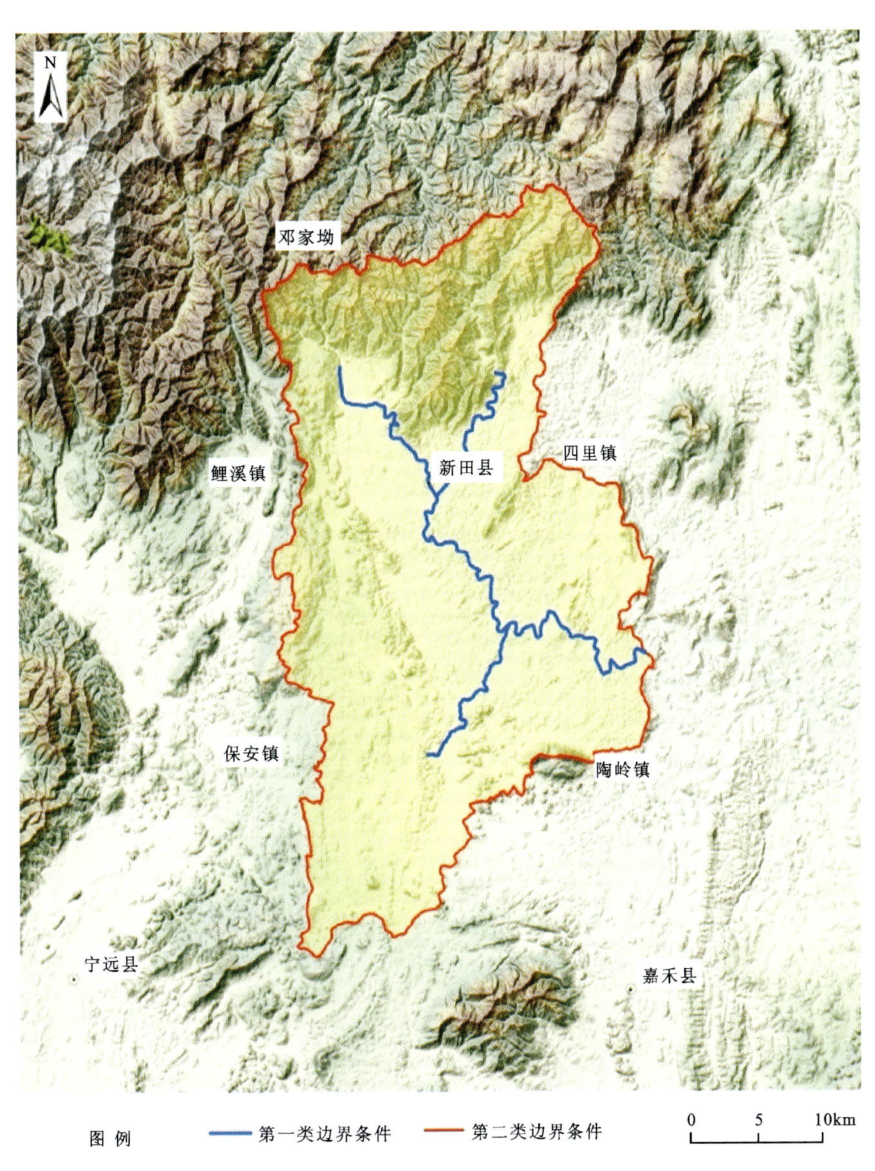

图 5-3　边界条件示意图

侧向边界:根据对区内流场的特征、地层结构和构造分析,将研究区侧向边界确定为不同性质的边界条件。新田河流域四周以地表分水岭圈定,概化为第二类边界条件(零通量边界)。流域内地下水沿着地形排泄至地形低洼处的几处主要地表水系中,最终汇入新田河,往东南排泄,概化为给定水头边界,即为第一类边界条件。

垂向边界:模型表层为系统的上边界,通过该边界潜水与系统外界发生垂向水量交换,如接受大气降水入渗补给、灌溉入渗补给、蒸发排泄等。

将各层高程数据输入 FEFLOW 后建立模拟区三维地质模型,结点数 51 066 个,有限单元数 64 732 个(图 5-4)。

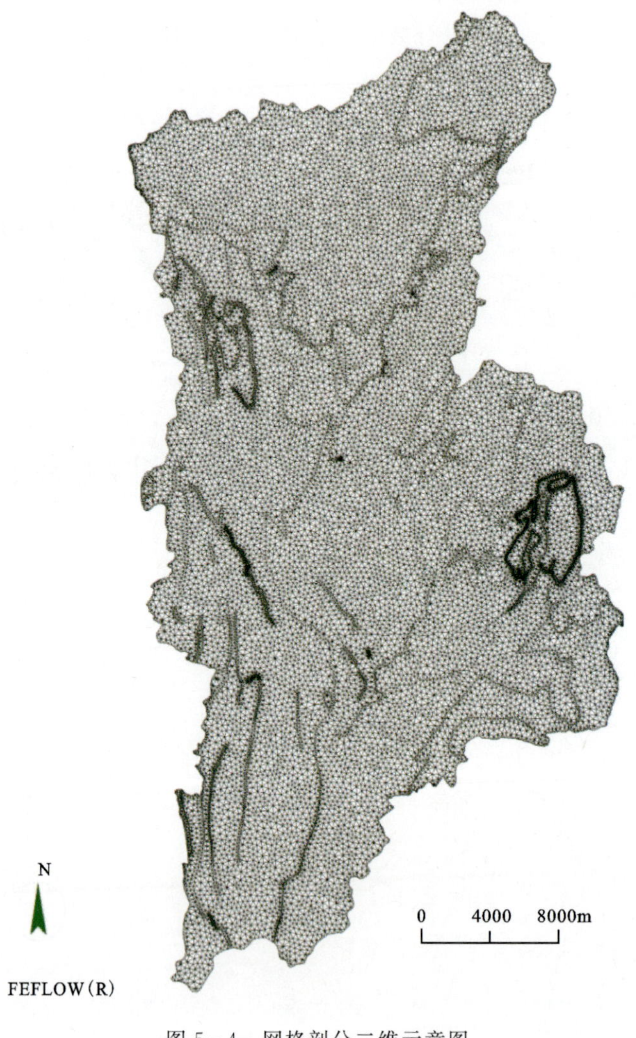

图 5-4　网格剖分二维示意图

1. 地质模型

(1)地表高程数据:地表高程数据采用 ASTER GDEM 数据(数据来源于中国科学院计算机网络信息中心科学数据中心),利用 ArcGIS 软件处理得到。

(2)其他各层高程数据:参考地质图、工勘剖面资料等,综合分析研究区地质结构,包括岩层分布、产状等,在 ArcGIS 软件中绘制出各层高程线,并利用克里金插值法生成最终高程点数据(图 5-5、图 5-6)。

图 5－5　网格剖分三维示意图

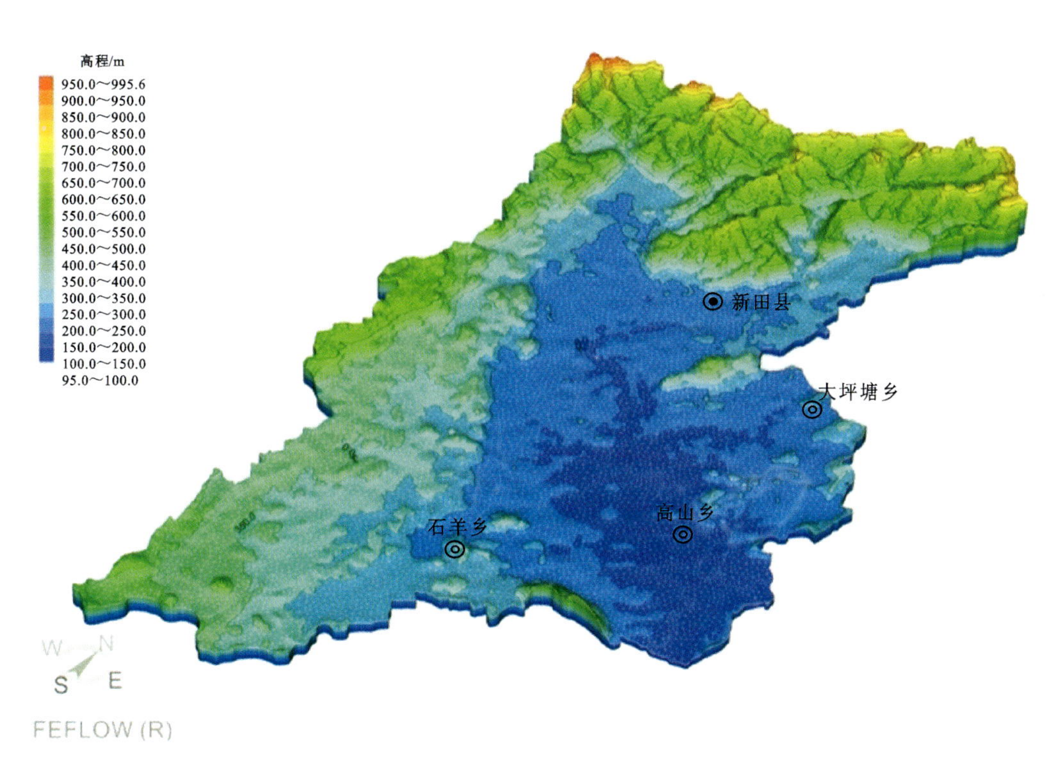

图 5－6　地形高程三维示意图

2. 渗流模型

(1)参数赋值：包括地层水文地质参数、降水入渗系数等，值得注意的是，输入模型的降水量为实际降水入渗量，将气象局提供的降水量整理后需乘以降水入渗系数，最终获取的值为模型输入值。

(2)识别验证:整理地下水长期观测数据,作为识别与验证依据,从而获取模型最可靠的等效参数(图 5-7、图 5-8)。

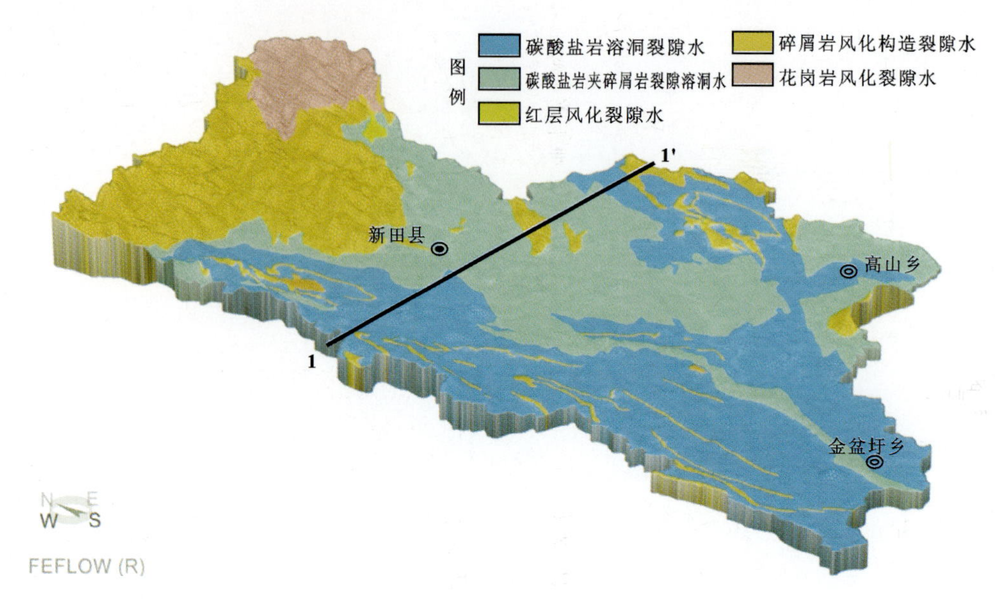

图 5-7 三维含水结构模型

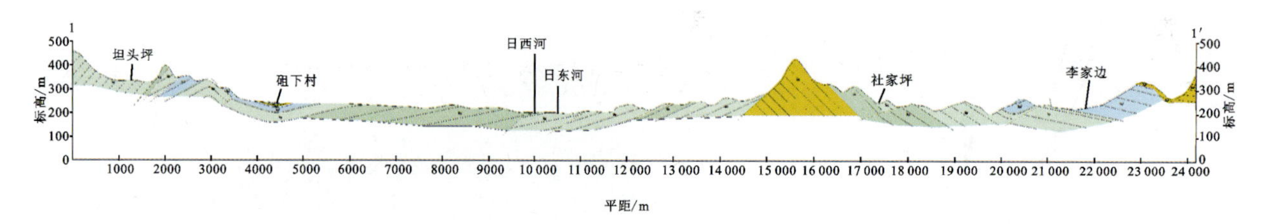

图 5-8 1-1′工作区水文地质剖面图

三、三维地下水渗流模型

1. 边界条件

模型中四周都概化为零通量边界,为系统默认值。内部河流水位根据高程数据读取各控制点水位高程,并在 FEFLOW 软件内进行插值赋参。

2. 水文地质参数

水文地质参数的变化受地形地貌、地层岩性及结构、颗粒组分和颗粒级配的控制。水文地质参数分区采用更新后的水文地质参数,主要以抽水试验资料为基础,来尽可能细化分区。上下含水岩组对主要含水岩组的越流补给以面状入渗补给强度的方式输入模型。

抽水试验主要针对碳酸盐岩裂隙溶洞含水岩组、碳酸盐岩夹碎屑岩溶洞裂隙含水岩组所处地层,以对应层位试验成果数据的平均值作为水文地质参数的初始值,其他地层水文地质参数取经验值,具体见表 5-10。

表 5-10　水文地质参数初始值取值表

水文地质参数/(m·d⁻¹)	碳酸盐岩裂隙溶洞含水岩组		碳酸盐岩夹碎屑岩溶洞裂隙含水岩组		红层风化裂隙含水岩组(3)	碎屑岩构造裂隙含水岩组(4)	浅变质岩和岩浆岩风化裂隙含水岩组(5)
	1-1	1-2	2-1	2-2			
Kxx	1.092	0.203	0.202	0.309	10^{-4}	10^{-4}	10^{-4}
Kyy	1.092	0.203	0.202	0.309	10^{-4}	10^{-4}	10^{-4}
Kzz	0.109 2	0.020 3	0.020 2	0.030 9	10^{-5}	10^{-5}	10^{-5}

3. 源汇项

大气降水是研究区主要地下水补给来源，综合考虑研究区不同区域地形地貌特征及因岩性造成的地表风化差异情况，对地表降水入渗系数进行分区（表 5-11），计算时分别以丰水期、枯水期降水量为基准，向模型中输入降水入渗量。

表 5-11　降水入渗系数分区表

地下水类型	含水岩组	代号	出露层位	入渗系数/α
岩溶水	碳酸盐岩裂隙溶洞含水岩组	1-1	$C_{2+3}H$、C_1d^3、C_1d^1、C_1y^1、D_3s	0.451
		1-2	C_1y^2、D_3x^1	0.348
	碳酸盐岩夹碎屑岩溶洞裂隙含水岩组	2-1	D_2q	0.348
		2-2	D_3s	0.172
裂隙水	红层风化裂隙含水岩组	3	K、J	0.062
	碎屑岩构造裂隙含水岩组	4	C_1d^2、D_3x^2、D_2t、S、O	0.058
	浅变质岩、岩浆岩风化裂隙含水岩组	5	$\in$、$\beta\mu$	0.029

4. 初始流场

利用正演试错法，反复调整需要识别的参数，输入模型并执行正演模拟，直到模型结果与现状调查中的水位观测点拟合程度较好为止（图 5-9）。选取研究区均匀分布的水文地质钻孔水位实测数据分别用来作参数识别，将模拟水位值与地下水位实测值进行拟合分析，可以看到大部分拟合点计算值与实测值拟合情况较好，得到的初始流场如图 5-10 所示。

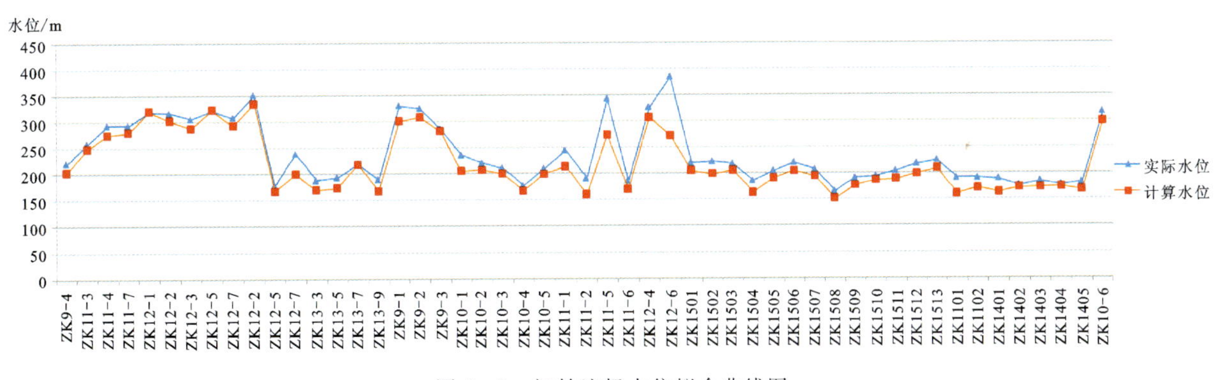

图 5-9　初始流场水位拟合曲线图

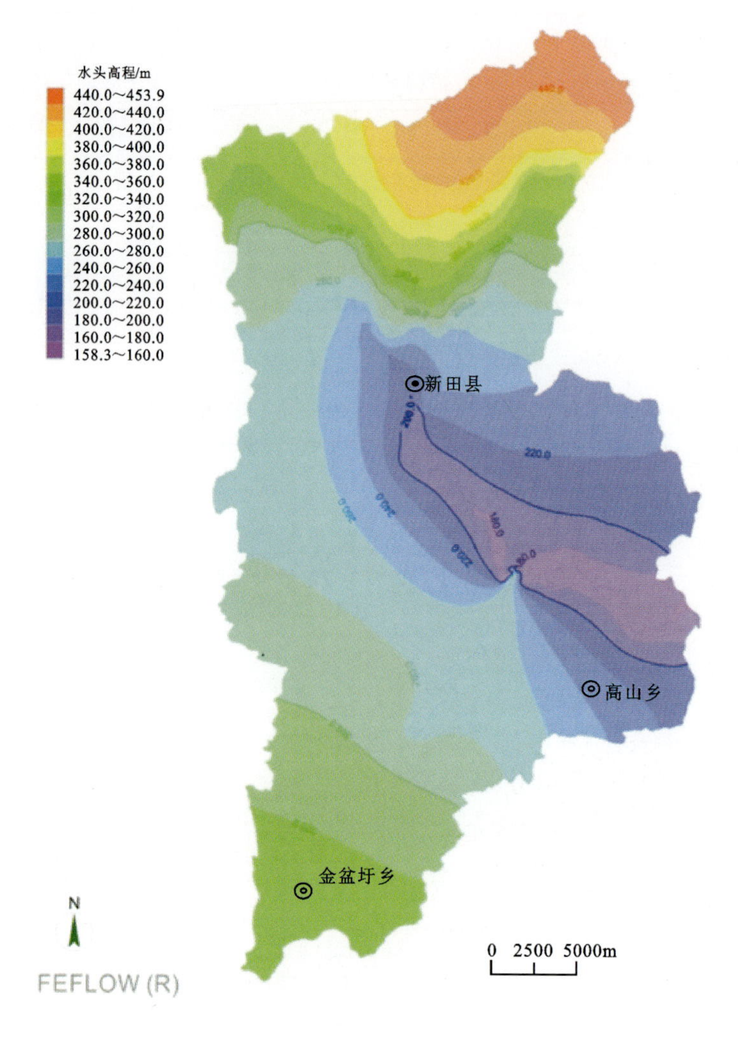

图 5-10 地下水渗流模型流场平面示意图

5. 动态识别

将新田河流域 2004 年 1 月—2005 年 5 月的气象数据输入模型中，对水文地质参数进行进一步调整，在得出水位计算值与长期地下水位观测点水位拟合程度较好时表明识别完成，拟合曲线如图 5-11 所示，水文地质参数最终取值见表 5-12。

表 5-12 水文地质参数最终取值表

单位：m/d

参数	碳酸盐岩裂隙溶洞含水岩组		碳酸盐岩夹碎屑岩溶洞裂隙含水岩组		红层风化裂隙含水岩组(3)	碎屑岩构造裂隙含水岩组(4)	浅变质岩和岩浆岩风化裂隙含水岩组(5)
	1-1	1-2	2-1	2-2			
Kxx	1.092	0.203	0.202	0.309	1.2×10^{-4}	1.1×10^{-4}	1.1×10^{-4}
Kyy	1.092	0.203	0.202	0.309	1.2×10^{-4}	1.1×10^{-4}	1.1×10^{-4}
Kzz	0.109 2	0.020 3	0.020 2	0.030 9	1.2×10^{-5}	1.1×10^{-5}	1.1×10^{-5}

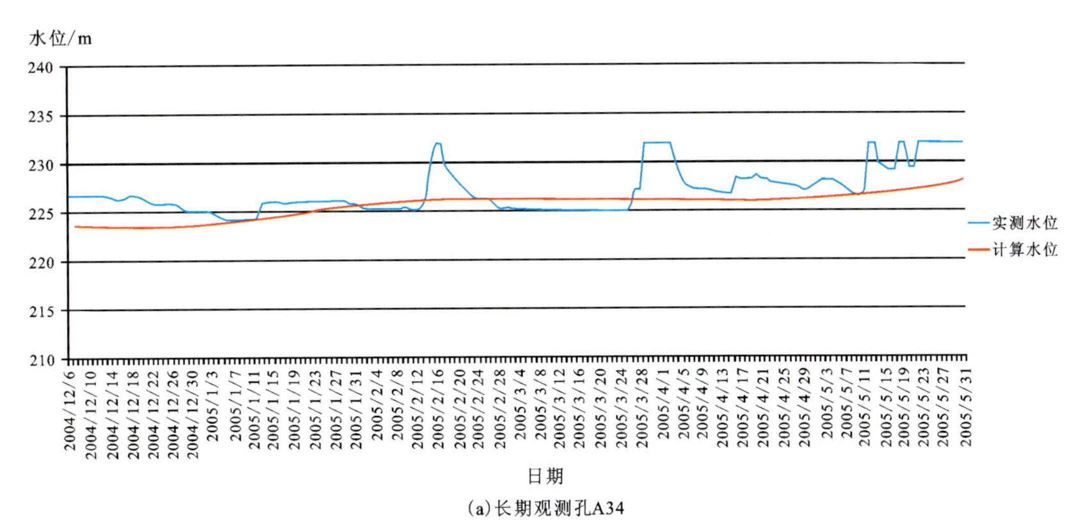

(a)长期观测孔A34

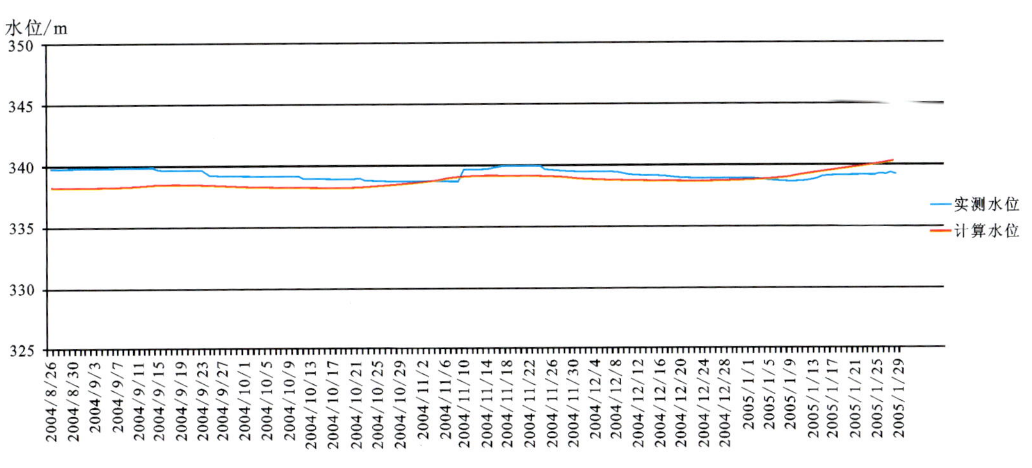

(b)长期观测孔31

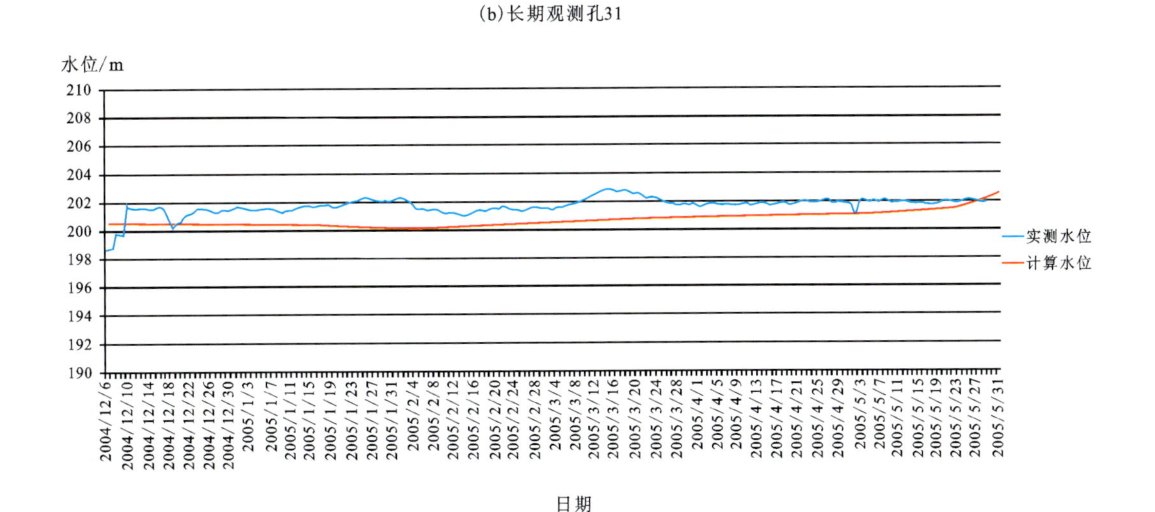

(c)长期观测孔88

图5-11　2004年—2005年长期观测孔地下水计算值与观测值曲线对比图

6. 模型验证

利用上文获取的渗透系数、降水入渗系数等水文参数，在模型中输入 2016—2017 年动态降水数据，通过计算获取长期观测孔处地下水位计算值变化情况，并与实际观测值进行对比，3 个长期观测孔 2017 年的计算水位与实测水位误差为 0～1m，整体变化趋势基本一致，如图 5－12 所示，表明最终选取的水文地质参数基本能代表整个含水层的富水性。

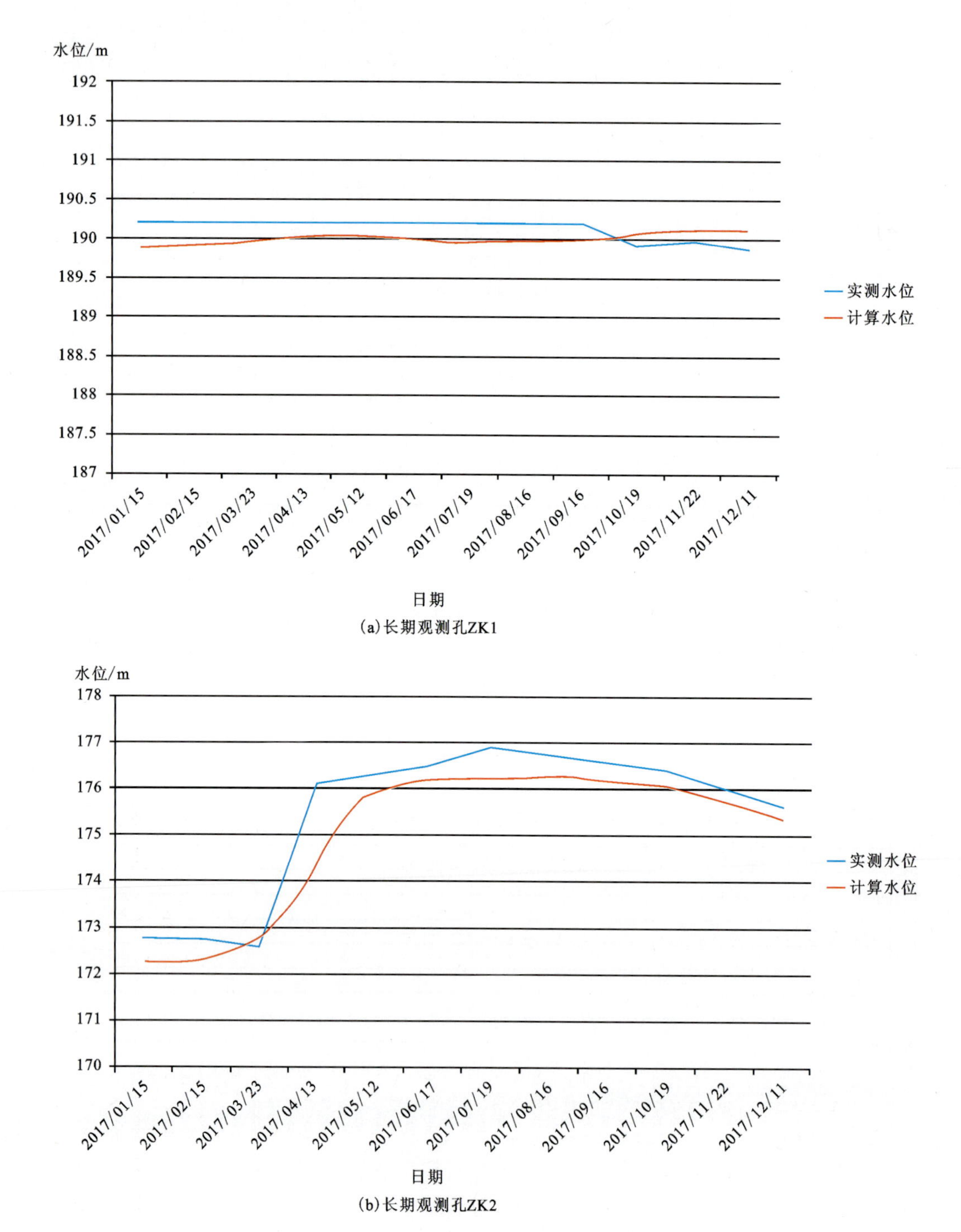

图 5－12　2017 年长期观测孔地下水计算值与观测值曲线对比图

数值模拟方法优点在于可以在评价宏观区域的同时开展局部区域的水资源评价，数值模拟方法是地下水资源评价的发展趋势，利用数值模拟法可以清晰地认识地下水资源的时空分布转化规律。本次选用数值模拟方法（下简称数值法），在充分识别水文地质模型的基础上，开展水资源量计算工作，利用数值法计算出模拟区地下水资源量分别见表5-13、表5-14。

表5-13　2005年地下水资源量数值法计算结果统计表　　单位：$\times 10^8 m^3/a$

	大气降水入渗补给量	河流渗漏补给量	合计
碳酸盐岩裂隙溶洞含水岩组	1.872	−0.007	1.865
碳酸盐岩夹碎屑岩溶洞裂隙含水岩组	0.862	0.122	0.984
红层风化裂隙含水岩组	0.089	−0.001	0.088
碎屑岩构造裂隙含水岩组	0.002	0	0.002
浅变质岩和岩浆岩风化裂隙含水岩组	0.041	0	0.041
合计	2.866	0.114	2.980

表5-14　2017年地下水资源量数值法计算结果统计表　　单位：$\times 10^8 m^3/a$

	大气降水入渗补给量	河流渗漏补给量	合计
碳酸盐岩裂隙溶洞含水岩组	1.742	−0.006	1.736
碳酸盐岩夹碎屑岩溶洞裂隙含水岩组	0.711	0.099	0.810
红层风化裂隙含水岩组	0.080	−0.001	0.079
碎屑岩构造裂隙含水岩组	0.002	0	0.002
浅变质岩和岩浆岩风化裂隙含水岩组	0.035	0	0.035
合计	2.570	0.092	2.662

利用基于有限单元法的FEFLOW平台计算出新田县2005年、2017年地下水资源量分别为$2.980\times 10^8 m^3/a$、$2.662\times 10^8 m^3/a$。根据长期观测孔地下水位模型计算值与实际观测值对比曲线可知计算结果与实际情况较吻合，可为新田县区域地下水资源开发与利用的指导工作提供参考。

第五节　富锶地下水资源量计算

一、富锶地下水资源量计算分区

根据新田县已有调查成果及本次野外实测的资料，富锶地下水集中分布区有三大块：区块Ⅰ为莲花、茂家、新圩、大坪塘一带，面积约$145.43km^2$；区块Ⅱ为野乐村、候桥、龟石坊一带，面积约$28.40km^2$；区块Ⅲ为杨家岭一带，面积为$2.87km^2$。富锶地下水集中分布区主要位于新田河两侧，地势平坦，起伏不大，新田河构成区域基准排泄面。含水岩组为上泥盆统佘田桥组（D_3s）泥灰岩夹灰岩，岩溶作用较发育，裂隙、洼地较发育，地下水补给来源主要为大气降水，通过渗入等形式补给地下水。

二、富锶地下水天然补给资源量计算

地下水天然补给资源量是指地下水系统中参与现代水循环和水交替，可恢复、更新的重力地下水。本流域主要计算浅部地下水，因此以现状均衡状态下的补给总量表示，并按降水量系列计算多年平均值（降水量均值）和丰水年、平水年、枯水年（$P=25\%$、$P=50\%$、$P=75\%$）的地下水天然补给量。

（一）计算方法

地下水天然补给资源量采用大气降水入渗系数法计算式（5－2）。

（二）参数厘定

1. 降水量（h）

多年平均降水量确定系采用新田县气象局（1957—2015 年）历年年平均降水量（1 436.46mm），作为降水量参数。不同保证率下降水量确定系通过新田县气象局（1957—2015 年）系列年降水量数据，通过频率分析，确定 25%、50%、75%频率是对应的年降水量作为丰水年、平水年、枯水年降水量参与计算，保证率为 25%时降水量为 1 606.4mm，保证率为 50%时降水量为 1 415.9mm，保证率为 75%时降水量为 1 239.1mm（表 5－15）。

表 5－15　新田县年降水量频率分析计算结果表

序号 m	年份	降水量/mm	频率 $P=m/(n+1)\times100/(\%)$	序号 m	年份	降水量/mm	频率 $P=m/(n+1)\times100/(\%)$
1	2002	2 211.2	1.67	31	1982	1 394.7	51.67
2	1994	2 159.1	3.33	32	2012	1 391.2	53.33
3	1975	1982	5.00	33	2004	1 350.4	55.00
4	1959	1 855.1	6.67	34	1999	1 347.7	56.67
5	1997	1 842.1	8.33	35	2014	1 341.9	58.33
6	1961	1 767.4	10.00	36	2001	1 341.1	60.00
7	2015	1 760.8	11.67	37	1979	1 322.2	61.67
8	1968	1 739.7	13.33	38	1998	1 314.6	63.33
9	1981	1 710.1	15.00	39	1996	1 298.1	65.00
10	1973	1672	16.67	40	2005	1 292.9	66.67
11	1990	1 653.7	18.33	41	1988	1 275.5	68.33
12	1970	1 628.2	20.00	42	2007	1 274.8	70.00
13	1977	1 626.8	21.67	43	2008	1 265.3	71.67
14	2006	1 612.1	23.33	44	1963	1 241.3	73.33
15	1962	1 606.4	25.00	45	2009	1 239.1	75.00
16	1972	1577	26.67	46	1964	1 215.2	76.67
17	1983	1 575.6	28.33	47	1985	1 210.6	78.33

续表 5-15

序号 m	年份	降水量 /mm	频率 $P=m/(n+1)\times100/(\%)$	序号 m	年份	降水量 /mm	频率 $P=m/(n+1)\times100/(\%)$
18	1995	1 541.1	30.00	48	1986	1 209.7	80.00
19	2013	1 523.3	31.67	49	1984	1 192.9	81.67
20	2010	1521	33.33	50	1965	1 187.4	83.33
21	1957	1 508.8	35.00	51	2003	1 177.2	85.00
22	1992	1 496.7	36.67	52	1958	1 160.3	86.67
23	2000	1496	38.33	53	1969	1 112.3	88.33
24	1976	1 481.1	40.00	54	1991	1 111.9	90.00
25	1960	1 480.1	41.67	55	1978	1 087.9	91.67
26	1987	1 462.4	43.33	56	1974	1 029.4	93.33
27	1967	1 454.8	45.00	57	1971	1 016.9	95.00
28	1980	1 427.9	46.67	58	1966	947.1	96.67
29	1989	1 421.3	48.33	59	2011	892	98.33
30	1993	1 415.9	50.00				

注：n 为历年降水量总年数。

2. 降水入渗系数(α)

本次计算所取用的降水系数参考碳酸盐岩夹碎屑岩溶洞裂隙含水岩组(D_3s)，为 0.17。

3. 计算面积(F)

本次富锶地下水水资源评价圈定的面积为 176.70km^2。

(三)计算结果

按式(5-2)和厘定的参数进行计算，结果如下。

富锶地下水天然补给资源量(多年平均)：

$Q_b=100\cdot F\cdot\alpha\cdot h=100\times176.70\times0.17\times1.436\,5=43.151\,0\times10^6(m^3/a)$；

丰水年、平水年、枯水年富锶地下水天然补给资源量：

$P=25\%$：$Q_{25\%}=100\cdot F\cdot\alpha\cdot h=100\times176.70\times0.17\times1.606\,4=48.254\,6\times10^6(m^3/a)$；

$P=50\%$：$Q_{50\%}=100\cdot F\cdot\alpha\cdot h=100\times176.70\times0.17\times1.415\,9=42.532\,2\times10^6(m^3/a)$；

$P=75\%$：$Q_{75\%}=100\cdot F\cdot\alpha\cdot h=100\times176.70\times0.17\times1.239\,1=37.221\,3\times10^6(m^3/a)$。

三、富锶地下水天然排泄量计算

新田县富锶地下水天然出露点众多，包括泉点、地下河。在富锶地下水区域，本次研究共调查35 个天然出露点，流量在 0.3～16.1L/s 之间，锶含量在 0.20～0.55mg/L 之间。经过统计，富锶地下水天然排泄量共计 114.83L/s，即 3.62×10^{6}m^3/a。

四、富锶地下水资源储藏量估算

（一）估算的原则及依据

富锶地下水资源量估算原则上在1∶5万水文地质环境地质调查成果的基础上进行，主要依据是中国地质调查局1∶5万水文地质调查相关规范及相应行业技术要求，《区域水文地质、工程地质、环境地质综合勘查规范1∶50 000》(GB/T 14158—1993)，《西南岩溶地区水文地质调查技术要求(试行，1∶50 000)》，全国矿产储量委员会《矿产工业要求参考手册》(1987)等有关规范、标准及要求以及本次和之前开展的1∶5万水文地质环境地质调查、钻探等勘探工程和分析的实际成果，对富锶地下水资源量进行初步估算。

（二）估算方法

富锶地下水资源量依据下式计算：

$$Q=V\times e\times k \quad (5-5)$$

式中：Q为富锶地下水资源储藏量(t)；V为富锶地下水区岩石体积(m^3)；e为富锶地下水区岩石空隙率(%)；k为信度(V、e由1∶5万水环调查及勘探后综合分析而得，取$k=0.4$)。

（三）估算参数确定

1. 富锶地下水区划面积及厚度

富锶地下水区岩石的空隙率主要由三大区块组成：区块Ⅰ为莲花、茂家、新圩、大坪塘一带，面积约145.43km^2，以南东向倾斜为主，西段至西南段多为高倾角断裂接触，勘探见富锶矿泉地下水深度为176m(晒鱼坪钻孔)；区块Ⅱ为野乐村、候桥、龟石坊一带，面积约28.40km^2，背斜构造，机井见富锶地下水深度约138m(S003机井)；区块Ⅲ为杨家岭一带，面积为2.87km^2，背斜构造，勘探见富锶矿泉地下水深度约70m(杨家岭勘探孔)。

综合分析认为，富锶矿泉地下水区岩石体积：以各区块面积为各富锶矿泉地下水区面积，以各区块面积自然边界的垂直剖面为周边线，各区块勘探深度为厚度进行估算，即区块Ⅰ面积约145.43km^2，厚176m；区块Ⅱ面积约28.40km^2，厚约138m；区块Ⅲ面积为2.87km^2，厚约70m。

2. 富锶地下水区岩石空隙率

岩石的空隙率一般主要由3部分组成，即溶蚀程度(以线岩溶率表示)、裂隙发育程度(以线裂隙率表示)、孔隙度(孔隙率)，不同的岩石其空隙率不同，不同构造部位及不同风化带岩石空隙率差异很大。本文仅以一般普遍情况进行表示。

泥质灰岩、灰岩段线岩溶率为0.1%～3.0%，线裂隙率3%～8%，孔隙率一般1.5%～4.5%。泥灰岩段线裂隙率1.5%～5.0%，孔隙率一般1.5%～4.0%。综合岩石空隙率约6.86%(表5-16)。

表5-16 岩石空隙率估算表

单位：%

	线岩溶率		线裂隙率		孔隙率		综合岩石空隙率
	范围值	拟定值	范围值	拟定值	范围值	拟定值	
泥质灰岩、灰岩	0.1～3.0	2	3～8	4.5	1.5～4.5	2.0	6.86
泥灰岩			1.5～5	3	1.5～4.0	1.5	

(四)估算结果

依据式(5－5),将相应的参数代入式(5－5)中,求得如下结果。

区块Ⅰ:$Q_{Ⅰ}=145.43km^2\times176m\times6.86\%\times0.4=702.4\times10^6m^3$;

区块Ⅱ:$Q_{Ⅱ}=28.40km^2\times138m\times6.86\%\times0.4=107.54\times10^6m^3$;

区块Ⅲ:$Q_{Ⅲ}=2.87km^2\times70m\times6.86\%\times0.4=5.513\times10^6m^3$;

富锶区富锶地下水水资源估算储藏量约:

$Q=Q_{Ⅰ}+Q_{Ⅱ}+Q_{Ⅲ}=815.453\times10^6(m^3)$。

五、富锶地下水区锶源的补给量估算

(一)估算原则及依据、方法

1.估算的原则及依据

富锶地下水中的锶源补给量估算,原则上在1∶5万水文地质、环境地质调查成果的基础上进行。富锶地下水中锶的来源,是富锶地下水含水母岩在溶蚀、风化作用过程中,释放出大量的锶元素,这些锶元素部分已迁移流失,部分残留、迁移聚集,储存于岩石含水介质的地下水中富集而形成,这是计算富锶地下水锶源的依据。

2.估算的方法

通过岩石基本元素测试分析发现,D_3s岩石中含有较高的锶元素,其含量最高达438.77×10^{-6},由于D_3s岩石的风化速度、锶的释放率、储存率等参数无法获取及估算,富锶地下水中的锶含量是否在连续增加还是减少也无资料证实,但可以通过计算出富锶地下水中锶的流失量,设定富锶地下水中锶含量不变时,锶的流失量就是锶源的最小补给量,通过该方法来初步估算出富锶地下水锶源补给量。

以富锶区内不同的地表水小流域作为估算单元,取富锶泉水自然流出量最大的流域估算锶的单位流失量,作为富锶地下水区锶的最小补给量。D_3s富锶区泉总流量最大的小流域为白云山流域,面积为$25.19km^2$,总流量约69.19L/s,锶平均含量约0.316mg/L。首先通过已知小流域求取锶源补给量,再计算出锶源补给模数并以此为研究区补给模数,进而求取富锶地下水范围内总的锶源补给总量。锶源补给量的计算公式为:

$$Q_{Sr}=q_{sr}\cdot S_{计} \tag{5-6}$$

$$q_{sr}=Q_{小}\times\rho_{小}\times k/S_{小} \tag{5-7}$$

式中:Q_{Sr}为锶最小补偿量,即岩石风化溶蚀释放锶的总量(mg/s);q_{sr}为锶补给模数(mg/s·km²);$S_{计}$为计算区面积(km²);$Q_{小}$为小流域富锶泉总流量,即实际调查的泉水总流量(L/s);$\rho_{小}$为小流域泉水锶含量,调查的泉水中锶的平均含量(mg/L);k为调查精度系数,根据调查的泉水与实际泉水的差值系数,本次计算取$k=1.5$,无量纲;$S_{小}$为小流域流域面积(km²)。

(二)估算结果

根据白云山流域相关参数,依据式(5－7)计算q_{sr}(锶补给模数):

$q_{sr}=Q_{小}\times\rho_{小}\times k/S_{小}=69.19L/s\times0.316mg/L\times1.5/25.19km^2=1.302mg/(s\cdot km^2)$

依据式(5－6)计算各区块锶补给量Q_{Sr}。

区块Ⅰ:$Q_{SrⅠ}=145.43km^2\times1.302mg/(s\cdot km^2)=189.35mg/s$

区块Ⅱ:$Q_{SrⅡ}=28.40km^2\times1.302mg/(s\cdot km^2)=36.98mg/s$

区块Ⅲ：$Q_{Sr\mathrm{III}}=2.87\mathrm{km}^2\times1.302\mathrm{mg}/(\mathrm{s}\cdot\mathrm{km}^2)=3.74\mathrm{mg/s}$

$Q_{Sr}=Q_{Sr\mathrm{I}}+Q_{Sr\mathrm{II}}+Q_{Sr\mathrm{III}}=230.07\mathrm{mg/s}$

通过计算得出富锶区富锶地下水锶最小补给量约 230.07mg/s。通过初步估算的富锶地下水锶最小补给量，初步计算富锶地下水区允许开采量。在不损耗原有资源量的情况下，以开采锶含量为 1.0mg/L 的标准开采富锶地下水，其允许开采量为 112.5t/(d·km²)，总开采量约 19 878t/d。当该区域内原开发利用量大于 19 878t/d(包括流失的富锶泉水)时，将开发利用原有储藏量。

第六章　岩溶水资源的开发利用现状及潜力

地下水的开发利用主要取决于含水岩组的富水性、富水的均匀程度以及地下的埋藏深度等水文地质条件，其次还受到地形地貌及区域经济发展水平的影响。新田县特殊的岩溶地质背景及经济发展水平相对落后的现状极大地制约了地下水的开发利用，以前修建的水利设施由于年久失修多已废弃或因灌渠渗漏严重不能达到设计灌溉面积，地下水的开发利用率仅为37.97%，地下水仍然有较大的开发利用潜力。

第一节　开发利用岩溶水允许开采量可行性分析

一、开发利用地下河允许开采量可行性分析

新田河流域岩溶水系统具有一定规模的地下河11条，总长度超过20km，平均分布密度为0.028km/km^2，总排泄量为1.95m^3/s，年排泄量为0.61×10^{8}m^3，占流域岩溶水天然补给资源量的18%左右。根据地下河发育及补给、排泄条件，采用地下河流域所处岩溶水系统的枯水季地下水资源模数和地下河的枯水季流量对各条地下河的可开采资源量和开发利用可行性进行分析，提出了每年的可开采资源量和每日可引水开采资源量（表6-1）。

表6-1　新田河流域主要地下河水资源特征及可开采资源量评估

野外编号	地下河名称	发育层位	地下河流域特征及可开采水资源						
			主干长/km	汇水面积/km^2	枯水季流量/(L/s)	雨季实测流量/(L/s)	枯水季地下水资源模数/[×10^{4}m^3/(km^2·a)]	地下水可开采资源量/(×10^{4}m^3/a)	出口可引水开采资源量/(×10^{4}m^3/a)
S007	胡家地下河	D_3s	2.5	6.61	66.8	1500	55.0	363.55	210.66
S01	水浸窝地下河	D_3s	1.6	3.04	6	60	57.0	174.42	9.46
175	下富柏地下河	C_1y^1	1.0	7.80	90	120	46.48	362.54	283.82
19	大井头地下河	C_1y^1	1.44	5.66	90	190	58.67	332.07	283.82
176	响水岩地下河	C_1y^1	6.4	8.25	50	464	58.67	484.03	157.68
B110	李迁二地下河	C_1y^1	0.42	3.86	50	120	54.08	208.75	157.68
B79	大鹅井地下河	D_3x^1	0.74	9.78	200	700	51.79	506.51	630.72
B105	金盆圩地下河	C_1y^1	1.0	2.25	20	300	54.08	121.68	63.07
117	廖子贞地下河	D_3x^1	2.8	9.46	300	1500	51.79	489.93	946.08
B99	河山岩地下河	D_3x^1	0.35	1.22	4.1	8.2	54.08	65.98	12.93
A97	岩头地下河	D_3x^1	0.85	6.86	120	308	54.08	370.99	346.90
	合计							3 480.45	3 102.82

流域内地下河主要发育在浅循环带，汇集与排泄浅部循环的地下水，从观测结果和流域资源评价结果来看，一般情况下，采用开采模数计算的地下河流域可开采资源均比以地下河枯水季流量评估的引水开采资源量大，其中宏发廖子贞地下河引水开采资源量较大是由于立新水库渗漏，使地下河具有较稳定的补给水源。

水浸窝地下河的开发工程勘探证明，该地下河汇水面积为 3.04km^2，进行地下河堵截，在上游溶洼成库，2005 年蓄积水资源达 186×10^{4}m^3，使地下水可开采资源量大为增加，甚至超过采用开采模数计算的地下河流域的可开采资源量。

由此可见，本区地下河的可开采资源量每年为(3 102.82～3 480.45)×10^{4}m^3，如采取有效开发利用措施，其可开采资源量可成倍增加。

二、开发利用蓄水构造岩溶水允许开采量可行性分析

研究区受地层、构造的控制，形成地下水富水块段，成为地下水开发利用的前景区，主要的富水块段有骥村—毛里—李子沅、枧头—富柏、金盆圩—洞心、宏发圩—石羊—三井等。

1. 骥村—毛里—李子沅富水块段

该富水块段处于大冠岭山前断裂带东侧，包括周家洞向斜东翼岩溶河谷平原区和毛里青龙坪谷地，面积约 49km^2。岩溶含水介质由中泥盆统至下石炭统碳酸盐岩组成，主要层位包括棋子桥组、佘田桥组、锡矿山组和岩关阶下段。

该富水块段为日西河和双胜河岩溶水系统的径流排泄区，地势平缓，为溶蚀谷地和河谷平原，西侧为岩溶峰丛山地，地下水自补给区以潜流形式汇集。该块段分 2 个区，一为毛里坪岩溶谷地，处于大冠岭与火炉岭之间的峰林谷地，面积较小；二为骥村至李子沅山前河谷区，面积较大。块段内发育地下河 2 条，泉水普遍发育(图 6-1、图 6-2)，流量大于 10L/s 的岩溶泉有 9 处，3～10L/s 的有 3 处，地下水排泄总流量每日达 30 518.0m^3。地下潜流汇集，水量丰富，地下水位埋深为 3～15m，具有钻井或人工挖井取水的条件，示范 ZK2 号井水位埋深为 10.9m，单井涌水量为 5.62L/s，含水层岩溶发育段长 13.5～65.3m，见 2 层溶洞。

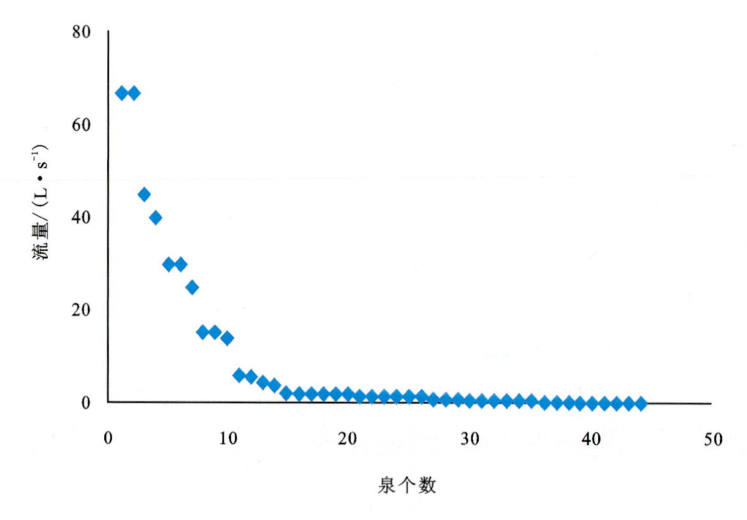

图 6-1　骥村—毛里—李子沅富水块段泉水流量分布图

据地下水可开采资源模数计算，该富水块段的可开采资源量每年达 1080×10^{4}m^3，每日达 2.96×10^{4}m^3，每平方千米近 22×10^{4}m^3/a，计算可开采资源量与统计的观测地下水天然排泄量相近，综合来看该区块每日开采 30 000m^3 的地下水资源是有保证的。

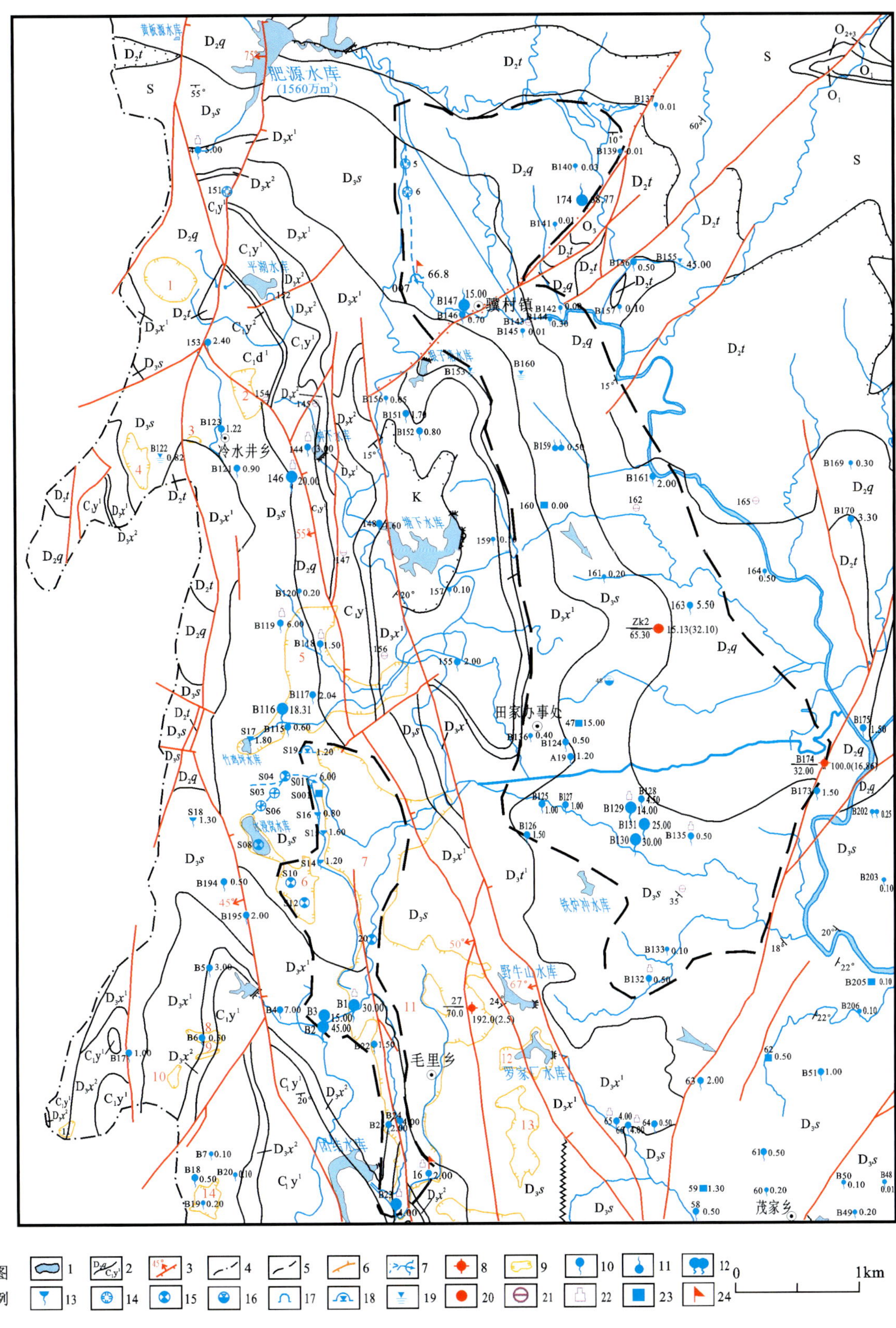

图 6-2　骥村—毛里—李子沅富水块段分布特征图

1. 水库；2. 地层界线；3. 断层；4. 行政区界；5. 富水块段界线；6. 流域边界；7. 地下河及出口；8. 钻孔；9. 岩溶洼地；10. 下降泉；11. 上升泉；12. 岩溶泉群；13. 表层泉；14. 有水溶洞；15. 落水洞；16. 溶潭；17. 干溶洞；18. 出水溶洞；19. 地表水点；20 机井；21. 生态点；22. 水样采集点；23. 民井；24. 长期观测点

2. 枧头—富柏富水块段

该富水块段处于罗溪河岩溶水系统峰丛山区向岩溶丘陵区过渡的峰林谷地区，构造以宽缓向斜为主体，轴部为下石炭统大塘阶白云岩、白云质灰岩。西翼断层构造发育，以一组北东向平推断层与一组北西西向走向断层相交出现，为岩溶山区补给来水的运移和汇集提供导水通道；东翼较平缓，出露下石炭统岩关阶、上泥盆统锡矿山组灰岩、白云质灰岩和佘田桥组泥灰岩、泥质灰岩。佘田桥组在该区段因沉积环境变化，岩性变为岩溶化较弱、透水性差的泥质碳酸盐岩，对上游地下水径流造成阻挡，使得地下水在该地段汇集，并形成地下水的集中排泄（图 6－3）。

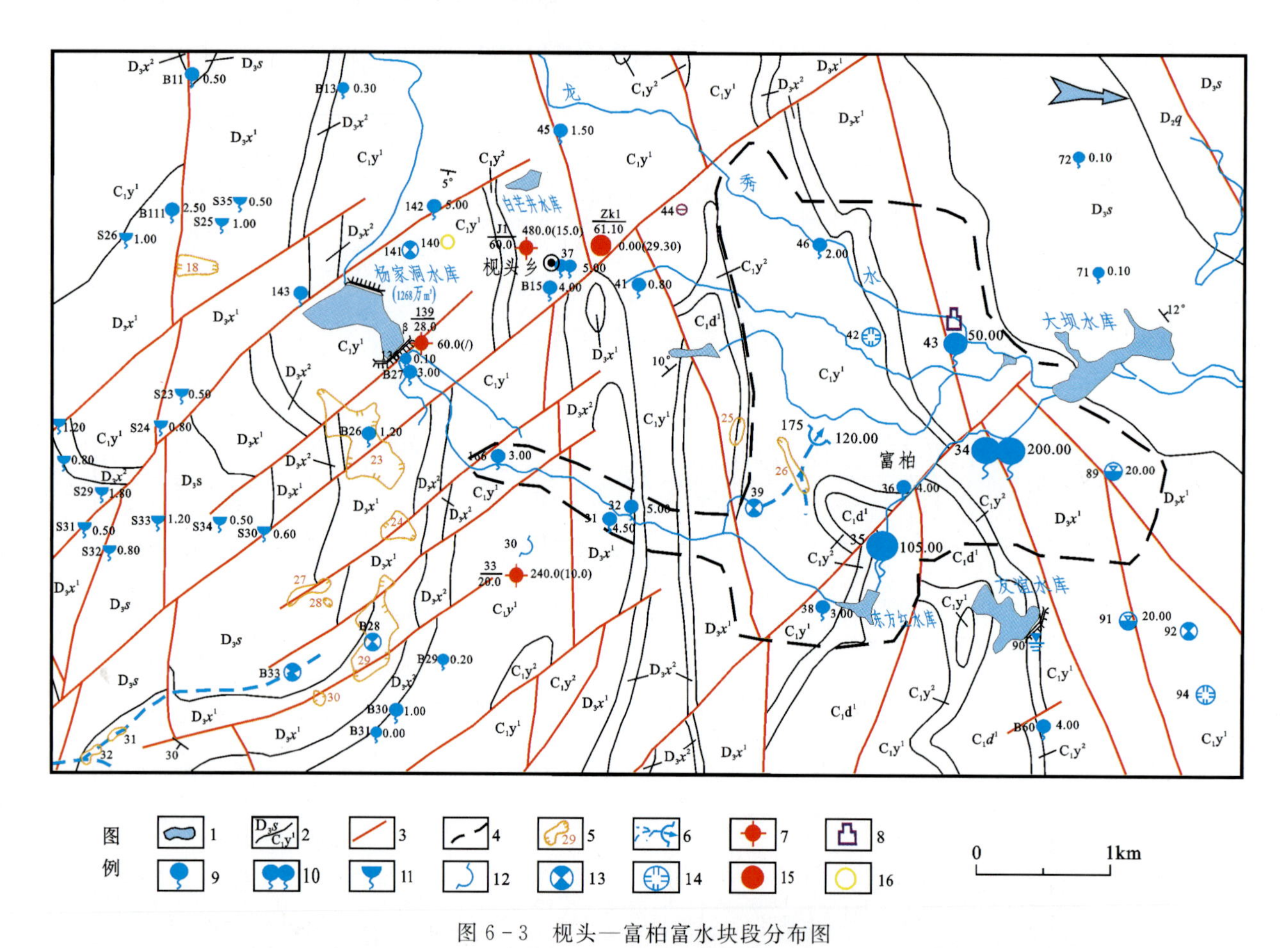

图 6－3　枧头—富柏富水块段分布图

1. 水库；2. 地层界线；3. 断层；4. 富水块段界线；5. 洼地及编号；6. 地下河及出口；7. 钻孔；8. 水样采集点；9. 岩溶泉；10. 岩溶泉群；11. 表层泉；12. 干溶洞；13. 落水洞；14. 有水溶洞；15. 机井；16. 地质点

该富水块段面积约 $11km^2$，出露地下河 1 条，流量大于 10L/s 的岩溶大泉 4 处，地下水天然排泄总量每日达 44 884.8m^3（每年 1 638.3$\times10^4m^3$），地下水资源丰富（表 6－2）。根据该岩溶水系统的地下水资源模数 46.48$\times10^4m^3/(km^2\cdot a)$，按块段面积计算地下水资源量为 511.28$\times10^4m^3/a$，按岩溶水系统面积计算地下水资源量为 4 092.2$\times10^4m^3/a$。可见按块段计算的地下水资源量远小于天然水点的排泄量，而按系统面积计算的地下水资源量是块段排泄量的 2.5 倍。该块段汇集排泄岩溶水系统的上游来水，以地下河和岩溶泉的天然排泄量作为该块段的地下水可开采资源量是可信的。

表 6-2 枧头—富柏富水块段出露水点及流量特征

野外编号	位置	名称	地层及代号	流量/($L \cdot s^{-1}$)
046	龙凤村	下降泉	C_1y^1	2
043	杨家村	下降泉	D_3x^1	50
B16	龙凤圩自然村南	下降泉	C_1y^1	3
034	杨家村大坝坝尾	下降泉群	D_3x^1	200
036	上富村	下降泉	C_1y^1	4
032	彭子城村	下降泉	D_3x^1	5
031	彭子城村	下降泉	D_3x^1	4.5
035	上富村	下降泉	C_1y^1	105
038	伊家凼村	下降泉	C_1y^1	3
089	洞心乡龙潭村李家自然村	溶潭	D_3x^1	20
038	伊家凼村	下降泉	C_1y^1	3
175	枧头乡下富柏村	地下河口	C_1y^1	120

3. 金盆圩—洞心富水块段

该富水块段处于石羊河岩溶水系统径流区，地下水主要富集于石羊河上游支流的河谷地带，地貌特征为峰林谷地，构造上位于洞心向斜南端，向斜两翼发育的走向断裂和北东向平推断裂对地下水径流形成一定的阻水作用，使地下水在断层带的迎水盘形成富集，并构成岩溶泉或地下河集中出露。该富水块段主要含水层为下石炭统大塘阶白云岩、白云质灰岩、岩关阶灰岩、白云质灰岩和上泥盆统锡矿山组灰岩、白云质灰岩，地下水主要以地下河和岩溶大泉的形式出露，多受断层构造的控制，分布在断层带附近(图 6-4)。

该富水块段分布面积约 20km²，出露地下河 2 条，流量大于 50L/s 的岩溶大泉 1 处，流量大于 3L/s 的岩溶泉 8 处，地下水天然排泄总量每日达 21 614.7m³(每年 $788.9\times10^4m^3$)，地下水资源集中分布于洞心河和金盆圩河的河谷地带，构成 2 个富水带(表 6-3)。根据该岩溶水系统的地下水资源模数 $52.47\times10^4m^3/(km^2 \cdot a)$，按块段面积计算地下水资源量为 $1\ 049.4\times10^4m^3/a$，按块段及上游补给区面积计算地下水资源量为 $2\ 203.7\times10^4m^3/a$。可见，以地下水天然排泄总量每年 $788.9\times10^4m^3$ 作为该块段可开采资源量的保证率在 75%以上。

4. 宏发圩—石羊—三井富水块段

该富水块段处于石羊河岩溶水系统的中游径流汇水区，在金盆圩—洞心富水块段的下游，以上泥盆统佘田桥组不纯碳酸盐岩层组相隔。地貌特征为宽缓的峰林谷地，沿河谷展布，面积约 22km²。构造特征为断块，北东向断层发育，为上游侧向径流的导水通道，近南北向的走向断层对地下河的发育具有控制作用。该富水块段主要含水层为下石炭统岩关阶灰岩、白云质灰岩和上泥盆统锡矿山组白云岩、白云质灰岩及佘田桥组灰岩、白云质灰岩层组。地下水主要以地下河和岩溶泉形式出露于谷地边缘、河床两岸和断裂带附近，反映地貌、河流侵蚀和构造对地下水富集的控制作用(图 6-5)。

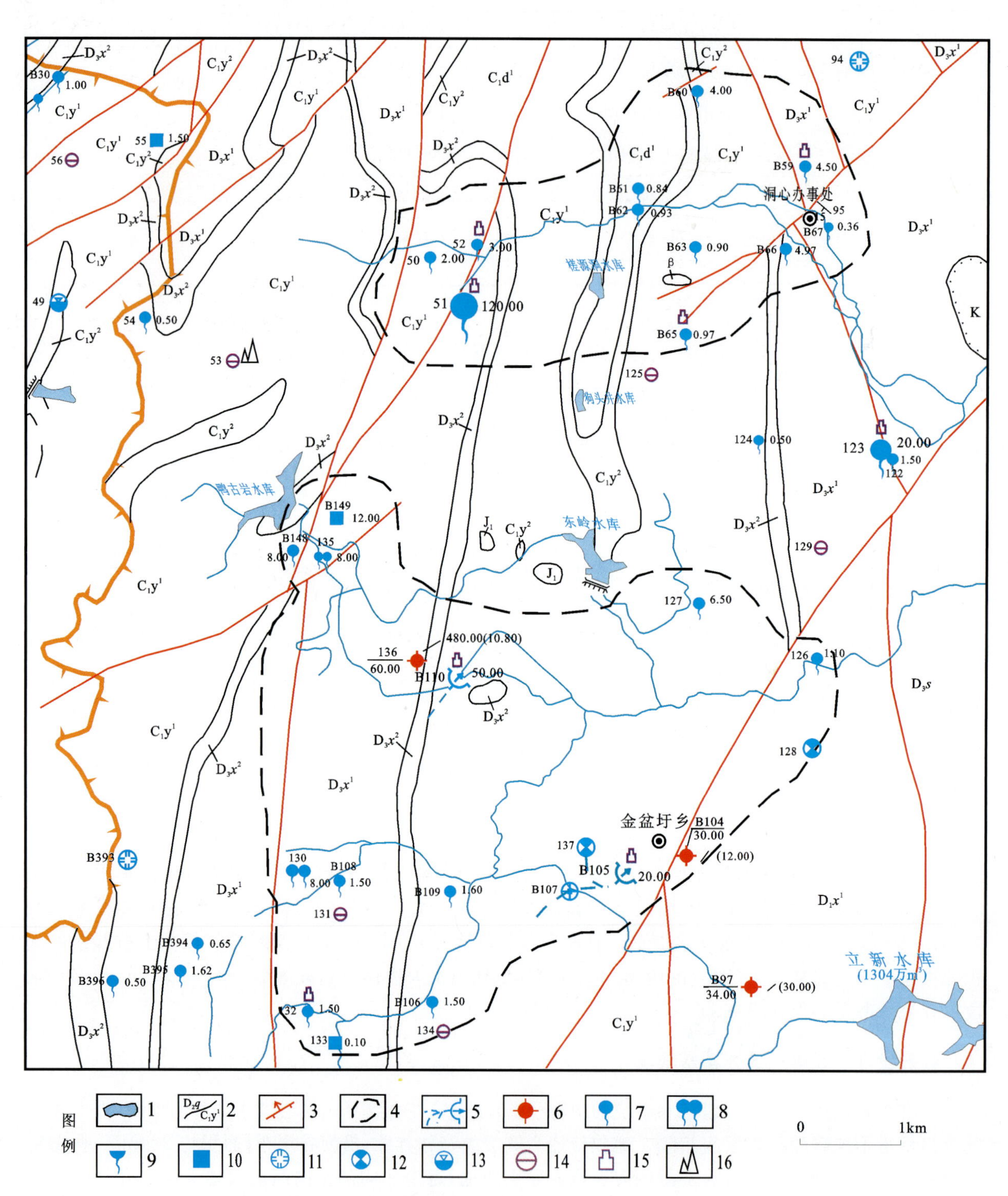

图 6-4　金盆圩—洞心富水块段分布特征图

1. 水库；2. 地层界线；3. 断层；4. 富水块段界线；5. 地下河及出口；6. 钻孔；7. 岩溶泉；8. 岩溶泉群；9. 表层泉；10. 民井；11. 有水溶洞；12. 落水洞；13. 溶潭；14. 生态点；15. 水样采集点；16. 峰丛

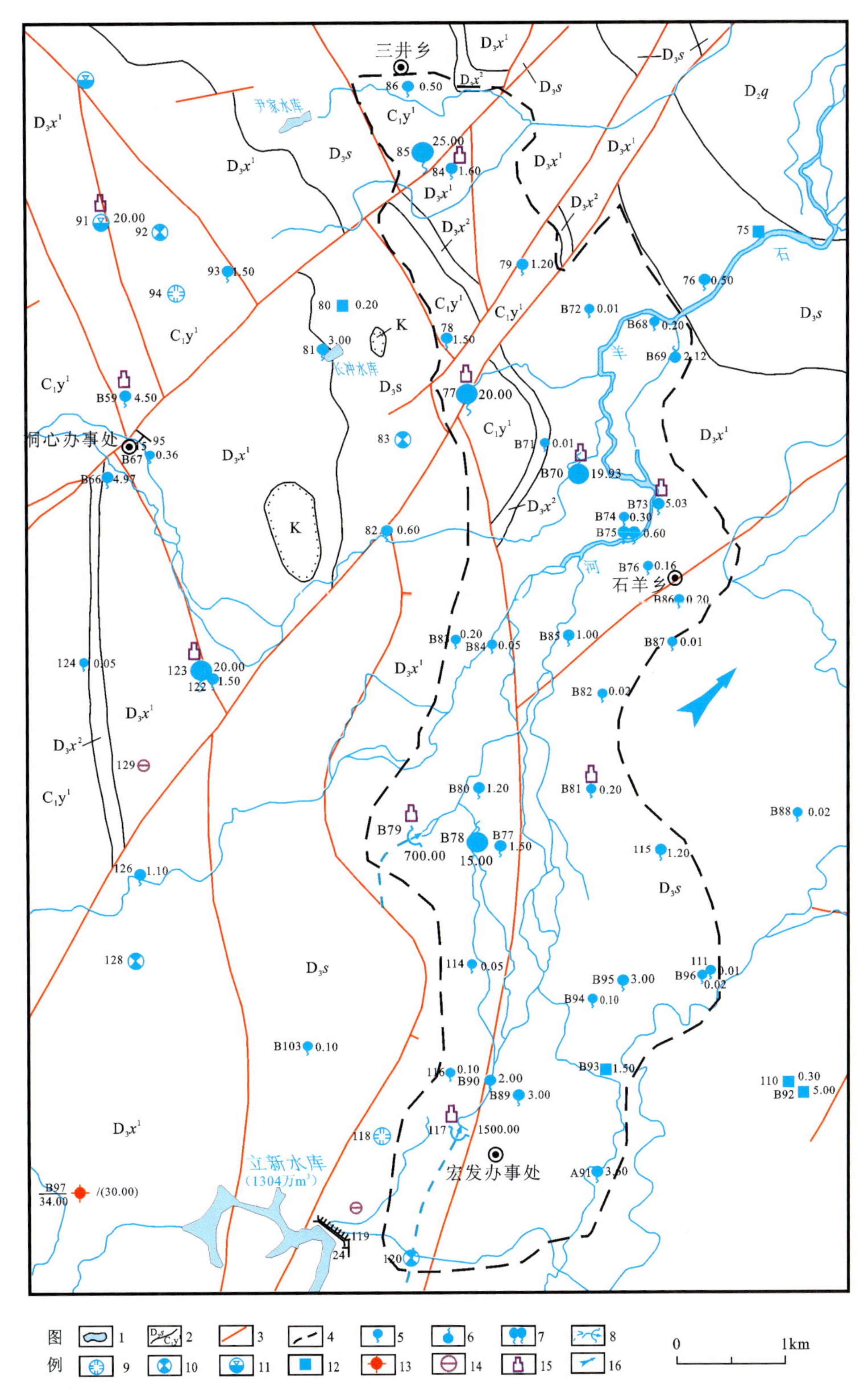

图6-5 宏发圩—石羊—三井富水块段分布特征图

1.水库;2.地层界线;3.断层;4.富水块段界线;5.下降泉;6.上升泉;7.泉群;8.地下河及出口;9.有水溶洞;10.落水洞;11.溶潭;12.民井;13.钻孔;14.生态点;15.水样采集点;16.地下水流向

表 6-3 金盆圩—洞心富水块段出露水点及流量特征表

野外编号	位置	名称	地层及代号	调查时流量/(L·s^{-1})
B60	洞心乡唐家自然村西 1000m	下降泉	C_1y^1	4.00
B59	洞心乡唐家村唐家自然村西	下降泉	D_3x^1	4.50
B61	洞心乡大山铺村大山自然村	下降泉	C_1d^1	0.84
B62	洞心乡大山铺村大山铺自然村	下降泉	C_1d^1	0.93
B67	洞心乡洞心自然村	下降泉	D_3x^1	0.36
052	十字乡胡志良村(岩溶泉)	下降泉	C_1y^1	3.00
B63	洞心乡大山铺村三坝头自然村	下降泉	C_1y^1	0.90
B66	洞心乡大山铺村长下自然村	下降泉	D_3x^1	4.97
050	十字乡杨家洞村小学前	下降泉	C_1y^1	2.00
051	十字乡沙岗岭下村(塔塔井)	下降泉	D_3x^1	120.00
B65	洞心乡大山铺村大井头自然村	下降泉	C_1y^1	0.97
B148	金盆圩大坪村上大坪自然村西 300m	下降泉	C_1y^1	8.00
135	金盆圩乡大坪村西 10m	下降泉群	D_3x^1	8.00
127	金盆圩乡陈维新村(鸡井泉)	下降泉	C_1y^1	6.50
126	金盆圩乡云砠下村	下降泉	D_3x^1	1.10
B110	金盆圩乡李迁二自然村	地下河口	C_1y^1	50.00
130	金盆圩乡新民村	下降泉群	D_3x^1	8.00
B105	金盆圩乡乡小学北 20m	地下河出	C_1y^1	20.00
B108	金盆圩乡徐家铺自然村	下降泉	D_3x^1	1.50
B109	金盆圩乡徐家自然村	下降泉	C_1y^1	1.60
B106	金盆圩乡陈继自然村南西 800m	下降泉	C_1y^1	1.50
132	金盘乡李进村北西 200m	下降泉	D_3x^1	1.50

该富水块段发育地下河 2 条，流量大于 10L/s 的岩溶大泉 4 处，流量大于 3L/s 的岩溶泉 4 处，地下水天然排泄总量每日达 199 653.1m^3(每年 7 287.3×10^4m^3)，地下水资源集中分布于走向断层的迎水盘和河谷地带(表 6-4)。

表 6-4 宏发圩—石羊—三井富水块段出露水点及流量特征表

野外编号	位置	名称	地层及代号	调查时流量/(L·s^{-1})
A91	宁远县下坠乡新村	下降泉	D_3s	3.60
114	石羊乡张家湾村	民井	D_3x^1	0.05
111	石羊乡大山砠村	民井	D_3s	0.10
B68	石羊乡乐山村放乐洞自然村北	下降泉	D_3x^1	0.20
078	三井乡石塘村	下降泉	C_1y^1	1.50
B69	石羊乡小山下北	上升泉	D_3x^1	2.12

续表 6-4

野外编号	位置	名称	地层及代号	调查时流量/(L·s⁻¹)
077	三井乡石头村南 400m	下降泉	C_1y^1	20.00
B70	石羊乡田心自然村北	上升泉	D_3x^1	19.93
B73	石羊乡宋家村送家自然村	下降泉	D_3x^1	5.03
B74	石羊乡宋家村宋家自然村	下降泉	D_3x^1	0.30
B75	石羊乡宋家村送家自然村	下降泉群	D_3x^1	0.60
B76	石羊乡地头村	下降泉	D_3x^1	0.16
B86	石羊乡石羊村	下降泉	D_3s	0.20
B85	石羊乡长亭自然村	下降泉	D_3x^1	1.00
B83	石羊乡下园自然村	下降泉	D_3x^1	0.20
B84	石羊乡文明自然村	下降泉	D_3x^1	0.05
B81	石羊乡乐大晚自然村	下降泉	D_3s	0.20
B80	石羊乡龙眼头村	下降泉	D_3x^1	1.20
B79	石羊乡龙眼头村南西 650m	地下河口	D_3x^1	700.00
B78	石羊乡沙田自然村西	上升泉	D_3x^1	15.00
115	宏发圩乡天鹅砠村	下降泉	D_3s	1.20
B77	石羊乡沙田村南东	下降泉	D_3x^1	1.50
B96	宏发坪乡大山砠自然村	下降泉	D_3s	0.02
B95	宏发坪乡周家自然村北东 300m	下降泉	D_3s	3.00
B94	宏发坪乡山口洞村周家自然村	下降泉	D_3s	0.10
B93	宏发坪乡山口洞自然村	下降泉	D_3s	0.10
116	宏发圩乡清水湾村	下降泉	D_3x^1	0.10
117	宏发圩乡廖子贞村	地下河口	D_3x^1	1 500.00
B90	宏发坪乡廖宅晚自然村	下降泉	D_3s	2.00
B89	宏发坪乡史家自然村	下降泉	D_3s	3.00
086	三井乡三井村(三井村中)	下降泉	C_1y^1	0.50
085	三井乡谈文溪村谈文溪村西	下降泉	C_1y^1	25.00
84	三井乡谈文溪村	下降泉	D_3x^1	1.60
079	三井乡上凤村	下降泉	C_1y^1	1.20

根据该岩溶水系统的地下水资源模数 $52.47\times10^4m^3/(km^2\cdot a)$，按块段面积计算地下水资源量为 $1\ 154.3\times10^4m^3/a$。可见，该富水块段的实测地下水天然排泄总量($7\ 287.3\times10^4m^3/a$)为计算地下水资源量的 6.3 倍。根据块段及上游补给区面积计算其地下水资源量为 $4\ 407.5\times10^4m^3/a$，也比实测排泄量小。根据本区地下水动态特征，以按块段面积计算地下水资源量($1\ 154.3\times10^4m^3/a$)作为可开采资源量是有保证的。

三、开发利用表层岩溶泉水允许开采量可行性分析

表层岩溶泉发育于表层岩溶带中，是表层岩溶带水的主要排泄方式，而表层岩溶带的发育环境与空间结构决定着表层岩溶带水的循环特征，并最终决定了表层岩溶泉的发育规模与动态特征。

强烈发育的表层岩溶带（尤其是裸露岩溶区）具有高的裂隙率和渗透性，导致降水快速下渗；又由于土壤以下的溶蚀裂隙发育随着深度的增加而迅速减缓直至停止，使得渗流进入这种高溶蚀性的表层带比排泄要容易得多；大雨过后这一带中由于瓶颈效应形成了大量滞留水，形成了一个底部基本由毛细管组成的表层岩溶含水层。由于最初构造和层间裂隙引起的裂隙率和渗透率在空间上的差异，含水层的底部垂向渗流通道向下发展并与由溶蚀性水扩大的管道连通，因此在表层岩溶带下部流水位处形成类似抽水井中的低压带——表层岩溶带含水层中水流通道调整并汇聚形成主渗流线，更多溶蚀性水流汇聚出露形成表层岩溶泉。

根据表层岩溶泉的发育特征，表层岩溶带内水流局部循环过程中，超渗产流所形成泉水为季节性泉，其中大多数在暴雨期间出流，这种超渗产流所形成泉的供水意义不大。重要的表层岩溶泉为沿表层岩溶带底板或顺岩层流动的泉水，它可成为常流泉，其流量及动态主要取决于地表植被和土壤覆盖情况。

不同岩层倾角地区的表层岩溶带渗透性存在差别，对岩溶水的调蓄功能也不相同。调查发现，具有供水意义的表层岩溶泉往往发育于岩层产状比较平缓的岩溶区，而在岩层直立或倾角大的岩溶区，尽管有表层岩溶带，但也很少形成表层岩溶泉。

新田河流域的表层岩溶泉主要出露在西部大冠岭一带，部分出露于中南部峰丛区，中东部不纯碳酸盐岩分布区较少。泉水多见于上泥盆统锡矿山组下段（D_3x^1）白云岩和佘田桥组（D_3s）灰岩、白云质灰岩中。本区表层岩溶带主要由上覆第四系黏土，下伏碳酸盐岩发育强溶蚀缝洞、裂隙构成，厚5～10m，局部大于30m。

总体上本区表层岩溶泉主要有悬挂泉、侵蚀（下降）泉以及接触泉等类型，属岩溶裂隙潜水，埋藏浅，动态相对不稳定或极不稳定。本次结合岩溶山区缺水村屯的供水示范，重点对大冠岭地区的表层岩溶泉进行调查，共发现表层岩溶泉19个（表6-5）。泉水流量动态变化大，枯水季断流的占52%，不断流的泉水流量也大幅下降，流量保持在0.1L/s以上的约占25%。总体上看，表层岩溶泉的供水能力较小，部分泉水具有常年供水能力，部分泉水则在丰水期和平水期可以利用，一般情况下泉水流量在0.1～1.5L/s之间，可开采量每天为8～120m^3，通过引水开采可解决饮用水短缺的山区分散居民用水的需求。在枯水期可开采量减少，需要对泉水进行引蓄，通过人工调节以保障居民饮用水源的需求。

研究表明，表层岩溶泉的水生态环境对泉水动态变化有明显的影响，主要表现为不同的水源生态条件其地下水动态变化幅度、动态滞后时效不同。随着旱地退耕还林，森林、灌丛的自然恢复与生态建设使植被覆盖率明显增加，荒地、草地明显减少，水源涵养功能增强，地下水补给增加，可使丰水期平均流量减少、枯水期平均流量增大。因此，开发利用表层岩溶泉要加强水源生态环境的修复与整治，增强表层岩溶带的水源调蓄功能，增加表层岩溶水资源的供水能力。

表6-5 新田河流域表层岩溶泉调查统计表

野外编号	地层代号	位置	动态变化
S32	D_3s	十字乡下雷公井	最大流量1.8L/s，最小0.01L/s
S34	D_3s	十字乡鹅眉凼村西400m	最大流量2.04L/s，枯水季0.01L/s
S28	D_3x^1	十字乡横干岭村北200m	季节泉
S27	D_3x^1	十字乡横干岭村南100m	最大流量1.5L/s，最小无水溢出

续表 6-5

野外编号	地层代号	位置	动态变化
S23	D_3x^1	毛里乡郑家村东北 180m	四季变化大，最大流量 2.5L/s，最小 0.1L/s
S18	D_3x^1	冷水井乡，关口村南 800m	四季变化明显，最大 5.0L/s，最小干枯
S29	D_3x^1	十字乡黄陡坡	季节泉，最大流量 5.5L/s，最小 0.5L/s
B112	D_3x^1	十字乡峨眉凼自然村 400m	季节泉
S35	D_3x^1	十字乡大岭头东	季节泉，丰水期流量 2.00L/s，枯水期干涸
S33	D_3s	十字乡庄下窝	季节泉
S16	D_3s	毛里乡龙凤塘南 300m	季节泉，最大流量 1.5L/s，最小 0.01L/s
S15	D_3s	毛里乡刘家桥村西南 400m	季节变化大，最大流量 4.0L/s，最小 0.15L/s
S24	D_3x^1	毛里乡郑家村东	季节泉，最大 2.0L/s，最小干涸
S25	D_3x^1	毛里乡郑家村南大岭头泉	季节泉，最大流量 3.0L/s，最小 0.2L/s
S14	D_3s	毛里乡石龙头村西 200m	季节变化大，最大流量 3.5L/s，最小 0.5L/s
S30	D_3s	十字乡鹅眉凼	季节泉，最大流量 1.5L/s，最小干涸
S26	D_3x^1	十字乡上仁山村南西 350m	季节泉，最大流量 3.5L/s，最小干涸
S31	D_3x^1	十字乡上雷公井	丰水期流量 1.5L/s，枯水期 0.02L/s
S17	D_3s	毛里乡郑家村南 50m	季节变化明显

第二节　地下水资源开发利用现状

本次调查，对全流域土地面积 991.05km² 和全县土地面积 997.14km²，其中均进行了地下水资源评价，岩溶面积分别为 720.25km² 和 673.13km²。评价结果显示，全流域地下水多年平均天然补给资源总量为 $3.57\times10^8m^3/a$，枯水年（75%）总量为 $3.05\times10^8m^3/a$，其中岩溶水多年平均天然补给资源量为 $3.37\times10^8m^3/a$，枯水年（75%）为 $2.88\times10^8m^3/a$，均占地下水天然补给资源总量的 94.4%；地下水可开采资源总量为 $1.40\times10^8m^3/a$，其中岩溶水为 $1.30\times10^8m^3/a$，占地下水可开采资源总量的 92.9%。

新田县地下水多年平均天然补给资源总量为 $3.37\times10^8m^3/a$，枯水年（75%）总量为 $2.88\times10^8m^3/a$，其中岩溶水多年平均天然补给资源量为 $3.13\times10^8m^3/a$，枯水年（75%）为 $2.67\times10^8m^3/a$，均约占地下水天然补给资源总量的 93%；地下水可开采资源总量为 $1.32\times10^8m^3/a$，其中岩溶水为 $1.20\times10^8m^3/a$，占总量的 91%。

由上述可见，全区地下水资源模数平均在 $(34\sim36)\times10^4m^3/km^2\cdot a$ 之间，而岩溶水则在 $47\times10^4m^3/km^2\cdot a$ 左右，与广西壮族自治区的岩溶水资源模数（$48.6\times10^4m^3/km^2\cdot a$）相当，可见本区岩溶水资源是丰富的。

经调查，全流域岩溶区共有地下河 11 条，年总排泄量为 $0.77\times10^8m^3$。大于 10L/s 岩溶大泉年总排泄量为 $0.32\times10^8m^3$；1～10L/s 岩溶泉年总排泄量为 $0.12\times10^8m^3$；表层岩溶泉年总排泄量为 $0.056\times10^8m^3$；分别占全流域岩溶水天然补给资源量的 23%、9.5%、3.6%和 1.7%。上述 4 项岩溶水天然排泄量合计为 $1.27\times10^8m^3$，约占全流域岩溶水可开采资源量（$1.30\times10^8m^3/a$）的 97%，这些岩溶水资源目前规划利用程度较差，大部分白白流走。

一、地下河水资源开发利用现状

新田河流域岩溶水系统具有一定规模的地下河 11 条，总长度超过 20km，平均分布密度为 $0.028km/km^2$，总排泄量为 $1.95m^3/s$，年排泄量为 $0.61\times10^8m^3$。地下河总的特点是发育规模不大，多为单管道分布，支流较少，埋藏深度多在 10～60m 之间，流量区间为 8.2～1500L/s，流量动态变幅大，地下河出口处大都位于低洼地带，对农田灌溉极为不利，所以对水资源的开采程度较低，仅有个别地下河开发利用较好，大部分没有得到充分开发利用。

经调查，该工作区地下河均不同程度的开发利用，主要利用方式是引水，主要用途为灌溉和居民生活用水。其中，枧头镇下富柏地下河除了供农田灌溉和居民用水外，主要作为大坝水库的水源；水浸窝地下河发育于峰丛山区，水动态变化很大，通过堵洞拦蓄建成溶洼水库，蓄水达到年调节，产流区水资源开发利用率可达 70%，可供灌溉和居民生活用水；十字乡响水岩地下河，原在东支流下游段修建水轮泵提水，供乐塘村农田灌溉，因年久失修地下建筑已毁损，地下河水资源有待开发利用（表 6－6）。

表 6－6 新田河流域岩溶水系统地下河水资源利用现状统计表

野外编号	位置	流量/($L\cdot s^{-1}$)	动态变化	地层代号	历史现状
175	枧头乡下富柏村	120	流量随季节变化	C_1y^1	已利用于水库水源
A97	宁远县下坠乡岩头凼村西 100m	308	雨季时流量约有 $1m^3/s$，1∶20 万调查流量为 223L/s，据访枯水季流量为 120L/s	D_3x^1	供村中 200 余人使用及灌溉用水
19	十字乡大井头村	190	枯水季地下水流量为 90L/s，丰水期流量高达 $0.5m^3/s$	C_1y^1	现为自流灌溉，可供 2000 亩水田
B110	金盆圩乡李迁二自然村	50	动态变化较稳定	C_1y^1	作为饮用及灌溉水源（村民 1600 人）
B79	石羊乡龙眼头村	700	较稳定，据访枯水季流量为 200L/s	D_3x^1	用于灌溉农田、养鱼
176	十字乡响水岩	464	流量随季节变化	C_1y^1、D_3s	曾用水轮泵抽水，已废弃，未利用
117	宏发圩乡廖子贞村	1500	随季节动态变化，最枯时流量约 500L/s，下大雨后水量猛涨，水变浑	D_3x^1	现为 1500 多亩水田的灌溉用水
B99	金盆圩乡河山岩自然村	8.2	雨季水变浑，枯水季水曾断流	D_3x^1	用于灌溉农田
S007	骥村镇胡家村	1500	随季节动态变化，枯水期流量为 66.8L/s	D_3s	周围村民生活用水、农业灌溉
B105	金盆圩乡乡小学北 20m	20	流量随季节变化明显	C_1y^1	目前正在抽水灌溉农田
S01	毛里乡龙凤塘北	6	季节性变化较为明显，丰水期最大流量达 $2.5m^3$，枯水期为 3.04L/s	D_3s	现堵地下河成库，库容 $196\times10^4m^3$，灌溉 3000 亩，供 2000 人饮用

从利用现状来看，本区地下河的利用程度仍然较低，多为自然引流开采，调查结果表明，即使在平水

期多处地下河水也未能充分利用,丰水期或洪水的富余水量更大。根据各地下河的出露条件,可以采取一定的工程措施增加水资源的利用率。尤其在地表水源较缺乏的地区,如十字乡大井头村、石羊乡龙眼头村、金盆圩乡李迁二和宁远县下坠乡岩头凼地下河,可在出口修建蓄水设施,增强调节和供水能力;对于水量较大的宏发圩乡廖子贞村地下河,具有较大的开发潜力,可增加引水设施,扩大灌溉面积(图6-6、图6-7)。金盆圩乡河山岩地下河和金盆圩乡地下河出口较低,上游地下河天窗可以修建提水设施,抽水灌溉建设集中居民供水水源,在高位供水增加灌溉和水资源利用效益。骥村镇胡家村地下河由于肥源水库供水充足,水利灌溉设施完善,地下河水资源的利用在目前条件下仅限于自流引水灌溉。

图6-6 十字乡大井头地下河出口

图6-7 宏发圩乡廖子贞地下河出口

总的来看,本区地下河的水质优良,具有较大的开发潜力,尤其可作为当地的优质生活供水水源和生产用水水源。现将各条地下河水资源的开发利用状况简述如下。

1.水浸窝地下河(S01)开发利用

水浸窝地下河(S01)出露在峰丛洼地内,源头为马场岭洼地,地下河发育于D_3s灰岩夹白云质灰岩、白云岩中。地表见有落水洞4个、天窗2个,地下河明显受断裂构造控制,除一小叉洞沿北西300°方向发育外,其主洞沿240°~260°方向发育,呈廊道状,埋深30~60m。洞体狭窄,宽一般为2.0~3.5m,最宽达12.5m,高度一般为15.0~20.0m,最高达35.0m,长度为1.3km。地下河内由不规则的岩溶管道与溶潭组成,经探测除局部见积水潭外,大部分水流畅通,最大的洞内溶潭位于距地下河出口600m处,潭宽15.0m,深大于1.5m,有较大的蓄水空间。现距地下河出口600m处堵坝,与上部溶洼相结合建成库容$196\times10^4m^3$的地下、地表联合小(一)型水浸窝水库,汇水面积为$6.0km^2$,流量季节变化大,最大达$2.5m^3/s$,最枯为3.0L/s,调查时6L/s,可供2000人饮用及灌溉农田3500亩。

2.骥村镇胡家地下河(S007)开发利用

骥村镇胡家地下河(S007)出露在峰林谷地内,发育于D_3s白云质灰岩中,地下河沿向斜翼部,追踪扭裂溶隙面发育,发育方向5°,地表见2个有水溶洞,为单管道型洞穴,洞长约80m,洞内最大为10m×7m(宽×高),最小为1m×1m,平均为5.5m×4m,有效使用面积为$440m^2$,有大量积水,与地下河相通,长度为2.5km,水力坡度约2‰,枯水期流量为66.8L/s,最大为$1.5m^3/s$,现仅作生活饮用及农业灌溉。

3.下富柏地下河(175)开发利用

下富柏地下河(175)出露在峰林谷地内,发育于C_1y^1灰岩、白云质灰岩中,平行向斜轴部,追踪扭裂面发育，地表见有溶蚀洼地及落水洞，地下河有一支流，共长约1.0km，流量为120.0L/s，现阶段主要为一地表水库的补给来源。

4. 十字乡大井头地下河(19)开发利用

十字乡大井头地下河(19)出露在峰林谷地内，位于流域外，出口标高为345m，发育于C_1y^1灰黑色厚层状灰岩中。地下河沿70°方向裂隙发育，除有一小支流外，主要为单管道，发育长度为1.44km，流量为190L/s，受季节变化，流量变幅在90～500L/s之间，因出口较高，目前自流灌溉水田2000亩。

5. 金盆圩乡李迁二地下河(B110)开发利用

金盆圩乡李迁二地下河(B110)出露在峰林谷地内，发育于C_1y^1灰岩中，为约沿220°追踪断裂发育的单管道，流向40°，发育长度为420m，流量为50L/s，动态变化稳定，目前供1600人饮用及农田灌溉。

6. 石羊乡大鹅井地下河(B79)开发利用

石羊乡大鹅井地下河(B79)出露在峰林谷地内，发育于D_3x^1白云质灰岩中，顺层发育，出口方向90°，不见洞口，形成一直径为100m的圆形水潭，为河流的源头，130°方向30m处见溶洞与地下河相通，呈单管道发育，长度为740m，调查时流量为700L/s，较稳定，目前用于农田灌溉及养鱼。

7. 金盆圩乡地下河(B105)开发利用

金盆圩乡地下河(B105)出露在峰林谷地内，发育于C_1y^1灰岩、白云质灰岩中，出口方向50°，洞口被水淹没，直径约2m，管道斜往下延伸。地下河长共1km，有2条支流，地表见落水洞及地下河天窗，流量为20L/s，季节变化大，目前仅抽水灌溉农田。

8. 宏发圩乡廖子贞地下河(117)开发利用

宏发圩乡廖子贞地下河(117)出露在峰林谷地内，发育于D_3x^1厚层状白云质灰岩夹灰岩中，沿南西-北东层面发育，地表见有水溶洞，呈单管道发育，长度为2.8km，流量为1500L/s，动态变化大，枯水期流量约500L/s，下大雨后水量猛涨、变浑，目前仅供1500多亩水田灌溉用水。

9. 金盆圩乡河山岩地下河(B99)开发利用

金盆圩乡河山岩地下河(B99)出露在峰林谷地内，发育于D_3x^1灰岩、白云质灰岩中。水流向40°，地下河近南向呈单管道发育，河长为650m，洞内见有2个溶洞互为相通，距洞口南西方向350m有一地下河天窗，水位埋深为4m，地下河出口无水时，此处有水。地下河流量为8.2L/s(2004年8月6日)，雨季水变浑，枯水季水断流，目前仅利用天窗抽水灌溉农田。

10. 宁远县下坠乡岩头凼地下河(A97)开发利用

宁远县下坠乡岩头凼地下河(A97)出露在峰林平原内，发育于D_3x^1灰黑色厚层状灰岩中，出流方向75°，沿南南西向呈单管道发育，长度为850m，地表见伏流入口，流量为308L/s，动态变化大，雨季流量约$1m^3/s$，目前仅供200余人饮用及灌溉。

此外，还有十字乡响水岩地下河(176)，出露在流域外的峰丛洼地内，穿层发育于C_1y^1、D_3s白云质灰岩中，沿追踪断裂发育，上游地表见多个溶蚀洼地、落水洞、天窗，呈多管道发育，见有2条支流，河长共6.4km，流量为464.0L/s，随季节变化，利用情况不明。

二、岩溶大泉水资源开发利用现状

据调查，本区大于10L/s的岩溶大泉有23个，主要出露在峰林谷地区(61%)，次为峰丛洼地区

(26%)、峰林平原区(9%)和岩溶丘陵-垄岗区(4%),流量区间为15~200L/s,总流量为1 019.01L/s,年总排泄量达$0.32\times10^8m^3$。其中流量不低于50L/s的有6个,83%出露在峰林谷地区内,总流量为623.77L/s,占总排泄量的61%。现将开发利用较好的岩溶大泉分述如下。

1. 杨家村下降泉群(34)开发利用

杨家村下降泉群(34)位于新田县枧头镇杨家村大坝水库坝尾峰林谷地山坡处,发育于D_3x^1厚层灰岩、白云质灰岩中,附近岩石裸露,基岩面上可见许多溶孔、溶槽,上游还见有岩溶天窗,泉水沿北北西向断层、断裂带出流,泉出口处见有直径约20cm小洞,流量为200L/s,常年有水,动态变化不大。该泉水主要作为大坝水库补给水源及周围500多亩农田灌溉用水。

2. 新夏荣村下降泉(B36)开发利用

新夏荣村下降泉(B36)位于新田县十字乡新夏荣自然村南西方,出露在峰丛洼地内,发育于C_1y^1灰岩、白云质灰岩中,泉水流向340°,出口处原为一直径约1m的溶洞,现被充填。据访沿160°方向的山丘南有一落水洞与此泉相通,泉水受大气降水、第四系孔隙水以及地表水补给,且东侧有断层通过起导水作用,故泉水水量较大,流量为20L/s,动态较稳定,目前建有水池(井)供900人饮用。

3. 河山岩村下降泉(B98)开发利用

河山岩村下降泉(B98)位于新田县金盆圩乡河山岩自然村南西方,出露在峰林谷地内,发育于D_3x^1灰岩、白云质灰岩中,泉水沿70°岩溶裂隙出流,主要接受大气降水的补给。由于表层岩溶较为发育,因而水量较大,流量为23L/s,动态变化不稳定,枯水季水量较小,目前建有提灌站,抽水作农田灌溉用水。

4. 田心村上升泉(B70)开发利用

田心村上升泉(B70)位于新田县石羊乡田心自然村北方,出露在峰林平原内,发育于上泥盆统锡矿山组下段(D_3x^1)灰岩、白云质灰岩中,表层岩溶较为发育,受大气降水的补给,泉水沿325°方向岩溶裂隙出流,流量为19.93L/s,为季节性泉,曾干涸,目前供1100多人饮用及农田灌溉用水。

5. 上和塘村下降泉(A52)开发利用

上和塘村下降泉(A52)位于新田县大坪塘乡上和塘村,出露在岩溶丘陵-垄岗区内,发育于D_2q厚层白云岩中,270°方向岩溶裂隙甚为发育,受大气降水的补给,泉水沿层面出流,流量为80.0L/s,全年水量变化不大,雨季流量可增加约$200m^3/s$。目前供900余人饮用及农田灌溉用水。

此外,除开发利用岩溶大泉水资源外,还有流量在1~10L/s的138个岩溶泉和溶潭(89、91、B315)、地下河天窗(A94)、岩溶竖井(B39)、出水溶洞(S19)、有水溶洞(6、94)等均有不同程度的开发利用。

三、蓄水构造岩溶水资源开发利用现状

1. 骥村—毛里—李子沅富水块段

该富水块段地下水资源的开发利用根据用途的不同采用相对简便且成本较低的方式,如农业灌溉主要以自流引用为主,居民生活则主要以引泉、开挖浅井为主,局部地区如企业、学校、集中居民区采用机械抽水。

由表6-7可见,在地下水丰富、天然出露水点较多的富水区,地下水资源的开发利用率较高,已利用的水点占92%,利用量占实测排泄总量的91%,未利用的水点仅8%,未利用水量仅为9%。但就其利用效率而言,流量较小的泉水主要用于居民供水,流量较大的水源则既可供生活用水又可供农业灌

溉。其中只用于居民生活供水的水点有 21 处，占 44%，水量为 29.04L/s，占水点排水总量的 8%；只用于农业灌溉的水点有 15 处，占 31%，利用水量为 152.1L/s，占总量的 42%；居民供水和农业灌溉两者兼用的水点有 8 处，占 17%，利用水量为 179.2L/s，占总量的 50%。

由于该区块的地表水资源较丰富，中小型水库有 10 座，有效库容达 2 647.4×10^4 m^3，对农业生产和居民生活用水提供有力保障。因此，在地下水资源的利用上并不充分，主要利用易开采的天然地下水露头。

表 6-7 骥村—毛里—李子沅富水块段地下水资源开发利用一览表

野外编号	名称	位置	地层代号	调查时流量/($L\cdot s^{-1}$)	水位埋深/m	利用现状	
174	上升泉	骥村镇下槎村下槎自然村南	D_2q	66.77		供 1000 多人饮用	灌溉
B140	下降泉	骥村镇下槎村下槎自然村西北	D_2q	0.03		供 700 多人饮用	
B141	下降泉	骥村镇下槎村石榜冲自然村北东	D_2q	0.01		供 5 人饮用	
B147	上升泉	骥村镇骥村乡政府	D_3s	15			灌溉
B157	下降泉	音洞村李家自然村	D_2q	0.1			灌溉
S007	地下河	骥村镇胡家村	D_3s	66.8		村民生活用水	灌溉
B142	季节泉	骥村镇里下自然村东	D_2q	0.01			
B146	下降泉	骥村镇	D_3s	0.7		供村民饮用	
B144	下降泉	骥村镇李家山村罗家自然村	D_2q	0.3			
B145	下降泉	骥村镇肖家自然村	D_3s	0.01		供 200 多人饮用	
B150	下降泉	骥村镇星子坪犀牛湾	C_1y^1	0.05		供 100 多人饮用	
B151	下降泉	骥村镇新知坪村新屋场自然村	C_1y^1	1.7		供村民饮用	
B152	下降泉	骥村镇星子坪村老屋场自然村	C_1y^1	0.8		供村民饮用	
B159	上升泉	骥村镇刘家自然村北	D_3s	0.5			灌溉
B161	下降泉	骥村镇流芳桥自然村南西	D_2q	2			灌溉
159	下降泉	田家乡桎木下村东边	C_1y^1	0.1	0.2	供 13 户人家饮用	
164	下降泉	田家乡瑶塘富村	D_2q	0.05	1	供部分村民饮用	
161	下降泉	田家乡盘家坝村	D_3s	0.2	0.3	供部分村民饮用	
157	下降泉	田家乡周家洞村	C_1y^1	0.1	0.3	供全村饮用	
163	下降泉	田家乡扒田垅村	D_2q	5.5	1	供村民饮用	
155	下降泉	田家乡鱼游村	C_1y^1	2	0.2	供少部分村民饮用	
B136	下降泉	田家乡团圆村	D_3x^2	0.4			灌溉
B124	下降泉	田家乡田家村	D_3x^1	0.5		供 200 户人饮用	
S19	下降泉	龙风塘北	D_3s	1.2			灌溉 20 亩

续表 6-7

野外编号	名称	位置	地层代号	调查时流量 /(L·s^{-1})	水位埋深 /m	利用现状	
A19	下降泉	田家乡田家村田家农场自然村	D_3x^2	1.2			
S01	地下河	毛里乡龙凤塘北	D_3s	6		供 2000 人饮用	灌溉 3000 亩
B128	下降泉	田家乡李子沅	D_3s	4.5			灌溉
B125	下降泉	田家乡田家村井头自然村	D_3s	1		供 400 人饮用	
B127	下降泉	田家乡白鹤仓村于家自然村	D_3s	1		供 100 多人饮用	
B129	下降泉	田家乡李子沅自然村	D_3s	14		供村民饮用	
S16	表层泉	毛里乡龙凤塘南	D_3s	0.8		供村民饮用	
B131	下降泉	田家乡琶塘村	D_3s	25			灌溉
S15	表层泉	毛里乡刘家桥村西南	D_3s	1.6			灌溉 15～20 亩
B126	下降泉	田家乡环岭桥村	D_3s	1.5			灌溉
B135	下降泉	田家乡坪头岭村窝头山自然村	D_3s	0.5		供 100 多人饮用	
B130	下降泉	田家乡琶塘村	D_3s	30			
S14	下降泉	毛里乡刘家桥村石龙头自然村西	D_3s	1.2			灌溉 20 亩
B1	下降泉	毛里乡青龙村下青龙自然村	D_3x^2	30		供村民饮用	灌溉
B3	下降泉	毛里乡青龙自然村西	D_3x^2	15			灌溉
B2	下降泉	毛里乡青龙自然村西	D_3x^2	45			灌溉
B22	下降泉	毛里乡上青龙村	D_3x^2	1.5	2	供村民饮用	灌溉 200 亩
B25	下降泉	茂家乡陇珠湾村	D_3x^2	2	0.3	供村民饮用	灌溉
B24	下降泉	毛里乡观音屏村	D_3x^2	4	0.5	供村民饮用	灌溉 150 亩
16	下降泉	毛里乡石古湾村	D_3x^2	2.1		供人、畜饮用	灌溉
B23	下降泉	毛里乡江边山村	C_1y^1	40			灌溉 200 亩
48	溶潭	田家乡卓家村	D_3s		1		抽水灌溉
160	民井	田家乡蛟龙塘村	D_3s			供 14 户村民饮用	
ZK2	钻孔	县委党校	D_3s	5.62	10.9	党校供水井	

2.枧头—富柏富水块段

该富水块段地下水天然排泄总量每日达 44 884.8m^3(每年 1 638.3×10^{4}m^3),地下水资源丰富。地下水资源利用主要是农业灌溉及居民用水,主要利用方式以自流引用为主,居民生活则主要以引泉、开挖浅井为主,部分采用抽提方式建简易自来水。

由表 6-8 可见,在地下水丰富、天然出露水点较多的富水区,地下水资源的开发利用率较高,所有水点均已利用。但就其利用效率而言,流量较小的泉水主要用于居民供水,流量较大的水源则既可供生活用水又可供农业灌溉或作为水库水源。其中只用于居民生活供水的水点有 4 处,占 25%,水量为 13.5L/s,占水点排水总量的 2.6%;只用于农业灌溉的水点有 4 处,占 41.7%,利用水量为 178L/s,占总量的 34.3%；居民供水和农业灌溉两者兼用的水点有 3 处，占 25%，利用水量为 128L/s，占总量的 24.6%；作为水库水源的有 1 处，水量为 200L/s，占总量的 38.5%。

总体上，利用方式简单，部分水源的供水效益未能充分发挥，利用率较高的是引入水库蓄积。

表 6-8　枧头—富柏富水块段地下水资源利用现状一览表

野外编号	位置	名称	地层代号	调查流量/$(L\cdot s^{-1})$	水位埋深/m	利用状况	
046	龙凤村	下降泉	C_1y^1	2			灌溉 500 亩
043	杨家村	下降泉	D_3x^2	50	1.0		灌溉
B16	龙凤圩自然村	下降泉	C_1y^1	3	2.0	村民饮用	灌溉
034	杨家村大坝尾	下降泉群	D_3x^2	200	2.0		水库
036	上富村	下降泉	C_1y^1	4	1.0	20 户饮用	
032	彭子城村	下降泉	D_3x^2	5	1.0	村民饮用	
031	彭子城村	下降泉	D_3x^2	4.5		村民饮用	
035	上富村	下降泉	C_1y^1	105	1.0	村民饮用	灌溉
038	伊家肉村	下降泉	C_1y^1	3	0.3		灌溉 50 亩
089	洞心乡龙潭村李家	溶潭	D_3x^2	20	4.5	村民饮用	
038	伊家肉村	下降泉	C_1y^1	3	0.3		灌溉 50 亩
175	枧头乡下富柏村	地下河	C_1y^1	120		村民饮用	灌溉

3. 金盆圩—洞心富水块段

该富水块段地下水天然排泄总量每日达 21 614.7m^3(每年 788.9×10^4m^3)，地下水资源集中分布于洞心河和金盆圩河的河谷地带，构成 2 个富水带。地下水资源主要用于农业灌溉及居民用水，主要利用方式以自流引用为主，居民生活则主要以引泉、开挖浅井为主，部分采用机井抽水并修建简易自来水和利用溶潭进行抽水灌溉。

由表 6-9 可见，在地下水丰富、天然出露水点较多的富水区，地下水资源的开发利用率较高，调查的 23 个天然水点中有 20 处已开发利用，在泉水出露较少或距离水点较远的居民区多开挖浅井提取生活用水，部分居民区采用钻井取水，可开采量约 269.73L/s(2.3×10^4m^3/d)。该地段的水源较丰富，但水点出露位置较低，水源未能充分利用，实际利用量约占 55%。一般流量较小的泉水主要用于居民供水，流量较大的水源则既可供生活用水又可供农业灌溉，水源余水量较大，排入河流。其中只用于居民生活供水的水点有 14 处，占 51.85%，水量为 32.94L/s，占水点总排水量的 12.21%；只用于农业灌溉的水点有 6 处，占 22.22%，利用水量为 156.9L/s，占总量的 58%；居民供水和农业灌溉两者兼用的水点有 4 处，占 14.81%，利用水量为 71.9L/s，占总量的 27%；未利用的水点有 3 处，占 11.12%，水量为 2.9L/s，占总量的 1%。总体上，本区地下水资源利用方式简单，相当部分水源的供水效益未能充分发挥。

表 6-9　金盆圩—洞心富水块段地下水资源利用现状一览表

野外编号	位置	名称	地层代号	调查时流量/(L·s^{-1})	水位埋深/m	利用现状	
B60	洞心乡唐家自然村	下降泉	C_1y^1	4			灌溉 100 亩
B59	洞心乡唐家村唐家自然村	下降泉	D_3x^1	4.5		供 800 多人使用	
B61	洞心乡大山铺村大山自然村	下降泉	C_1d^1	0.84		供 200 人使用	
B62	洞心乡大山铺村大山自然村	下降泉	C_1d^1	0.93			
B67	洞心乡洞心自然村	下降泉	D_3x^1	0.36	1.5		
052	十字乡胡志良村	下降泉	C_1y^1	3	3.0	供村民饮用	
B63	洞心乡大山铺村三坝头村	下降泉	C_1y^1	0.9		供 200 人使用	
B66	洞心乡大山铺村长下自然村	下降泉	D_3x^1	4.97		供 380 人使用	
050	十字乡杨家洞村小学前	下降泉	C_1y^1	2	0.3		灌溉 30 亩
051	十字乡沙岗岭下村(塔塔井)	下降泉	D_3x^1	120	0.5		灌溉
B65	洞心乡大山铺村大井头村	下降泉	C_1y^1	0.97		供 100 人使用	
B148	金盆圩大坪村上大坪自然村	下降泉	C_1y^1	8			灌溉
135	金盆圩乡大坪村	下降泉群	D_3x^1	8		供村民饮用	灌溉
127	金盆圩乡陈维新村(鸡井泉)	下降泉	C_1y^1	6.5	0.5	供 1000 多人使用	
126	金盆圩乡云砠下村	下降泉	D_3x^1	1.1	0.6	供村民饮用	
B110	金盆圩乡李迁二自然村	地下河出口	C_1y^1	50		供 1600 人使用	灌溉
130	金盆圩乡新民村	下降泉群	D_3x^1	8	0.1	供部分村民使用	灌溉
B105	金盆圩乡乡小学	地下河出口	C_1y^1	20	2.0		灌溉
B108	金盆圩乡徐家铺自然村	下降泉	D_3x^1	1.5		供 800 人使用	
B109	金盆圩乡徐家自然村	下降泉	C_1y^1	1.6			
B106	金盆圩乡陈继自然村	下降泉	C_1y^1	1.5		供村民饮用	
132	金盘乡李进村	下降泉	D_3x^1	1.5		供村民饮用	
B149	金盆圩大坪村上大坪	民井	D_3x^1	0.05		抽水供 1 户村民使用	
124	金盆圩乡奉家村	民井	C_1y^1	0.05	0.3	供村民饮用	
B64	洞心乡大井头自然村	溶潭	C_1y^1		1.5		抽水灌溉
136	金盆圩乡下大坪村东南	机井	D_3x^1	13.9	6.8	供村民饮用	灌溉
B104	金盆圩乡	机井	D_3x^1	5.56	12.0	供 200 人饮用	

4. 宏发圩—石羊—三井富水块段

该块段是石羊河岩溶水系统的主要径流汇水区，地下水露头较多，天然水点的排泄总量每日达 199 653.1m^3(每年 7 287.3×10^4m^3)，地下水资源集中分布于走向断层的迎水盘和河谷地带，开发条件优越，利用量较大。

由表 6-10 可见，该块段地下水资源主要用途是农业灌溉和居民用水。灌溉用水主要利用方式以自流引用为主，居民生活则主要以引泉、开挖浅井为主。在地下水丰富、天然出露水点较多的富水区，地下水资源已普遍被开发利用。在调查的35个天然水点中有31处已开发利用，在泉水出露较少或距离水点较远的居民区多开挖浅井提取生活用水，部分居民区采用钻井取水。该地段的水源较丰富，大流量的地下河、岩溶泉较多，部分水点出露位置较低或由于权属关系，即使是干旱年仍有相当部分水源未能充分利用，实际利用量随降水量丰富程度在40%～60%之间变化。调查表明，本区天然水源开发的主要用途是农业灌溉供水，其中单一利用于灌溉的天然水点有5处，占14.7%，利用水量为2260L/s，占总量的97.8%，而一般流量较小的泉水主要用于居民供水，部分水源则既供生活用水又供农业灌溉用水。其中只用于居民生活供水的天然水点有23处，占67.6%，水量为39.2L/s，占水点总排水量的17%；居民供水和农业灌溉两者兼用的天然水点有3处，占8.8%，利用水量5.7L/s，占总量的0.25%；未利用的天然水点4处，占11.8%，未利用水量为5.8L/s，占总量的0.25%。天然出露的水源余水多排入河流。总体上看，本区地下水资源主要用于农业灌溉，利用方式以引水开发为主，居民生活和养殖业用水取自一些小泉和浅层地下水，水资源丰富，人畜饮水有保障。

表6-10　宏发圩—石羊—三井富水块段地下水资源利用现状一览表

野外编号	位置	名称	地层代号	调查时流量/(L·s^{-1})	水位埋深/m	利用现状	
B79	石羊乡龙眼头村	地下河口	D_3x^1	700			灌溉、养鱼
077	三井乡石头村S400m	下降泉	C_1y^1	20			灌溉
B78	石羊乡沙田小鹅井	上升泉	D_3x^1	15			灌溉
117	宏发圩乡廖子贞村	地下河口	D_3x^1	1500	0.5		灌溉1500亩
085	三井乡谈文溪村西	下降泉	C_1y^1	25			灌溉500亩
086	三井乡三井村	下降泉	C_1y^1	0.5		供人畜饮用	灌溉
A91	下坠乡新村	下降泉	D_3s	3.6		供200人饮用	灌溉
84	三井乡谈文溪村	下降泉	D_3x^1	1.6		供300人饮用	灌溉100亩
B86	石羊乡石羊村	下降泉	D_3s	0.2		供村民饮用	
B74	石羊乡宋家村	下降泉	D_3x^1	0.3	1	供村民饮用	
B75	石羊乡宋家村	下降泉群	D_3x^1	0.6		供村民饮用	
B85	石羊乡长亭自然村	下降泉	D_3x^1	1		供村民饮用	
B83	石羊乡下园自然村	下降泉	D_3x^1	0.2	5.5	供村民饮用	
B84	石羊乡文明自然村	下降泉	D_3x^1	0.05		供村民饮用	
B87	石羊乡石羊村	下降泉	D_3s	0.01	1	供村民饮用	
B82	石羊乡坪山自然村	下降泉	D_3s	0.02		供村民饮用	
B81	石羊乡乐大晚自然村	下降泉	D_3s	0.2		供村民饮用	
115	宏发圩乡天鹅砠村	下降泉	D_3s	1.2		供村民饮用	
116	宏发圩乡清水湾村	下降泉	D_3x^1	0.1	1.5	供村民饮用	
B90	宏发坪乡廖宅晚自然村	下降泉	D_3s	2		供700人饮用	
B89	宏发坪乡史家自然村	下降泉	D_3s	3		供700人饮用	
B71	石羊乡田心铺自然村	下降泉	D_3x^1	0.01	0.5	供60人饮用	

续表 6－10

野外编号	位置	名称	地层代号	调查时流量/(L·s^{-1})	水位埋深/m	利用现状
B68	石羊乡乐山村	下降泉	D_3x^1	0.2		供 600 多人饮用
B69	石羊乡小山下	上升泉	D_3x^1	2.12		供 400 多人饮用
B76	石羊乡地头村	下降泉	D_3x^1	0.16	1.0	供 300 人饮用
B77	石羊乡沙田村	下降泉	D_3x^1	1.5		供 300 人饮用
B80	石羊乡龙眼头村	下降泉	D_3x^1	1.2		供 250 人饮用
B93	宏发坪乡山口洞自然村	下降泉	D_3s	0.1	1.5	供 200 人饮用
B73	石羊乡宋家村	下降泉	D_3x^1	5.03		供 2000 人饮用
B96	大山砠自然村	下降泉	D_3s	0.02	4.0	供 150 人饮用
B70	石羊乡田心自然村	上升泉	D_3x^1	19.93		供 1100 人饮用
B93	山口洞自然村	民井	D_3s		0.5	供 200 人饮用
111	石羊乡大山砠村	民井	D_3s	0.1	1～6	为全村饮用
107	石羊乡鹅井塘村	民井	D_2q		0～1.5	供 100 户饮用
075	三井乡晒鱼坪村	民井	D_3s			井已废弃
070	三井乡油草塘村北东	民井	D_3s/D_3x^1		0～3.0	现已废弃
069	三井乡石岩头村	民井	D_3x^1	0.2	0～2.5	供居民饮用
114	石羊乡张家湾村	民井	D_3x^1	0.05	2.0	
078	三井乡石塘村	下降泉	C_1y^1	1.5		
B95	宏发坪乡周家村	下降泉	D_3s	3		
B94	山口洞村周家	下降泉	D_3s	0.1		
079	三井乡上凤村	下降泉	C_1y^1/D_3x^1	1.2		
B92	山口洞村水窝塘	民井	D_3s		0.6	

总之，岩溶储水构造形成的富水块段区地下水资源丰富，地下水资源得到较普遍的利用，主要用于农业灌溉和居民生活供水，其利用方式多为利用天然水点的自然引流，集中居民区采用井采分散或小规模集中供水，局部采用钻井取水，总体上开采方式简单，水资源利用不充分。

四、表层岩溶泉水资源开发利用现状

本区表层岩溶泉较发育的地区恰恰是水资源较缺乏的区域，但由于表层泉的流量动态变化较大，相当一部分为季节性泉水，在开发利用上，早期一般采取扩泉，即在泉口开挖小型蓄水池的方式，供村民担水和就地使用。近期，以修建较大蓄水池引提至村边水塔及修建简易自来水供水管网，增加水源蓄积量和利用效率。

在调查的表层岩溶泉中（表 6－11），修建大型蓄水和提水设施的有郑家村（S23）周家村（S24）、大岭头村（S25）和山夏荣村（B30）4 处泉水；修建大型蓄水引水设施的有横干岭（S27、S28）、黄陡坡（S29）、鹅眉凼（S30）、庄下窝（S33）、大岭头东（S35）、新花塘（B29）7 处泉水，其他的表层泉则一般仅建有小型蓄水池或直接引用。其中仅用于居民生活和畜禽养殖的表层岩溶泉水源有 15 处，占调查总数的 71.4%，合计流量为11.52L/s;生活供水与灌溉兼用的有3处,合计流量为4.60L/s;仅用于灌溉的有3处,合计流量为3.0L/s。

表6-11 新田河流域表层岩溶泉利用现状一览表

野外编号	位置	流量/($L \cdot s^{-1}$)	动态变化	历史现状
S32	十字乡下雷公井	0.8	季节泉,最大流量1.8L/s	现修水池蓄水,以堰为主引水,供全村60多居民饮用
S34	十字乡鹅眉凼村	0.5	季节泉,最大流量2.0L/s	现引泉至村中供人畜饮用,引水管400m,并修建蓄水池$80m^3$
S28	十字乡横干岭村	1.2	季节泉,最大流量2.1L/s	现为该村民的主要饮用水源地,修有蓄水池,供约50人饮用
S27	十字乡横干岭村	0.8	季节泉,最大流量1.5L/s	当地居民扩泉取水,修建大蓄水池,也供人畜饮用
S23	毛里乡郑家村	0.5	四季变化大,流量0.1～2.5L/s	现修有蓄水池宽2.5m,长12.0m,深1.5m,主要供人畜饮用
S18	冷水井乡关口村	1.3	季节泉,最大流量5.0L/s	现主要供该村民饮用及生活用水源
S29	十字乡黄陡坡	1.8	季节泉,最大流量5.5L/s	现修有引水渠600m引水,供居民饮用及灌溉
S34	十字乡峨嵋凼	0.02	季节泉,最大流量0.2L/s	用水管引水作为村民饮用水
S35	十字乡大岭头东	0.5	季节泉,最大流量2.0L/s	在泉口扩泉修建蓄水池,宽2.5m,长4.0m,深1.2m,供当地80多人饮用
S33	十字乡庄下窝	1.2	季节泉	现引泉供居民饮用,可供30～50人
S16	毛里乡龙凤塘南	0.8	季节泉,最大流量1.5L/s	现为当地人畜饮用
S15	毛里乡刘家桥村西南	1.6	季节变化大,流量4.0～0.15L/s	现主要引泉灌溉水田15～20亩
S24	毛里乡周家村东	0.8	季节泉,最大2.0L/s	现在泉口处修建有蓄水池,蓄水供当地居民饮用
S25	十字乡大岭头南	1.0	季节泉,最大流量3.0L/s	现主要引水修水池蓄水,供人畜使用,由于水量小,开发供水能力不大
S14	毛里乡刘家桥村石龙头西	1.2	泉水季节变化大,流量0.5～3.5L/s	现引泉灌溉水田20亩,由于水量有限,已进行扩泉
S30	十字乡鹅眉凼村	0.6	季节泉,最大流量1.5L/s	现该泉口处修建两个水塘,主要蓄水供该村100多人生活用水
S26	十字乡上仁山村南西	1.0	季节泉,最大流量3.5L/s	现主要为引水灌溉及人畜饮用,修建蓄水池蓄水
S31	十字乡上雷公井	0.5	季节泉,最大流量1.5L/s	现在泉口处修建水池蓄水供居民饮用,最大可供50人
S17	毛里乡郑家村南	1.8	季节变化明显	现主要供20～30亩水田灌溉及当地居民饮用
B29	新花塘	0.2	流量随季节变化	为长12m,宽6m的水塘,抽水灌溉
B30	山夏荣村	1.0	流量为1.0L/s,冬天断流,但可抽水	建有泵站抽水作饮用自来水

总体上，表层岩溶泉水资源的利用程度取决于居民区和耕地与泉水出露点的空间位置，在较缺水的大冠岭地区表层泉的利用率较高，从目前条件出发，表层岩溶泉水资源重点作为该类地区的人、畜饮用水源，富余资源亦可用于灌溉，对于十分缺水的村屯，可从较远的水源点引蓄供水。对于动态变化大的泉水，当枯水季水量少时，可以采取引、提蓄方式，同时利用多处水源。

五、流域内各乡镇岩溶水资源开发利用状况

如前所述，本工作区主要包括新田县所辖乡镇及宁远县的太平乡、岭头源乡等乡镇，调查结果查明（表 6-12），开发利用的地下河有 11 条，岩溶天窗有 3 处，表层岩溶泉有 21 处，机井开采有 13 处，总开采利用地下水资源量为 $12.95\times10^4 m^3/d$，其中新田县的地下水开采资源量为 $11.88\times10^4 m^3/d$。此外，在无集中供水或无地下水天然露头的村屯，群众自行开挖浅井的分散取水也较普遍，本次主要调查新田县中东部不纯碳酸盐岩分布区的部分民井共计 72 处，地下水资源的开采量与供水人口多少有关，许多仅为单家独户使用，采水较少，有些则为全村人使用，开采量较大。当利用新水源时，少数旧民井被废弃。对于流量大的水源，常常目标供水需求较小，如骥村镇胡家地下河出口低，且水库灌溉系统覆盖利用率高，地下水源的引用少；或者如宏发圩乡廖子贞地下河，下游引水可灌溉的耕地面积仅 1500 多亩，需水量不到可供水源量的 10%。

表 6-12　流域内各乡镇岩溶地下水开采现状统计表

编号	乡镇名	水点数/个	水点流量		用水量/($m^3\cdot d^{-1}$)	主要用途	
			(L/s)	(m^3/d)		供水人口/人	农灌水量/($m^3\cdot d^{-1}$)
1	骥村镇	20	1 640.49	141 738.34	25 521.70	3200	19 224
2	门楼下	4	1.11	95.90	67.13	600	/
3	金陵乡	7	1.78	153.79	619	8510	100
4	冷水井乡	14	59.89	5 174.50	2565	4470	1900
5	毛里乡	29	168.17	14 529.89	4 693.24	9650	3470
6	县城郊	59	116.82	10 093.25	3 138.88	19 060	1370
7	莲花乡	28	8.16	705.02	618.62	11 380	200
8	大坪塘乡	55	87.16	7 530.62	2 985.12	12 150	1800
9	知市坪乡	32	21.6	1 866.24	857.08	19 520	300
10	枧头镇	34	540.53	46 701.79	13 599.36	8570	12 320
11	洞心乡	14	58.97	5 095.01	2 183.33	4180	1720
12	茂家乡	20	20.48	1 769.47	732.67	7150	350
13	十字乡	29	852.11	73 622.30	12 934.94	11 280	11 070
14	三井乡	23	57.88	5 000.83	2 175.55	5300	1450
15	新圩镇	29	19.55	1 689.12	928.80	9650	250
16	高山乡	26	10.96	946.94	463.10	10 890	100
17	新隆镇	21	4.89	422.50	422.50	5550	70
18	金盆圩乡	28	170.17	14 702.69	7 064.93	13 500	5900
19	石羊镇	38	777.81	67 202.78	18 641.66	14 220	17 300

续表 6－12

编号	乡镇名	水点数/个	水点流量		用水量/($m^3\cdot d^{-1}$)	主要用途	
			(L/s)	(m^3/d)		供水人口/人	农灌水量/($m^3\cdot d^{-1}$)
20	宏发圩乡	12	1 509.42	130 413.89	18 042.22	2950	17 600
21	陶岭乡	10	10.33	892.51	520.99	3480	200
新田县小计		532	6 138.28	530 347.4	118 775.8	185 260	96 694
22	宁远县太坪乡、岭头源乡	25	370.07	31 974.05	10 702.37	12 260	9600
合计		550	6 508.35	562 321.44	129 478.2	197 520	106 270

总的来看，岩溶水资源开发利用量较大的是岩溶水资源较丰富、开采条件较便利的地区，如新田河流域西南部新田县的骥村镇、枧头镇、十字乡、石羊镇、宏发圩乡及宁远县的太坪乡、岭头源乡，地下水丰富且便于开发利用的地区岩溶地下水开采利用量在 $1\times10^4m^3/d$ 以上。在金盆圩乡、毛里乡、新田城关镇、洞心乡等地表水、地下水资源都丰富的地区，地下水开发利用量也较大。在岩溶含水层分布面积较少或富水性较差的不纯碳酸盐岩分布区，地下水资源较缺乏，如知市坪乡、茂家乡、新圩镇、高山乡、新隆镇、陶岭乡等乡镇地下水资源的开发利用量较少。在地表水资源丰富、水库灌溉有保证的金陵乡、莲花乡等地主要利用地表水资源。而在地下水埋藏较深、开发难度大的冷水井乡，虽然岩溶发育强的纯碳酸盐岩分布面积大，地下水资源也较丰富，但地下水天然多出露于较低部位，因此开发利用量较低，仅 $0.25\times10^4m^3/d$。

总之，地下水资源丰富，但开发困难。全县地下水蕴藏量为 $3.35\times10^8m^3$，目前全县地下水的开发利用总量为 $0.43\times10^8m^3$，仅占 7.8%，因而地下水的利用率极低，造成这一情况的原因有 3 个：一是受地形限制，泉井出露低不便开发和利用，如毛里乡的“五海龙王井”常年涌量为 375L/s，由于出露在山谷底部，若将此处的水资源利用起来需开一条长 600m 的隧洞，投资太大。二是地下水埋藏深，开发困难。全县有 87 处岩溶泉井，现采取一定工程进行开发的只有 25 处，占岩溶泉总数的 28.7%。三是受历史习惯和权属的约束，使得有潜力可挖的地下水资源不能扩大利用范围。如金盆圩乡云咀下村井，正常流量为 5L/s，汛期达 $0.4m^3/s$，它只灌田 200 亩，而邻近村需要用水却不能引用，使得大量的余水进入河中。

第三节　岩溶水资源开发利用的地质环境条件

大气降水是该区水资源的唯一来源，降水通过岩溶裂隙、溶洞下渗进入岩溶含水层，其中一部分在表层岩溶带形成浅部循环，受岩溶弱发育带的阻隔，下渗水储集在表层岩溶带的储水空间，而在地形切割界面或弱岩溶层界面出露部位，以表层岩溶泉的形式出露；另一部分则通过延伸较大的岩溶裂隙、溶洞，向深部渗流运移，进入深部岩溶含水层，并向相对集中的溶洞、裂隙带汇集，局部形成地下河，在地势平缓的岩溶谷地、平原区形成地下水富集块段。

一、地下河水资源开发利用的地质环境条件

本区的地下河系规模较小，主干流长度一般小于 2.5km，枯水季流量小于 300L/s。目前，除响水岩地下河外，其余的地下河均已不同程度被利用(表 6－13)。如前所述，地下河主要形成于峰林谷地区，地下河出口多位于谷地边缘，引流条件较好，易于开发利用。

表 6-13 新田河流域岩溶水系统地下河水资源利用条件表

序号	位置	流量/$(L \cdot s^{-1})$	动态变化	地层代号	开发条件与建议
1	毛里乡龙凤塘北	6	季节性变化较为明显，丰水期最大流量达 2.5m^3，枯水期为 3.04L/s	D_3s	主要修好地下水坝及加强用水管理
2	骥村镇胡家村	1500	随季节动态变化，枯水期流量为 66.8L/s	D_3s	提高水位，天窗、溶洞，引水灌溉
3	枧头乡下富柏村	120	流量随季节变化	C_1y^1	已完全利用
4	十字乡大井头村	190	枯水季地下水流量为 90L/s，丰水期流量高达 0.5m^3/s	C_1y^1	可修蓄水池，增大蓄水，满足枯水季用水
5	金盆圩乡李迁二自然村	50	动态变化很稳定	C_1y^1	应充分利用，可选择适当位置筑坝抬高水位及蓄水
6	石羊镇龙眼头村	700	较稳定，据访枯水季流量为 200L/s	D_3x^1	地下河出口，筑坝蓄水
7	金盆圩乡乡小学北方 20m	20	枯水季水位下降	C_1y^1	地下河和天窗建电灌站，抽水
8	宏发圩乡廖子贞村	1500	随季节动态变化，最枯时流量约 500L/s，下大雨后水量猛涨，水变浑	D_3x^1	水量较大，可增加引水设施，扩大灌溉面积
9	金盆圩乡河山岩自然村	8.2	雨季水变浑，枯水季水曾断流	D_3x^1	应充分利用地下河水，可在天窗建提灌站，修引水渠道，用于灌溉
10	宁远县下坠乡岩头卤村西 100m	308	雨季时流量约有 1m^3/s，1∶20 万调查流量为 223L/s，据访枯水季流量为 120L/s	D_3x^1	村西有近 0.7km^2 的旱地，开发程度差，若将此水蓄高调度，可更好开发该处旱地
11	十字乡响水岩	464	流量随季节变化	C_1y^1、D_3s	地下河道拦截，蓄提

1. 水浸窝地下河(S01)

水浸窝地下河(S01)发育在源头为马场岭洼地到刘家桥峰林谷地的峰丛区段，由洼地底部的落水洞为进水口，高程为 371.0m。地下河系主要接受马场岭一带的汇水补给，总汇水面积为 6.0km^2。地下河由南西向北东方向延伸，于龙凤塘排出地表，出口高程为 330.0m，长度为 1.6km，水力坡度约 27‰。地下河发育主要受区域构造影响，其主河道延伸方向为 240°～260°。汇水区内植被稀少，多以零星分散的疏林为主，植被覆盖率约 15%，大部分基岩裸露。第四系零星分布于洼地底部及溶沟、溶槽与岩溶裂隙中，厚度一般在 0～1.0m 之间，最厚达 2.0m。

调查表明在地下河的下游段主河道为单支状，在距出口上游 180.0m 的地下河陡坎处河道缩小，周边岩石完整，构造裂隙不发育，横断面近似半圆形，高为 2.5m，宽为 7.3m，两侧壁岩石光滑完整，基底基岩裸露，是一理想的地下河堵坝地段。通过堵坝截流抬高地下水位，由上游岩溶洼地蓄水。该洼底高程在 370m 左右，峰顶高程为 524.1m，山峰间最低的垭口高程为 420m。洼地呈 330°方向长轴延伸，长约 200m，宽一般为 30～120m，以封闭式洼地为主，是天然的蓄水空间。蓄水高程可达 390m，建成蓄水库容为 196×10^4m^3 的溶洼水库。

通过前期试堵曾于 2004—2005 年蓄水，但因坝下存在一处充填溶缝，在蓄水水位达到 388.5m 时，被击穿后再次漏水。

经补充勘查，该溶缝渗漏水是该库坝下渗漏水的主要原因，因该坝下有一近直交的北西向溶蚀裂隙，溶缝发育深度约75m，宽度为0.4～0.9m，产状较陡，均在75°左右。前期防渗施工要求进行高压灌浆，但因灌注不均，对溶缝风化层和冲填的泥土和细砂固化强度不足，从冲出的泥土和细砂分析，岩石表面风化物是被水击穿的重要物质，当蓄水水位升高、压力增大，致使坝下击穿渗漏水。

渗漏水对于岩溶区的水库来说是普遍存在的情况，查清渗漏水的原因和条件对渗漏水的处理至关重要，因此在总结分析原有资料的基础上通过实地洞穴调查发现，沿坝下左端有走向70°～250°，倾角75°的溶缝，宽0.4～0.9m，溶缝宽窄不一，很不规则，两侧岩壁较完整的坝下漏水通道，渗漏水出口在距离主坝外6m处，出口直径1.5～2m，深8m，直通主坝下左端；渗漏水进口在主坝内5m处，为口径1.8m、长15m的狭长渗漏水通道。据此，补充设计采用双排钻孔，对漏水溶缝采用灌混凝土与钻孔高压灌浆相结合的方式进行封堵，恢复截流蓄水功能。

2. 骥村镇胡家地下河(S007)

骥村镇胡家地下河(S007)出露在峰林谷地内，沿谷地西缘自北向南延伸，发育于D_3s白云质灰岩中，地下河沿向斜翼部，追踪扭裂溶隙面发育，地表见2个有水溶洞，与地下河相通，长度为2.5km，水力坡度约2‰，枯水期流量为66.8L/s，最大为1.5m^3/s。地下河汇水区为西部峰丛洼地类型裸露岩溶区，地下水源于岩溶裂隙和落水洞的渗漏补给，上游补给区以荒草地为主，耕地分散分布于洼地、缓坡地，林地和疏林地，森林覆盖率小于15%。

该地下河主干河段位置较低，出口高程为238m，上游地下河露头的水位高程为254.5m，中游地下河露头水位为242m，而该地段的地面高程在245～255m之间，地下河的埋深较浅，黄公塘村的部分生活用水通过溶洞抽水解决。对于农业灌溉用水，该区为上游肥源水库的灌区，供水充足。仅在雨季地下河上游溶洞涌水时，引水灌溉部分耕地。

3. 下富柏地下河(175)

下富柏地下河(175)位于枧头镇富柏村一带的峰林谷地内，产出地层为C_1y^1灰岩、白云质灰岩。平行向斜轴部，追踪扭裂面发育，地表见有溶蚀洼地及落水洞，地下河有一支流，共长约1.0km，流量为120.0L/s。

地下河为罗溪河岩溶水系统的主要排泄点，出口高程为320m，岩溶谷地地面高程为295～305m，具有引流灌溉的优势条件。上游补给区范围较大，地下河水资源丰富，除当地引流灌溉外，大部分水被引入下游大坝水库。地下河主干流段处于地下水丰富区，排出水用于灌溉和水库补给源，是较经济有效的开发利用方式。

4. 大井头地下河(19)

大井头地下河(19)位于十字乡大井头村的峰林谷地中部，出口标高为345m，产出地层为C_1y^1灰黑色厚层状灰岩。上游补给汇水区为十字乡岩溶谷地，地面高程一般为350～370m，出口下游的地面高程一般为325～340m，耕地面积较大。地下河主要为单管道，流量受季节变化，变幅在90～500L/s之间。地下河出口位置较高，适宜自流引水灌溉，目前供中老夏荣村、新夏荣村和李郁村等村的农田用水，余水流入石坝水库。

根据地下河出口条件，可修建围堰适当抬高水位，利用地下河口槽谷和地下含水层的储集库容，调节供水增加灌溉面积。通过修建高位输水干渠，可将灌区扩展到坪峰塘—大咀脚一带。

5. 金盆圩乡李迁二地下河(B110)

金盆圩乡李迁二地下河(B110)位于金盆圩乡李迁二村西岩溶谷地边缘，产出地层为C_1y^1灰岩，上游地下河伏流入口处于下大坪岩溶谷地尾部，地下河沿断裂发育，呈单管道状。地下河排水既有伏流注入补给又有地下溶洞管道补给，因此雨季水量变化随降水过程的起伏显著，而平水期和枯水期的流量动态变化较稳定，在50L/s左右。

伏流口上游谷地的地势平缓，耕地面积大，灌溉用水来自鸭古岩水库[小(二)型]，灌区尾部的农田供水不能满足，缺水区地面高程为340～355m。地下河出口高程为325m，为山体垭口的槽谷部位，下游地面高程一般为310～340m，地势平缓。地下河水目前供李迁二村1600人饮用及部分农田灌溉。从地下河口的工程地质条件分析，可采用河口高坝提高水位15m，一方面便于上游缺水区提水引用；另一方面增加下游的灌溉面积。

6. 石羊镇大鹅井地下河(B79)

石羊镇大鹅井地下河(B79)位于石羊镇龙眼头村，出口呈直径为100m的圆形水潭，高程为230m，处于峰林谷地内，上游30m处见溶洞与地下河相通，呈单管道发育，长度为740m。产出地层为D_3x^1白云质灰岩，上游补给区为密集岩溶峰林和峰丛洼地区，水源丰富，调查时流量达700L/s。出口下游耕地面积大，地面高程为235～250m。据地下河出露条件分析，在河口处具有修建低坝蓄水抬高水位，提高水资源的利用率，增加灌溉面积和养殖水面。

7. 金盆圩乡地下河(B105)

金盆圩乡地下河(B105)位于金盆圩乡所在地的峰林谷地中，产出地层为C_1y^1灰岩、白云质灰岩。出口位置较低，高程为310m，洞口被水淹没，直径约2m。在地下河主管道上见落水洞及地下河天窗，出口流量为20L/s，季节变化大。出口地带耕地资源丰富，地面高程为300～330m，该区地下水资源丰富，埋藏较浅，农田灌溉主要是水库引水或地表河溪引提，局部抽提地下水。该地下河出口及上游天窗也可作为抽水灌溉水源。

8. 宏发圩乡廖子贞地下河(117)

宏发圩乡廖子贞地下河(117)位于宏发圩乡廖子贞村峰林谷地边缘，出口高程为266m，动态变化大，枯水期流量约500L/s，雨季流量达1500L/s。产出地层为D_3x^1厚层状白云质灰岩夹灰岩，地下河呈南西-北东沿岩层走向发育。在谷地中水流明暗转换强，上游发育2处伏流入口，地表见有水溶洞，呈单管道发育，长度为2.8km，下大雨后谷地周边地表产流汇入，水量猛涨，变浑。地下河出口的下游段属于立新水库的有效灌区，水资源丰富，供水有保障，因此该地下河的开发，以自流引灌水田为主，余水排入地表河溪。

上游龙明洞伏流位于宁远县下坠乡，进口高程为274m，地面高程一般为276～285m，耕地面积大，灌溉水源不足。从伏流口的条件分析，可修建闸坝和提水站，在缺水的枯水季拦蓄水流，以供灌溉用水为主。

9. 金盆圩乡河山岩地下河(B99)

金盆圩乡河山岩地下河(B99)位于金盆圩乡河山岩村，出口高程305m，为一规模较小的单管道地下河，长650m。地下河主管道段地层为D_3x^1灰岩、白云质灰岩，岩溶发育强，见有2个互通溶洞出露在峰林谷地内。地下河出口上游350m处有一地下河天窗，水位埋深为4m。地下河出口流量为8.2L/s，雨季水变浑，流量变幅大，枯水季地下水位下降，有时水断流。

该地下河上游补给区为岩溶谷地，出口下游为立新水库，水源较丰富。雨季洪水引入立新水库蓄积，旱季可从天窗或溶洞中抽水灌溉农田。

10. 宁远县下坠乡岩头凼地下河(A97)

宁远县下坠乡岩头凼地下河(A97)位于宁远县下坠乡岩头凼村,补给区为峰林谷地,出口处于峰林平原边缘,产出地层为 D_3x^1 灰黑色厚层状灰岩。地下河呈单管道发育,上游 850m 处的峰林边缘发育地表水伏流入口,流量为 308L/s,动态变化大,雨季流量约 $1m^3/s$,枯水季约 120L/s。

地下河出口下游耕地资源丰富,地面高程一般为 300～320m,约 1000 亩的旱地缺乏灌溉用水,可以采取工程措施抬高水位,以解决灌溉缺水困难。

11. 十字乡响水岩地下河(176)

十字乡响水岩地下河(176)位于十字乡乐塘村,出口在宁远县,出口高程为 290m,流量为 464.0L/s。地下河发育于枧头镇豪山峰丛岩溶区,其主要补给、径流区处在新田县。补给区地面高程为 380～400m,在乐塘洼地中以天窗出露,地面高程为 330m,地下河溶洞埋深为 15m,岩溶含水层为 C_1y^1、D_3s 白云质灰岩。沿断裂发育,具有 2 个分支,源自黄陡坡分支的地下河管道埋藏较深,深洼地、竖井发育,开发困难;源自十字乡谷地的分支埋藏较浅,溶蚀洼地、落水洞、天窗较发育,在天窗中地下河段枯水季水位埋深为 12m,流量为 12L/s,雨季地下河水溢出地面,洼地集水成湖。

响水岩一带构造复杂,岩溶发育强烈,在洼地内落水洞、天窗密集出露,地下浅部 30m 范围内的溶蚀管道、裂隙十分发育,连通性强。地下河道内沉积、填充物厚度大。因此原修建的水坝由于底部击穿而垮塌。

从地下河流域水资源和水文地质工程地质条件分析,该地下河水量大,但管道的空间分布复杂,岩溶发育强烈,地下河的开发以局部拦蓄、抽提取水较为适宜。

二、蓄水构造岩溶水资源开发利用的地质环境条件

新田河流域内富集地下水资源的蓄水构造,实际上是构造、含水层性质、水动力条件综合作用下形成的地下水富集带,主要产出于骥村—毛里—李子沅、枧头—富柏、金盆圩—洞心、宏发圩—石羊—三井等地段。这些地段的地下水资源极为丰富,地下水埋藏较浅,而且地下河、岩溶大泉等地下水露头集中分布,岩溶水开发利用条件优越,浅部岩溶水资源的利用程度也很高。

在目前的开发利用中,主要的问题是钻井取水时,局部水量不足、抽水不清。经勘探试验查明,水量不足的原因主要在于该区岩溶含水层中普遍存在泥质夹层,造成岩溶发育不均和岩溶水的分布不均,岩溶水源不足。如三井乡高峰村勘探孔,开孔于上泥盆统锡矿山组下段与佘田桥组(D_3s/D_3x^1)的接触带附近,D_3s 岩层因相变泥质含量增高,泥灰岩、泥岩段的厚度增大,钻孔在孔深 30m 段揭露溶洞 2 层,完井于雨季,抽水试验涌水量达 $100m^3/d$,但因气候干旱降水很少,在十月份后钻孔涌水量急剧减少,不能满足供水要求。主要原因是该区岩溶含水层的补给面积较小,储水能力有限,当枯水季缺少降水补给时,地下水源不足。

抽水不清、水质达不到供水要求,主要是蓄水构造处于地下水汇集的岩溶谷地、平原区,水流运移、交换强烈,浅部岩溶化含水层的充填较普遍,当钻探取水深度较浅时,岩溶空间的泥、砂等充填物在抽水加强水体流动的情况下,向取水孔汇集,使水中的泥质悬浮物浓度增大。由于地下岩溶空间的连通性较好,在抽水降深较大时,充填物的来源更大,以致长期抽水不清。如在枧头镇和高山乡施工的探孔,开孔于本区的主要岩溶含水层,即泥盆统锡矿山组下段(D_3x^1)和石炭系岩关阶下段(C_1y^1)纯质碳酸盐岩出露地段,表层岩溶发育强,普遍见有溶沟、石芽、溶槽,发育深度可达 10 余米。物探查明在地下浅部 30～50m处的岩溶十分发育。据钻孔揭露,自地表到地下 63m,岩溶发育,岩芯破碎且漏水,岩溶裂隙中泥质充填严重,在 43.8～55.8m 段(标高 139.2～151.2m)发育 4 层溶洞,最低一层溶洞有泥质、粉砂充填。初期水位埋深 1.30m,钻孔揭穿主岩溶含水层段时,水位降到 17.80m,水位标高 177.2m,高于当地河溪及泉水出露高程 7m 左右。在抽水过程中水位降深 8.50m,两次抽水延续时间达 72.75h,涌水量

$106m^3/d$。水量稳定时间27h，水质化学指标均符合饮用水质标准，但水中的泥砂质及植物碎屑含量始终较高，不能满足村民供水的需求。从水动力条件和勘探点的地质构造、水文地质条件分析，该钻孔的出水溶洞段虽然低于河谷区20～30m，但与浅部的岩溶空间联系密切，以致岩溶充填物回灌，抽出的水不能达到供水水质要求。

根据当地钻孔开采地下水的经验，如新田二中供水井，在勘探时抽水试验水质不清，为了避免大降深引起岩溶充填物回灌，采取人工扩孔成大口井，增大井孔的蓄水量，减少抽水时的降深，减轻抽水对溶洞充填物的扰动，保证了抽水水质。另外，根据该区的岩溶发育规律，在新田县党校施工示范探采孔1个，选择地下水汇水条件好、距离地表河溪较远的地段进行勘探，在埋深42～65m处揭露地下岩溶管道，在大降深抽水试验中出水浑浊，通过反复洗井后，以小降深、低涌水量开采保障出水质量。此外，亦可参考邻区的经验结合本区的水文地质条件，一般岩溶充填主要在浅部岩溶带较为严重，可以进行深部勘探，揭露发育较深含水层中充填物少的溶洞管道，开发水质有保障的地下水源。

三、表层岩溶泉水资源开发利用条件的地质环境条件

本工作区表层岩溶泉主要分布在峰丛岩溶山区，对于缺水山区的供水有重要的意义。如前所述，表层岩溶带水资源的形成、蓄积与岩溶发育程度和地表生态环境密切相关，涵养水源林覆盖度对表层岩溶泉的供水能力影响显著。本区岩溶山区的水源生态普遍退化，尤其山地的森林覆盖率逐年减少。因此，为保障和增强表层岩溶泉的供水，应加强岩溶山区的涵养水源林建设。

在查找可利用表层岩溶泉时，应考虑如下条件：

(1)表层岩溶泉的补给条件。汇水范围决定泉水流量的大小，汇水范围过小往往枯水季断流时间长，难以利用；

(2)泉水出露的地层结构。泉口下方是否存在泥质岩夹层，泥质岩夹层可对表层岩溶带水起到阻隔、顶托作用，如已开发的大岭头泉，受泥质岩夹层的阻隔，泉水常年出流，形成较稳定的供水水源；

(3)泉水出露的构造条件。受阻水断层影响形成的表层泉，往往是断层上盘裂隙含水带的集中出口，断层裂隙带具有一定的蓄水能力，供水能力加强；

(4)泉水出露的地形条件。位于地形低部位的泉水，因地形侵蚀切穿表层水循环带导致地下水出露，是地下水汇集部位，在雨季的流量较大，若条件适当可在泉口修建蓄水设施，人工调节开采水资源。

第四节　岩溶水资源开发利用的环境影响评价

一、地下河水资源开发利用的环境影响评价

本工作区地下河的开发以引流利用为主，通过条件分析部分地下河可采取工程措施，提高水源利用率。从现状条件来看，该区的地下河开发对环境不会产生不良影响。建议采取的措施也仅仅是一些小型工程，如果实施也不会对环境造成明显的改变。

二、岩溶地下水资源抽水开采的环境影响评价

本区岩溶地下水抽水开采主要在岩溶谷地和岩溶平原区，开发现状表明，地下水抽水主要用作饮用水源，部分用于灌溉。由于开采区往往有第四系松散层的覆盖，在一些覆盖较浅的地段，存在产生岩溶塌陷的危险。据调查，目前井采区内所见塌陷较少，而在岩溶谷地中的局部地段，在岩溶管道或地下河道沿线见有天然塌陷。因此，在抽水开采地下水时，含水层出水段为溶洞管道且埋藏较浅时，应注意控制抽水强度，避免产生塌陷危害。

第七章　岩溶水资源开发利用区划和工程方案

工作区内宁远县和桂阳县所辖地区的水资源丰富，开发条件较好，有关乡镇的供水基本上有保证，因此本规划方案以新田县辖区为主。工作区北部出露地层以碎屑岩为主，中东部地区大部分为不纯碳酸盐岩局部夹碎屑岩，河流发育，地表水资源丰富。西南部出露的地层以纯碳酸盐岩为主，地下水资源丰富。由于地貌条件及岩溶发育的影响，地下水分布极不均匀。地下河及岩溶管道是地下水的主要储藏空间，地下水运移以集中的管道流为主。地下水天然露头多为岩溶泉和地下河出口，天窗、漏斗、溶潭较多，对地下水的开发提供了较好的条件。根据目前调查，本区地表水资源开发已遍及全区，但地下水开发程度不高。

第一节　岩溶流域地下水资源开发利用区划

一、区划原则与分区

本区水资源开发主要根据水资源分布与开发条件，采取地表水与地下水联合利用的原则，以解决社会经济发展需求。在地表河流发育区以地表水为主，而在无地表河流、地下河发育地区，以地下水开发为重点，在两者都不能满足需求的情况下，则充分利用表层岩溶带泉水作为供水水源地，针对不同类型岩溶区的需水情况进行规划。因此，本区地下水资源开发可分为峰丛洼地岩溶地下水资源开发区，主要制订表层带岩溶裂隙水开发规划；峰林谷地地下水、地表水资源联合开发区，以开展地下河岩溶管道水为主的开发规划；峰林平原深层岩溶水开发区，进行深循环潜流岩溶水的开发规划；丘陵-垄岗岩溶水开发利用区，针对地表与地下水资源缺乏状况，规划有效利用有限的地下水、地表水资源及降水资源。

二、水资源开发利用区划

近年来，各级政府和群众在水资源开发利用、水能资源的开发及水利建设等方面加大工作力度，增加了投入，水资源的利用率有了一定的提高。①在水利建设方面，至2019年底，全县已有中型水库5座；中型水轮泵站1座；小(一)型水库13座，小(二)型水库54座，提灌站217处，山塘16 520口，河坝928处，水电站23座，总装机容量4595kW，泉井1020口，小型水轮泵站21处，小型提灌站96处。蓄引提水量达$1.7\times10^{8}m^{3}$，解决和改善灌溉面积16×10^{4}亩，较5年前有显著提高。②结合扶贫工程、饮水卫生工程的实施，在人畜饮水方面，共完成项目39个，投资400余万元，解决贫困区3万多人的饮水困难问题，很大程度地改善了贫困区人民的生产生活条件。

但是，对于岩溶贫困山区农村经济发展和生存环境条件的有效改善，实现脱贫致富与社会经济可持续发展，切实缓解新田县岩溶区严重干旱缺水问题，必须着眼于改善水资源配置，更有效地发挥水资源的综合效益，对该工作区的水资源利用进行科学并切合实际的规划。根据本区水文地质条件，结合岩溶地貌形态和特定的水资源分布特征，并通过研究水资源开发利用条件和方式，特将本岩溶区划分为4个岩溶水开发利用规划区(图7-1)。

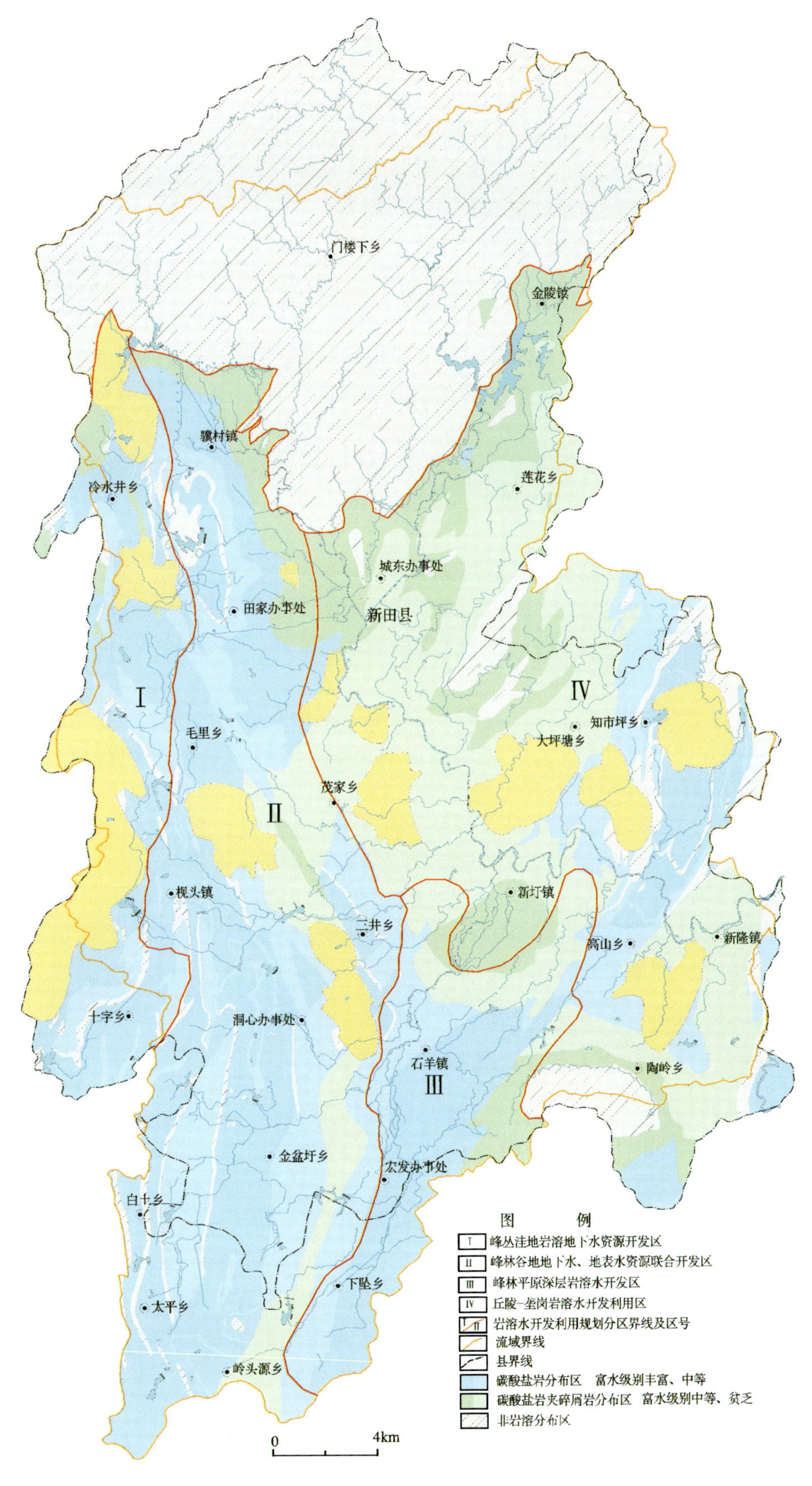

图 7-1　新田河流域地下水资源开发利用区划示意图

(一)峰丛洼地岩溶地下水资源开发区(Ⅰ)

本区包括冷水井乡、毛里乡、枧头镇西部及十字乡一带的中低山区,土地总面积为 111.67km^2,出露地层绝大部分为碳酸盐岩,仅局部见有碳酸盐岩夹碎屑岩和非碳酸盐岩,并呈条带状分布。该区缺水人口较多,严重干旱缺水区有 3 片,总面积为 38.93km^2,其中双枣坪片为 8.17km^2、坦头坪片为 5.09km^2、大冠岭片为 25.67km^2。区内出露的岩溶水露头有表层岩溶泉 18 个,总流量 17.9L/s;岩溶大泉 6 个(编号:146、B116、B3、B2、B1、B36),总流量 148.31L/s;流量 1~10L/s 的岩溶泉 23 个,总流量 69.561L/s;地下河 3 条(编号:S01、176、19),总流量 660.0L/s;合计岩溶水总排泄量 895.77L/s($0.282\ 5\times10^8 m^3/a$)。

1. 地下水资源开发已建主要工程

(1)表层岩溶水资源开发:为解决当地农业和人畜用水困难,当地采用蓄引的方式主要开采表层泉。据统计,现开采的表层泉多分布在十字乡的大冠岭及冷水井一带,出露的 18 处表层岩溶泉均已得到开发。

(2)地下河堵洞成库:利用地下河堵洞成库,修建了平湖(冷水井乡)和水浸窝(毛里乡)水库,均取得了较好的效果,平湖水库有效库容 $130\times10^4 m^3$,灌溉面积 3000 多亩。水库运行基本正常,是该区堵洞成库的成功范例。

水浸窝水库坐落在毛里乡龙凤塘村一个四面环山的岩溶丘峰洼地中,由一岩溶洼地和长约 1.6km 的地下河道为主要的蓄水空间,是典型的地表、地下联合水库。总库容 $196\times10^4 m^3$,设计灌溉面积 3500 亩。水库自修建以来,由于渗漏问题,已进行了 3 次防渗堵漏处理,但均未能得到彻底的根治,迄今仍然渗漏。

(3)响水岩地下河堵洞提水:该工程目的是采用堵地下河提高地下水位的方法,给地下水开采提供便利。响水岩地下河发源于新田县枧头镇,总体流向约为 240°,自宁远县咀头岩流出地表,全长 7km,其中新田县内 6km,流域面积约 18km^2。地下河开发于 20 世纪 70 年代,开挖人工地下坑道 20m,修建地下拦水坝一座,并安装水轮泵机组,修筑配套工程渠道 3km。经一年正常运行后,因水位提高,水压增大,坝下建坝时清基不彻底,洞穴内堆积物被击穿,致使工程报废而停止使用。

(4)杨家洞水库工程:位于枧头镇,于 1976 年建成的一座中型水库,库容 $1230\times10^4 m^3$,集雨面积 31.8km^2,设计灌溉面积 2.4×10^4 亩。库区水文地质条件复杂,虽经局部灌浆堵漏,但渗漏仍然严重。渗漏区主要分布于坝基和库尾端的邻谷渗漏,水库自建成至 2016 年底均未能正常蓄水,实际灌溉面积仅为设计的 50%。

2. 在开发利用地下水资源时,应该考虑到资源与环境特点

(1)岩溶地貌以峰丛洼地为主,地形高差大,可以利用地势变化,引用表层泉或溶洞水。

(2)地表水系不发育,小溪沟切割深,多形成“V”形谷,而且暴雨形成山间小溪水易消落地下,地表水资源贫乏。因此,应选择适当的沟谷、洼地修建山塘、渗坑积蓄雨水,增加地下水的补给,减缓水源流失。

(3)地表岩溶发育,洼地、落水洞、漏斗、天窗甚多,多数石山岩石嶙峋、植被缺乏,呈现石漠化,包气带厚度大;地下岩溶发育极不均匀,地下河、岩溶大泉及表层岩溶泉甚为发育,是峰丛山区水资源汇集的部位,对于出露位置较高的泉水,可以引泉供水,但一般流量的季节动态变化大,应同时修建蓄水设施,对供水能力进行调节;对于出露位置较低的水源点,一般水量较大,水源的保证程度高,可采取抽提供水,建设自来水管网,解决人口较多居民点的供水。

(4)岩溶地下水的补给来源主要是大气降水,补给源充足,地下水资源丰富,但地下水位埋藏深,无统一的地下水面,且水力坡度陡,岩溶大泉和地下河出口标高较低。通过查明地下水径流通道或岩溶管道,进行堵截提高水位,在更高的部位开隧道引水,或建溶洼水库,蓄水开发。

(5)岩溶山区山多耕地少且以旱地为主,水田及农民多分布和居住在洼地内,由于季风条件,雨量多集中在6—8月份,在岩溶渗漏强烈、表层岩溶水没有出露的极端干旱地区,可根据地形特点修建集雨设施,截留坡面流引入水柜、蓄水池,发挥雨水资源的作用。

为此,对本区岩溶水资源的开发利用应根据实际情况因地制宜,在可持续发展的前提下,合理、有效地开发岩溶水资源,改变岩溶山区由于缺水为主导因素而造成的贫困状态。总的规划方案是以开发表层岩溶水为主,采用蓄、引、提等方式开采岩溶水。

(二)峰林谷地地下水、地表水资源联合开发区(Ⅱ)

本区包括骥村镇、新田城西田家办事处、毛里乡、茂家乡、枧头镇、三井乡、洞心办事处、金盆圩乡和宁远县的白土乡、太平乡、岭头源乡部分地区,土地总面积289.11km^2,出露地层大部分为碳酸盐岩,小部分为碳酸盐岩夹碎屑岩,偶夹碎屑岩条带。该区缺水人口较多,严重干旱缺水区有3片,总面积16.77km^2,其中县园艺场片为0.57km^2、查林铺片为8.50km^2、尹家一珠山片为7.70km^2。区内出露的岩溶水露头有岩溶大泉14个(编号:174、B147、B130、B131、B129、B23、43、35、34、85、77、123、51、B98),总流量为755.77L/s;流量1~10L/s的岩溶泉56个,总流量为172.59L/s;地下河7条(编号:007、175、B110、B79、117、B105、B99),总流量为1465L/s;合计岩溶水总排泄量为2 393.36L/s(0.754 8×10^{8}m^3/a)。

本区地貌上属于岩溶峰林谷地及槽谷洼地,出露的地层主要有上泥盆统锡矿山组(D_3x)灰岩及白云质灰岩、佘田桥组(D_3s)灰质白云岩,局部见有下石炭统岩关阶(C_1y)灰岩及含燧石灰岩。岩溶发育较为强烈,地表岩溶形态多以洼地、谷地为主,落水洞、溶潭、溶井发育,地下水资源较为丰富,枯水季水位埋深一般3~8m。地下水多以岩溶泉、溶潭、溶井等出露于地表。地下河发育受断裂构造控制。

该区水资源开发以地表水为主、地下水为辅,据统计区内在有利地段修建了水库11座(表7-1),总蓄水量1600×10^{4}m^3,灌溉面积达15 000亩。地下水开发总量为670L/s,灌溉面积为6000亩。根据区内地下水的分布与出露条件,区内地下水资源具有较大的开发潜力。根据本区的特点及对水资源的需求,总体开发规划如下。

(1)地形相对比(Ⅰ)区高差小,岩溶地貌以峰林谷地为主,岩溶地下水的补给来源于主要补给区侧向径流和当地的大气降水入渗,补给源充足,地下水资源丰富;地下位埋藏一般为2~10m,无统一的地下水位,岩溶大泉和地下河出口标高较低,地下水资源在谷地区较富集,可以兴建规模较大的地下水源地,如十字乡、枧头镇、三井乡等乡镇所在地和县园艺场片、查林铺片、尹家一珠山片等岩溶旱片可选择有利地段井采抽水。

(2)地表水系中等发育,发育有众多沟流或小河流,在合适位置修建了许多水库。因处于岩溶区,多座水库渗漏严重,蓄、供水功能未能有效发挥,其中近期较迫切需要防渗堵漏的有立新、东岭、友谊、野牛山、塘下等水库。

(3)地表岩溶发育,洼地、有水溶洞、落水洞、天窗、溶潭多见,地下岩溶发育极不均匀,地下河、岩溶大泉甚为发育,尤其在谷地边缘地带较集中,可以利用地下水出口的地形条件进行围堵提高水位,增加供水能力。具开发条件和潜力较大的有响水岩、李迁二、大井头等地下河以及下杨家、塔塔井、上禾塘等岩溶大泉。

为此,对本区岩溶水资源的开发应根据实际情况因地制宜,在可持续发展的前提下,合理、有效地开发岩溶水资源。总的规划方案是以开发地下河、岩溶管道水为主,辅以堵漏防渗增强水库蓄水功能提高地表水的利用率,采用钻井与蓄、堵、提、引相结合的开发方式。

表 7-1 峰林谷地地下水、地表水资源联合开发区现有水库统计表

水库名	位置	有效库容 /($\times10^4m^3$)	设计灌面 /亩	实际灌溉面积 /亩	存在问题
立新水库	金盆圩乡东南	1304	26 000	15 000	渗漏
赵家水库	金盆圩乡西南	420	6500	3500	
鸭古岩水库	金盆圩乡北西	95	1600	800	
东岭水库	金盆圩乡北	381	6000	3500	渗漏
友谊水库	洞心办事处北	207.1	3900	1600	渗漏
大坝水库	三井乡北西	385	3000	1700	
罗家水库	毛里乡东	92	1500	1000	
野牛山水库	毛里乡东	102	1800	900	渗漏
洗炉冲水库	田家办事处南	47	800	500	
塘下水库	田家办事处北	750	1600	1000	渗漏
银子塘水库	骥村镇南	75	1300	700	
合计		3 858.1	54 000	30 200	

(三)峰林平原深层岩溶水开发区(Ⅲ)

该区位于新田县南部，主要由石羊镇和宏发办事处行政区管辖。土地总面积为 89.19km^2，出露地层大部分为碳酸盐岩，小部分为碳酸盐岩夹碎屑岩。该区无严重干旱缺水。区内出露的岩溶水露头有岩溶大泉 2 个(编号:B70、B78)，总流量 34.93L/s；流量 1～10L/s 的岩溶泉 22 个，总流量54.75L/s；地下河 1 条(编号:A97)，总流量 308.0L/s；合计岩溶水总排泄量 397.68L/s(0.125 4$\times10^8m^3$/a)。

该区主要出露的地层为上泥盆统锡矿山组(D_3x)灰岩及白云质灰岩、佘田桥组(D_3s)灰质白云岩，岩溶发育强烈，地貌属峰林平原区。地表水系不发育，多为季节性河溪，大部分在当年的 10 月至次年的 3 月断流，地下水以溶洞裂隙水为主。

本区地下水资源开发，现主要以引泉与抽取溶潭水灌溉和供居民生活用水。由于枯水季节泉水断流，地下水埋深较大，区内干旱严重，人畜饮水困难。此外本区建有水库 2 座，均建于岩溶谷地内。水库位于石羊镇东部，分别为赤壁下水库和新亭岭水库。前者为该区的主要灌溉用水源，而后者的库区虽在本区，但受益区为陶岭乡。赤壁下水库有效库容为 320$\times10^4m^3$，设计灌溉面积为 1200 亩，但实际灌溉面积为 850 亩。

考虑到本区资源与环境特点，地下水资源开发利用规划如下。

(1)本区地势较平坦，岩溶地貌以峰林平原为主，地表水和地下水资源总量丰富，而且岩溶发育相对均匀，并有岩溶上升大泉及地下河出露，开发利用条件好且利用率较高，社会需求基本得到满足，地下水资源的开发可就近利用岩溶泉或蓄水构造钻井取水。

(2)区内地表水系发育，并建有小(一)型水库 1 座(新亭岭)，小(二)型水库 1 座(赤壁下)，因岩溶发育强烈，引水灌溉过程中漏失较严重。因此，应加大水利建设投入，完善防渗渠系，提高水利用率。

(3)岩溶地下水的补给来源，主要受大气降水和补给区地下水侧向补给，补给源充足，地下水资源丰富，地下水位埋深1～10m，基本有统一的地下水面，但有起伏，浅部岩溶发育，并以地表下60m左右最为发育，岩溶管道的充填率较高，在钻井取水时充填物易随水排出，使水质不能满足供水要求。因此，必须防止取水时水流动态变化过大，宜采用大口井取水。

(4)上覆土层较薄，若开发地下水不得当，易产生岩溶塌陷。在开发地下水时，必须控制开采量或采取小降深开采。同时要做好水源地的环境防护，建立水源保护区，防止污染物下渗造成水质污染，保证供水功能。

为此，对本区岩溶水资源的开发应根据实际情况因地制宜，在可持续发展的前提下，合理、有效地开发岩溶水资源。总的规划方案是以开发中深层岩溶溶洞管道水为主，结合开采地下水天然露头，采用打井与引蓄结合、局部建地下水调节水库等方式开发利用。

(四)丘陵-垄岗岩溶水资源开发利用区(Ⅳ)

本区位于新田县中东部地带，主要由陶岭乡、新隆镇、高山乡、新圩镇、大坪塘乡、知市坪乡、莲花乡、金陵镇和城东乡等乡镇管辖。地貌为丘峰(陵)和槽谷洼地，海拔标高一般在260～350m之间，地形较为平缓。土地总面积为352.81km^2，出露地层大部分为不纯碳酸盐岩夹碎屑岩，小部分为碳酸盐岩，局部为碎屑岩。该区缺水人口，严重干旱缺水区有7片，总面积为44.95km^2，其中胡家—千山片为2.34km^2、谭家山片为1.88km^2、白云山—小坪塘片为6.54km^2、土桥坪片为10.93km^2、火柴岭—大山片为6.64km^2、邓家—跃进片为8.54km^2、邝家—大头坪为8.08km^2。区内出露的岩溶水露头有岩溶大泉1个(编号:A52)，流量为80.00L/s；流量1～10L/s的岩溶泉37个，总流量为75.15L/s；合计岩溶水总排泄量为155.15L/s(0.048 9×10^{8}m^3/a)。

本区出露的地层主要有上泥盆统锡矿山组(D_3x)灰岩及白云质灰岩，佘田桥组(D_3s)由于沉积相的变化，岩性与西南部的不同，主要岩性变为泥质灰岩、泥灰岩、钙质页岩夹泥岩，下石炭统大塘阶(C_1d)岩性为灰色、深灰色厚至中厚层灰岩，局部夹少量白云岩。岩溶发育普遍较弱，局部较为强烈，知市坪乡、高山乡一带见落水洞及溶洞发育，但规模不大。

本区地表水系发育，以新田河为主干流，新田河上游有日东河、日西河两条支流，在县城南门处汇合。新田河自北向东南经龙泉镇、大坪塘乡、新圩镇、高山乡、新隆镇5个乡(镇)，在新隆镇纱帽岭出新田县，汇入钟水河进入舂陵水系。新田河水位季节变化大，每年3—6月为汛期。据新田水文站实测，汛期最大流量达609m^3/s(1975年6月5日)。夏末以后为枯水季节，一般流量为1.1m^3/s，最小流量仅为0.025m^3/s。在区内对地表水资源的开发程度较高，除沿新田河修建拦水坝外，还修建了金陵、下圩、合群、山田湾等中小型水库。据统计，水能开发达到总装机容量4535kW，农业灌溉达到51.61×10^{4}亩。

本区由于水资源分布不均，丰水季节，洪涝灾害严重，而在枯水季节局部地区人畜饮水较为困难，对地下水资源的开发力度正在逐步加大。如在高山乡、陶岭乡、知市坪乡一带，利用地下水天然出露条件，围泉引水，抽溶潭、地下溶洞水灌溉和供人畜饮用，大大地缓解了当地用水困难的局面。据统计，本区共开发地下水10多处，开发总量为25L/s。

根据本区资源与环境特点和供水需求，水资源开发利用规划如下。

(1)地表河网发育，区内有新田河干流和日东河、日西河等多条支流，另有中型水库1座(金陵水库)，小(一)型水库2座(山田湾水库、下圩水库)，小(二)型水库7座(滚山水库、合群水库、芦材水库、螺丝洞水库、白坪窝水库、志木塘水库、三源头水库)，地表水资源丰富，该区的水资源开发宜以地表水为主，局部地区可适当开发地下水。

(2)地势较平坦，岩溶地貌以丘陵-垄岗为主。在不纯碳酸盐岩分布区，岩溶含水层的厚度较薄，含水性和储水能力较弱，呈夹层条带状分布，地下水资源的开发应沿含水层走向分散布局，在碳酸盐岩与泥质岩层的接触带或断裂构造接触带，以浅井或大口井方式取水，一般水量较小，不宜兴建大型供水水源地。

(3)岩溶发育较弱,局部地段干溶洞、有水溶洞、落水洞、溶潭也有出露,地下岩溶发育相对均一,受含水层性质的制约,岩溶水普遍以小型岩溶泉出露,一般泉域规模小,调蓄功能差,但仍是该区的主要水源,对于以此类泉水为唯一水源的地区,如新隆镇山田湾村、塘石岭村、新圩镇方光岭村、巴山头村、三井乡十八奎村、茂家乡小坪塘村、杨柳屋村、大坪塘乡社湾村、中和圩村、陶岭乡门背下村等村屯,宜进行小泉域的水源环境改造,增强水源涵养功能,保证水源供给和水质安全。

(4)岩溶地下水的补给来源主要是大气降水,补给源充足,但因岩溶发育弱,降水入渗条件较差,地下水资源分布分散,富水程度差;地下水位埋深为2～20m,基本有统一的地下水面,以岩溶裂隙水为主。有效开发地下水资源,在开源方面对于本区尤为重要,在干旱缺水的中东部地区新隆镇、高山乡、新圩镇、大坪塘乡、知市坪乡等乡镇,可以在碳酸盐岩夹层分布带,选择沟谷、槽谷等有利部位修建山塘、渗坑等,拦截地表产流,增强地下水的补给,提高含水层的蓄水和供水功能。

为此,对本区岩溶水资源的开发应根据实际情况因地制宜,在可持续发展的前提下,合理、有效地开发岩溶水资源。总的战略规划是以地表水为主,地下水、雨水资源联合开发,采用增强水源补给和泉域水源涵养,采用地下水打井、地表水拦蓄、集雨等方式开发利用。

第二节　水资源供需分析

一、需水量预测

1. 农业需水量预测

新田县是个典型的贫困山区农业县,农业生产的发展在全县国民经济中具有举足轻重的地位。农业用水是农业生产发展的前提和基础,也是制约全县农业经济发展的因素。解决了农业用水,全县的国民经济才能有较快的发展速度。农业主要有农田、旱地、林业、渔业养殖及农副加工用水。农业用水受诸多因素的制约,一是客观因素,包括耕地面积的分布、地形地貌、土壤成分、自然气候、水源建设、供水条件;二是主观因素,包括农作物的种植类别、种植面积、复种面积、灌溉制度。

随着人口的增长,耕地面积的扩大,农业、林业、畜牧业科学技术的推广和应用,农业用水将会有较大的需求量。2020年用水需求量达到$2.7\times10^8m^3$(表7-2)。与2010年相比,农业用水量将增加7.4%,水利建设、管理、水资源的开发利用应树立超前发展的指导思想,建立高产、低耗、节水型农田,以适应现代化大农业的需求。

2. 工业需水量预测

根据现状年调查分析,新田县工业需水分两大类,一类是电力生产用水,另一类是其他工业生产用水。

电力生产用水受自然因素的影响较大,全县有6处水电站。其中3处是中型水库坝后电站,3处是引用河水的水电站,发电量占全县总上网电量的60%。随着乡镇企业、小型个体加工产业的发展,全县对电力生产需求量会很大。1994年全县电力生产用水$7.9\times10^8m^3$,其中利用过境客水$4.1\times10^8m^3$。2010年全县用于电力生产水量为$9.2\times10^8m^3$,满足工、农业生产的需要。

其他工业生产用水受自然因素的影响较小,除现有工业生产用水量呈稳定的增长系数外,还必须考虑新投资企业的生产用水。1994年全县工业生产用水$294\times10^4m^3$,按照《新田县2010年发展规划纲要》,2010年全县工业生产需水达$548\times10^4m^3$、2020年将达到$592\times10^4m^3$(表7-3)。

表 7-2　新田县不同水平年农业需水量表

水平年	频率/%	水田			旱地			林业			其他		合计/($\times10^4 m^3$)
		面积($\times10^4$ 亩)	定额(m^3/亩)	毛灌量($\times10^4 m^3$)	面积($\times10^4$ 亩)	定额(m^3/亩)	毛灌量($\times10^4 m^3$)	面积($\times10^4$ 亩)	定额(m^3/亩)	毛灌量($\times10^4 m^3$)	面积($\times10^4$ 亩)	毛灌量($\times10^4 m^3$)	
2010 年	50	19.50	800	15 600	6.07	40	242.8	62.60	20	1252	0.42	126	17 220.8
	75	19.50	1000	19 500	6.07	60	364.2	62.60	25	1565	0.42	168	21 597.2
	90	19.50	1200	23 400	6.07	80	485.6	62.60	30	1878	0.42	210	25 973.6
2020 年	50	20.66	800	16 528	6.43	40	257.2	66.40	20	1328	0.45	135	18 248.2
	75	20.66	1000	20 660	6.43	60	385.8	66.40	25	1660	0.45	180	22 885.8
	90	20.66	1200	24 792	6.43	80	514.4	66.40	30	1992	0.45	225	27 523.4

表 7-3　新田县近中期工业需水量表

预测年	保证率/%	工业产值/万元		万元产值需求定额		需水量合计/($\times10^4 m^3$)		合计/($\times10^4 m^3$)
		乡镇企业	城镇工业	乡镇	城镇	乡镇	城镇	
2010 年	50	3100	9000	600	400	186	360	546
	75	3100	9000	600	400	186	360	546
	90	2800	8800	700	400	196	352	548
2020 年	50	3400	9600	600	400	204	384	588
	75	3400	9600	600	400	204	384	588
	90	3200	9200	700	400	224	368	592

3. 城镇生活、村屯、人畜饮水用水需水量预测

城镇居民、村民的生活饮用水随人口的增长而增长，今后一个相当长的时期，农村的畜牧养殖会有飞速的发展，对水的需求也相应较大。

人口的分布受历史的原因、生活习惯的属性、土地的分布等因素影响，不可能按境域水资源的布局来理想化地提供水量，只能因地制宜开发利用水资源，满足生产、生活的需要。人口的迁移是区域人口增长的重要因素，由于小城镇建设的加快，小城镇工商业的增长速度加快，导致对水的需求量猛增。

1994 年全县总人口 35.65 万人，全县全年大畜牧总头数为 24.61 万头，1994 年全县人畜用水总量 1 068.8$\times10^4 m^3$。按人口的计划增长率及自然死亡率计算，2020 年达 2 681.50$\times10^4 m^3$(表 7-4)。

表 7-4　新田县近中期人畜需水量表

水平年	城镇居民			村民			公共设施需水量/($\times10^4 m^3$)	牧畜		需水量合计/($\times10^4 m^3$)
	居民人口/万人	定额(m^3/人·d)	需水量($\times10^4 m^3$)	村民人口(万人)	定额(m^3/人·d)	需水量($\times10^4 m^3$)		牧畜/万头	需水量($\times10^4 m^3$/a)	
2020 年	4.43	0.15	242.90	50.38	0.10	1 838.88	140	25.19	459.72	2 681.50

根据上述计算与预测，按90%的保证率，到2020年全区总需水量将达到62 346.9×10^4 m^3(表7－5)。

表7－5 新田县近中期各部门需水量汇总表

水平年	保证率/%	需水量/(×10^4 m^3)					
		农业	工业	人畜	其他	水、火发电	总需水量
2020年	50	18 248.2	588	2 681.50	100	34 500	56 117.7
	75	22 885.8	588	2 681.50	125	33 000	59 280.3
	90	27 523.4	592	2 681.50	150	32 000	62 346.9

二、可供水量预测

1.地表水可供水量

本区地表水可供水量主要源于降水，可供水量的多少主要取决于工程设施的拦、蓄、提、引能力。1994年全县塘、库储蓄水量(包括复蓄水量)为1.8×10^8 m^3，其中中型水库储水量1.2×10^8 m^3，占总储量的66%。全县降水产生的地表径流量为6.8×10^8 m^3，其中4.5×10^8 m^3 地表水径流量流入河、川和补给地下水含水层。

地表水的可蓄水量受地形、地貌的因素决定，西部和南部丘陵地区增加可供水量的途径是大力修建各类小型塘、坝。北部山区可以修建中型水库工程增加可供水量。根据规划，预测2020年在现有设施及不同保证率条件下最大可供水量为5.45×10^8 m^3(表7－6)。

表7－6 新田县不同水平年地表水可供水量统计表

水平年	保证率/%	蓄水工程/(×10^4 m^3)	提水工程/(×10^4 m^3)	引水工程/(×10^4 m^3)	新建工程/(×10^4 m^3)	自来水工程/(×10^4 m^3)	自备水源工程/(×10^4 m^3)	合计/(×10^4 m^3)
2010年	50	23 500	2600	28 500	4000	500	2100	57 600
	75	22 000	3000	24 000	4000	500	2100	55 600
	90	19 000	3500	22 000	4000	500	2100	51 100
2020年	50	28 500	2800	32 000	3000	600	2300	66 200
	75	27 000	3200	27 500	3000	600	2300	63 600
	90	24 000	3600	21 000	3000	600	2300	54 500

2.地下水可供水量

地下水与地表水是相互统一的整体，地下水由地表水补给。地下水受地质构造条件的影响，全县地下水位的深度和容量在各乡镇之间相差很大，因而水资源开发程度不同，供需平衡差异大。目前，全县地下水的获取以人工提取为主，机井开采为辅。经调查统计，现状年全县提取地下水量2 051.3×10^4 m^3，主要解决乡镇村民的生活饮用、农业、畜牧业用水。全县多年平均地下水总量为3.37×10^8 m^3，可采资源量为1.32×10^8 m^3，还具有较大的开采潜力。据现有的供水设施及按不同保证率条件下计算预测至2020年最大可蓄供水量2200×10^4 m^3(表7－7)。

表 7-7　新田县不同水平年地下水可供水量统计表

水平年	保证率/%	已建水井工程/($\times10^4m^3$)	已建自备水源工程/($\times10^4m^3$)	新建水井工程/($\times10^4m^3$)	合计/($\times10^4m^3$)
2010 年	50	1000	400	500	1900
	75	1100	400	500	2000
	90	1200	400	500	2100
2020 年	50	1200	500	300	2000
	75	1300	500	300	2100
	90	1400	500	300	2200

三、供、需水量平衡分析

供、需水量平衡分析是按全县的总体供、需水量计算成果求得。需水量是根据现阶段全县工业、农业的发展速度及《新田县 2010 年国民经济发展规划》的具体指标确定。需水量增长较快的是农业及电力生产，人畜饮用水按全县的人口计划增长率，即小城镇建设速度来确定，可供水量按现阶段水利工程设施的增容扩能、配套建设为基础，2020 年全县地表水最大可供水量为 66 200$\times10^4m^3$。

地下水的开发受县域经济、技术的限制，在今后相当长的时期，地下水的开发利用仅以满足人畜的饮用水源的需求、小型开发为主，地下水开发总量为 0.14$\times10^8m^3$(表 7-8)。

表 7-8　新田县不同水平年供需平衡成果表

水平年	保证率/%	供水量/($\times10^4m^3$)			需水量/($\times10^4m^3$)			供需平衡/($\times10^4m^3$)	
		地表	地下	小计	地表	地下	小计	余水	缺水
2010 年	50	57 600	1900	66 600	52 018.4	1200	53 218.4	13 381.6	
	75	55 600	2000	57 600	55 919.8	1200	57 119.8	480.20	
	90	57 100	2100	53 200	58 823.2	1200	60 023.2		6 823.4
2020 年	50	66 200	2000	68 200	54 717.7	1400	56 117.7	12 082.3	
	75	63 600	2100	65 700	57 880.3	1400	59 280.3	6 419.7	
	90	54 500	2200	56 700	609 446.9	1400	62 346.9		5 646.9

通过上述的计算分析，对全县水资源的现状利用有了基本的结论。全县现状用水以满足农业、人畜饮用水为主，工业需水中电力生产为用水大户，辅以中小型县、乡镇工矿企业。

按照不同水平年不同保证率进行预测，50%保证率全县用水是供大于需，75%保证率是供、需基本持平，但各区域呈不平衡状态，南部地区、西部地区需水供不应求。如按 90%保证率则是全县严重缺水。

第三节　岩溶区水资源开发规划工程方案

根据区内水资源分布现状及水资源的需求量分析，在现有水资源开发利用的基础上，针对各类型规划区的水资源开发条件和社会经济发展的需求，规划实施的主要工程有以下 4 项。

一、峰丛洼地岩溶地下水资源开发区(Ⅰ)规划工程方案

本区水资源的特点是地下水资源较为富集，地表水较为缺乏，水资源开发应以地下水为主、地表水为辅，主要规划的工程如下。

1. 十字乡响水岩地下水开发

响水岩位于十字乡乐塘村，是地下河的一个露头天窗，地下河出口常年平均流量为1～1.5m^3/s，枯水期流量为464L/s，其水质优良，是该区大冠岭干旱死角区主要的地下水水源之一。为了解决该区域的人畜饮水和灌溉用水，在20世纪70年代初曾进行过开发，但由于施工质量低，原建成的大坝已被冲垮，工程没有发挥效益。要充分利用该水源使其造福人民，需在原有工程的基础上，重建一座长20m、高10m、宽4m的浆砌石坝，采用混凝土防渗，用水轮泵提水并配套渠道8km。工程量为：浆砌石1480m^3、混凝土250m^3、清基土方2600m^3、水轮泵2台，可改善灌溉面积2400亩。工程完工后，能确保乐塘村、老夏荣村、十字圩乡、乐冲村、欧家山村5个行政村3000亩农田旱涝保收和解决4000人及牲畜的饮水困难。

2. 表层带岩溶泉水开发

该区可用的水资源有限，所出露的天然露头大部分已被利用，但在利用方式上，所采用的工程方法旧、蓄水功能低，水资源利用率不高。如十字乡的横干岭S27号泉、周家山S23号泉，现主要是在泉水处围堰、蓄水，没有修建集水池，蓄水功能差，仅在雨季或丰水期具有供水能力，而雨后和枯水期无水，人畜饮水极为困难。从现有的开发程度分析，水资源没有得到充分利用。全区的水资源开发利用应从整体出发，在开采方式及利用上进行改造和规划，将具有较大的潜力。为此，建议该区的水资源开发模式立足现状进行开采方式、方法的改进，以蓄、引和修建集水箱的开采模式开发地下水资源。预计投资40万元，解决刘家山、黄陡坡、鹅眉凼扩建，燕子塘、火炉岭等村屯饮水问题。

3. 杨家洞水库库内帷幕灌浆防渗工程

杨家洞水库位于新田县枧头镇，于1976年扩建成的一座中型水利工程，库容1230×10^4 m^3，集雨面积32.8km^2，设计灌溉毛里乡、枧头镇、十字乡3个乡镇的2.41×10^4亩农田。水库库内地质条件相当复杂，渗漏十分严重。水库建成后从未蓄满水，实灌面积仅有1.5×10^4亩。针对这一现状，必须对库内进行帷幕灌浆处理，具体措施为：设计钻孔704个，孔距为3m，孔径不小于91mm，灌浆总进尺为28 160m，需投资732.16万元。灌浆堵漏后不仅能达到设计灌溉效益，还能解决枧头镇6000人及牲畜的饮水问题，经济效益和社会效益十分显著。

二、峰林谷地地下水、地表水资源联合开发区(Ⅱ)规划工程方案

本区地下水地表水资源均较为丰富，利用岩溶谷地、洼地修建的山塘、水库较多，地下河、岩溶泉、溶潭和溶井等地下水天然露头较多。根据水资源分布条件，本区水资源开发以地下水、地表水联合开发为主，加强水利工程的岩溶防渗，合理调度，节水灌溉，综合利用，提高水资源利用率，主要规划开发的工程如下。

1. 友谊水库大坝防渗工程

友谊水库兴建于1972年，设计库容232×10^4 m^3，集雨面积11.08km^2，设计灌溉面积0.39×10^4亩，水库在兴建时由于大坝清基不到位，加上大坝压实质量标准低而导致坝体及坝基渗漏严重，使得水库不能蓄满运行。实际灌溉面积为0.15×10^4亩。需对渗漏段进行帷幕灌浆处理，钻孔共47个，孔距3m，

平均每孔深 40m，孔径 91mm。工程量：灌浆总进尺 1880m，共需投资 60 万元。

2. 东岭水库堵漏工程

东岭水库位于新田县金盆圩乡，1975 年兴建的一座小(一)型水利工程，设计库容 $349.5\times10^4m^3$，设计有效灌溉面积 0.6×10^4 亩，现在实际有效灌溉面积不足 0.35×10^4 亩，由于库内有 2 个溶洞，渗漏严重，经过几年的努力现已处理好，但后来又发现在库内底部有一个 $1500m^2$ 大面积渗漏区域，为了使东岭水库充分发挥效益，拟将对渗漏区进行面板混凝土防渗。工程完工后增加水量 $80\times10^4m^3$，增加灌溉面积 0.4×10^4 亩。工程量：混凝土 $300m^3$、土石方 $750m^3$，合计投资 40.2 万元。

3. 枧头镇、杨家洞地下水资源开发利用

枧头镇和杨家洞地段位于新田县西南部，距新田县 16km，现有居住人口 6500 人，现人畜饮水主要有 2 处岩溶泉水作为供水水源地。泉水季节性变化较大，枯水季水资源短缺，人畜饮水较为困难。本区岩溶发育强烈，地下水资源虽然较为丰富，但分布极不均匀。过去曾在枧头镇政府所在地施工机井一口，井深 75m，水位埋深 9.2m，涌水量 $20m^3/h$。但由于成井工艺较差，在 23.5m 溶洞段孔壁坍塌及水质浑浊不清而报废。本区地下水资源丰富，主要集中分布于地下岩溶管道中。开发该区的地下水是解决区内用水困难的主要途径。根据初步调查，区内地下水开发应以深部岩溶水为主，利用深孔打井抽水。据地质调查及地面物探勘测，孔深 80～100m，可获得单井涌水量为 $300\sim400m^3/d$ 的供水井。此外，在杨家洞一带也可扩泉引水，引水量可达 6L/s。预计投资 60 万元，解决 5000 人饮水问题。

三、峰林平原深层岩溶水资源开发区(Ⅲ)规划工程方案

本区位于新田县南部，区内严重干旱，现主要由立新水库及宏发地下河作为供水水源地。在石羊镇一带由于距水利工程类水源地较远，大部分农田干旱缺水，人畜饮水困难。根据本次调查，岩溶平原区地下水天然露头点较少，但埋深较浅，一般在 5～10m，局部达 20m，地下水资源较为丰富，但分布不均。从调查结果分析，解决局部地区人畜饮水问题，适宜采用机井开采地下水。如在石羊镇政府驻地，井深 60～80m，即可获得 $200\sim300m^3/d$ 的供水井。拟在石羊镇、金盆圩乡、陶岭乡等地进行地下水资源开发，钻井 4 口，取水量 $600\sim1000m^3/d$，解决 5000 人饮水困难，预计投资 80 万元。

四、丘陵-垄岗岩溶水资源开发利用区(Ⅳ)规划工程方案

本区位于新田县中东部，是全县最大的农业生产基地。区内以地表水为主，水资源较为丰富。区内出露地层以不纯碳酸盐岩为主，由于受岩性、构造的影响，岩溶发育不均，致使地下水分布极不均匀，局部地区干旱缺水。根据水资源分布特点，本区水资源开发应以地表水为主、地下水为辅，对区内水资源进行综合调度。根据实际情况，水资源开发规划与工程方案如下。

1. 龙溪村地下水开发工程

知市坪乡龙溪村有 420 户 1402 人。该村是全县饮水困难村之一，为了解决龙溪村人畜饮水和山地开发 300 亩农田的灌溉困难，需在该村泉井原有基础上加深扩宽，增大水来源量和水池蓄水量，并设电灌设施，水池容积为 $160m^3$。工程量：输水管道 5630m、石方开挖 $35m^3$、浆砌石 $189m^3$、钢筋混凝土 $31m^3$、土方 $8740m^3$、提水泵 1 台、$7m^2$ 泵房 1 间，合计需投资 28.2 万元。

2. 千山现代生态示范园水利工程配套项目

千山位于新田县知市坪乡，中部在冷水塘、龙井塘、山下、定家、龙溪、窑头、大富山 7 个行政村交接处，面积约 6000 亩，是建于 20 世纪 70 年代的一个综合性科技示范基地。目前该基地种植果木 800 亩，

速生松2000亩，是多种优良品种的养殖基地，现在尚有3000亩荒山有待开发。为了能使面积6000亩的示范园充分发挥效益，必须加强水利基础建设。经初步规划需打机井6口，每口井供水量为200m³/d，新建1座两级排灌站，2个容量为500m³的水塔并配以2000m的灌溉渠，预计投资120万元，以解决千山现代生态示范园的供水水源。

3. 高山村人畜饮水工程

该项工程位于新田县高山乡，包括高山村、石门头2个村及政府机关5000多人，本区干旱缺水，干旱季节时，人畜饮水需到2.0km外运水。

根据本次调查，区内地貌形态主要表现为岩溶丘峰(陵)谷地，峰顶海拔高程为200m，谷地海拔高程为170～180m，相对高差20～30m，谷地宽缓，丘峰间小冲沟发育。出露的地层主要有上泥盆统锡矿山组下段(D_3x^1)和下石炭统岩关阶下段(C_1y^1)，岩性分别为灰色、浅灰色厚层状灰岩、白云质灰岩和灰白色、深灰色白云质灰岩、碳质灰岩。岩溶较为发育，地下水主要为溶洞裂隙水，储存于岩溶管道中。据出露的岩溶泉水取样分析，地下水化学类型一般为$HCO_3-Ca\cdot Na$或HCO_3-Ca型，总硬度一般小于300mg/L，pH值为7～8.5，水质良好。

根据调查及物探成果分析，本区地下水开采应以机井为主，井位主要布设于高山乡岩溶谷地一带，井深一般100～150m，单井涌水量可达100～250m³/d。

4. 白杜水库扩建

白杜水库位于新田县大坪塘乡白杜村，建于1958年，设计库容79.3×10⁴m³；设计灌溉面积0.15×10⁴亩，有效灌溉面积达0.12×10⁴亩。由于水库本身集雨面积小，需将金陵水库东干三段尾段疏通，兼作该水库引水渠。由于库容量偏小，为充分利用水资源为干旱死角区生产生活服务，需对水库进行扩建，大坝加高2m，水库扩建后库容为105×10⁴m³，可增加水量40×10⁴m³，增加灌溉面积0.14×10⁴亩。工程量：土方3.5×10⁴m³、浆砌石80m³、干砌石120m³、混凝土200m³、钢筋混凝土30m³，需投资93.12万元。

5. 合群水库扩建

合群水库位于新田县知市坪乡白杜尧村，建于1958年，设计库容46.8×10⁴m³，设计灌溉面积0.15×10⁴亩，实际有效灌溉面积0.05×10⁴亩。由于水库库容量过小，为了充分将现有的水资源用于农业生产，需将水库扩建为小(一)型，扩建后库容增加125×10⁴m³，新增灌溉面积0.12×10⁴亩。工程量：土方3×10⁴m³、浆砌石26m³、混凝土80m³、钢筋混凝土38m³，需投资83.18万元。

6. 牛婆溪水库兴建

陶岭乡陶岭圩等村属干旱死角区，水利条件差，水利设施少，0.15×10⁴亩农田长期受旱。为了改变这一状况，利用牛婆溪冲的有利地形地质条件修建牛婆溪水库，设计库容为11.3×10⁴m³，可灌溉250亩农田。工程量：土方2100m³、浆砌石4146m³、混凝土1450m³，总投资109万元。

7. 心安河坝水电站扩建

心安河坝水电站位于新田县东南端的心安村，距县城35km，建于1971年，控制流域面积1860km²，河水常年平均流量为30～40m³/s，最小流量为8m³/s，是一座以灌溉为主结合发电的中型水利工程。河坝电站现常年平均发电量在100×10⁴kW·h，而河坝水能资源远大于现在电站的装机容量，造成了水能资源的浪费。为了充分利用河坝的水能，计划在河坝右岸开挖一条长88m的引水渠，再在其下游建一座装机容量为625kW的发电站。电站建成后，每年增加发电量超200×10⁴kW·h。

第四节　富锶地下水资源开发利用区划

一、富锶地下水资源开发利用区划原则与方法

1. 富锶地下水的确定、范围、类型及开发利用工程方法

以锶含量≥0.2mg/L的地下水称为富锶地下水。根据野外地质调查、勘探结果及富锶地下水形成的成因等，按富锶地下水分布的地层边界线确定为富锶地下水区的分布范围线。按资源类型分为2类，资源出露于地表的称之为裸露型资源区，资源埋藏于地下，需要工程手段才能到达地表的资源称为埋藏型资源区。采用钻井(机井)、人工浅井开拓取水通道，利用深井抽水泵及输水管材等取水设备及材料将地下深部的富锶地下水资源抽出到地面，引至生产区生产的方法，简称抽引水工程方法；利用输送管材及其他设备将流出地面的富锶地下水资源引至生产区生产的方法，简称引水工程方法。

2. 开发区的划分

按富锶地下水资源的主要分布类型和开发利用方式进行区划，即以埋藏资源型为主的开发利用区(Ⅰ区)采用抽引水开发方式，以裸露资源型为主的开发利用区(Ⅱ区)采用引水开发方式。

3. 开发利用区亚区的划分

以同一属性不连续分布的不同地块(无直接水力联系的两块段)划分为亚区($Ⅰ_{-1}$、$Ⅰ_{-2}$、$Ⅰ_{-3}$，阿拉伯数字表示亚区号)(图7-2)。

4. 开发利用区地段(块段)划分

以地质、环境地质、水文地质条件、现有资源的丰贫程度、开发潜力的大小等划分为资源丰富型地段($Ⅰ_{-1}^{-a}$)和资源较丰富至资源贫乏块段($Ⅰ_{-1}^{-b}$)，不同的块段以后缀阿拉伯数字表示(如$Ⅰ_{-1}^{-a-1}$)。

新田县富锶地下水开发利用区划共划分出以莲花圩—茂家—新圩北—大坪塘、龙会寺圩—龟石坊一带以埋藏资源型为主的开发利用区(Ⅰ区)及大历县村—白云山—大窝岭一带以裸露资源型为主的开发利用区(Ⅱ区)两种类型。莲花圩—茂家—新圩北—大坪塘一带、落脚—下坠、龙会寺圩—龟石坊一带3个亚区；大历县、白云山、大窝岭、火里塘、龙会寺圩、晒鱼坪、杨家湾7个资源丰富的块段及以莲花圩—茂家—新圩北—大坪塘、桐木岭—龟石坊、落脚—下坠、大历县南—神仙洞—道塘北4个资源较丰富至资源贫乏的块段(图7-2、图7-3)，总面积约176km²，计算的允许开发量为54 560m³/d，已初步调查的总开发利用量可达18 231m³/d；富锶地下水开发利用区地层为D_3s及D_2q下段，主要富锶地下水富水块段的岩性为泥质灰岩、灰岩夹层段，薄层灰岩与泥灰岩或泥岩、页岩互层段是该区富锶地下水富集储藏区，是开发富锶地下水的良好地段，可勘探到丰富优质的富锶地下水资源，可为新田县富锶天然饮用矿泉水产业性开发提供足够的富锶地下水能源支撑。

新田县富锶地下水开发利用区划：在富锶地下水区176km²范围内，设立了两个不同类型的开发区，共11个开发块段；其中有7个为富锶地下水资源丰富块段($Ⅱ^{-a-1}$，$Ⅱ^{-a-2}$，$Ⅱ^{-a-3}$，$Ⅰ_{-1}^{-a-1}$，$Ⅰ_{-1}^{-a-2}$，$Ⅰ_{-2}^{-a}$，$Ⅰ_{-3}^{-a}$)，面积约11.44km²；可供开发利用的富锶地下水资源开发点29处(泉水、浅井、深井)，总开发量约11 770m³/d。

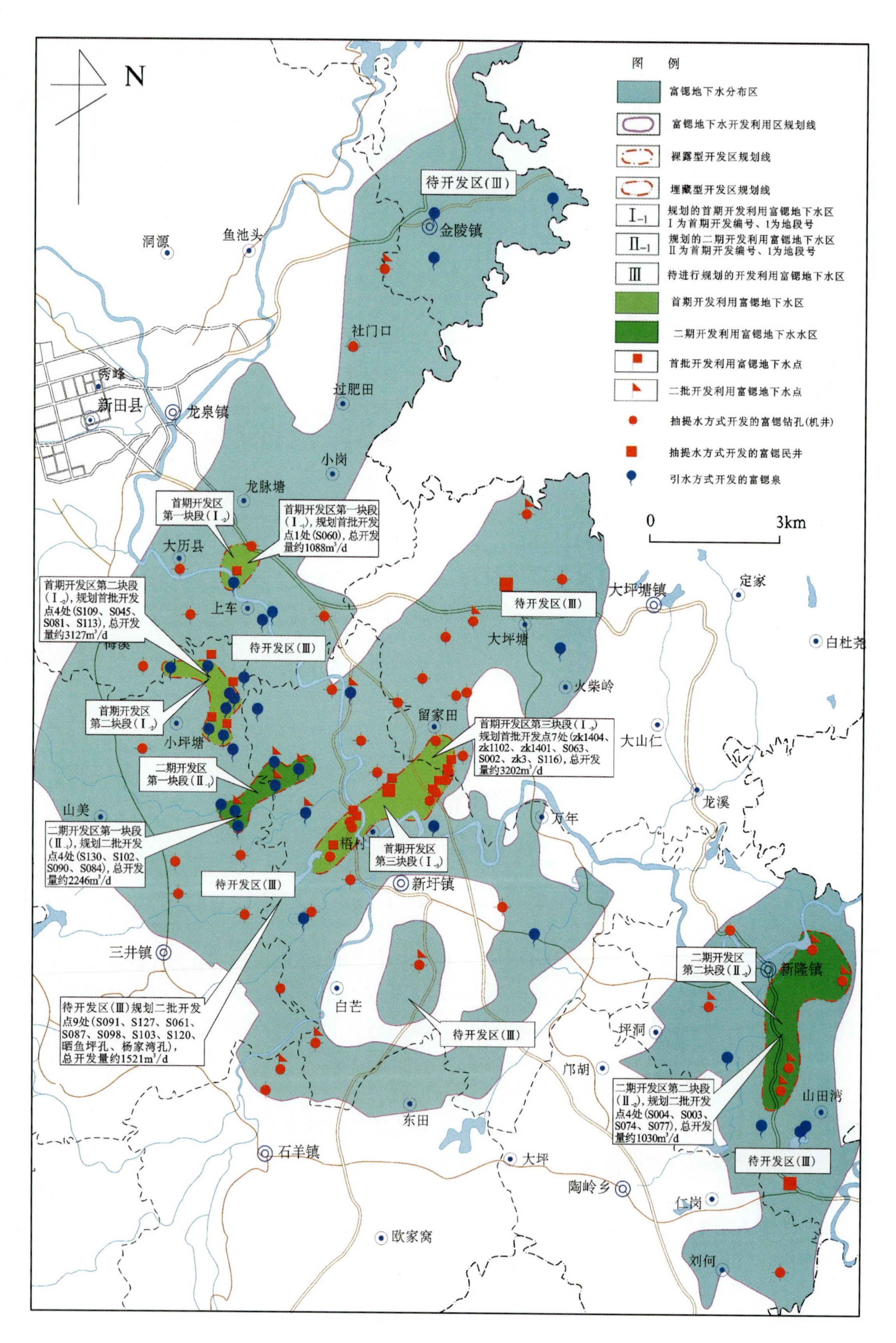

图 7-2 新田河流域富锶地下水开发利用区划图

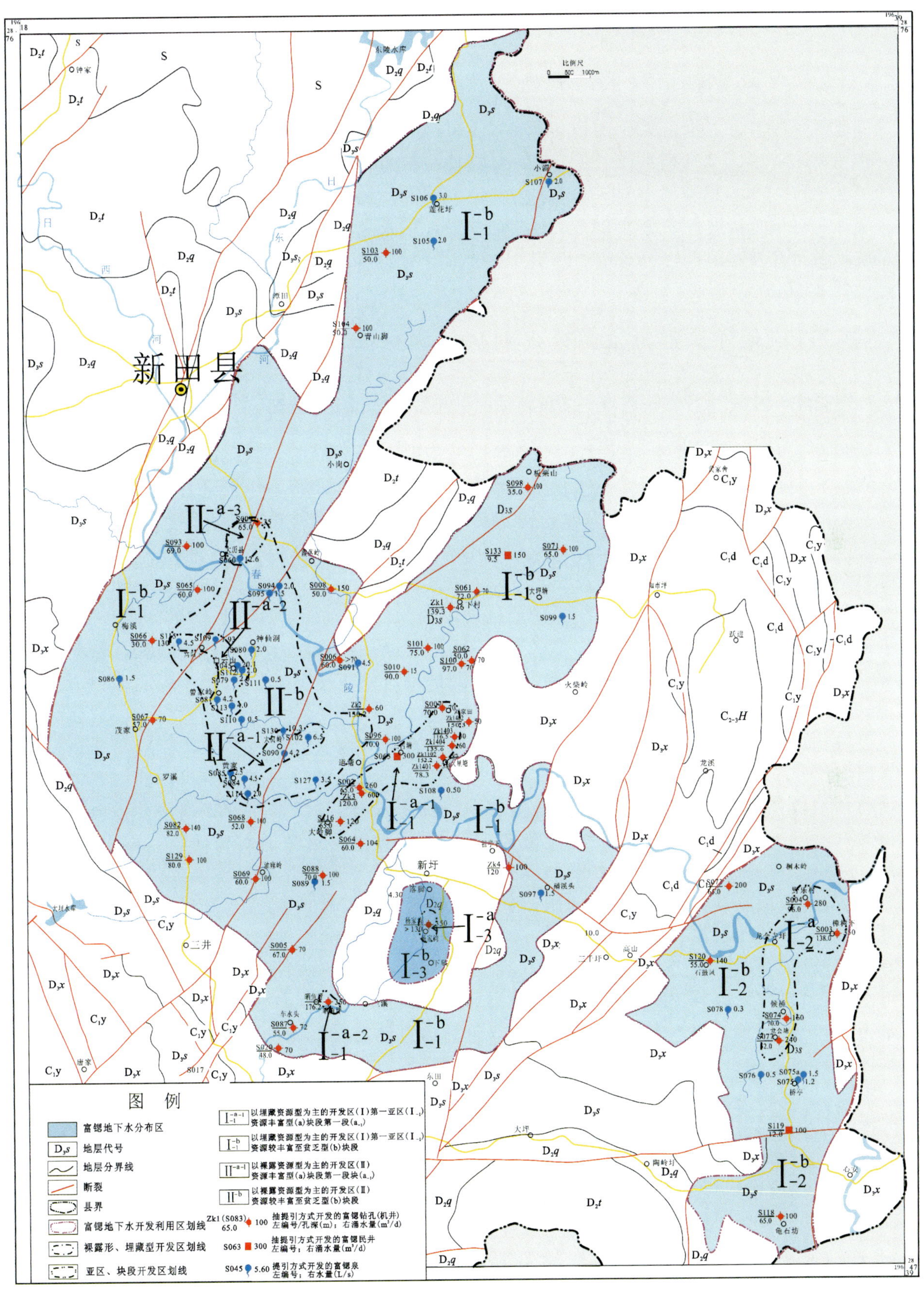

图 7-3　富锶地下水开发利用区划图

二、以埋藏资源型为主的开发利用区

(一)以埋藏资源型为主的开发利用区总体概况

以埋藏资源型为主的开发利用区(Ⅰ)(表7-9):分布于莲花圩—茂家—晒鱼坪—三占塘—大坪塘一带为第一亚区(I_{-1}),桐木岭—龙会塘—龟石坊一带为第二亚区(I_{-2}),落脚—杨家湾—下坠一带为第三亚区(I_{-3}),面积约159.51km^2,地层为D_3s及D_2q^1,埋藏型富锶地下水资源丰富。亚区内调查统计有可供直接进行开发利用(50m^3/d)的富锶地下水钻孔、机井、民井51处,泉水10处,仅不完全统计的可开发利用量约9816m^3/d。其中富锶地下水以抽引开发利用的约7786m^3/d,引水开发利用的约2030m^3/d。

(二)以埋藏资源型为主的开发利用区各亚区基本特征

1.莲花圩—梅溪、大坪塘—道塘—晒鱼坪抽提引开发富锶地下水亚区(I_{-1})

该亚区分布于新田县北东的莲花圩—青山脚—县城南的梅溪—茂家,县城东的大坪塘—东南的三占塘—晒鱼坪一带,为垄岗-低山丘陵区,春陵水(新田河)为最低排泄基准面,亚区面积约127.82km^2,出露地层为D_3s,岩性为泥灰岩夹泥质灰岩、灰岩、不纯灰岩、泥岩、页岩等,呈不规则长条形分布;地表入渗系数(α)约0.17,径流模数约2.17L/(s·km^2),储量丰富,检测矿泉水点68处,锶平均含量为1.34mg/L,矿泉水以富锶为主,间含碘(S020、S062、S063、S069、ZK1、ZK2、ZK1401);亚区有可供开发(50m^3/d)富锶自然泉9处,总流量约21.0L/s(1814m^3/d),富锶的机井、民井、勘探井41处,总涌水量约5696m^3/d,目前勘查可开发利用的资源量大于7510m^3/d,该区计算分析的锶源补给量约14 372 080mg/d,允许开发总量约39 624m^3/d,富锶地下水丰富、锶含量高、寻找水源简单,找水标志明显。该亚区属以埋藏资源型为主、采用抽提引方式为主开发的富锶地下水区。

1)刘家田—火里塘—大岭脚资源丰富地段(I_{-1}^{-a-1})

该地段分布于新田县南东的刘家田—火里塘—三占塘—大岭脚一带,为垄岗-低山丘陵区,新田河将该地段分割为北东段和南西段,北东段为刘家田—道塘,地下水由北东向南西方向运动,南西段为大岭脚—道塘,地下水由南西向北东方向运动,均排泄于道塘的新田河段。该地段区划面积约3.42km^2,出露地层为D_3s中上段,岩性为泥灰岩、泥岩、页岩夹不纯灰岩,以及泥质灰岩、灰岩等,地段呈长条形不规则分布。矿泉水储量丰富,检测矿泉水点9处,涌水量约2402m^3/d,单位涌水量702.3m^3/d·km^2,锶平均含量为1.07mg/L,矿泉水以富锶为主,间含碘(S063、ZK1401)。该地段有可供开发(50m^3/d)的富锶钻孔、机井、民井8处,总涌水量约2372m^3/d,可重点勘探开发的富锶地下水点有7处(ZK1404,ZK1102,ZK1401,S063,S002,ZK3,S116),开发总量约2300m^3/d,锶平均含量为1.30mg/L,属富锶地下水水量丰富、锶含量高的地段,为采用抽提方式开发的富锶富碘型矿泉水区。

2)晒鱼坪资源丰富地段(I_{-1}^{-a-2})

该地段位于新田县新圩镇南西晒鱼坪村北,区划面积约0.17km^2,出露地层为D_3s下段,岩性为泥灰岩、泥岩、页岩夹不纯灰岩,以及泥质灰岩、灰岩等。地段内勘探发现并检测矿泉水点1处,水储量丰富,涌水量约350m^3/d,单位涌水量为2059m^3/(d·km^2),锶平均含量为1.68mg/L,矿泉水以富锶为主,间含碘,为重点开发的富锶富碘型矿泉水点。

3)莲花圩—茂家—晒鱼坪—三占塘—大坪塘一带资源较丰富至贫乏地段(I_{-1}^{-b})

该地段分布于新田县北东的莲花圩—东部的大坪塘—南东部礌溪头—南部的茂家乡一带,多为垄岗-低山丘陵区,地段面积约124.23km^2,为不规则长条形,呈北东向分布,新田河从中部穿过该地段,将

表 7-9 以埋藏资源型为主的开发利用区划资源统计一览表

序号	区	亚区	块段	块段面积 /km^2	资源点							备注
					编号	位置	类型	资源量 /($m^3 \cdot d^{-1}$)	锶含量 /($mg \cdot L^{-1}$)	超标元素	水质量级别	
1		I_{-1}^{-a-1}		3.42	S007	刘家田	机井	70	1.10	Hg	Ⅳ	
					zk1403	刘家田南东	勘探钻孔	30	0.70		Ⅰ	
					zk1404	火里塘北东	勘探钻孔	160	0.79		Ⅰ	重点开发点
					zk1102	火里塘	勘探钻孔	482	1.38		Ⅰ	重点开发点
					zk1401	火里塘南西	勘探钻孔	380	2.43		Ⅰ	重点开发点
					S063	三占塘	民井	300	1.65		Ⅰ	重点开发点
					S002	道塘	机井	260	0.26		Ⅰ	重点开发点
					zk3	道塘	勘探钻孔	600	0.77		Ⅰ	重点开发点
					S116	大岭脚	机井	120	2.16		Ⅰ	重点开发点
					合计			2402				
2		I_{-1}^{-a-2}		0.17	晒鱼坪	晒鱼坪北东 100m	勘探钻孔	350	1.68		Ⅰ	重点开发点
					合计			350				
3		I_{-1}^{-b}			S107	小源村	泉水	172.8	0.54		Ⅰ	
					S106	莲花圩	泉水	259.2	0.26		Ⅰ	
					S105	南塘村	泉水	172.8	0.30		Ⅰ	
					S103	长溪岭村南东	居民机井	100	4.28		Ⅰ	重点开发点
					S104	青山岭村北西	居民机井	100	2.87		Ⅰ	
					S093	龙泉镇洞头村	居民机井	100	0.94		Ⅰ	
					S065	龙泉镇谭家山村	居民机井	100	0.20		Ⅰ	
					S008	霞落岭南东 700m	居民机井	150	0.39		Ⅰ	
					S098	枇杷窝村	居民机井	100	4.38		Ⅰ	重点开发点
					S071	大塘边村	居民机井	100	3.30	TFe、F	Ⅳ	重点开发点
					S132	大坪塘乡小塘村	居民机井	50	0.88		Ⅰ	

续表 7-9

序号	区	亚区	块段	块段面积/km²	资源点							备注
					编号	位置	类型	资源量/($m^3 \cdot d^{-1}$)	锶含量/($mg \cdot L^{-1}$)	超标元素	水质量级别	
3		I_{-1}^{-b}		124.23	S133	大坪塘乡杨秀溪村	居民民井	150	0.42		Ⅰ	
					S061	大坪塘乡下村北东	居民机井	70	6.10		Ⅳ	重点开发点
					zk1	大坪塘乡下村南西	勘探钻井	48	2.54		Ⅰ	
					S099	大坪塘乡南塘村	泉水	129.6	0.46		Ⅰ	
					S006	石榴窝东 400m	居民机井	70	0.86		Ⅰ	
					S091	黄土园村北 200m	泉水	388.8	0.41		Ⅰ	
					S101	水尾洞	居民机井	100	3.78		Ⅰ	
					S062	土桥坪北东	居民机井	70	0.38		Ⅰ	
					S100	土桥坪北	居民机井	70	1.94		Ⅰ	
					zk2	社湾村南 900m	勘探钻井	60	2.54		Ⅰ	
					S096	车田村	居民机井	100	0.31		Ⅰ	
					S066	五柳塘村	居民机井	130	2.91		Ⅱ	
					S086	秦家村北	泉水	129.6	0.55		Ⅰ	
					S067	茂家乡茂家村	居民机井	70	1.93		Ⅱ	
					S082	翰冲村	居民机井	140	0.45		Ⅰ	
					S068	十八奎村	居民机井	100	3.54		Ⅰ	
					S069	油麻岭村	居民机井	100	0.34	Mn	Ⅳ	
					S129	大坪头村	居民机井	100	2.38		Ⅰ	
					S064	巴山头村	居民机井	104	0.83		Ⅰ	
					S088	鸦鹊塘村	居民机井	100	1.91		Ⅰ	
					S089	鸦鹊塘村	泉水	129.6	0.53		Ⅰ	
					zk4	古幽洞村北	勘探钻井	100	0.26		Ⅰ	
					S097	磻溪头村南西	泉水	129.6	0.36		Ⅰ	

续表 7-9

序号	区	亚区	块段	块段面积/km²	资源点							备注
					编号	位置	类型	资源量/($m^3\cdot d^{-1}$)	锶含量/($mg\cdot L^{-1}$)	超标元素	水质量级别	
3		I_{-1}^{-b}			S005	半边月村	居民机井	70	0.94		Ⅰ	
					S087	塘伏坊村	居民机井	72	7.43		Ⅰ	重点开发点
					S133	杨秀溪西 100m	居民民井	150	0.42		Ⅰ	
					S020	放乐洞村	居民机井	70	2.73	Hg	Ⅳ	
					S129	大坪头村	居民机井	100	2.38		Ⅰ	
					S127	道塘南西 1000m	泉水	302.4	0.20		Ⅰ	
					合计			4 758.4				
4		I_{-2}^{-a}		4.03	S004	新隆镇野乐村	居民机井	280	0.91		Ⅰ	重点开发点
					S003	新隆镇樟树下村	居民机井	350	0.58		Ⅰ	重点开发点
					S074	新隆镇候桥村	居民机井	160	2.02		Ⅰ	
					S077	新隆镇龙会谭村	居民机井	240	6.95		Ⅰ	重点开发点
					合计			1030				
5		I_{-2}^{-b}		24.77	S073	新隆镇袢脚村	居民机井	200	0.21		Ⅰ	
					S120	新隆镇石鼓风村	居民机井	140	8.09		Ⅰ	重点开发点
					S075a	新隆镇桥亭村	泉水	216	0.44		Ⅰ	
					S075	新隆镇桥亭村	居民民井	150	0.35		Ⅰ	
					S119	新屋场村	居民民井	100	1.20		Ⅰ	
					S118	龟石坊村	居民机井	100	2.33		Ⅰ	
					合计			906				
6		I_{-3}^{-a}		0.27	杨家湾	杨家湾村	勘探钻井	350	1.00		Ⅰ	重点开发点
					合计			350				
7		I_{-3}^{-b}		2.62								
总计				159.51	61 处			9 796.4				

注：以埋藏资源型为主的开发利用区(Ⅰ)，资源丰富型亚区(a)，资源较丰富至贫乏型亚区(b)，区、亚区、块段编号(1、2、3)；流量测量：泉水流量为调查时测量，机井、民井涌水量为调查访问时涌水量，勘探钻孔涌水量为勘探时的抽水试验涌水量；矿泉水小于 $50m^3/d$ 不参与统计(勘探钻孔除外)。

该地段分割为北东段和南西段，北东段为莲花圩—大坪塘一带，地表水及地下水主要由北东向南西方向运动，排泄于新田河；南西段为梅溪—茂家—车水头—磻溪头一带，地表水及地下水主要由南西向北东方向运动，排泄于新田河。出露地层为 D_3s，岩性为泥灰岩、泥岩、页岩夹不纯灰岩，以及泥质灰岩、灰岩等，从上到下大致可分为 7 个主要岩性段：D_3s^7 泥页岩夹泥灰岩段，D_3s^6 泥质灰岩、灰岩段，D_3s^5 泥灰岩、泥页岩夹薄层不纯灰岩段，D_3s^4 泥质灰岩、灰岩段，D_3s^3 泥灰岩、泥页岩夹薄层不纯灰岩段，D_3s^2 灰岩段，D_3s^1 泥灰岩、泥页岩段。刘家田及下村剖面的地层总厚达 701～1171m，碳酸盐岩层总厚为 203～289m，厚度变化大。矿泉水储量较丰富，检测矿泉水点 48 处（其中机井、民井 33 处、泉水 15 处），涌水量约 4998m^3/d，单位涌水量为 40.2m^3/(d·km^2)，该地段有可供开发利用（50m^3/d）的富锶钻孔、机井、民井、泉水 40 处（其中机井、民井 31 处、泉水 9 处），总涌水量约 4758m^3/d（其中机井、民井约 2944m^3/d、泉水约 1814m^3/d），锶平均含量为 1.7mg/L，矿泉水以富锶为主，间含碘（S100、S098、S087、S071、S062、S061）。该地段为以采用抽提方式为主、引流方式为辅的待开发利用的富锶（富碘）型矿泉水区。

2. 桐木岭—龙会寺圩（新隆镇）—龟石坊抽提引开发富锶矿泉亚区（$Ⅰ_{-2}$）

该亚区分布于新田县东新隆镇的野乐村—龙会寺圩—候桥—龟石坊一带，垄岗-低山丘陵地貌区，面积约 28.8km^2，地层为 D_3s，亚区呈南北带状分布。地表入渗系数（α）为 0.17，径流模数为 2.17L/(s·km^2)，储量丰富。目前检测矿泉水点 12 处（可开采量大于 50m^3/d 的有 10 处），勘探发现资源量约 2005m^3/d，均为富锶地下水（S004 机井为富锶富锌矿泉水），平均含量为 1.97mg/L，其中开采量大于 50m^3/d 的自然矿泉 1 处，总流量约 2.5L/s(216m^3/d)，机井、民井 9 处，总涌水量约 1720m^3/d，计算分析的锶源补给量约3 238 272mg/d。该亚区富锶地下水丰富、锶含量高、寻找富锶水源简单，找水标志明显，属以埋藏资源型为主、采用抽提方式开发为主的富锶地下水待开发利用区。

1）野乐村—龙会寺圩—龙会塘资源丰富地段（$Ⅰ_{-2}^{-a}$）

该地段分布于新田县南东新隆镇的野乐村—龙会寺圩—龙会塘一带，为垄岗-低山丘陵区，新田河从该地段北部通过，地表水及地下水运动方向主要由南向北运动，排泄于龙会寺—野乐村间的新田河段。该地段面积约 4.03km^2，出露地层为 D_3s 中上段，岩性为泥灰岩、泥岩、页岩夹不纯灰岩，以及泥质灰岩、灰岩等，地段呈近南北向不规则长条形分布。矿泉水储量丰富，检测矿泉水点 4 处（S003、S004、S074、S077），涌水量约 1030m^3/d，单位涌水量为 255.6m^3/(d·km^2)，锶平均含量为 2.62mg/L，矿泉水以富锶为主，间含碘（S074、S077）、锌（S004）。该地段调查检测的 4 处（机井）富锶地下水点均可供开发利用（50m^3/d），总开发利用量大于 1030m^3/d，是开发潜力较大的开发利用区。该地段富锶地下水资源丰富、锶含量高，属以埋藏资源型为主、采用抽提方式开发为主的富锶地下水待开发利用区。

2）桐木岭—石鼓风—龟石坊资源较丰富至贫乏地段（$Ⅰ_{-1}^{-b}$）

该地段分布于新田县南东新隆镇的桐木岭—石鼓风—龟石坊一带，多为垄岗-低山丘陵区，地段面积约 24.77km^2，为不规则长条形，近南北向分布，新屋场—塘石岭间为该地段的南北地表水分水岭，新屋场以北的地表水汇流排泄于流经石鼓风—野乐村的新田河段，塘石岭以南地表水将汇流于东山岭河，排泄于流经佃湾村的新田河段。该段南部（新屋场以南）出露地层为 D_3s，岩性为泥灰岩、泥岩、页岩夹不纯灰岩，以及泥质灰岩、灰岩等，从上到下大致可分为 7 个主要岩性段：D_3s^7 泥页岩夹泥灰岩段，D_3s^6 泥质灰岩、灰岩段，D_3s^5 泥灰岩、泥页岩夹薄层不纯灰岩段，D_3s^4 泥质灰岩、灰岩段，D_3s^3 泥灰岩、泥页岩夹薄层不纯灰岩段，D_3s^2 灰岩段，D_3s^1 泥灰岩、泥页岩段。该段北部（新屋场以北）出露地层为 D_3s 中上段（D_3s^3～D_3s^7）。该段矿泉水储量较丰富至贫乏，目前调查检测的矿泉水点有 8 处（其中机井、民井 5 处、泉水 3 处），矿泉水量约 968m^3/d，单位涌水量为 39.1m^3/(d·km^2)。该地段有可供开发利用（50m^3/d）的富锶钻孔、机井、民井、泉水 6 处（其中机井、民井 5 处、泉水 1 处），总水量约 906m^3/d（其中机井、民井约 690m^3/d、泉水约 216m^3/d），锶平均含量为 1.85mg/L，矿泉水以富锶为主。该地段为以采用抽提方式为主的待开发利用的富锶型矿泉水区。

3. 新圩—杨家山抽提引开发富锶地下水亚区（Ⅰ-3）

该亚区分布于新田县新圩镇南东的新圩南—杨家山南一带，主要为丘陵地貌区，面积仅 2.89km^2，地层岩性为 D_2q^1 深灰色、紫灰色中厚层及厚层泥质灰岩、泥灰岩互层，局部为灰岩，目前仅有 1 孔布于 D_2q^1 并打穿 D_2q^1 进入 D_2t 砂岩的勘探井发现富锶富锂矿泉水点 1 处，钻孔涌水量约 350m^3/d。锶含量大于 1.0mg/L，锂含量大于 0.5mg/L，富锶富锂矿泉水较丰富，属埋藏资源型、采用抽提方式开发的富锶地下水区。

三、以裸露资源型为主的开发利用区

1. 以裸露资源型为主的开发利用区总体概况

以裸露资源型为主的开发利用区分布于龙泉镇大历县村—大窝岭村一带（表 7-10），呈北西向带状分布，面积约 16.49km^2，出露地层为 D_3s 中上段，以中段为主；该区属垄岗-低山丘陵地貌区，地表入渗系数（α）为 0.17，径流模数为 2.17L/(s·km^2)，裸露型富锶地下水资源丰富。目前勘探发现区内有可供直接开发利用（50m^3/d）的富锶自流泉 18 处，开发量为 8415m^3/d（流量为 97.4L/s），分析计算的地下锶源补给量约 1 854 136mg/d。此区富锶地下水量丰富，且已出露于地表，寻找富锶水源简单，找水标志明显，为提引方式开发为主的开发利用区，局部地段可配用钻孔抽提开发，以提高富锶地下水开发量。

2. 以裸露资源型为主的开发利用区各地段基本特征

1）大窝岭—黄家资源丰富地段（Ⅱ-a-1）

该地段分布于新田县南大坪塘乡大窝岭—黄家一带，为垄岗-低山丘陵区，地段面积约 1.4km^2，地表水及地下水流向在北东段向北排泄于老大窝岭河，在南西段向南排泄于兔子岭河，两河向东径流排泄于新田河。出露地层为 D_3s 中上段，岩性为泥灰岩、泥岩、页岩夹不纯灰岩，以及泥质灰岩、灰岩等；地段呈北东向不规则长条形状分布；矿泉水储量丰富，检测矿泉水点 6 处（S102、S090、S085、S084、S114、S130），总流量约 30.5L/s（2635m^3/d），单位流水量为 21.78L/s[1882m^3/(d·km^2)]，锶平均含量为 0.29mg/L，矿泉水以富锶为主。该地段调查检测的 6 处（泉水）富锶地下水点均可供开发利用（50m^3/d），总开发利用量大于 30.5L/s（2635m^3/d），是开发潜力较大的待开发利用区。该地段富锶地下水资源丰富，但锶含量偏低（0.2～0.38mg/L），为裸露自流型资源，开发方式简单，为以采用引水方式开发为主的富锶地下水待开发利用区。

2）白云山—曾家岭资源丰富地段（Ⅱ-a-2）

该地段分布于新田县南茂家乡白云山村—曾家岭村一带，为垄岗-低山丘陵区，地段面积约 1.45km^2，地表水及地下水流向可分为白云山村以北向北排泄于高阳下河，曾家岭村以南向南排泄于老大窝岭河，两河向东径流排泄于新田河。出露地层为 D_3s 中上段，岩性为泥灰岩、泥岩、页岩夹不纯灰岩，以及泥质灰岩、灰岩等，地段呈近南北向向北东方向凸起的不规则长条形状分布。矿泉水储量丰富，检测矿泉水点 7 处（S115、S109、S045、S112、S079、S081、S113），总流量约 45.6L/s（3914m^3/d），单位流水量为 31.24L/s[2699m^3/(d·km^2)]，锶平均含量为 0.31mg/L，矿泉水以富锶为主。该地段调查检测的 7 处（泉水）富锶地下水点均可供开发利用（50m^3/d），总开发利用量大于 45.6L/s（3914m^3/d）。该地段可规划为重点开发利用区，段内重点开发利用的富锶地下水点有 4 处（S109、S045、S081、S113），开发总量约 36.8L/s（3180m^3/d），锶平均含量为 0.33mg/L，是开发潜力较大的开发利用区。该地段富锶地下水资源丰富，但锶含量偏低（0.24～0.50mg/L），为裸露自流型资源，开发方式简单，为以采用引水方式开发为主的富锶地下水开发利用区。

表 7-10 以裸露资源型为主的开发利用区划主要资源统计一览表

序号	区	亚区	块段	块段面积/km^2	资源点							备注
					编号	位置	类型	资源量/($m^3 \cdot d^{-1}$)	锶含量/($mg \cdot L^{-1}$)	超标元素	水质量级别	
1	$Ⅱ^{-a-3}$			0.7	S060	龙泉镇大历县村	泉水	1 088.6	0.41		Ⅱ	2017 年 2 月测流，重点开发点
					合计			1 088.6				
2	$Ⅱ^{-a-2}$			1.45	S115	五柳塘东 600m	泉水	388.8	>0.30		Ⅰ	重点开发点
					S109	高阳下北 300m	泉水	685.2	0.25		Ⅰ	2016 年 8 月 21 日测流，重点开发点
					S045	白云山北东 150m	泉水	1728	0.28		Ⅰ	2017 年 2 月测流，重点开发点
					S112	白云山北东 170m	泉水	172.8	0.28		Ⅰ	
					S079	白云山南 50m	泉水	172.8	0.24		Ⅱ	
					S081	曾家岭	泉水	420.8	0.50		Ⅰ	重点开发点
					S113	曾家岭南东 350m	泉水	345.6	0.29		Ⅱ	重点开发点
					合计			3914				
3	$Ⅱ^{-a-1}$			1.4	S102	大窝岭北北东 600m	泉水	561.6	0.28		Ⅰ	重点开发点
					S090	大窝岭	泉水	362.9	0.30		Ⅰ	2017 年 2 月测流，重点开发点
					S085	黄家	泉水	216	0.38		Ⅰ	
					S084	李家北 130m	泉水	388.8	0.24		Ⅰ	重点开发点
					S114	李家南东 50m	泉水	172.8	0.32		Ⅰ	
					S130	老大窝岭河中	泉水	933.1	>0.20		Ⅰ	重点补充调查开发点
					合计			2 635.2				
4	$Ⅱ^{-b}$			12.94	S094	新上车村	泉水	172.8	0.48		Ⅰ	
					S095	老上车村	泉水	129.6	0.28		Ⅰ	
					S127	道塘西 1000m	泉水	302.4	0.20			
					S080	神仙洞村	泉水	172.8	0.42		Ⅰ	
					合计			475.2				
5	合计			16.49				8 415.4				

注：以裸露资源型为主的开发利用区(Ⅱ)，资源丰富型亚区(a)，资源较丰富至贫乏型亚区(b)，区、亚区、块段编号(1、2、3)；流量测量：为调查时测量或检查时测量值。

3)大历县村资源丰富地段(Ⅱ$^{-a-3}$)

该地段分布于新田县南龙泉镇大历县村北—青山岭村南一带，为垄岗-低山丘陵区，新田河从该地段南部通过，地表水及地下水运动方向主要由北向南运动，排泄于该地段南部的新田河。该地段面积约0.7km²，出露地层为 D_3s 中上段，岩性为泥质灰岩、灰岩，泥灰岩、泥页岩夹不纯灰岩，地段呈近南北向椭圆形分布。矿泉水储量丰富，调查及检测矿泉水点1处(S060)，流量约12.6L/s(1 088.6m³/d)，单位流水量为18L/s[1555m³/(d·km²)]，锶平均含量为0.41mg/L，矿泉水以富锶为主。该地段可规划为重点开发利用区，地段内仅有的一处富锶泉可为重点开发利用的富锶矿泉。该地段富锶地下水资源丰富，但锶含量偏低(0.41mg/L)，为裸露自流型资源，开发方式简单，为以采用引水方式开发为主的富锶地下水开发利用区。

4)大历县南—神仙洞—道塘北资源较丰富至贫乏地段(Ⅱ$^{-b}$)

该地段分布于新田县南龙泉镇大历县村南—神仙洞—新圩镇北道塘村一带，除Ⅱ$^{-a-1}$、Ⅱ$^{-a-2}$、Ⅱ$^{-a-3}$ 3个资源丰富地段外的地段。地段为垄岗-低山丘陵区，面积约12.94km²，地表水及地下水流向主要由西向东径流，排泄于地段东侧的新田河。出露地层为 D_3s 中上段，岩性为泥灰岩、泥岩、页岩夹不纯灰岩，以及泥质灰岩、灰岩等，地段呈北北西向不规则长条形状分布。矿泉水储量较丰富，检测矿泉水点6处(SS094、S095、S127、S080、S110、S111)，总流量约6.00L/s(518m³/d)，单位流水量为0.46L/s[40m³/(d·km²)]，锶平均含量为0.35mg/L，矿泉水以富锶为主。该地段调查检测的6处(泉水)富锶地下水点有4处泉点可供开发利用(50m³/d)，总开发利用量大于5.5L/s(475.2m³/d)，锶平均含量为0.39mg/L，是开发潜力较大的待开发利用区。该地段富锶地下水资源较丰富，但锶含量偏低(0.2～0.48mg/L)，为裸露自流型资源，开发方式简单，为以采用引水方式开发为主的富锶地下水待开发利用区。

四、富锶地下水资源开发利用规划

(一)富锶地下水资源开发利用规划原则

根据新田县社会经济发展需要，对该县丰富的富锶地下水资源进行大规模的产业性开发，服务于社会的需求，为使开发工作有序的进行，特进行富锶地下水区开发前的初步规划工作，并遵循下列原则。

(1)新田县埋藏型富锶地下水区平均允许开采量为310m³/(d·km²)，最大允许开采量应控制在1000m³/(d·km²)以内；裸露型富锶地下水区开发的自流型矿泉的开发量不受此限制，以最大自流量为开发量。

(2)规划分多期进行开发，首期计划开发量为每天5000t，二期同样计划开发量为每天5000t，以后按开发产业发展和勘查工作情况进行规划。

(3)首期开发利用区以现有资源点开发利用为主，勘探工作为辅；二期开发区以勘探工作为主，寻找更好的开发点；待规划开发区以勘查工作为主，勘探工作为辅，寻找更好的开发区和开发点。

(4)首期开发规划区应首选开发环境条件好，开发点集中，资源量已经查明的资源丰富区，易于开发地段；二期开发区及待规划开发区其开发条件将依次降低。

(5)首批开发点应选择权属争议小(可以协商解决的)、查明的资源量丰富、水质好(Ⅰ类水质、Ⅱ类水质)、锶含量高、开发点集中及建议可以直接进行开发的矿泉点等；二批开发点及待规划开发点其开发条件将依次降低。

据上述条件，将新田县富锶地下水区开发利用初步规划为3个区，即首期开发利用区、二期开发利用区和待规划的开发利用区(图7-2)。

(二)首期富锶地下水开发利用区划区

1.首期开发利用的富锶地下水区

首期富锶地下水开发利用区划区(Ⅰ)区划面积约5.57km^2,已有勘查资源量7 404.6m^3/d,锶含量0.24～2.43mg/L,由3个不同的块段组成。

(1)第一块段(Ⅰ$_{-1}$):为龙泉镇大历县村至青山板村南,区划面积约0.7km^2,富锶地下水储水地层为佘田桥组第四段(D_3s^4),岩性为泥质灰岩及灰岩,有可供开发的天然矿泉水点1处,可开发量约1 088.6m^3/d,矿泉水锶含量为0.41mg/L。

(2)第二块段(Ⅰ$_{-2}$):主要为三井镇茂家乡五柳塘村东—白云山村—曾家村一带,区划面积约1.45km^2,富锶地下水储水地层为佘田桥组第一段至第五段($D_3s^{1\sim5}$),岩性为泥页岩、泥灰岩、泥质灰岩及灰岩、泥灰岩夹薄层不纯灰岩,有可供开发的天然矿泉水点7处,可开发量约3914m^3/d,矿泉水锶含量为0.31mg/L。

(3)第三块段(Ⅰ$_{-3}$):主要为新圩镇火里塘村—三占塘村—大岭脚村一带,区划面积约3.42km^2,富锶地下水储水地层为佘田桥组第四段至第七段($D_3s^4\sim D_3s^7$),岩性为泥质灰岩及灰岩、泥页岩、泥灰岩夹薄层不纯灰岩,有可供开发的天然矿泉水点9处,可开发量约2402m^3/d,矿泉水锶含量为1.07mg/L。

2.首批开发利用的富锶地下水点

富锶地下水首批开发点初步规划有12个开发点(表7-11),首批开发点可供水量6570m^3/d,开发点矿泉水中锶平均含量为0.87mg/L,分别分布于首批开发利用区划区的3个块段中。其中Ⅰ$_{-1}$块段区划首批开发点1处,为泉水型开发点,开发量约1 088.6m^3/d,锶含量为0.41mg/L;Ⅰ$_{-2}$块段区划首批开发点有4处,均为泉水型开发点,开发量约3 179.6m^3/d,锶含量为0.33mg/L;Ⅰ$_{-3}$块段区划首批开发点有7处(其中勘探钻井4处、村民机井2处、民井1处),开发量约2302m^3/d,锶含量为1.11mg/L。

(三)二期及待规划富锶地下水开发利用区划区

1.二期及待规划富锶地下水开发利用区

(1)二期富锶地下水开发利用区(Ⅱ)区划面积约5.43km^2,已有勘查资源量3 276.4m^3/d,锶含量为0.2～6.95mg/L,由2个块段组成。

第一块段(Ⅱ$_{-1}$):分布于新田县南道塘东—大窝岭—黄家一带,区划面积约1.4km^2,富锶地下水储水地层为佘田桥组中部第三段至第五段($D_3s^{3\sim5}$),岩性为泥质灰岩及灰岩、泥页岩、泥灰岩夹不纯灰岩,有可供开发的天然矿泉水点4处,可开发量约2 246.4m^3/d,平均锶含量为0.26mg/L。该地段泥质灰岩及灰岩(D_3s^4)出露较厚,分布面积约占该地段的55%,富锶地下水储量丰富,是待开发和勘探工作布置的良好地段。

第二块段(Ⅱ$_{-2}$):分布于新田县东南新隆镇野乐村、樟树下村、龙会寺、候桥村、龙会潭村一带,区划面积约4.03km^2,富锶地下水储水地层为佘田桥组中部第三段至第五段($D_3s^{3\sim5}$),岩性为泥质灰岩及灰岩、泥页岩、泥灰岩夹不纯灰岩,未见有泉水出露,仅随机调查4处村民机井,均属可供开发的天然矿泉水水井(锶含量为0.59～6.95mg/L),访问的可开发量约1030t,平均锶含量为2.62mg/L。该地段为野乐村—龙会谭背斜轴部两侧,断裂发育,构造复杂,出露的泥质灰岩及灰岩段(D_3s^4)较厚,分布面积约占该地段的50%,泥页岩、泥灰岩夹不纯灰岩段(D_3s^3、D_3s^5)的不纯灰岩夹层较多,局部地段达互层状,富锶地下水储量丰富,是待开发和勘探工作布置的良好地段。

(2)待规划富锶地下水开发利用区(Ⅲ)分布于新田县北东至东南部的莲花圩—大坪塘—茂家—新

圩—野乐村—东山村一带，除首期和二期区划开发区外的所有富锶地下水区，待区划面积约164.99km²，勘查矿泉水资源点50处，勘查资源量为6 139.6m³/d，锶含量为0.2～8.09mg/L（平均为1.64mg/L）。该区富锶地层为佘田桥组第一段至第七段（$D_3s^{1\sim7}$），第二、第四、第六段为主要的富锶地下水富集段，第三、第五段为富锶地下水的次要富集段，第一、第七段含矿泉水而不富水。该区待开发和勘查地段应规划在第二段至第六段中，并以第二、第四、第六段为开发勘查的主要地段。

2. 第二批富锶地下水开发利用区划点

第二批开发的富锶地下水点初步区划有17处开发点（表7-12），开发量约5150m³/d，平均锶含量为2.56mg/L，分别分布于二期开发利用规划区的2个块段中及待开发区中。其中$Ⅱ_{-1}$块段区划开发点4处，为泉水型矿泉水开发点，开发量约2 246.4m³/d，锶含量为0.26mg/L；$Ⅱ_{-2}$块段规划开发点有4处，均为村民机井型开发点，开发量约1030m³/d，锶含量为2.62mg/L。待开发区划区（Ⅲ）中有9处二批规划开发点（泉水型2处、村民机井型5处、勘探钻孔型2处），开发量约1 873.2m³/d，锶含量为4.8mg/L。区划的二批开发点部分多为村居民机井或村居民正部分使用的水源，开发时有一定的难度，部分区划点可能无法开发，但这些开发点的存在同时也规划出了下一阶段勘探的方向。

表 7-11　新田县富锶泉矿泉水首期开发利用规划一览表

序号	规划开发			资源点							
	区	块段	区面积 /km^2	编号	位置	类型	资源量 /($m^3 \cdot d^{-1}$)	锶含量 /($mg \cdot L^{-1}$)	水质级别	开发年限/a	简要说明
1	Ⅰ	$Ⅰ_{-1}$	0.7	S060	龙泉镇大历县村	泉水	1 088.6	0.41	Ⅱ	＞100	距村边＞80m、仅有几户村民临时使用,未污染,易开发
2		$Ⅰ_{-2}$	1.45	S109	高阳下北 300m	泉水	685.2	0.25	Ⅰ	＞100	距村＞300m,位于村民鱼塘中,未使用,未污染,易开发
				S045	白云山北东 150m	泉水	1728	0.28	Ⅰ	＞100	距村＞300m,集体已用水约 4L/s,未污染,易开发
				S081	曾家岭	泉水	420.8	0.50	Ⅰ	＞100	距村＞80m、泉旁有民井抽水供村民使用,未污染,易开发
				S113	曾家岭南东 350m	泉水	345.6	0.29	Ⅱ	＞100	距村＞300m,位于农田旁,未使用,未污染,易开发
3		$Ⅰ_{-3}$	3.42	zk1404	火里塘北东	勘探钻孔	160	0.79	Ⅰ	＞50	距村＞300m,位于农田旁,未使用,未污染,易开发
				zk1102	火里塘	勘探钻孔	482	1.38	Ⅰ	＞50	距村＞80m,火里塘村供水井,已利用约 150t/d,未污染
				zk1401	火里塘南西	勘探钻孔	380	2.43	Ⅰ	＞50	距村＞80m,位于省道路边,九台公司计划开发
				S063	三占塘	民井	300	1.65	Ⅰ	＞100	距村＞50m,为弃用的饮水井,现未使用,未污染,易开发
				S002	道塘	机井	260	0.26	Ⅰ	＞50	村边居民机井,自流型,本户用,未污染,易开发
				zk3	道塘	勘探钻孔	600	0.77	Ⅰ	＞50	距村＞150m,位于农田旁,未使用,未污染,易开发
				S116	大岭脚	机井	120	2.16	Ⅰ	＞50	村边居民机井,本户自用,未污染,易开发
合计				12 处			6 570.2				

注:Ⅰ为首期规划开发利用区。流量测量:泉水流量为调查时测量及长观测量,机井、民井涌水量为调查访问时涌水量,勘探钻孔涌水量为勘探时的抽水试验涌水量;开发年限单位为年。

表 7－12　新田县富锶泉矿泉水二期及待规划区开发利用规划一览表

序号	规划开发			资源点							
	区	块段	区面积/km^2	编号	位置	类型	资源量/(m^3·d^{-1})	锶含量/(mg·L^{-1})	水质级别	开发年限/a	简要说明
1	Ⅱ	Ⅱ$_{-1}$	1.4	S130	老大窝岭河中	泉水	933.1	>0.20	Ⅰ	>100	距村边>1km、老大窝岭河中，未使用，未污染，易开发
				S102	大窝岭北北东 600m	泉水	561.6	0.28	Ⅰ	>100	距村边>1km，长富村饮用使用约 50%，未污染，易开发
				S090	大窝岭	泉水	362.9	0.30	Ⅰ	>100	距村>50m，为几户村民饮水井，未污染，易开发
				S084	李家北 130m	泉水	388.8	0.24	Ⅰ	>100	距村边>1km，李富村饮用使用约 60%，未污染，易开发
2		Ⅱ$_{-2}$	4.03	S004	新隆镇野乐村	居民机井	280	0.91		>50	村中居民机井，本户自用，未污染
				S003	新隆镇樟树下村	居民机井	350	0.58	Ⅰ	>50	距村>50m，村民饮水井，用量约 40%，未污染，易开发
				S074	新隆镇候桥村	居民机井	160	2.02	Ⅰ	>50	村中居民机井，本户自用，未污染
				S077	新隆镇龙会谭村	居民机井	240	6.95		>50	村中居民机井，本户自用，未污染
3	Ⅲ		170.43	S091	黄土园村北 200m	泉水	388.8	0.41	Ⅰ	>100	距村>200m，溶洞中泉水，未使用，未污染，易开发
				S127	道塘西 1000m	泉水	302.4	0.20	Ⅰ	>100	距村>1km，位于农田旁，未使用，未污染，易开发
				S061	大坪塘乡下村北东	居民机井	70	6.10	Ⅰ	>50	村中居民机井，本户自用，未污染
				S087	塘伏坊村	居民机井	72	7.43	Ⅰ	>100	村中居民机井，本户自用，未污染
				S098	枇杷窝村	居民机井	100	4.38	Ⅰ	>50	村中居民机井，本户自用，未污染
				S103	长溪岭村南东	居民机井	100	4.28	Ⅰ	>50	村中居民机井，本户自用，未污染
				S120	新隆镇石鼓风村	居民机井	140	8.09	Ⅰ	>50	村边居民机井，本户用，未污染，易开发
				晒鱼坪	晒鱼坪北东 100m	勘探钻孔	350	1.68	Ⅰ	>50	距村>300m，位于农田旁，未使用，未污染，易开发
				杨家湾	杨家湾村	勘探钻井	350	1.00	Ⅰ	>50	距村>100m，位于农田旁，未使用，未污染，易开发
合计				17 处			5 149.6				

注：Ⅱ为二期规划开发利用区，Ⅲ为待规划的开发利用区。流量测量：泉水流量为调查时测量及长观测量，机井、民井涌水量为调查访问时涌水量，勘探钻孔涌水量为勘探时的抽水试验涌水量；开发年限单位为年。

第八章　地下水资源开发工程示范

新田河流域主要以新田县辖行政区为主，新田河为最低排泄基准面，地表水系较为发育。无论是地表水或地下水，均由系统周边向新田河河谷运移，由流域东南边界出新田县。流域北部出露的地层多以碎屑岩为主，是新田河的主要发源地，而西南部均为碳酸盐岩，中东部却分布较大面积的不纯碳酸盐岩。在碳酸盐岩分布区岩溶发育强烈。地貌为丘峰谷地、峰丛谷地和槽谷洼地，地下水资源较为丰富。地下水多以岩溶泉、溶潭及地下河等形式出露于地表，由于岩溶发育的不均导致地下水资源分布极不均匀，局部地区缺水严重。自2005年开始，中国地质调查局部署了一系列地下水勘查等扶贫项目，通过这些项目结合当地地理地质条件以及缺水状况等，因地制宜实施了一系列地下水开发利用工程，取得了良好的社会经济效应，对我国岩溶丘陵区地下水的开发利用起到了良好的示范作用(图8-1)。

第一节　峰丛洼地地下水资源开发利用示范工程

新田河流域峰丛洼地主要分布在冷水井乡及十字乡等乡镇，结合当地水文地质条件、缺水状况以及人口分布情况等条件，可以分为表层岩溶泉蓄引开发利用示范工程、溶潭提引地下水开发利用示范工程以及峰丛洼地成库开发利用示范工程。

一、表层岩溶泉蓄引开发利用示范工程

(一)大冠岭表层岩溶泉开发利用示范工程

1.基本情况简介

工作区属碳酸盐岩分布区，处于新田河流域的补给区，地下水深埋，是新田县干旱缺水严重的地区之一，同时也是经济落后贫困区，大部分处于贫困线以下。区内地表水缺乏，水资源以一些分散的表层岩溶泉为主，出露的泉水流量较小并且分散，适宜蓄引开发。

2.水资源分布现状及评估

经过现场调查，在示范区内共发现表层岩溶泉9处，大部分为季节泉，主要分布于大岭头、横干岭、黄陡坡一带(图8-2)。从泉水出露的条件分析，主要为侵蚀下降泉，在裂隙导水、受岩层中间夹的泥质灰岩及钙质页岩阻挡和第四系阻溢作用下出露成泉。如鹅婆凼引水泉(S34)，泉口出露于灰岩与泥灰岩夹层的接触面上(图8-3)。

根据区内泉水动态分析，大部分为季节泉，泉流量大小受降水及季节的控制，大部分泉水在当年11月至次年3月断流，泉水流量在丰水期最大达5L/s，一些长流泉的动态变化也较为明显，受暴雨影响最大可达20L/s。

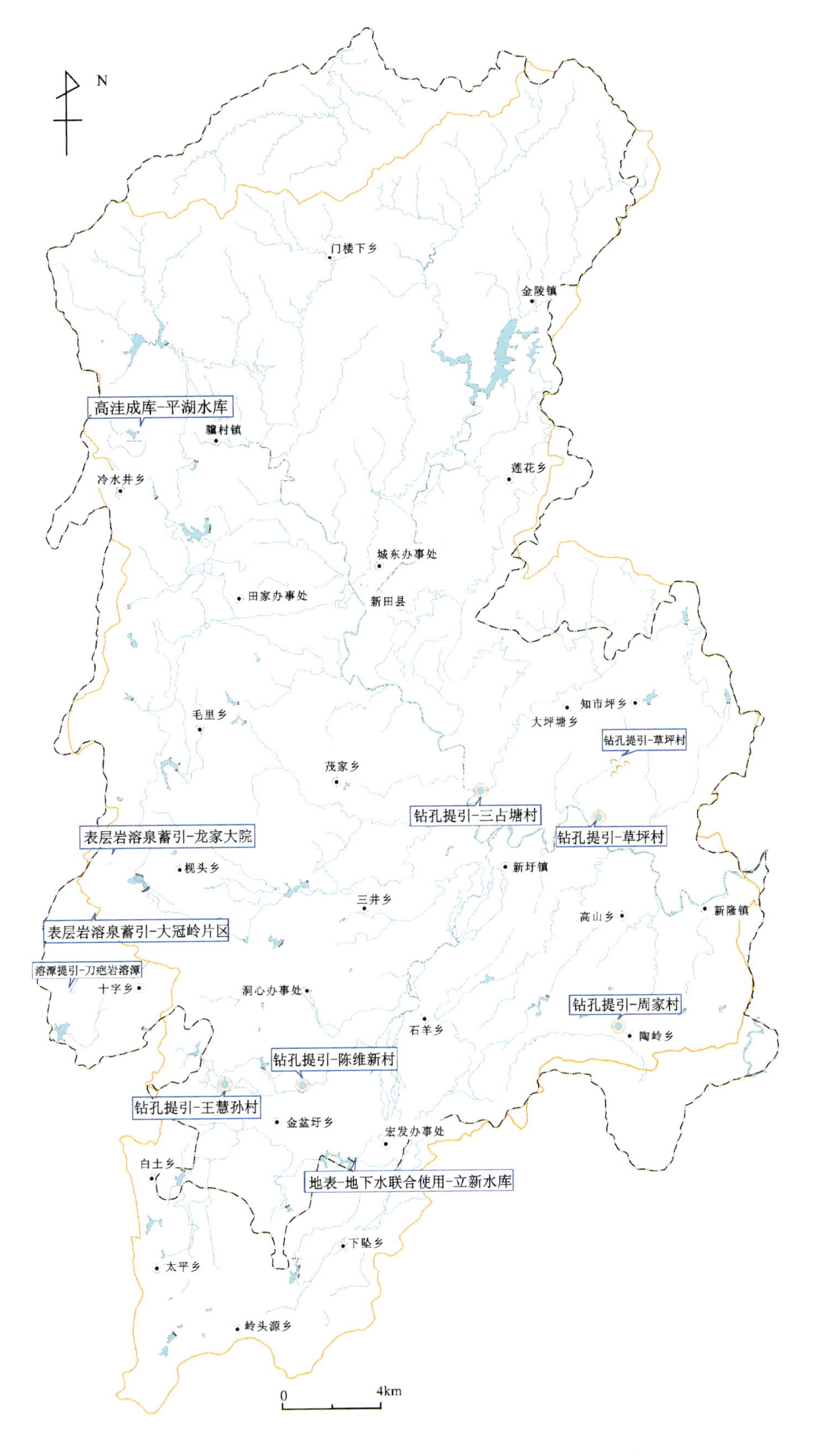

图 8-1　新田河流域地下水开发示范工程分布位置示意图

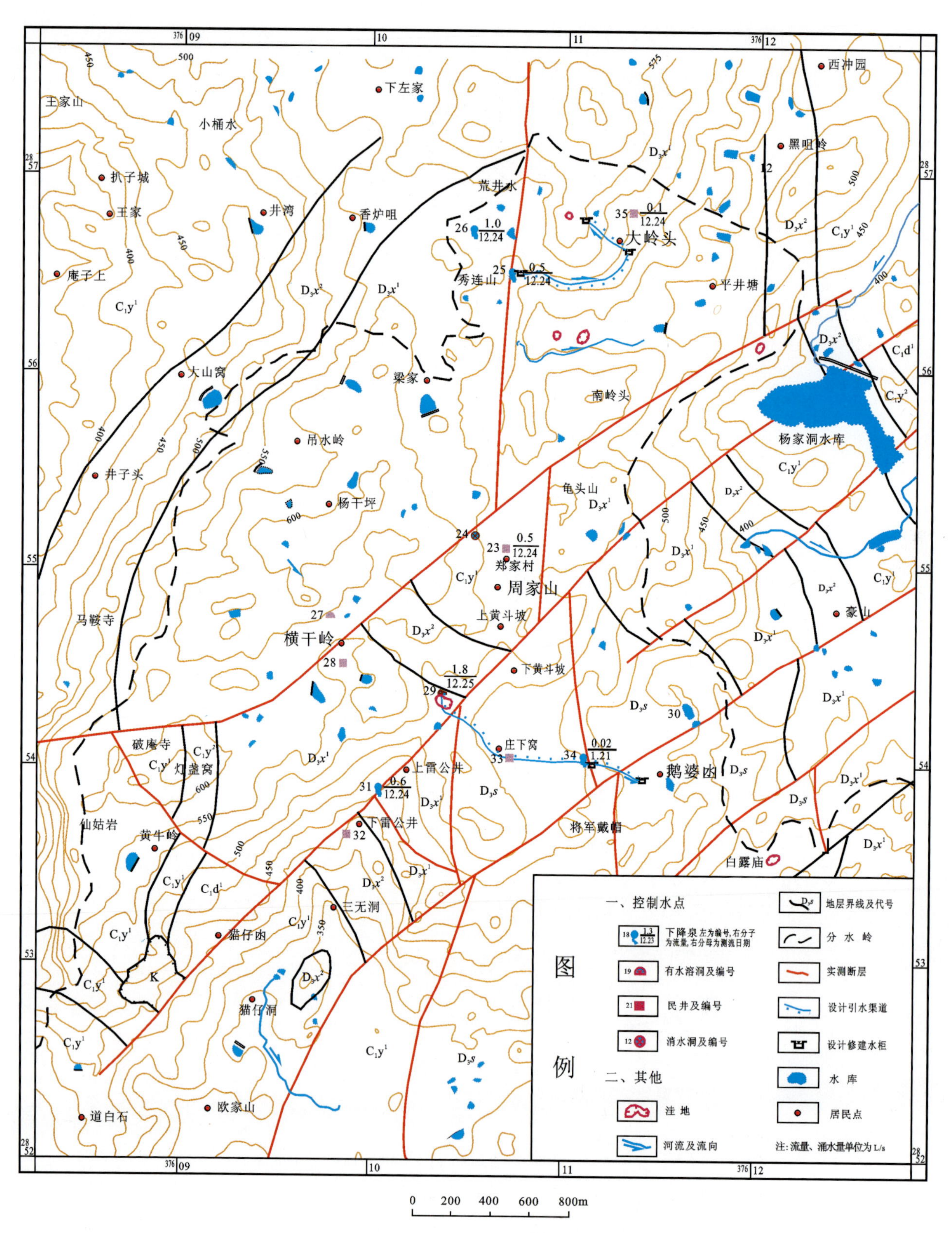

图 8-2　大冠岭示范区水文地质与水资源开发利用示范工程部署图

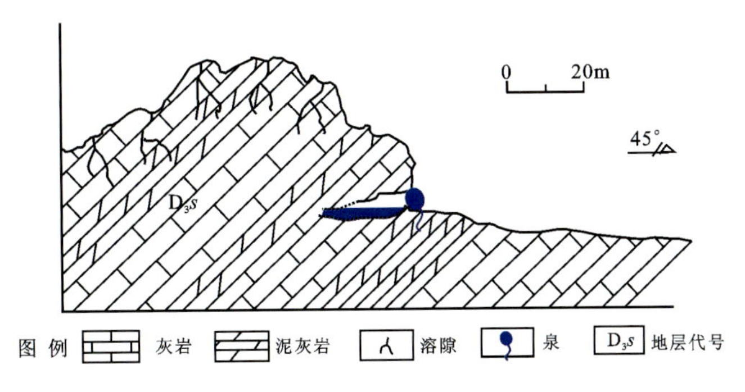

图 8-3 S34 号泉出露条件示意图

从表层岩溶泉的分布及水文地质特征分析，本区表层岩溶泉主要分布在西部大冠岭、中部火炉岭、东部高山一带的峰丛（丘丛）山地，位于山坡中下段，由于构造裂隙、含水层岩性变化和地形突变等因素的制约，表层岩溶带中蓄积水流排出地表。泉水流量变化大，与降水的季节性变化关系密切，泉域面积一般 0.n～$n$km^2，最大流量每秒可达数十升，平水期一般为 0.1～5.0L/s，枯水季流量明显减少或断流。由表 8-1 可见，拟开发示范区内调查的 9 处表层泉，其流量变化在 0.02～1.8L/s 之间，合计流量 5.83L/s，每天的排泄水量达 591.84m^3。按照表层岩溶泉的利用方式及开采技术要求，泉排泄量的可开采率在 85%以上，则该示范区的表层岩溶水资源可开采资源为 500m^3/d(18.3×10^{4}m^3/a)，通过工程设施的建设和总体调配水源，有效利用该区的表层岩溶水资源，可基本解决该区内居民生活用水的供给问题。

表 8-1 大冠岭示范区水点调查结果统计表

编号	位置	类型	流量/(L·s^{-1})	水温/℃	pH
S25	大岭头	表层泉	1.2	17.5	7.26
S26	上仁山	表层泉	1.0	17.5	7.30
S27	横干岭	表层泉	0.02	9.3	7.32
S28	横干岭	表层泉	0.02	16.5	7.3
S29	黄陡坡	表层泉	1.8	16.0	7.3
S31	上雷公井	表层泉	0.02	18.0	7.31
S33	庄下窝	集水箱	1.25	18.0	7.2
S34	鹅婆凼	表层泉	0.02	16.5	7.30
S35	大岭头	表层泉	0.5	17.0	7.36

3. 工程部署

1）鹅婆凼引水工程

该工程以黄陡坡 S29 号泉为主要供水水源地，另有鹅婆凼 S34 号泉为辅。S29 号泉为常年流泉水，水量相对比较稳定，根据最枯观测流量计算，枯水期最大年供水能力为 56 765m^3。而 S34 号泉则是一处间歇泉，且泉水流量较小，枯水季断流，仅在每年 3—10 月有水溢出地表，供水能力不大，据估算年供水能力仅有 9072m^3。但通过两泉的合并，供水能力较好，可解决该村 150 人生活用水。

该工程主要采用集、蓄、引的综合开采方法，主要在S34号泉出露处修建集水柜，直接汇集引自S29泉的部分水源和S34泉排出的水，采用管道引水至鹅婆凼村后山坡，再修建一个调蓄供水池。通过该水池分别输送到各户或各个分池（图8-4、图8-5）。

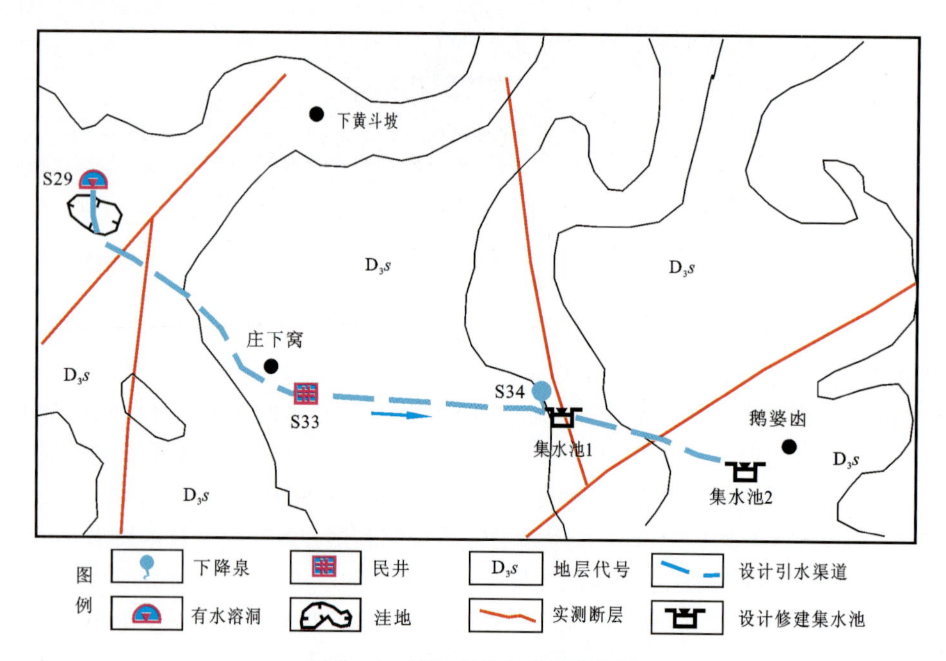

图8-4　鹅婆凼引水工程路线图

图8-5　鹅婆凼蓄水池

2)大岭头引水工程

大岭头引水工程主要以S25号泉为供水水源地，该泉为常年流表层泉，丰水期(4—8月)流量为3～4L/s，枯水期为1.2L/s，泉域汇水面积为2.3km^2，据本区地下水资源模数估算，地下水资源量达106.9×10^4m^3/a。若根据实测流量计算，该泉年总径流量为67 132m^3，以枯水季流量计算其可开采资源量达3.78×10^4m^3/a。

该项工程目的是解决大岭头村350人的生活用水问题，泉水出露处距村庄近1km，出口高程560m，由于该村的大部分人口居住在高坡上，高于泉水出露点。考虑通过兴建自来水管网改善该村的人畜引水条件，有效利用水资源。该项工程设计采用引、抽相结合的开采方式，在泉口修建集水池，用管道将原水引至村中的中转调蓄池(50m^3)，再建抽水站将水泵至村后高坡上的供水蓄水池(60m^3)，从供水池向村民各住户建立自来水管网，供居民使用(图8-6)。

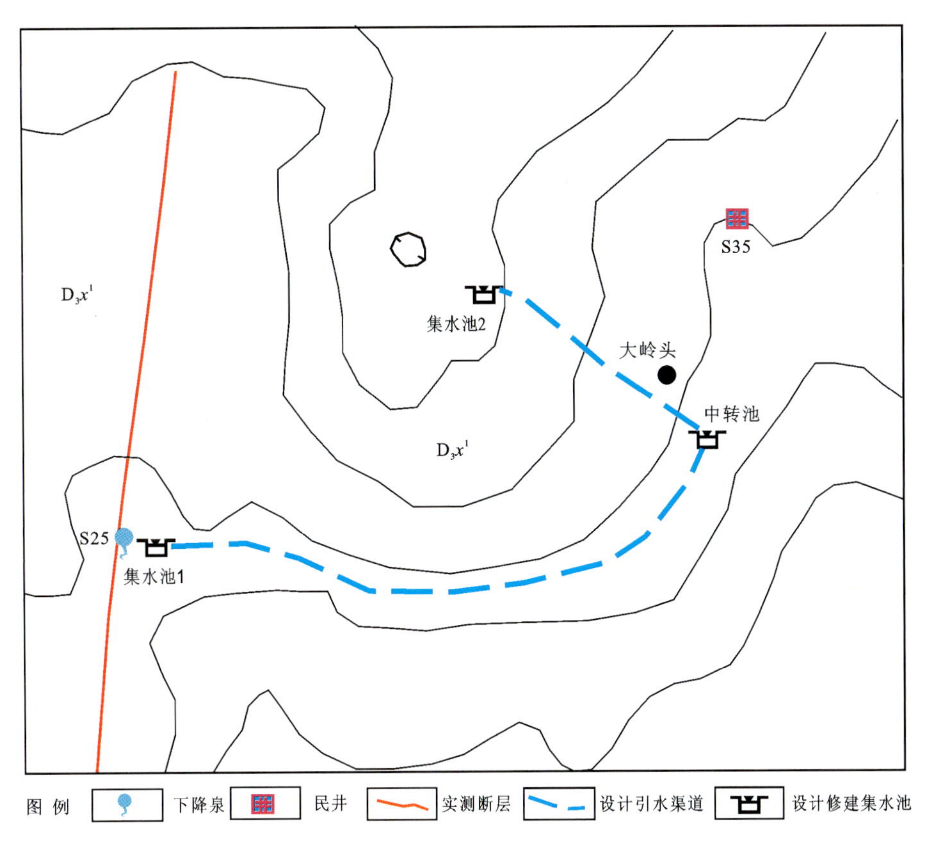

图8-6　大岭头引水工程路线图

4.工程量及工程效益分析

按工程布置及规划，修建工程于2003年3月份开始施工至2003年6月份完成，主要完成的工程量如下。

1)鹅婆凼引水工程

(1)土石方55m^3；

(2)蓄水池2个，蓄水量分别为10m^3和50m^3(图8-5)；

(3)引水管安装长度1200m。

该工程供水能力为0.5～1.0L/s，供水量为43～86m^3/d，解决了该村140多人的人蓄饮水问题。

2)大岭头引水工程

(1)土石方 102m^3;

(2)施工泉口蓄水池、中转抽水站和供水池 3 个(图 8-7、图 8-8),蓄水量分别为 25m^3、50m^3和 60m^3;

(3)铺设引水管道 1038m;

(4)15kW 抽水设备一套。

该工程供水能力为 1.2~3.5L/s,现大部分居民已用上自来水。

通过本次工作和工程的实施建设,对大冠岭地区的贫困局面有新改变。首先在水资源开发方面解决了 550 人的饮用水问题,保证饮水质量,可节省部分劳动力为饮水需要而奔波,把力量集中在发展农业上。

另外,在生态环境的恢复中可积累经验,加强环境的保护意识,提高植被覆盖率,增加了水资源的函育能力,改善气候环境,使水土流失得到控制,达到了治理日趋发展的荒漠化的目的,给岩溶地区石漠化治理提供科学依据。

图 8-7　S25 泉口集水池

图 8-8　大岭头中转水池

(二)龙家大院表层岩溶泉开发利用示范工程

1. 背景简介

龙家大院位于新田县枧头镇黑砠岭村,为一处保存完整的古村落,由于村民整体以龙姓为主,因此得名龙家大院,现为新田县城重点文明保护单位以及重要的旅游景点。黑砠岭村现有 60 户约 200 人,村民日常生活用水来源于村后一口水塘,水质较差,旱季时由于降水少,水体富营养化严重无法使用,村民日常生活无法保障。现阶段由于进行旅游开发,在村口修建了游客接待中心,随着游客的增加,需要更多的水资源保障。因此在这种情况下,需要寻找更多的水资源。

2. 水资源状况分析

经过实地调查发现,黑砠岭村域内以地表水资源为主,从村南西部至北东部共分布有 5 口水塘,其中最上游水塘由于未受到人类活动的影响,水质整体较好(枯水期外),可作为日常生活用水。由于位于碳酸盐岩区,地下水埋藏较深,仅在村西半山腰处出露两处表层岩溶泉,该两处泉水也是最上游水塘的主要来源。

3. 表层岩溶泉特征

该两处表层岩溶泉出露于锡矿山组下段(D_3x^1)灰色、深灰色灰岩、白云质灰岩夹泥质灰岩地层内，两处表层泉口相距约 40m。两处泉水出露于村西半山腰处，泉出露上部山体岩溶较为发育，受控于泥质灰岩夹层，地下水受到阻隔出露成泉。1 号泉出露高程 526m，泉水从一近似圆形的小溶洞中流出，泉流量在 0.05～0.5L/s 之间，旱季接近断流(图 8-9)；2 号泉出露高程 521m，泉口封闭，未见形态，泉流量在 0.5～1.2L/s 之间，旱季不断流。经过取样化验分析，水质优良，可作为饮用水源。

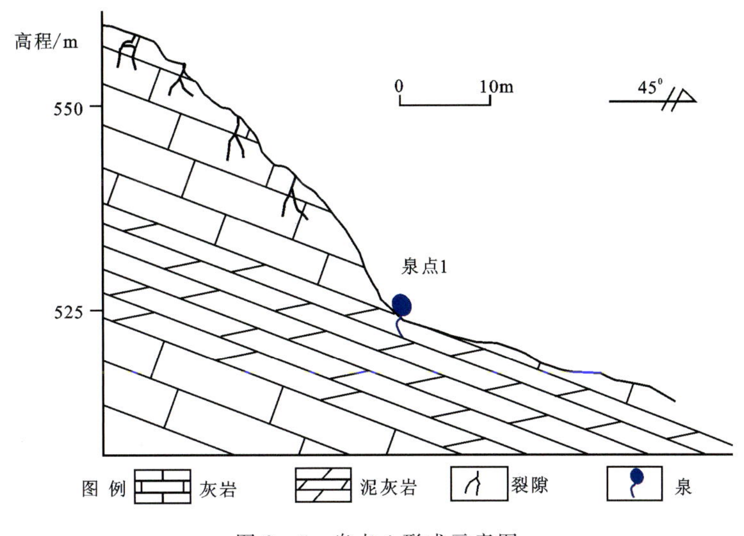

图 8-9　泉点 1 形成示意图

4. 表层岩溶泉开发示范工程

在经过前期实地勘察及取样分析后发现，可以将两处表层岩溶泉进行开发利用示范，利用两处泉水天然的高程优势(龙家大院平均高程在 470m 左右)，可以采用蓄引的方式，在泉口修建大型蓄水池，蓄积两处表层岩溶泉水，调蓄水资源，再通过引水管引至各家各户。经过考察，在 1 号泉水下游约 20m 处有一地势较为平坦的小型平台，适合修建大型蓄水池(小型平台平均海拔为 516m)。

龙家大院表层岩溶泉开发示范工程总体可以分为 3 个部分，分别是蓄水池、引水管道以及用水客体(图 8-10、图 8-11)。蓄水池部分主要包括泉口处修建的小型澄清水池、引水管及大型蓄水池 3 个部分。1 号泉口修建有长条形的小型澄清池，规模较小；2 号泉口修建有直径为 2m 的小型澄清池。经过澄清后的泉通过引水管引至蓄水池，蓄水池是整个示范工程最重要的部分。蓄水池修建于小型平台处，呈圆形，直径约 15m，高约 2.5m，可蓄水约 442m^3，完全可以满足黑砠岭村村民用水以及龙家大院旅游用水量(图 8-12)。水蓄满后可通过弃水管排出多余的水。蓄水池池底及池壁经过防渗处理，引水管道主要包括主引水管及分水管，主引水管为 2 根，使用 110mmPE 管，长度约 600m；分水管将水引进各家各户使用，使用 60mmPE 管，长度约 2000m。用水客体主要分成两部分，一部分为黑砠岭村村民，约 200 人；另外一部分为龙家大院旅游区用水，主要是游客接待中心用水，用水人口 20～200 人/d。通过分水管引至各家各户及游客接待中心，主要使用的配件包括水龙头等。

5. 工程实施及效果评价

1)工程施工及工程量

按照工程实施计划，该工程于 2016 年 4 月至 11 月完成，主要完成的工程量如下。

图 8-10 龙家大院表层岩溶泉蓄引工程平面图

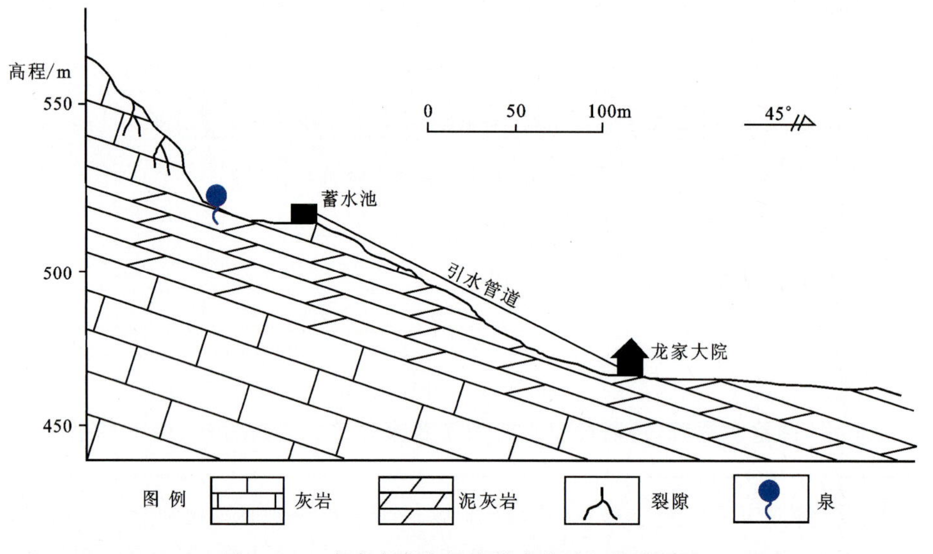

图 8-11 龙家大院表层岩溶泉蓄引工程平面图

(1)土石方约 200m³。

(2)蓄水池一个,直径 15m,蓄水量可达 442m³;长条形澄清池,长 1.5m,宽 0.3m,深约 0.3m;圆形澄清池,直径约 2m,深约 1m。以上工程施工共用混凝土约 50m³。

(3)110mmPE 管安装长度约 600m,60mmPE 管安装长度约 2000m。

该工程供水能力在 0.55~1.7L/s 之间,供水能为 43~146.88m³/d,蓄水池蓄水量可达 442m³,解决了黑砠岭村以及龙家大院旅游区用水困难问题(图 8-13)。

2)效果评价

通过本项地下水开发利用示范工程的实施,可以达到两方面效果,一方面有效解决了黑砠岭村长期以来存在的缺水问题,使村民用上了安全的自来水,同时可以为龙家大院旅游用水提供保障,支撑乡村旅游的发展,服务于精准脱贫;另一方面可为当地生态环境的恢复提供水资源保障,增加了水资源的调蓄能力,提高了植被覆盖率,使水土流失得到有效的控制。

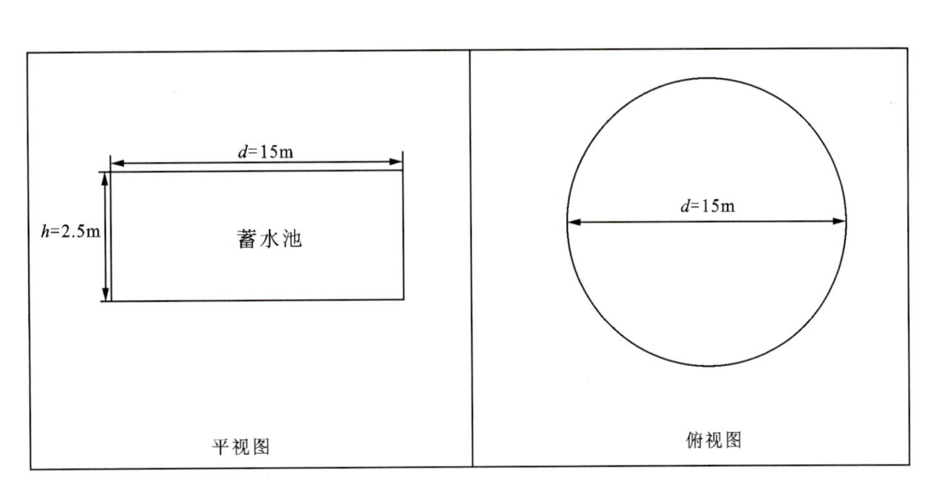

图 8-12 蓄水池平视图与俯视图

图 8-13 龙家大院下降泉开发利用示范现场

二、溶潭提水示范工程

新田河流域峰丛洼地底部发育有众多溶潭，溶潭地势低洼，适宜采用提引的方式开采地下水。在新田河流域部署了多处溶潭提水工程，其中枧头镇刀疤岩溶潭提水工程示范效果显著。

（一）基本情况简介

枧头镇附近村屯属岩溶区，地形地貌属于峰丛洼地，地表水资源匮乏，岩溶地下水资源丰富，但由于地下水位埋藏较深，局部可达 50m，对于岩溶地下水的开发利用造成了较大困难，且区内村民遇上旱天的时候，人畜用水及灌溉用水急剧短缺。然而局部洼地底部发育有溶潭等地下水天然出露点，地下水位埋深为3～20m，可以采用提水方式，将地下水泵至高处，再以自来水的方式引至各家各户使用。十字乡片区内旱季缺水最多可达5000人，缺水耕地可达2500亩，开展刀疤岩溶潭提水示范工程，可以有效缓解区内干旱缺水的状况。

（二）溶潭基本特征及水资源分析

刀疤岩溶潭位于响水岩地下河系统上游，响水岩地下河系统发源于新田县枧头镇牛源湖、三元洞等地，出口位于新田河流域外的宁远县保安镇淌头岩村，管道总长度约7km，总汇水面积约18km²。刀疤岩溶潭位于走向近南北的洼地西缘，溶潭近似漏斗状，地表呈直径50～60m的圆形，深度大于24m。

溶潭常年有水不干，枯水季测流流量为18L/s，地下水位埋藏深度在10～24m之间，经过枯水季抽水实验发现，可持续开采量为1600m³/d，依据《湖南省用水定额标准》（DB 43/T 388—2014），按集中式供水农村生活定额来计算（100L/人·d），可以满足16万人的日常生活用水需要，开发利用潜力巨大。

（三）溶潭提水开发利用示范

由于溶潭地势低洼（地表高程为331m），为了节省电费、满足周边更多村屯集中供水需求，设计了将溶潭水通过大功率深水泵泵至溶潭东侧约300m处山丘上的高位蓄水池（高程为363m），再通过供水管道引入各家各户中，总辐射村落包括集镇、乐塘、乐冲、老夏荣、五通庙、花塘、山夏荣、大塘背、马安塘、胡志良等村居住区（图8-14～图8-18）。

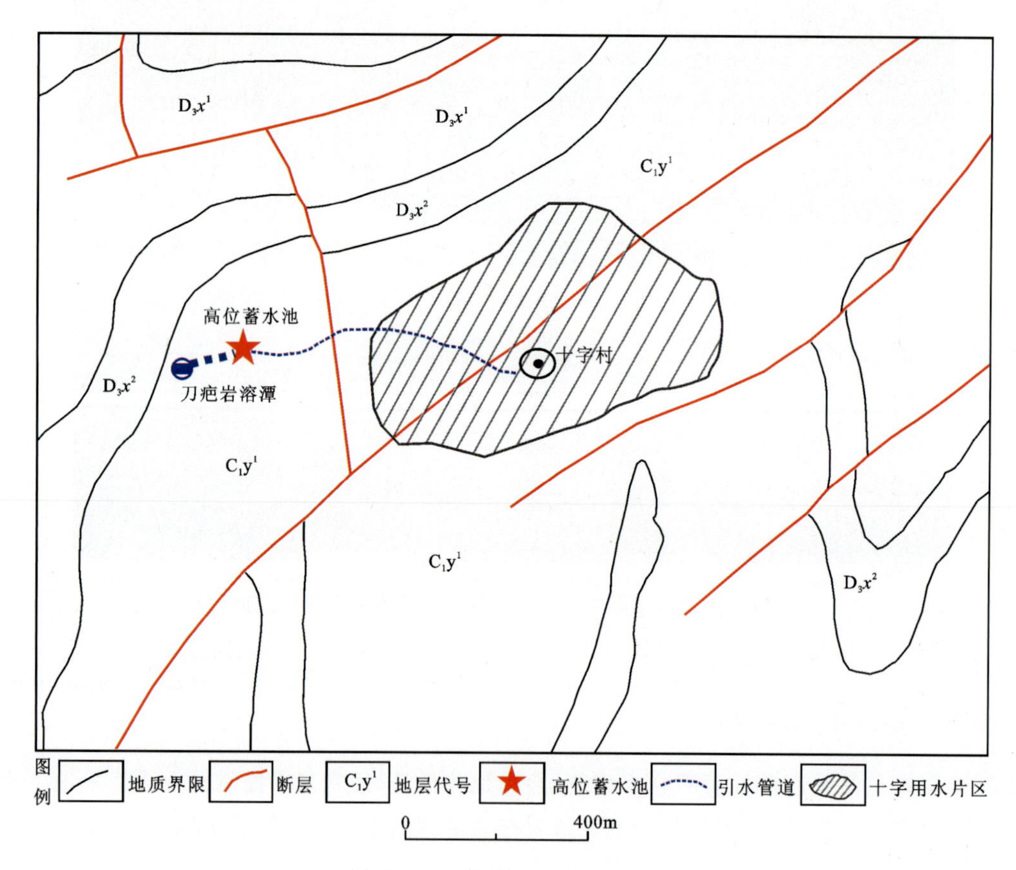

图8-14 溶潭提水平面示意图

图 8-15　刀疤岩溶潭提水工程

图 8-16　刀疤岩溶潭提水工程 300m³ 高位蓄水池

图 8-17　刀疤岩溶潭提水工程主供水管道

图 8-18　刀疤岩溶潭提水工程竣工牌

（四）工程实施及效果评价

本项地下水开发利用示范工程主要包括以下两个方面的工作。

基础地质工作：1∶1 万地质、水文地质综合调查 12km²、地下水长期观测 1 处，抽水试验 30 台班，水质分析样 1 组，连通试验 1 次，为水源地的选择提供了水文地质资料。

主要工程量：深井泵 2 台套（单台流量 60m³/h）、护坡工程、控制泵房（35m²）、净化设备（每小时设计处理能力 60m³）、扬水管道（430m）、蓄水池（300m³）、主供水管网 2500m。

新田县枧头镇刀疤岩溶潭开发利用工程可供水区域主要包括集镇、乐塘、乐冲、老夏荣、五通庙、花塘、山夏荣、大塘背、马安塘、胡志良等村居住区居民用水。经调查，供水区现有居住人口近 11 900 人。该地下水示范工程竣工运行后，大大缓解了区内居民生活用水问题，同时在干旱年份，还可以直接提引水灌溉周边农田，受益面积达 2250 余亩，为周边村民增产增收提供了重要的保障条件。

三、峰丛洼地堵漏成库开发利用示范工程

（一）背景简介

潮水铺缺水片区为新田县集中连片取水区之一，属于新田县岩溶区严重缺水的贫困村屯，缺水人口在 3500 人左右。在缺水人口数量巨大的情况下，一般的岩溶大泉或者地下河并不能有效保证水资源供

需平衡。结合上游区冷水井片区供水工程，可以采用相同的方式提供水资源保证。

（二）水资源状况分析

潮水铺片区为新田县典型的岩溶区，岩溶作用强烈，地下水深埋，仅在局部地区发育有表层岩溶泉，但不具备集中供水的能力。片区内也修建有小型的溶洼水库，但由于位于岩溶区，水库渗漏较为严重，旱季时基本枯竭，也不具有供水能力。结合上游冷水井供水成功模式，可以采用引水的方式，引平湖水库水作为供水水源。

（三）平湖水库概况

平湖水库坝址位于新田县骥村镇贺家村，总库容 $134.6\times10^4m^3$，为一座小(一)型水库。平湖水库为高位溶洼水库，水库主体原为一长条形的洼地，地理位置相对较高，海拔为 494m。洼地底部发育有众多落水洞，落水洞通往一条总管道，通过实地调查发现，可以采取堵洞成库的方式修建水库（图 8－19）。水库修建成功后，长约 1000m，宽 20～200m，水库汇水面积约 $2km^2$，受大气降水及洼地内泉水的补给。水库汇水区内居民密度不高，未见工业厂矿等，分布有小片面积的农业区，因此污染源较少，水质较好，可达到生活饮用水Ⅱ级标准，旱季时降低到Ⅲ级标准。

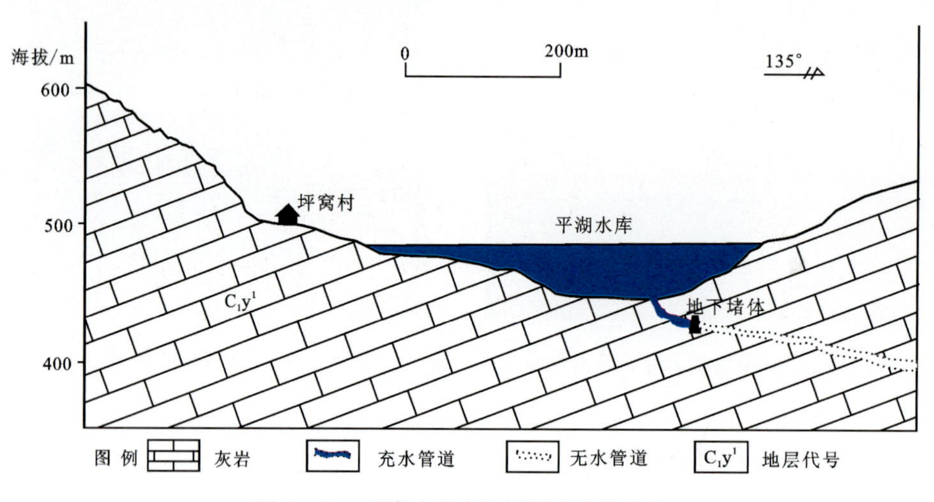

图 8－19 平湖水库高洼堵洞成库模式图

（四）溶洼成库开发利用示范工程

该项开发利用示范工程主体有三部分内容，主要包括水库引水口及引水管道、集中供水厂及引水管道和用水客体。水库引水口位于水库北部偏中，为保证枯水季用水，取水口位于水库死水位以下，从水库通过引水管道，利用天然高差引至冷水井村对门小组村内的集中供水厂内。集中供水厂修建于半山腰处，海拔为 460m，比周边村庄高出 10～50m，比潮水铺缺水片区高出 50～100m，保证了天然水头差。集中供水厂修建有沉淀池、过滤池等前处理设备，处理水量能力在 20 000m^3/d 左右。经过处理后的水再通过引水管道引至各家各户。目前一期工程已经完成，即冷水井片区供水管网及供水厂主体工程，投资约 170 万元，已覆盖需水人口约 11 000 人。二期工程则是通过集中供水厂布设引水管道引水至潮水铺片区，辐射周边村落。引水主管道为 110mmPE 管，从供水厂引至潮水铺村共计用约 5100m。通过 60mmPE 管再分至各家各户，使用水管约 5000m。通过二期工程，可以辐射潮水铺片区约 3500m（图 8－20）。

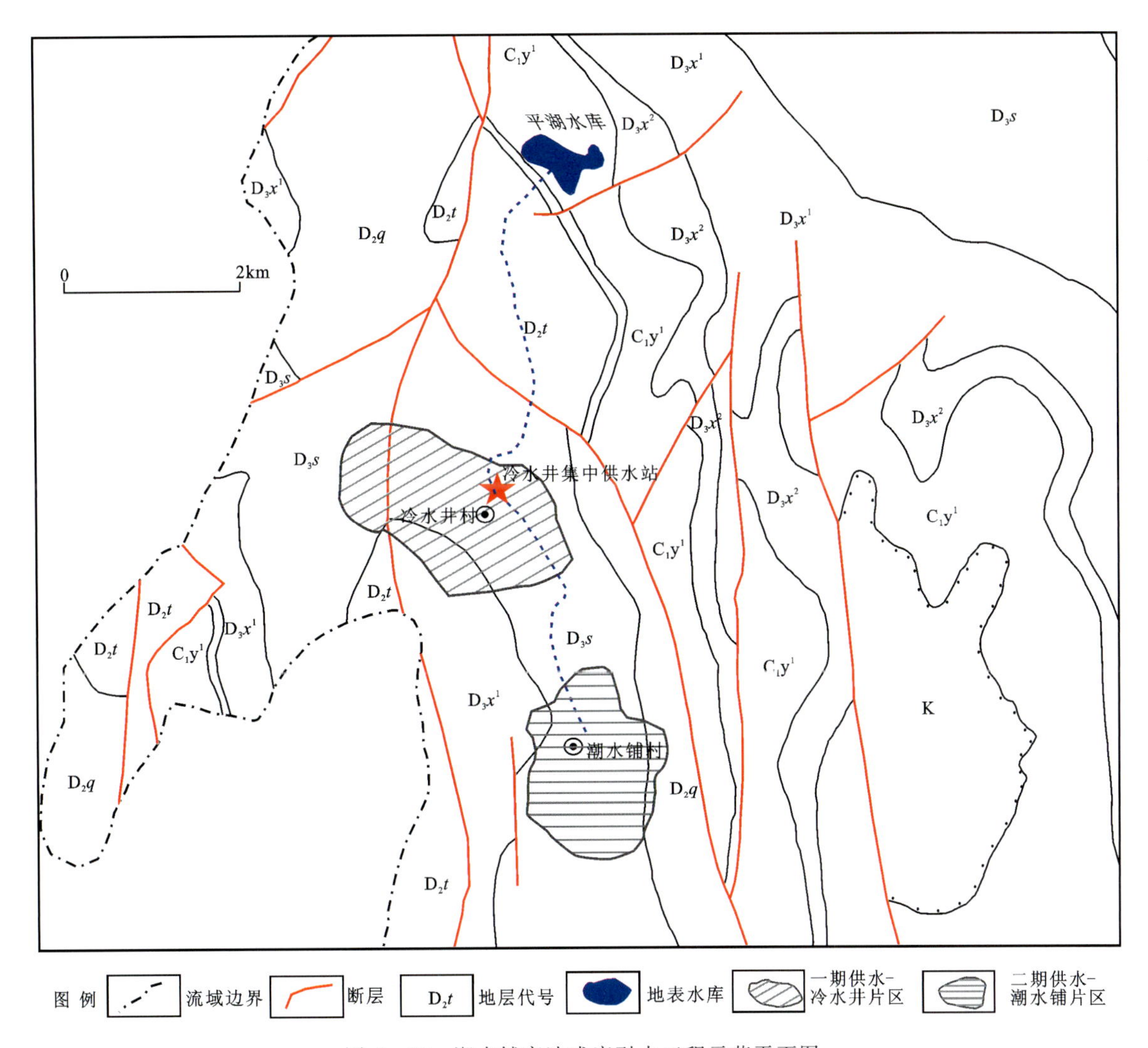

图 8-20　潮水铺高洼成库引水工程示范平面图

(五)工程实施及效果评价

1. 工程实施

本项开发利用示范工程共涉及两期工程，一期工程主要是冷水井片区供水工程，包括：

(1)在平湖水库修建了引水口，通过铺设管道约 4000m；

(2)修建 1 个集中供水厂，供水能力可达 20 000m^3/d；

(3)通过分水管分至各家各户，辐射人口达 11 000 人，共使用 60mmPE 管约 10 000m。

二期工程主要是潮水铺片区供水工程，实施工程主要包括：

(1)铺设 110mmPE 管道约 5100m，从集中供水站至潮水铺村；

(2)通过 60mmPE 管引水管分至各家各户，使用管道约 5000m。

2. 效果评价

通过本项工程的实施，可达到以下两个方面的效益，第一是解决了潮水铺片区和冷水井片区共计 14 500 人日常生活用水问题，为当地居民集中精力发展工农业提供了水资源保障；第二是为峰丛洼地区地表水、地下水联合开发提供了新的思路，利用天然的地貌及地理优势，降低地下水开发的成本，服务于当地精准扶贫。

第二节　峰林谷地地下水资源开发利用示范工程

流域内峰林谷地地貌主要分布于新田县中部区域，区内地表水系较为发育，地下水在局部也较为丰富，结合有利的地形、地质条件，地表水、地下水联合使用为区内最典型的水资源开发利用方式。下面通过立新地表水、地下水联合利用水库开发利用示范工程来进行详细说明。

1. 基本情况简介

立新水库位于新田县金盆圩乡田头村西约 1km 处，为峰丛谷地地貌。立新水库主体为一近东西走向的谷地，呈树枝状，除东部有一开口外（开口宽度近 200m），其余三面均被山体包围，相对高差 20～50m。该片区水资源较为匮乏，旱季时人畜引水及灌溉用水均较为匮乏。区内以农业为主，但水资源得不到有力保证，极大地限制了区内居民经济发展，为流域内较为贫困的区域之一。经过前期的调查论证认为，通过在谷地东部缺口修建一大坝形成地表水库，则可以有效缓解区内干旱。

2. 水资源状况分析

为了使该片区旱季水资源也能得到有效保证，通过在谷地东部缺口处修建一大坝，截住上游地表来水以及周边地下水的补给，形成一定面积的地表水库，则可以有效缓解周边旱季用水困难的问题。立新水库汇水面积约 $18km^2$（图 8－21），其主要的补给来源为西部及北部两条溪沟，其中西部溪沟常年有水，流量在 20L/s～$2m^3/s$ 之间，该溪沟水由一地下河出口及一岩溶大泉汇集而成；而北部溪沟在旱季时干涸，仅在雨季时有水流入水库中。此外，在谷地边缘处出露有小型岩溶泉水，也是立新水库重要的补给来源之一。通过论证，上述补给水源完全能满足立新水库蓄水要求，可以修建立新地表水、地下水联合利用水库。

3. 水库库区水文地质条件及工程地质条件分析

水库库区主要的地层以上泥盆统的灰岩、泥灰岩为主，分别为锡矿山组一段中厚至厚层状灰岩、佘田桥组中厚层灰岩夹泥灰岩。水库区上游纯灰岩区岩溶作用强烈，岩溶现象发育，发育有天窗、地下河、岩溶大泉等，地下水类型以管道水为主，而坝址周边及库区主体区由于以灰岩及泥灰岩地层为主，岩溶作用较弱，未见明显岩溶现象，地下水类型以裂隙水为主。此外，2 条间距约 1km 近南北走向平行的压扭性断层通过水库库区，构成区内地下水隔水边界，能有效的防止库区水体渗漏，促成地表水库的成功修建。库区工程地质条件良好，虽然有 2 条断层通过库区，但均为压扭性断层，断层性质稳定，不会影响到水库的安全。

4. 开发利用示范工程效果评价

通过前期调研论证，在谷地东部开口处修建一土石重力坝，坝顶长约 350m，宽约 20m，坝底长约 150m，宽约 135m，坝址高约 30m，建成后水库有效库容 $1304m^3$，设计灌溉面积 26 000 亩（图 8－22）。经过近些年的运行，出现了一些问题影响着水库蓄水，在发生大旱时，由于上游补给水源不足且出现了渗漏的问题，导致现阶段蓄水量没有达到有效库容。尽管如此，该项开发利用示范工程取得了巨大的成效，一是保证了周边居民灌溉用水及日常生活用水，村民利用充足的水资源种植芋头等经济作物，有效地提高了村民的收入水平；二是发展了渔业、养殖业和观光旅游业，进一步促进了区内经济的发展；三是为峰林谷地区水资源的开发利用提供了成功的模式范本。

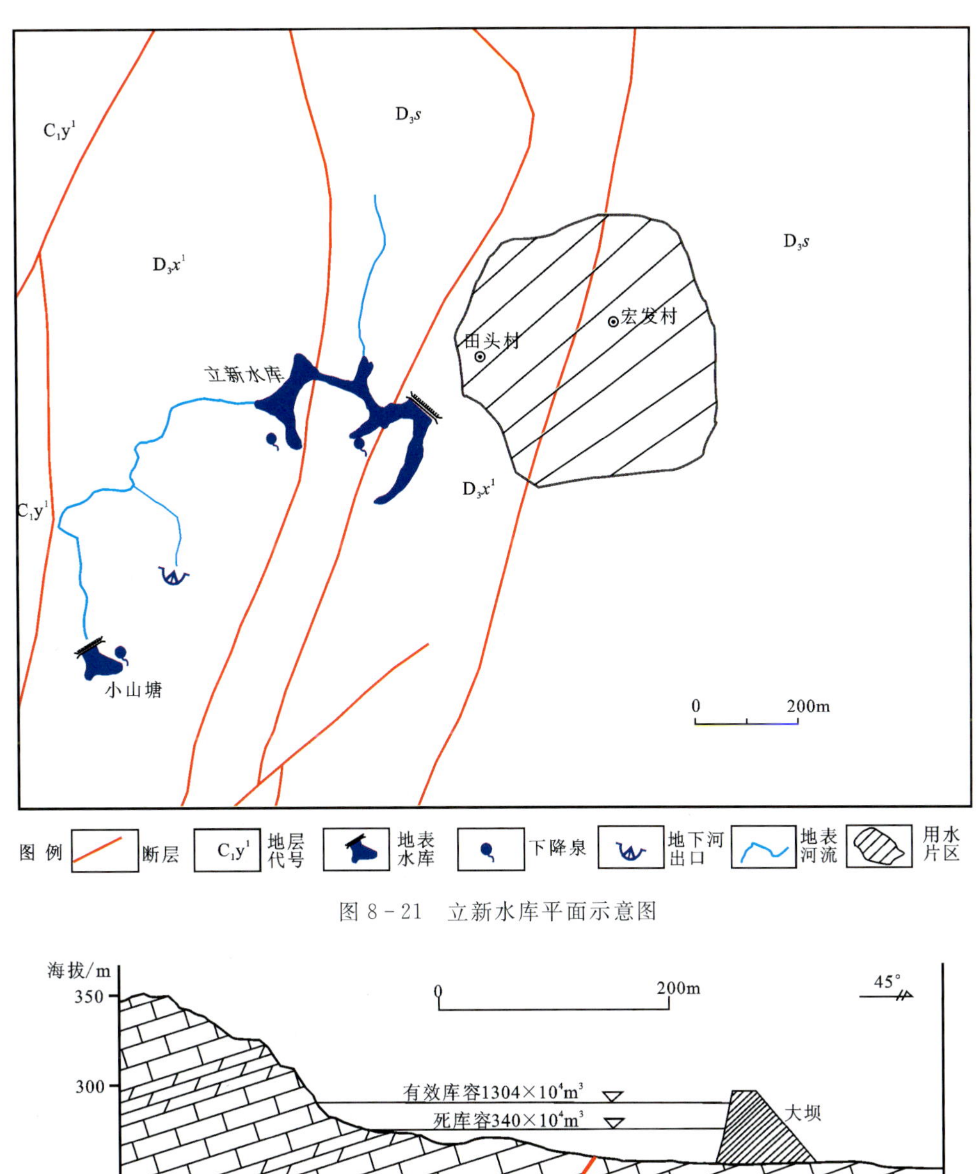

图 8－21　立新水库平面示意图

图 8－22　立新水库剖面示意图

第三节　峰林平原地下水资源开发利用示范工程

峰林平原地貌主要分布于新田县南部石羊镇和宏发圩乡等区域，地下水类型以岩溶水为主，地下水天然露头以岩溶泉、溶潭为主。地表水系不发育，多为季节性河流。在枯水季，由于泉水及地表河水断流或者干涸，地下水埋深加大，局部地区干旱较为严重，而区内地势较为平坦，应进行钻井取水。目前，在该片区内开展了多处钻井提水示范工程，均取得了较好的效果。下面对钻井示范工程进行分述。

一、金盆圩乡陈维新钻孔提引开发示范工程

1. 陈维新村基本情况

陈维新村下辖陈维新与陈亥叔两个自然村，总人口约1500人。枯水期约有4个月不能正常供水，两村村民为了争夺水源经常发生矛盾，村民的用水困难及取水矛盾十分严重。

2. 效果

该村钻井一口，深115.0m，可开采水量为581m^3/d，取水层位为锡矿山组上段的厚层状灰岩，完全满足陈维新村两个村组所有村民的生活用水需求，甚至可以作为旱季调节抗旱的灌溉用水源地，受到当地老百姓的好评(图8－23)。

图8－23　陈维新钻井工程竣工典礼

3. 主要工作

基础地质工作为1∶1万地质、水文地质综合测绘2km^2、地面物探150个物理点、水文地质钻探(探水)151.4m，成井1眼，井深115.0m，抽水试验延续时间72h。主要工程量：泵房12m^2、水泵1台套(功率3.3kW，流量10m^3/h)。

二、金盆圩乡王惠孙村钻孔提引开发示范工程

1. 王惠孙村基本情况

王惠孙村人口460人，村民饮用水受季节性降水控制，每年缺水时间长达5个月之久。缺水季节村民只能采取车拉肩扛的方式去1km以外的邻近村庄取水，饮用水匮乏对村民的生活影响严重。

2. 效果

该村集中居住区附近钻井一口，可开采水量为 330m^3/d，彻底解决了该村 460 名村民长期以来的饮用水匮乏问题（图 8－24、图 8－25）。

图 8－24　王惠孙村抽水试验现场

图 8－25　高位蓄水池

3. 主要工作

基础地质工作：1∶1 万地质、水文地质综合测绘 1.5km^2、地面物探 150 个物理点、水文地质钻探（探水）100.5m，成井深 85m，抽水试验延续时间 48h。

主要工程量：泵房 12m^2；蓄水水塔 40m^3；水泵一台，功率 4kW，流量 15m^3/h；扬水管道 600m，规格为直径 63mmPE 管；电力线路 240m，电压 380V。

三、新圩镇三占塘村钻孔提引开发示范工程

1. 三占塘村基本情况

村内的 3 口山塘蓄水能力均较弱，不能满足旱季灌溉用水之需，唯一一片条件较好的田土位于新田河边，每年洪水期大部分被淹没，饱受旱涝交替之苦，生活饮用水来源于村内一眼浅井，为农田水渗入，水质较差。

2. 效果

在该村下辖火里塘自然村旁钻井一口，可开采水量为 480m^3/d，彻底解决了该村及周边 1788 名村民长期以来的饮用水匮乏问题，水质化验锶含量为 1.26～1.433mg/L。

3. 主要工作

基础地质工作：1∶1 万地质、水文地质综合测绘 10.8km^2、地面物探 683 个物理点，水文地质钻探（探水）152m，成井深 110m，抽水试验延续时间 120h。

主要工程量：泵房 12m^2；高位水池 120m^3；水泵一台，功率 7.5kW，流量 24m^3/h；扬水管道 735m，规格为直径 63mmPE 管，供水管网 3600m，电力线路 400m，电压 380V（图 8－26，图 8－27）。

图 8-26　三占塘村取水泵房

图 8-27　三占塘村高位水池

第四节　溶丘-垄岗地下水资源开发利用示范工程

溶丘-垄岗地貌区主要分布在新田县东部、东南部，行政区域包括陶岭乡、大塘坪乡、知市坪乡等区域。地下水类型以碳酸盐岩夹碎屑岩地下水为主，小部分为碳酸盐岩岩溶水。由于地势起伏较大，加之含水岩组的影响，区内缺水情况较为严重，严重干旱缺水区域有 7 片，其中火柴岭—大山片区通过提引下降泉水，成功的解决了区内居民生活用水困难问题。下面就火柴岭下降泉提引开发利用示范工程做详细介绍。

1. 背景简介

火柴岭片区位于新田县南东部，为新田县岩溶区严重缺水的贫困村屯，现有居民约 900 人，年轻人大部分外出打工。区内以农业为主，由于地理环境及多种因素影响，粮食产量低；除农业外，还零散分布有养殖厂，但规模多较小，故该区内居民收入普遍较低，大部分处于贫困线以下。

2. 水资源状况分析

区内无论是地表水还是地下水资源均较为缺乏，在地表除一些季节性小沟流外，均无长年流河溪，地下水以一些分散的岩溶泉水为主，常以季节性泉水出露于地表。区内也分布有一些小型山塘，但水质浑浊，只能作为区内牲畜饮用水源或者灌溉用水。季节性泉水由于环境条件所致，出露的泉水流量较小并且分散，只能为村民提供短时间的用水，旱季季节泉接近断流，无法为居民提供充足的水资源保障。通过实地调查，发现在桥头山村小组东部山脚处有一下降泉常年不断流，且水质较好，为区内值得开发利用的泉水。

3. 下降泉特征

该下降泉位于火柴岭村桥头山村小组东部山脚处，为一接触泉，出露于泥盆系佘田桥组浅灰色灰岩夹泥灰岩地层内，地下水沿岩溶裂隙汇集径流，在泉点处受控于下部弱透水层泥灰岩的阻隔，沿第四系接触带溢出地表成泉（图 8-28）。泉水主要接受大气降水的补给，常年不断流，流量在 1.2～3.5L/s 之间，暴雨后流量可达 5L/s 左右。经过访问，该泉水雨后微浑浊，且上游无污染源，水质常年较好。按照农村用水标准，每人 80L/s 计算，该泉每天可为 1200～3000 人提供水源保障，故可作为集中供水水源。

4. 下降泉提引开发利用示范工程

该下降泉由于出露位置低于火柴岭周边村落，需要采用提引的方式开采利用。下降泉出露高程为

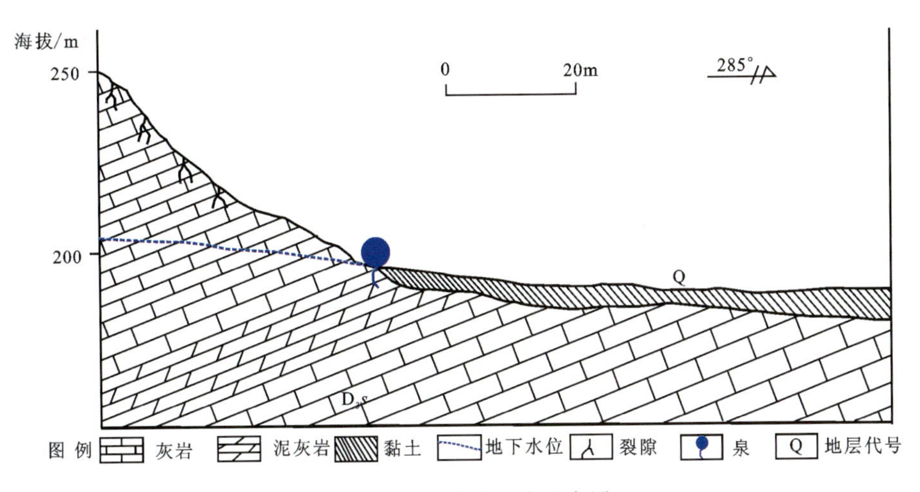

图 8-28　下降泉形成示意图

195m，比周边村落高程低 20～30m，火柴岭村部高程最高，海拔 225m。

该下降泉提引开发利用示范工程共包括三部分，第一部分是泉口处提引设施建设。在原有水池上修建一封闭小房子，用于放置水泵等抽水设施，在原有水池的下游修建一座新水池，主要用于收集多余的泉水，为村民日常用水提供便利；第二部分为中转水池，经过实地勘察，中转水池修建于桥头山小组村北后山山腰处，海拔 236m，利用高程优势可以将提引上来的水以自来水的方式分散到各家各户。中转水池修建成一直径为 10m、高约 3m 的圆柱形水池，蓄水量近 $240m^3$. 中转水池距离取水点直线距离 520m，海拔高差为 41m；第三部分为用水客体，通过 60mmPE 管以自来水的方式分散至各家各户，辐射至火柴岭村周边村落共计 900 余户（图 8-29）。

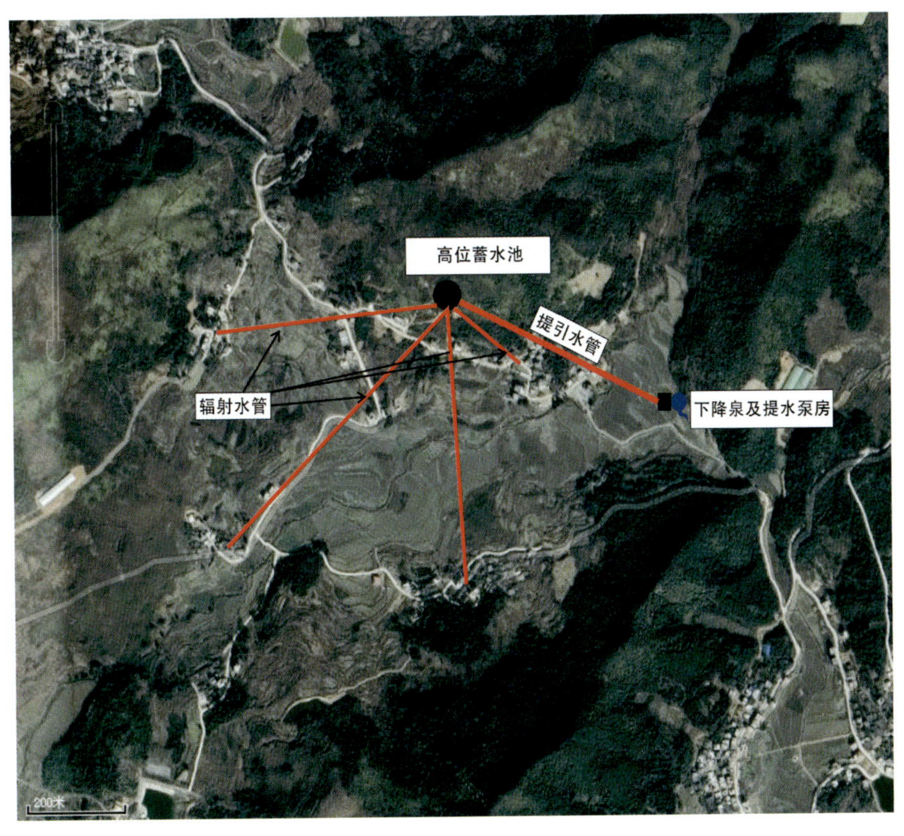

图 8-29　火柴岭片区下降泉提引开发利用示范工程平面图

5. 工程实施及效果评价

1)工程实施

本项地下水开发利用示范工程施工期为2016年6月至11月，主体施工主要包括以下部分。

(1)取水部分：修建了一高1.8m、长2m、宽1.5m的抽水泵房，用砖500块、混凝土$5m^3$；修建了长宽深分别为1.2m、1.2m以及1m的新水池，用于村民日常生活用水；此外还安装了一台抽水泵，铺设水管约550m。

(2)中转水池：开挖土方$150m^3$；修建了一直径为10m、高为3m的圆柱形水池，底部及水池壁均采用了防渗措施，共计使用混凝土$100m^3$。

(3)用水客体：主要使用的材料为60mmPE管，引至各家各户，共计使用水管3000m。

2)效果评价

通过本项工程的实施，可达到以下两个方面的效益：第一是解决了火柴岭片区共计900人日常生活用水问题，为当地居民集中精力发展农业及养殖业提供了水资源保障；第二是为地势低洼的下降泉开发提供了新的思路，利用天然的地貌及地理优势，降低了地下水开发的成本，服务于当地精准扶贫。

第五节　富锶地下水资源开发利用工程

新田河流域充足的富锶地下水为新田县经济发展及精准扶贫提供了一个新的方向。为了更好的开发利用富锶地下水，新田县招商引资，成功引进了亚洲资源控股有限公司成立新田富锶地下水有限公司。本小节就以富锶地下水一期开发为例，进行富锶地下水开发利用示范介绍。富锶地下水一期开发工程以ZK1401号钻孔为矿泉水来源，下面从钻孔介绍、开发方式以及开发效益进行论述。

一、钻孔简介

ZK1401位于新田县火里塘村南西约200m处的公路旁，经过前期地质勘探、地球物理等方法确定了该井位(图8-30)。开孔层位为厚2m的第四系黄褐色砂质黏土，透水性差；下部为锡矿山组(D_3x^1)中厚层至厚层状灰白色、灰色灰岩，该层厚4m，岩溶现象不发育，岩芯虽然破碎，但充填密实，透水性差。该钻孔的主要层位为泥盆系佘田桥组(D_3s)，6～78.34m均为薄—中厚层灰黑色泥灰岩，总体岩溶不发育，但在24.9～29.9m为一断裂破碎带，岩溶裂隙较为发育，部分充填，可见溶穴、溶孔等，为主要的含水段，抽水实验显示单孔涌水量为4.364L/s(降深39.79m)，影响半径为161.71m。

通过地下水水化学检测分析发现，该井地下水为锶、碘复合型矿泉水。为了保证数据的安全性，同时还进行了水化学特征动态观测，发现该井水在监测时间内锶元素含量稳定在1.85～2.43mg/L之间(均值为2.13mg/L)，超过锶矿泉水0.4mg/L的界线标准；碘元素含量稳定在0.6～0.86mg/L之间(均值为0.75mg/L)，超过碘矿泉水0.2mg/L的界线标准(表8-2)。

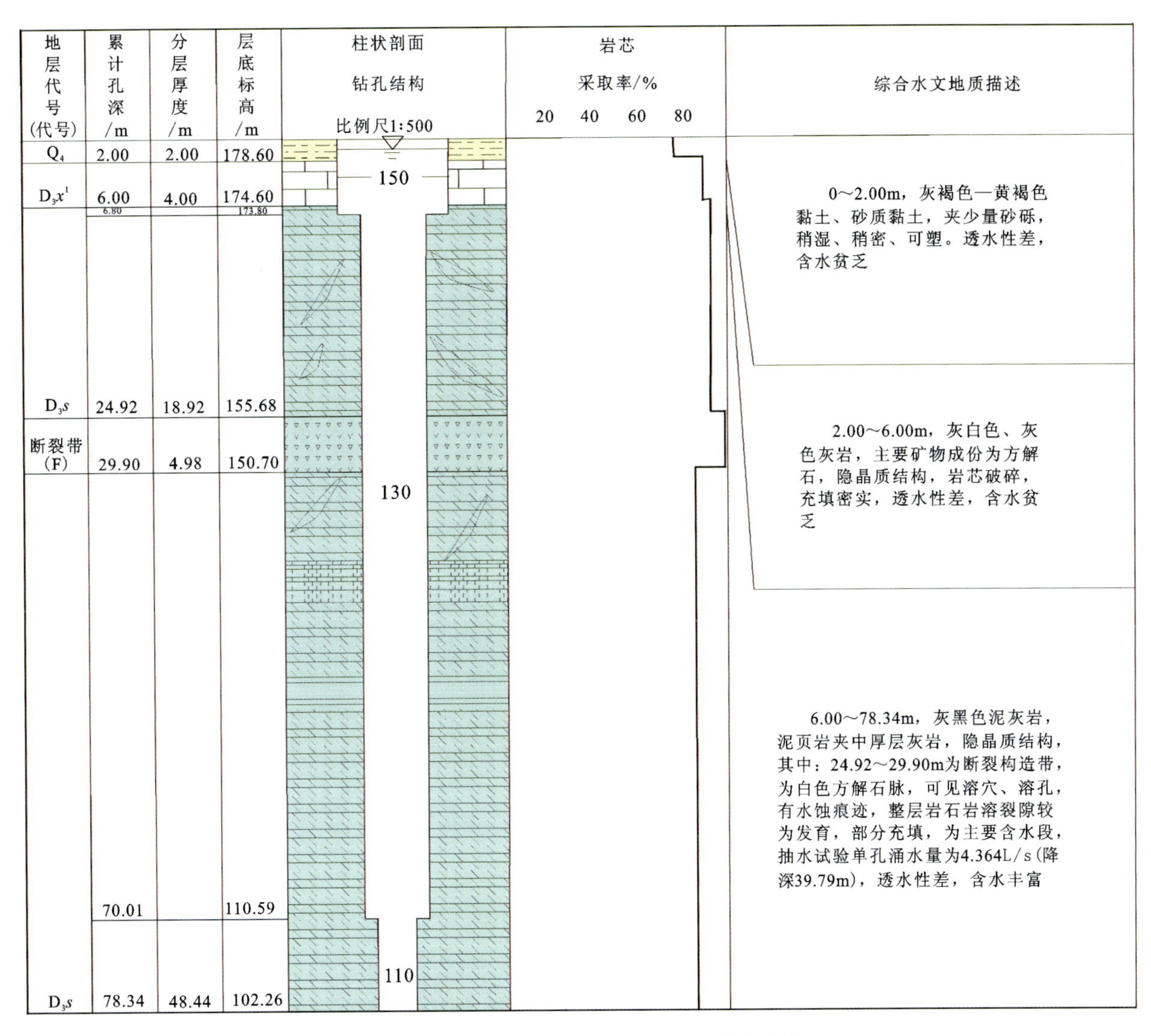

图 8-30　ZK1401 地质及水文地质相关信息图

表 8-2　ZK1401 地下水达标元素动态变化特征表

分析日期	编号	取样期	锶(Sr)/(mg·L^{-1})	均值/(mg·L^{-1})	碘(I)/(mg·L^{-1})	均值/(mg·L^{-1})
2015 年 4 月 7 日	ZK1401	丰水期	2.330	2.13	0.760	0.75
2015 年 4 月 9 日			2.170		0.780	
2015 年 7 月 15 日			1.860		0.600	
2015 年 8 月 7 日			1.850		0.740	
2015 年 9 月 13 日		平水期	2.430		0.860	

此外，对钻井地下水的有害化学指标进行了相应的检测，包括感官性状污染指标、污染物及微生物指标等，均未超过限制标准[《地下水质量标准》(GB/T 14848—2017)]，适用于各种用途(表 8-3)。

表 8-3 ZK1401 感官性状污染指标、污染物及微生物指标信息表

分析日期	2015 年 4 月 7 日	2015 年 4 月 9 日	2015 年 7 月 15 日	2015 年 8 月 7 日	2015 年 9 月 13 日
总 β 放射性/($Bq \cdot L^{-1}$)	0.086	0	0.09	0	0.083
阴离子合成洗涤剂	0	0	0	0	0
矿物油	0	0	0	0	0
NO_3^-/($mg \cdot L^{-1}$)	0	0	0	0	0
氰化物/($mg \cdot L^{-1}$)	0	0	0	0	0
挥发性酚类(以苯酚计/($mg \cdot L^{-1}$))	0	0	0	0	0
微生物指标/($CFU \cdot L^{-1}$)	0	0	0	0	0
肉眼可见物	无	无	有	无	无
色度	0	0	<0.5	0	0
浑浊度	0	0	2.6	0	0
嗅和味	无	无	无	无	无

在保证水源的基础上，对 ZK1401 富锶地下水开发技术、经济条件也进行了相应的评价。首先是该钻孔地下水为锶、碘复合型矿泉水，含量较高，指标稳定，且该孔 B 级允许开采量定为 362m^3/d。结合该钻孔的特点，可以得出该矿泉水具有以下特点：埋藏深度小，成井开采成本较低；含水层上部具有稳定的隔水层，易于做到卫生防护，其水质不易受到环境的污染；该矿泉水具有承压性，在允许开采的条件下，抽取该矿泉水对区域地下水位的影响较小；属于天然弱碱性含锶复合型优质矿泉水，且资源量较为丰富。同时，该钻孔位于新嘉公路二级公路(新田县至嘉禾县)旁，距离新田县城约 12km，距 S61(岳临高速)高速公路入口 36km，距离 G55(二广高速)高速公路入口 40km，交通十分便利。

二、开发利用方式

新田县相关管理部门在发现丰富的富锶地下水之后，积极招商引资，希望通过引进资本雄厚和技术过硬的公司来开发利用富锶地下水。经过努力成功引进了亚洲资源控股有限公司，成立了新田县富锶地下水有限公司，主要通过该钻孔周边修建厂房，开采富锶、富碘复合型矿泉水，进行相应的工艺手段后推出富锶碘复合型饮用天然矿泉水(图 8-31)。

图 8-31 ZK1401 建好的抽水泵房

三、开发效益

富锶地下水的发现为新田县"发展富锶品牌，走高端之路，促产业发展"提供了资源保障。新田县人民政府高度重视此项成果，积极支持富锶矿泉水项目的建设。专门成立新田县富锶矿泉水产业开发建设指挥部，成功引进亚洲资源控股有限公司成立新田富锶矿泉水有限公司。2018年9月15日，新田富锶矿泉水项目开工建设仪式举行。项目占地87亩，亚洲资源控股有限公司计划投资2亿元，建成年产5×10^4t富锶天然矿泉水，年产值3.6亿元，实现利税4000万元。项目投产后，将有力促进新田县产业结构转型升级，实现国家、企业、职工三赢。

第六节　岩溶地下水资源可持续开发利用模式

新田县地处湖南省南部，自然条件差，资源贫乏，是革命老区县、国家扶贫开发工作重点县，广泛分布的岩溶进一步制约了新田县社会经济发展。在自然资源部、中国地质调查局、湖南省自然资源厅的大力支持下，中国地质调查局岩溶地质研究所实施了一系列水文地质调查，在解决干旱缺水区群众饮水以及富锶地下水产业发展方面取得了显著的社会效益和经济效益，并总结了水文地质调查新田模式，即水文地质调查-水调夯基、开发岩溶水资源-解决缺水问题、发现环境问题-制订治理规划、评价特色资源-发展富锶产业。

一、水文地质调查-水调夯基

实施1∶5万水文地质调查，重点地段实施1∶1万水文地质调查，查明了新田河流域水文地质条件和水资源分布特征，划分了地下水类型以及不同含水岩组的富水程度，分析了地下河、岩溶泉受控因素；划分了岩溶水系统并对水资源进行了评价，以流域分水岭、隔水层和阻水构造为依据，圈定了新田县岩溶水系统，划分为13个五级岩溶水系统。采用大气降水入渗系数法和径流模数法评价了地下水天然补给量为$35\,740\times10^4m^3/a$，地下水允许开采量为$14\,004\times10^4m^3/a$；总结分析了岩溶地下水开发利用现状与条件，工作区岩溶地下水资源丰富，开发利用程度为20%～40%，开发利用方式主要为蓄水模式、引水模式、提水模式。根据地下水开发利用现状，划分了地下水可有效利用资源潜力分区，划分为潜力较大区，分布于枧头镇、十字乡、冷水井乡、毛里乡、石羊镇、金盆圩乡、知市坪乡7个乡镇，面积为$324.32km^2$，占新田县总面积的32.5%。潜力中等区，分布于骥村镇、龙泉镇、大坪塘乡、三井乡、高山乡、陶岭乡6个乡镇，面积为$342.76km^2$，占新田县总面积的34.4%。潜力较小区，分布于门楼下瑶族乡、金陵镇、莲花乡、茂家乡、新圩镇、新隆镇6个乡镇，面积为$329.36km^2$，占新田县总面积的33.1%。进行了地下水开发利用区划，为水资源高效利用提供了技术支撑。

二、开发岩溶水资源-解决缺水问题

针对岩溶干旱以及新田县扶贫工作特点，确定了以"水"为突破口开展扶贫工作。在缺水严重的陶岭乡、金盆圩乡、高山乡、新圩镇等地实施钻井63处，其中有42眼井可开采量大于$50m^3/d$，最大单井可开采量达$2100m^3/d$，可开采总量为$11\,450m^3/d$。实施钻井、地下河(泉)提引开发示范工程11处，修建水塔11座、水泵房11座、安装水泵12台套、供水管道12 000m，架设输电线路2100m，解决了约12万人的饮水困难问题。

总结了新田县地下水开发示范模式，针对不同地区、不同类型地下水开发，分为溶潭提水模式、地下堵洞成库模式、钻孔提水模式、表层岩溶泉引水模式等，从而为同类地区开展地下水开发利用提供技术支撑，提高整治示范工程的影响力和辐射力。

三、发现环境问题-制订治理规划

查明了新田县环境地质问题。干旱是制约新田县社会经济可持续发展的关键问题。查明了新田县干旱缺水现状，全县处于干旱死角区的村民组268个，占总数的8.68%，水利不过关的水田5万余亩，约占水田总面积的28.4%，还有人畜饮水困难的村民组328个，7742户、31 881人。旱灾死角集中在西部大冠岭的冷水井乡、毛里乡、枧头镇、十字乡、金盆圩乡5个乡镇的18个行政村，次有大平塘乡、知市坪乡、新隆镇、高山乡、陶岭乡、三井乡、茂家乡等乡镇部分行政村，并绘制了新田县岩溶干旱区分布图。针对干旱缺水，制订了工作区地下水开发利用区划方案，本区水资源开发主要根据水资源分布与开发条件，以解决社会经济发展需求，采取地表水与地下水联合利用的原则。在地表河流发育区以地表水为主；而在无地表河流、地下河发育地区，以地下水开发为重点；在两者都不能满足需求的情况下，则充分利用表层岩溶带泉水作为供水水源地，针对不同类型岩溶区的需水情况进行规划，并对水资源供需进行了预测与分析，同时针对不同地貌类型分区编制了水资源开发规划工程方案。峰丛洼地岩溶地下水资源开发区规划工程方案，包括十字乡响水岩地下水开发、表层带岩溶泉水的开发以及杨家洞水库库内帷幕灌浆防渗工程；峰林谷地地下水、地表水资源联合开发区规划工程方案，包括友谊水库大坝防渗工程、东岭水库堵漏工程以及枧头镇、杨家洞地下水资源开发利用；峰林平原岩溶水开发区规划工程方案，适宜采用机井开采地下水；丘陵-垄岗岩溶水开发利用区规划工程方案，包括龙溪村地下水开发工程、千山现代生态示范园水利工程配套项目、高山乡人畜饮水工程、白杜水库扩建、合群水库扩建、牛婆溪水库兴建以及心安河坝水电站扩建等。查明了地下水污染现状与特征，分析了石漠化特征与演化趋势，针对地下水污染、石漠化提出了治理对策，地下水污染严格控制点源污染以及面源污染，对于生活垃圾应建立生活垃圾集中处理站；封山育林、植树造林是石漠化治理的基本措施，重新恢复绿水青山是石漠化治理的目标。

四、评价特色资源-发展富锶产业

在新田县发现大型富锶地下水田，面积约176.7km^2。查明了富锶地下水田分布范围、地球化学特征、成因以及年度动态变化规律，同时评价了富锶地下水资源量，年允许开采量为725.5×10^4t，对富锶地下水进行了开发利用现状分析，并对其进行了开发利用规划。开发利用规划依据富锶矿泉、机井(勘探井)的分布特点、水资源量或可开采资源量、开发利用程度等特征而划分，划分为两期，两期合计开发量超过5000m^3/d。目前，新田县成功引进大型矿泉水开发公司进行开发，为新田县着力打造硒锶品牌、培育新的经济增长点与可持续发展提供了技术支撑(图8-32～图8-35)。

图8-32　富锶矿泉水开工仪式

图8-33　富锶矿泉水项目简介

图 8-34　农夫山泉与新田县人民政府座谈

湖南新田发现大型富锶矿泉

图 8-35　科技日报头版

第九章 岩溶环境地质问题

第一节 干旱缺水

本流域虽然雨水充沛，但由于降水时空分布不匀，加上地形、地质复杂，水资源在地域上的分布变化很大，岩溶地区地下水资源虽然较丰富，但其分布受岩性、地形地貌、水文地质条件制约，地下水分布不均匀，特别是处于高地势岩溶区，漏斗、天窗发育，降水大部分汇入地下河，而地下河在峰丛洼地区埋深一般大于50m，在峰林谷地区出口位置较低。因此，地表水较贫乏，地下水难寻找，如大冠岭一带碳酸盐岩裸露区和东南不纯碳酸盐岩分布区，约占流域总面积1/3的地域。

区内现有水资源开发设施虽具有一定的规模，但水利工程效益和水资源利用率不高，尤其建于岩溶区的水库渗漏较严重，年蓄水量占设计库容的80%以下，干旱缺水形式十分严重，农业灌溉用水和人畜饮水困难也十分突出。干旱缺水已成为农业稳定发展和粮食安全供给的主要制约因素。

据历史记载，1957年到1980年的24年中，有19年出现旱灾。其中干旱80d以上的特大旱4年，60d左右的大旱5年，40d左右的中旱7年，30d左右的小旱3年（表9-1），大旱出现的频率约3年一遇，但从近年的迹象表明，大旱频率及受旱程度又有发展。近年来，本区的旱涝灾害仍较频繁，对社会经济发展仍是很重要的制约因素，据统计全县处于干旱死角区的村民组268个，占总数的8.68%，水利不过关的水田5万余亩，约占总水田面积的28.4%；还有人畜饮水困难的村民组328个，7742户、31 881人。旱灾死角集中在西部大冠岭的冷水井乡、毛里乡、枧头镇、十字乡、金盆圩乡5个乡镇的18个行政村，次有大平塘乡、知市坪乡、新隆镇、高山乡、陶岭乡、三井乡、茂家乡等乡镇部分行政村（表9-2，图9-1）。

表9-1 新田县旱灾出现时段调查表（据《农业规划报告》1995）

年份	干旱起讫时间	受旱季节	6～10月无雨日/d	旱期连续无雨日/d	受旱时间降水量/mm	旱灾程度鉴定	洪涝情况
1957	6.23～8.9	夏旱	111	49	19.9	干旱	一般
1959	6.27～8.5 9.1～10.31	夏秋	109	60	23.2 29.7	特大旱	小涝
1960		夏旱	110	39		干旱	一般
1961	9.12～10.31	秋旱	100	50	33.9	干旱	一般
1962		秋旱	97	20		小旱	一般
1963	8.11～10.10	秋旱	118	61	25.3	大旱	一般
1964	6.24～8.2 8.30～10.15	夏秋	87	63	30.2 25.6	大旱	一般
1965	8.9～10.1	秋旱	112	54	31.2	大旱	一般

续表 9－1

年份	干旱起讫 时间	受旱 季节	6～10 月 无雨日/d	旱期连续 无雨日/d	受旱时间降 水量/mm	旱灾程度 鉴定	洪涝情况
1966	7.5～10.10	夏秋	102	98	32.6	大旱	一般
1967	9.22～10.31	秋旱	108	40	19.4	干旱	一般
1968	9.21～10.31	秋旱	109	41	10.5	干旱	涝灾
1969	8.30～10.13	秋旱	92	45	13.4	干旱	一般
1971	9.12～10.26	秋旱	100	45	8.9	干旱	一般
1972	6.20～7.21	夏旱	102	32	15.8	小旱	一般
1974	7.20～10.19	夏秋	110	91	25.1	特大旱	一般
1975							大涝
1976							大涝
1977	6.28～7.19	夏旱	98	32	7.9	小旱	一般
1978	6.23～8.13 9.11～10.31	夏秋	113	102	37.5 32.2	特大旱	一般
1979	7.11～8.7 8.24～10.31	夏秋	108	97	34.4 13.2	特大旱	一般
1980	6.14～7.9 9.4～10.16	夏秋	117	69	12.9	大旱	一般

说明：未列年份为正常年景。

表 9－2　新田县各乡镇地下水资源量及干旱缺水状况

乡镇名	土地面积 /km²	地下水资源量/($\times10^4 m^3 \cdot a^{-1}$)		干旱缺水状况		
		天然资源量	可开采资源量	缺水人口 /万人	受旱耕地面积 /万亩	严重缺水面积 /km²
全县	997.14	34 033.24	13 307.34	16.58	5.865 0	105.09
骥村镇	86.63	2 066.97	858.69	0.657 9	0.237 0	4.09
门楼下乡	131.65	1 032.24	488.31		0.169 8	
金陵镇	60.69	781.87	359.27	0.653 4	0.327 8	
冷水井乡	32.59	1 668.61	682.75	0.852 1	0.324 1	15.59
毛里乡	50.24	2 658.67	1 081.31	0.835 4	0.320 0	8.50
新田城郊	103.46	4 021.53	1 530.84	1.688 1	0.869 5	4.79
莲花乡	46.55	1 083.05	379.66	0.682 3	0.248 0	
大坪塘乡	52.74	2 008.58	583.18	0.988 1	0.279 0	12.06
知市坪乡	43.46	1 832.43	761.39	0.876 0	0.299 3	12.31

续表 9－2

乡镇名	土地面积/km^2	地下水资源量/($\times10^4m^3\cdot a^{-1}$)		干旱缺水状况		
		天然资源量	可开采资源量	缺水人口/万人	受旱耕地面积/万亩	严重缺水面积/km^2
枧头镇	51.73	2 788.07	1 140.55	0.822 4	0.323 8	6.42
茂家乡	32.02	966.87	312.76	0.993 3	0.217 4	6.54
十字乡	38.97	2 090.17	861.12	0.897 0	0.297 0	12.84
三井乡	28.68	1 125.09	410.89	0.616 4	0.258 0	5.13
新圩镇	38.47	1 307.80	443.95	0.724 1	0.260 0	2.19
高山乡	28.58	1 178.74	438.10	0.993 7	0.259 8	3.73
新隆镇	33.15	1 008.85	436.50	1.090 2	0.273 0	2.69
金盆圩、宏发圩、洞心乡	49.42	2 575.92	1 033.05	1.772 4	0.456 0	
石羊镇	56.48	2 791.88	1 111.18	0.612 8	0.214 8	2.57
陶岭乡	31.36	1 045.90	393.85	0.911 9	0.390 0	5.64

据2004年统计的1978年灾情，全县因灾减产粮食511×10^4kg，其中因旱减产243.5×10^4kg，占全县总减产数的47.65%。虽然南方地区水资较为丰富，但本区主要存在地质性、工程技术性和季节性缺水问题，岩溶渗漏是影响水利工程调蓄水资源及供水功能的主要原因，流域北部为非岩溶区，主要属资源型缺水。

第二节　石漠化

新田河流域碳酸盐岩分布面积720.25km^2，区内的石漠化区主要分布在流域西部的大冠岭，中部毛里坪火炉岭，南部石羊镇马岗岭—酒壶岭、高山石门头、水富头、陶岭乡泥龙头、江头—塘石岭，东部知市坪乡山口—石溪一带的峰丛洼地、谷地型岩溶区。通过解译遥感资料的对比分析，1991年的石漠化面积为$327.98\times10^4m^2$，占土地总面积的0.33%；2001年面积为$921.89\times10^4m^2$，占土地总面积的0.93%，10年间增加了$593.91\times10^4m^2$，增加了一倍多；2013年面积为$229.20\times10^4m^2$，占土地总面积的0.23%，同2001年相比，12年间减少了$692.69\times10^4m^2$，减少了75.14%，同1991年相比，22年间减少了$98.78\times10^4m^2$，减少了30.12%(图9－2)。通过对比可知，2001年至2013年石漠化有明显的改善，石漠化主要转化为疏林灌丛和荒草地，与这12年人类植树造林、退耕还林等环保措施息息相关。

分析表明，在2001年的石漠化区中有$272.16\times10^4m^2$是1991年已存在的，而1991年的石漠化区到2001年有$55.82\times10^4m^2$变成了其他地类，其中分别有$10.22\times10^4m^2$、$9.23\times10^4m^2$、$34.13\times10^4m^2$变成了林地、疏林灌丛和荒草地，如毛里乡石古湾一带通过封山育林原石漠地转变为林地、灌丛和草地(图9－3)。

2001年的石漠中有$649.73\times10^4m^2$是从其他地类变化而来，其中分别有$0.25\times10^4m^2$、$31.41\times10^4m^2$、$49.64\times10^4m^2$、$566.55\times10^4m^2$是由耕地、林地、疏林灌丛和荒草地变化而来(表9－3)。可见，荒草地是转变成石漠化地的重要来源，荒草地产生的石漠化占石漠化总量的61.46%，而变为荒草地的原地类中，10年来有$439.09\times10^4m^2$是由耕地转变而来。

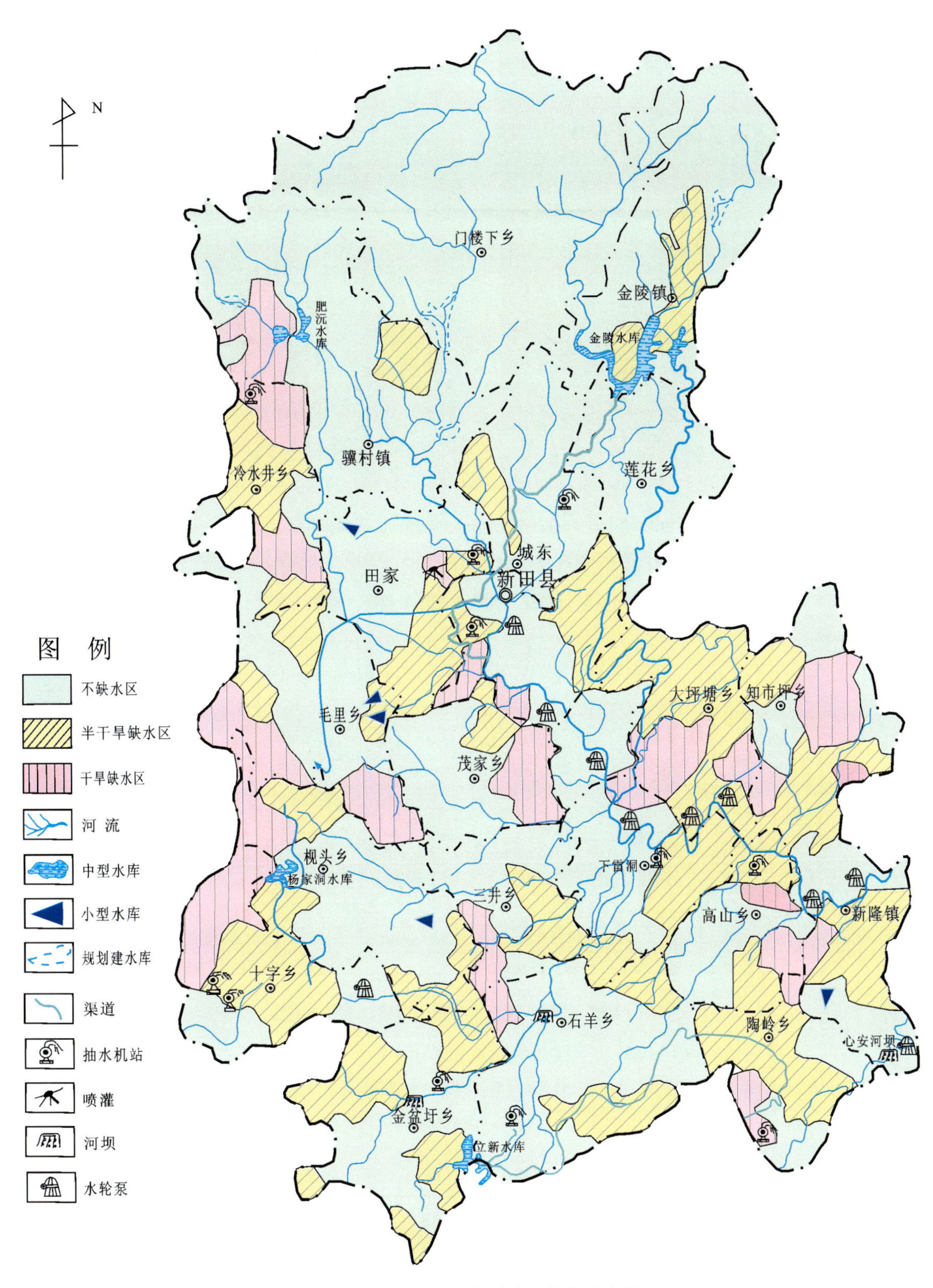

图9-1 新田县岩溶干旱区分布示意图

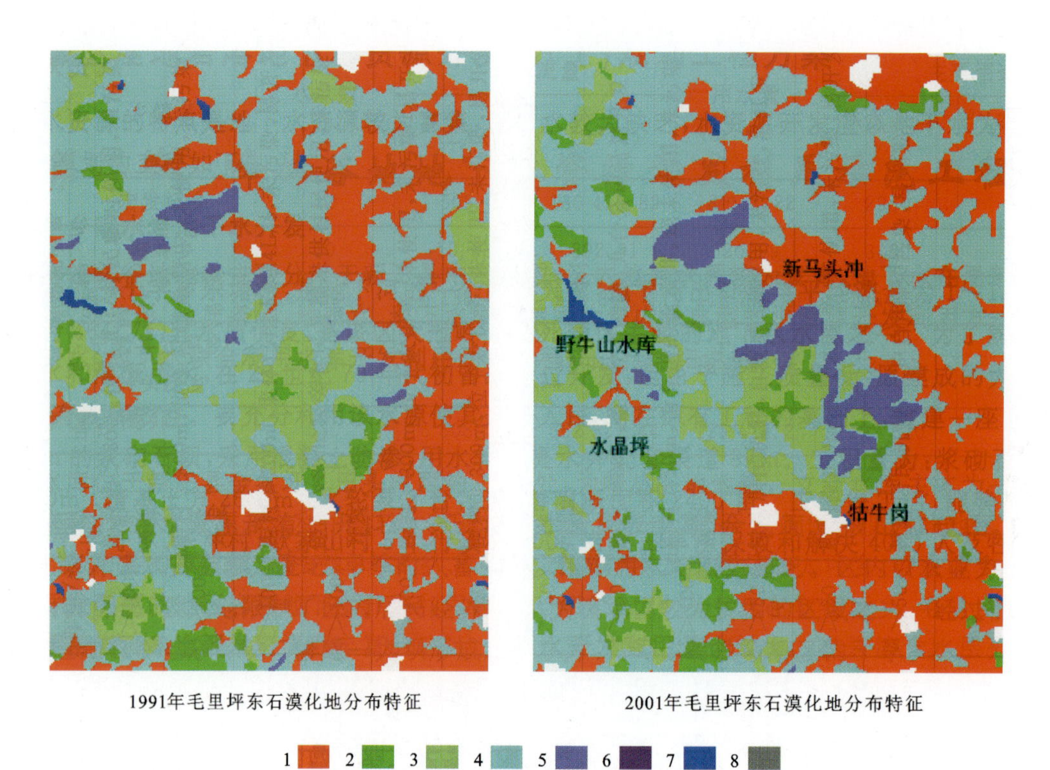

图 9-2 毛里坪东石漠化演化趋势

1. 耕地；2. 林地；3. 疏林灌丛；4. 荒草地；5. 石漠；6. 迹地；7. 水体；8. 居民地

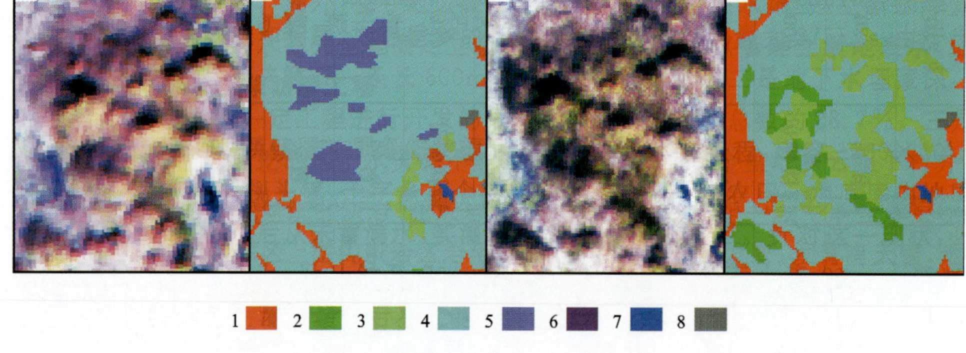

图 9-3 石漠、荒草地演变成疏林灌丛(毛里乡石古湾)

A. 1991 年 TM 图像；B. 1991 年土地覆盖；C. 2001 年 ETM 图像；D. 2001 年土地覆盖；

1. 耕地；2. 林地；3. 疏林灌丛；4. 荒草地；5. 石漠；6. 迹地；7. 水体；8. 居民地

表 9-3 新田县 1991 年—2001 年石漠的动态变化

增减动态	数量	未变化石漠地	林地	疏林灌丛	荒草地
减少去向	面积/($\times 10^4 m^2$)	272.16	10.22	9.23	34.13
	占 1991 年百分比/%	82.98	3.12	2.81	10.41
增加由来	面积/($\times 10^4 m^2$)	272.16	31.48	49.64	566.55
	占 2001 年百分比/%	29.52	3.41	5.38	61.46

从这些数字可以看出，良性变化（即石漠变成林地、疏林灌丛和草地）的面积比起环境恶化（林地、疏林灌丛和草地变成石漠）的面积要小得多。虽然石漠的面积基数很小，1991年才占土地总面积的0.33%，2001年增加了一倍多以后也只占土地总面积的0.93%。但是，必须重视这种趋势，查明成因后制订出因地制宜的控制和防治措施，有效遏制石漠化扩展的趋势。

调查表明，本区的石漠化主要产生于岩溶峰丛石山区，由于其脆弱的生态环境条件，在不合理的人为活动作用下导致土层严重流失，植被遭受破坏而引起基岩逐步裸露。分析认为石漠化的形成和发展有其内在的环境背景和外部的诱发因素，内因是基础，外因是条件。内因是岩溶区特有的岩溶地质背景，外因是石漠化区的过度垦殖、植被破坏等不合理的人为活动。

在充分认识到岩溶区生态脆弱性的前提下，本区石漠化面积成倍扩展的原因在于岩溶地区的人口压力及不合理的土地利用。石漠化较严重的地带，是新田县贫困人口比例较大的村屯。由于岩溶石山区宜农土地少，且依赖山地为生产资本，通过垦荒种植和利用山上的植物资源以维持生存，随着人口增加或经济需求的增大，对山区自然资源的过渡索取，导致了该区石漠化的快速发展，产生地区贫穷与生态退化的恶性循环，缺乏经济支持的人文状况和缺乏文化基石的经济行为互相促动、互相叠加，加剧了岩溶地区深层次的贫穷，使人地关系恶化且积重难返。岩溶区脆弱的生态经济系统遭到长期破坏，造成系统结构失调、功能降低，石漠化区域的生态恢复或遏制石漠化扩展趋势是十分复杂和艰难的系统工程。针对本区石漠化的特点和自然条件及生态环境演化规律，其生态恢复与石漠化整治的对策如下：

（1）利用科技手段，获取石漠化监测和治理的精确信息，是石漠化科学综合治理的工作基础。

对石漠化数据和资料的缺乏，制约着科学、综合地治理石漠化，因此需要利用科技手段来获取石漠化发生、发展的信息。如利用遥感卫星系列观测资料识别岩石类型、岩土分界、荒山荒地、林木生长与消失等。由于本区石漠化土地散布范围较广、地块多，需要利用高分辨率的遥感卫星信息，精确地判别石漠化地块的特征，才能做好石漠化综合治理规划及动态管理。

（2）推广经济生态治理，走可持续发展道路。

政府应投入一定力量对岩溶地区岩生、耐旱、喜钙植物群落进行研究，选择包括有经济价值、观赏价值、能自我播种、易生长等特征的优良物种，发展高效旱地作物和高效农业、养殖业，在治理的同时发展石漠化地区的经济，走可持续发展的道路。此外，还应根据本地区经济发展结构、新农村建设和石漠化地区的具体情况，统一规划、综合治理。条件恶劣、难以恢复的区域可移民扶贫开发。

（3）政府加大投入、采取有效措施，发挥当地群众的作用。

新田河流域地处长江流域的支流源头，各级政府均很重视石漠化和水土流失等生态环境保护与防治问题。根据本区的气候条件，对于大部分石漠化地区，可借助自然营力使植被恢复，但这些地区经济落后，人口素质低，交通不便，政府必须加大投入，实施“封山育林”“退耕还林”“建设生态防护林”“土地整理”“水土流失治理”等工程。鼓励个人或集体租赁石漠化的荒山进行造林、种草养殖，所营造的林木或其他经济收入归租赁者，政府给予优惠政策，通过政策和经济上的支持，发挥用地者作用，使遏制石漠化和石漠化区生态恢复成为可能。

综上所述，新田河流域的石漠化规模不算大，但总的趋势是朝着恶化的方向发展，尤其是低等植被覆盖的荒草地面积较大、石山地区的人口压力仍然存在，值得各级政府注意和重视。

第三节　生态环境演化特征

新田河流域位于湖南省南部，主要位于湖南省新田县，南部有部分跨宁远县、桂阳县，流域总面积为991.05km^2。

流域内，新田县城以北主要分布碎屑岩，低山丘陵地貌，土地覆盖类型基本上是茂密的林地；县城以南大部分地区碳酸盐岩出露，为丘陵、溶丘地貌，丘陵和溶丘上主要土地覆盖类型为灌木丛、荒草地，风化堆积的残丘上大多为林地及果园，丘谷等地势较低及坡度平缓的主要为耕地。

为了解新田河流域近年来生态环境的变化，选取了1991年11月21日、2001年12月29日和2013年12月22日3个时相的陆地卫星TM数据，利用遥感图像的模式识别技术对该3个时相的卫星遥感数据进行计算机自动识别分类结合屏幕目视解译修改，得出1991年、2001年和2013年新田河流域的土地类型，进而分析流域的生态环境的变化。

一、土地覆盖类型划分方案的确定

本次研究的目的是生态环境变化分析，因此土地覆盖类型的划分也服从于这一目的。通过野外调查，结合该流域土地覆盖的具体情况，确定了土地覆盖类型的划分方案。水田和旱地由于面积基本是稳定的，对生态环境变化的影响不大，因而合并成耕地一个类型；疏林地和灌丛的生态特征、生态效应比较接近，也归为一个类别处理，称为疏林灌丛；其余的均是独立的土地覆盖类型，综合起来将新田河流域的土地覆盖划分为8个大类，即耕地、林地、疏林灌丛、荒草地、石漠、迹地、水体、居民地。

二、土地覆盖类型遥感分类

选取1991年11月21日、2001年12月29日和2013年12月22日3个时相的陆地卫星数据，1991年的TM地面分辨率为30m，2001年的ETM分辨率为15m，2013年的ETM分辨率为15m，为便于对比分析，将1991年的TM数据重采样最终统一调整成15m。利用遥感图像的模式识别技术对该3个时相的卫星遥感数据进行计算机自动识别分类结合屏幕目视解译修改，得出1991年、2001年和2013年新田河流域土地覆盖类型结果(表9-4)。

表9-4 1991年、2001年和2013年土地覆盖面积对比表

年份		耕地	林地	疏林灌丛	荒草地	石漠	迹地	水体	居民地	总面积
1991年	面积/0.01km²	23 441.76	25 576.43	9 149.94	38 021.58	327.98	6.66	830.54	1 693.67	99 048.56
	占比/%	23.67	25.82	9.24	38.39	0.33	0.01	0.84	1.71	100.00
2001年	面积/0.01km²	23 513.72	23 822.35	7 692.89	40 203.92	921.89	242.51	812.09	1 839.20	99 048.56
	占比/%	23.74	24.05	7.77	40.59	0.93	0.24	0.82	1.86	100.00
2013年	面积/0.01km²	37 964.66	39 472.57	14 229.73	2 515.54	229.20	746.73	828.74	3 061.40	99 048.56
	占比/%	38.33	39.85	14.37	2.54	0.23	0.75	0.84	3.09	100.00

三、生态环境变化分析

从面积上对比可以看出，10年来流域内的各种土地覆盖类型各有增减，耕地略有增加，林地和疏林灌丛减少，荒草地、石漠和迹地增加。除石漠和迹地两类外，各类的变化幅度不大，但该两种土地类型面积很小，基本影响不到整个流域的土地覆盖类型格局。从占土地总面积的百分比来看，10年来土地覆盖类型的分布比例格局只有小幅度变化。但是，若仔细分析各种土地类型之间的增减关系(表9-5～表9-7)，则不难发现一些生态环境的变化信息。表9-5为1991年至2001年各种土地覆盖类型之间的变化矩阵，行方向是1991年的某类土地到2001年时变成其他地类的面积；列方向上是2001年的某类土地分别有多少面积由其他地类变化而来。表9-6、表9-7则是由表9-5派生出来的变化百分比表。

根据林地、疏林灌丛、荒草地和石漠之间的增减变化，进一步阐述新田河流域1991年至2001年至2013年3个时间节点间生态环境的变化情况。

表9-5　新田河流域1991年—2001年土地覆盖类型动态变化矩阵　　单位：0.01km²

地类	耕地	林地	疏林灌丛	荒草地	石漠	迹地	水体	居民地	1991年
耕地	22 901.40	15.37	5.24	439.09	0.25	0	17.60	62.82	23 441.76
林地	210.02	19 041.26	2 279.14	3 936.44	31.48	52.45	0	25.65	25 576.43
疏林灌丛	52.99	2 545.22	4 682.16	1 768.01	49.64	50.56	0.25	1.13	9 149.94
荒草地	315.77	2 210.15	717.12	33 978.44	566.55	132.44	8.28	92.84	38 021.58
石漠	0	10.22	9.23	34.13	272.16	2.25	0	0	327.98
迹地	0	0	0	0.02	1.82	4.82	0	0	6.66
水体	25.27	0.11	0	19.19	0	0	785.97	0	830.54
居民地	8.28	0.02	0	28.60	0	0	0	1 656.77	1 693.67
2001年	23 513.72	23 822.35	7 692.89	40 203.92	921.89	242.51	812.09	1 839.20	99 048.56

表9-6　新田河流域土地覆盖类型1991减少去向百分比　　单位：%

地类	耕地	林地	疏林灌丛	荒草地	石漠	迹地	水体	居民地	1991年
耕地	97.69	0.07	0.02	1.87	0	0	0.08	0.27	100.00
林地	0.82	74.45	8.91	15.39	0.12	0.21	0	0.10	100.00
疏林灌丛	0.58	27.82	51.17	19.32	0.54	0.55	0	0.01	100.00
荒草地	0.83	5.81	1.89	89.37	1.49	0.35	0.02	0.24	100.00
石漠	0	3.12	2.81	10.41	82.98	0.69	0	0	100.00
迹地	0	0	0	0.30	27.33	72.37	0	0	100.00
水体	3.04	0.01	0	2.31	0	0	94.63	0	100.00
居民地	0.49	0	0	1.69	0	0	0	97.82	100.00

表9-7　新田河流域土地覆盖类型2001增加由来百分比　　单位：%

地类	耕地	林地	疏林灌丛	荒草地	石漠	迹地	水体	居民地
耕地	97.40	0.06	0.07	1.09	0.03	0	2.17	3.42
林地	0.89	79.93	29.63	9.79	3.41	21.63	0	1.39
疏林灌丛	0.23	10.68	60.86	4.40	5.38	20.85	0.03	0.06
荒草地	1.34	9.28	9.32	84.52	61.46	54.61	1.02	5.05
石漠	0	0.04	0.12	0.08	29.52	0.93	0	0.00
迹地	0	0	0	0	0.20	1.99	0	0.00
水体	0.11	0	0	0.05	0	0	96.78	0.00
居民地	0.04	0	0	0.07	0	0	0	90.08
2001年	100.00	100.00	100.00	100.00	100.00	100.00	100.00	100.00

1. 林地的变化

1991 年林地面积为 25 576.43×10^4 m^2，占土地总面积的 25.82%；2001 年面积为 23 822.35×10^4 m^2，占土地总面积的 24.05%，10 年间林地面积减少了 1 754.08×10^4 m^2。但真正保持未变化的面积为 19 041.26×10^4 m^2，1991 年的林地到 2001 年有 6 535.17×10^4 m^2 变成了其他地类，其中分别有 2 297.14×10^4 m^2、3 936.44×10^4 m^2、31.48×10^4 m^2 变成了疏林灌丛、荒草地和石漠；而 2001 年的林地中有 4781.09×10^4 m^2 是从其他地类变化而来，其中分别有 2 545.22×10^4 m^2、2 210.15×10^4 m^2、10.22×10^4 m^2 是由疏林灌丛、荒草地和石漠变化而来(表 9-8)。这说明，有些地方的森林出现退化或遭到破坏，而另一些地方又由于植树造林或封山育林，生态环境得到了恢复(图 9-4)。

表 9-8　新田河流域 1991—2001 年林地动态变化

增减动态	数量	未变化	疏林灌丛	荒草地	石漠
减少去向	面积/(×10^4 m^2)	19 041.26	2 297.14	3 936.44	31.48
	占 1991 年百分比/%	74.45	8.91	15.39	0.12
增加由来	面积/(×10^4 m^2)	19 041.26	2 545.22	2 210.15	10.22
	占 2001 年百分比/%	79.93	10.68	9.28	0.04

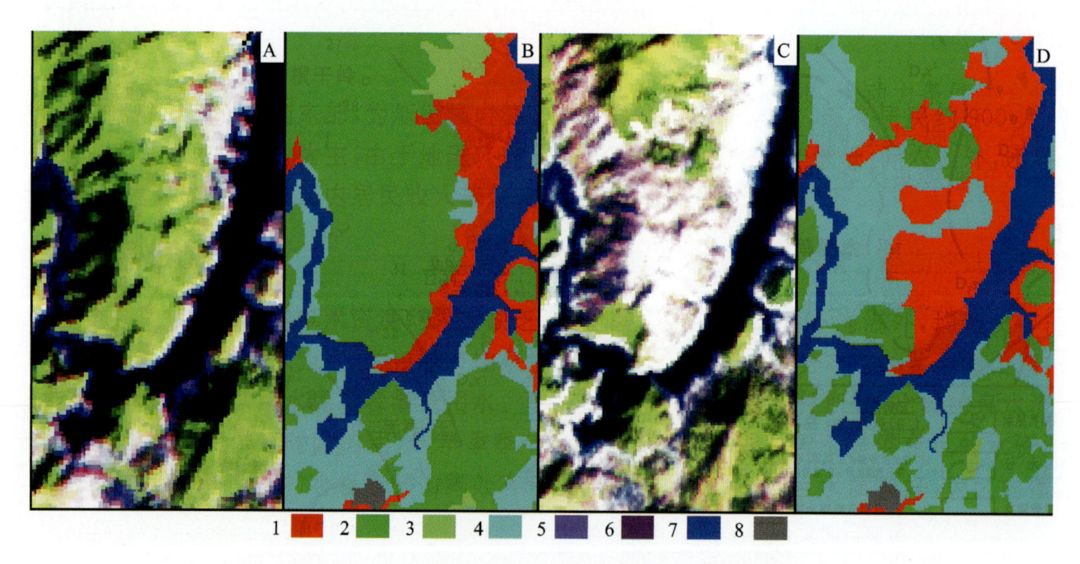

图 9-4　林地退化成荒草地及耕地(金陵水库)

A. 1991 年 TM 图像；B. 1991 年土地覆盖；C. 2001 年 ETM 图像；D. 2001 年土地覆盖；
1. 耕地；2. 林地；3. 疏林灌丛；4. 荒草地；5. 石漠；6. 迹地；7. 水体；8. 居民地

2. 疏林灌丛的变化

1991 年疏林灌丛面积为 9 149.94×10^4 m^2，占土地总面积的 9.24%；2001 年面积为 7 692.89×10^4 m^2，占土地总面积的 7.77%，1991 年至 2001 年 10 年间疏林灌丛减少了 1 457.05×10^4 m^2。但真正保持未变化的面积为 4 682.16×10^4 m^2，1991 年的疏林灌丛到 2001 年有 4 467.78×10^4 m^2(即几乎一半)变成了其他地类，其中分别有 2 545.22×10^4 m^2、1 768.01×10^4 m^2、49.64×10^4 m^2 变成了林地、荒草

地和石漠；而 2001 年的疏林灌丛中有 3 010.73×10^4m^2 是从其他地类变化而来，其中分别有 2 279.14×10^4m^2、717.12×10^4m^2、9.23×10^4m^2 是由林地、荒草地和石漠变化而来（表 9-9）。疏林灌丛变成林地和荒草地、石漠变成疏林灌丛是一种良性变化，而林地变为疏林灌丛和疏林灌丛变成荒草地、石漠则是一种生态退化。从表 9-9 来看，退化是流域内生态环境变化的主导趋势。

表 9-9　新田河流域 1991—2001 年疏林灌丛的动态变化

增减动态	数量	未变化	林地	荒草地	石漠
减少去向	面积/(×10^4m^2)	4 682.16	2 545.22	1 768.01	49.64
	占 1991 年百分比/%	51.17	27.82	19.32	0.54
增加由来	面积/(×10^4m^2)	4 682.16	2 279.14	717.12	9.23
	占 2001 年百分比/%	60.86	29.63	9.32	0.12

3. 荒草地的变化

1991 年荒草地面积为 38 021.58×10^4m^2，占土地总面积的 38.39%；2001 年面积为 40 203.92×10^4m^2，占土地总面积的 40.59%，1991 年至 2001 年 10 年间荒草地增加了 2 182.34×10^4m^2。而真正保持未变化的面积为 33 978.44×10^4m^2，1991 年的荒草地到 2001 年有 4 043.14×10^4m^2 变成了其他地类，其中分别有 2210×10^4m^2、717.12×10^4m^2、566.55×10^4m^2 变成了林地、疏林灌丛和石漠（图 9-5～图 9-7）；而 2001 年的荒草地中有 3 010.73×10^4m^2 是从其他地类变化而来，其中分别有3 936.44×10^4m^2、1 768.01×10^4m^2、34.13×10^4m^2 是由林地、疏林灌丛和石漠变化而来（表 9-10）。生态环境恶化仍是主导趋势。

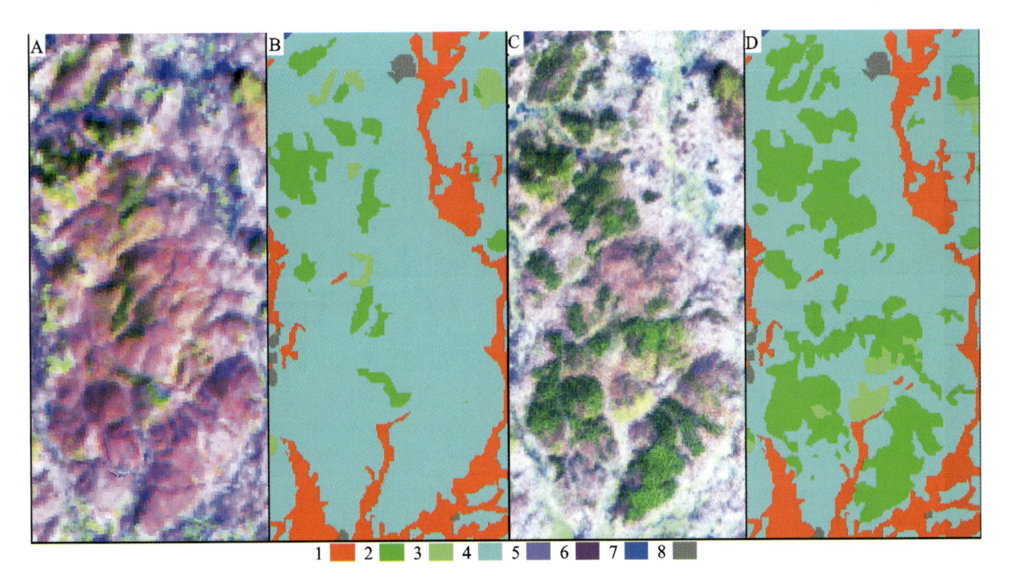

图 9-5　荒草地演变成林地（知市坪乡千山农场一带）

A. 1991 年 TM 图像，B. 1991 年土地覆盖，C. 2001 年 ETM 图像，D. 2001 年土地覆盖

1. 耕地；2. 林地；3. 疏林灌丛；4. 荒草地；5. 石漠；6. 迹地；7. 水体；8. 居民地

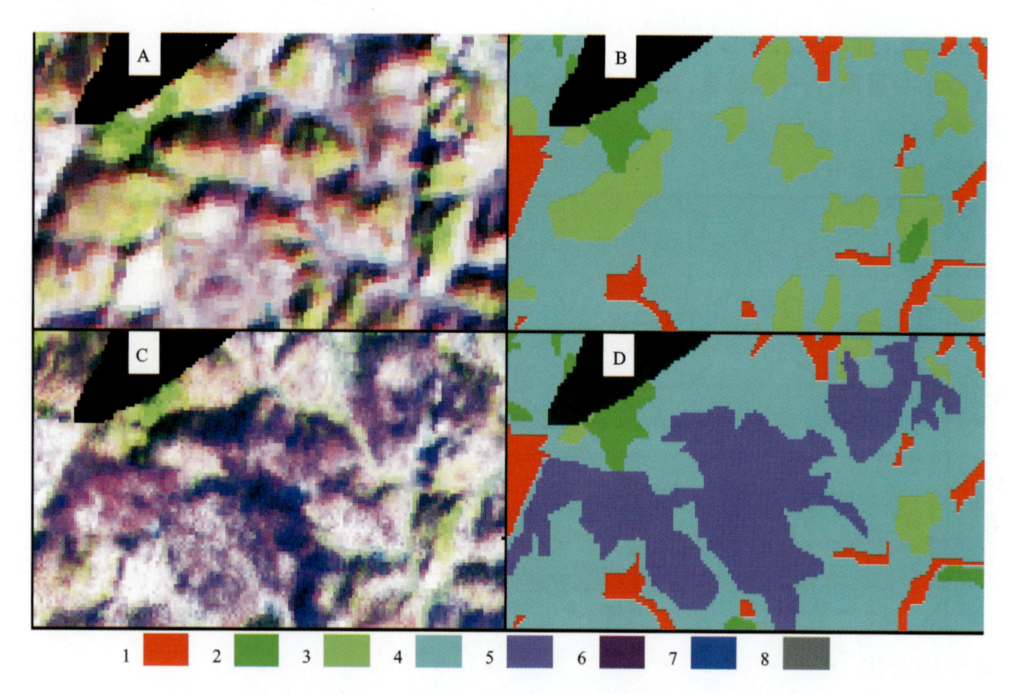

图 9-6　荒草地退化成石漠(桂阳四里乡凉亭岭东面)

A. 1991 年 TM 图像,B. 1991 年土地覆盖,C. 2001 年 ETM 图像,D. 2001 年土地覆盖

1. 耕地;2. 林地;3. 疏林灌丛;4. 荒草地;5. 石漠;6. 迹地;7. 水体;8. 居民地

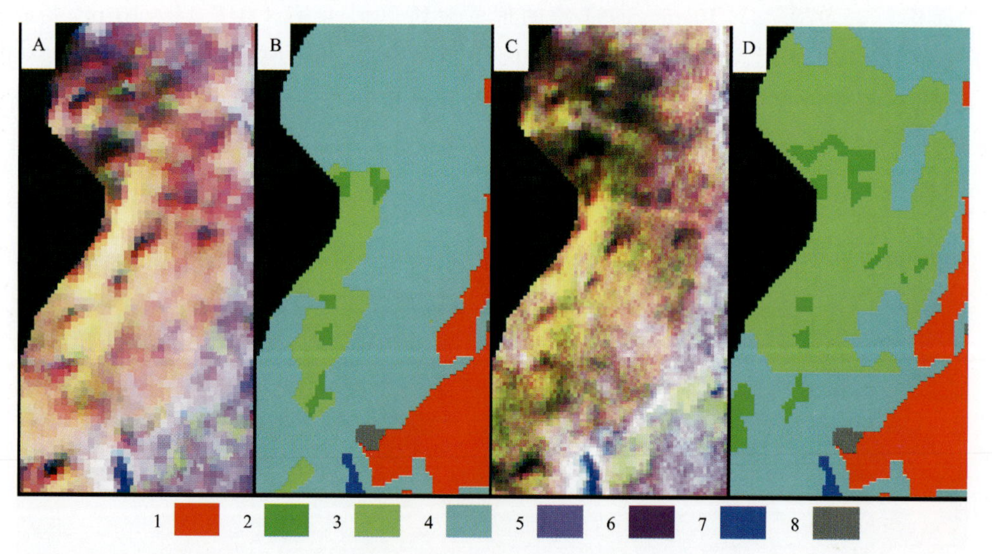

图 9-7　荒草地演变成疏林灌丛(冷水井乡竹鸡坪)

A. 1991 年 TM 图像,B. 1991 年土地覆盖,C. 2001 年 ETM 图像,D. 2001 年土地覆盖

1. 耕地;2. 林地;3. 疏林灌丛;4. 荒草地;5. 石漠;6. 迹地;7. 水体;8. 居民地

表 9-10　新田河流域 1991—2001 年荒草地的动态变化

增减动态	数量	未变化	林地	疏林灌丛	石漠
减少去向	面积/($\times 10^4 m^2$)	33 978.44	2 210.15	717.12	566.55
	占 1991 年百分比/%	89.37	5.81	1.89	1.49
增加由来	面积/($\times 10^4 m^2$)	33 978.44	3 936.44	1 768.01	34.13
	占 2001 年百分比/%	84.52	9.79	4.40	0.08

4. 石漠的变化

如前节所述，1991 年石漠面积为 327.98×10^4m^2，占土地总面积的 0.33%；2001 年面积为 921.89×10^4m^2，占土地总面积的 0.93%，1991 年至 2001 年 10 年间石漠面积增加了 593.91ha，增加了 1.81 倍，而真正保持未变化的面积仅为 272.16×10^4m^2。到 2001 年原有的石漠地只有 55.82×10^4m^2 变成了林地、疏林灌丛和荒草地；而 2001 年的石漠中有 649.73×10^4m^2 是由耕地、林地、疏林灌丛和荒草地变化而来（表 9-3）。从表 9-3 中可以看出，由石漠变成林地、疏林灌丛和草地的面积比起林地、疏林灌丛和草地变成石漠的面积要小得多，表明本区的石漠化演化状况总体趋向于扩展的态势，是生态环境恶化的标志之一。

综上所述，2001 年至 2013 年，新田河流域的生态环境变化趋势是向转好的方向发展，林地、疏林灌丛面积显著增加，石漠面积大幅度减小。生态环境逐步向好的方向发展，应继续实施改善区域生态环境对策：①加大石漠化地的退耕还林力度；②把荒草地的作为重点治理对象，采取各种营林措施和加强防护管理，促进生态良性演化；③加大投入改良土壤，培肥耕地，减少垦荒；④推广高效节水旱作技术，提高耕地生产率，减轻人口对耕地资源的需求；⑤封山育林，加强水源林的建设与保护。

第四节　地表水库岩溶渗漏

本区建于岩溶区内的中、小型水库中存在不同程度渗漏的有 26 处，占现有中、小型水库的 35%，其中 50%的中型水库、90%的小(一)型水库存在岩溶渗漏问题（图 9-9）。本次工作以水浸窝水库为典型研究对象，探讨岩溶区水库渗漏成因、途径与对策。

一、基本概况

水浸窝水库建于 1994 年，位于新田县南侧的毛里乡龙凤塘村，坐落在一个四面环山、轴向呈南东向 150°的岩溶丘峰洼地中，总汇水面积为 6.0km^2，设计库容为 196×10^4m^3，灌溉面积为 3000 亩。蓄水区为北东向的条带状构造溶蚀洼地，除洼地蓄水外，还有长约 1.3km 的地下河道为主要的蓄水空间。库坝建于地下河北段埋深约 47.0m 的地下河内，是典型的地表水、地下水联合水库。水库建成运行 4 年后，于 1997 年开始产生渗漏，经 1998、1999、2000、2003 年 4 次灌浆处理，均未取得良好效果，成为现今的废库。

二、库区水文与工程地质特征

1. 水文地质特征

本区为碳酸盐岩分布区，岩溶发育强烈，且位于峰丛山区，除一些山塘外，均无地表河流，降水入渗迅速。根据气象资料，区内年均降水量为 1450mm，汇水区内年产水量约 900×10^4m^3。地下水埋藏深度较大，均在 50.0m 以下，主要含水岩组为佘田桥组(D_3s)的浅灰色及灰色灰岩夹灰黑色白云质灰岩和白云岩。地下水主要储藏于构造、裂隙带内，由南西向北东方向运移。

区内地下水资源丰富，根据不同的性质可分为两种不同类型的地下水，即深部岩溶水和表层带岩溶水，深部岩溶水主要以岩溶地下河为集水空间，而表层带岩溶水则是以一些细小的裂隙为主要汇聚场所。两者水资源分布不均，受季节性影响较为明显。地下河流量一般在 15～30.0L/s 之间，最小 8.0L/s，暴雨时最大达 1500L/s。

2. 工程地质特征

水库区主要分布佘田桥组(D_3s)的浅灰色及灰色灰岩夹灰黑色白云质灰岩和白云岩，构造主要有北东向和北北西向两组。由于断裂切割破坏了岩石的完整性，加上裂隙发育，给大气降水的入渗、地下水的活动、地表水的下渗提供了有利条件，促进了岩溶的发育。岩溶形态多样化，特别是地下岩溶的发育，直接影响了水库的正常蓄水。

1)岩溶地貌

本区地貌明显受岩性和构造控制，地貌形态主要为峰丛洼地。洼底高程一般在370m左右，峰顶高程为524.1m。洼地长轴延伸方向多为北西向330°，长一般为50～200m，宽为30～120m。以封闭式洼地为主，是天然的蓄水空间。水浸窝水库就是利用该区低位置的岩溶洼地为蓄水空间所修建的溶洼水库。

2)岩溶发育形态特征

本区岩溶发育强烈，较大规模的岩溶形态主要沿地下河分布，其个体形态主要有落水洞、竖井、有水溶洞、地下河及溶沟溶隙和石芽等，形态复杂以下分别简述。

(1)落水洞：分布于库区内及沿地下河一带，主要出露于洼地底部及坡脚地带。根据调查，区内最大的落水洞分布于库盆中间的洼地中心。共见3处，沿北北西向呈串珠状发育，具有明显的消水口。一般时节可见地表水往洞内排泄，但在暴雨时可见到地下水由洞中溢出。据当地居民观测，在大雨或暴雨时，3处落水洞均可见到有水柱冲出，形成壮观的喷泉，喷水量大小、水柱高度和持续时间，由降水量的大小决定。最长时间约持续80min。

(2)竖井：主要沿地下河发育，形态多为近圆形，上口小，下口大。从调查的4个点分析，深度均大于30.0m，与地下河相连通，其中07号点可见微风从洞中吹出。

(3)有水溶洞：主要分布在龙凤塘村北部，溶洞出露于坡脚下，溶洞沿340°～345°断裂带发育，可见洞深25.0m。洞口较大，宽为4.5m，高为2.5m。向内变窄，洞内有水溢出，但水量不大，未见明显的水流运动。该洞地下水随季节变化明显，雨期地下水量较大，旱季无水溢出。

(4)溶沟、溶隙、石芽：该类型岩溶形态在区内普遍存在，从山峰到洼谷均有所见，以溶沟为主，开口较大，几十厘米到几米均有分布。根据物探分析结果，大部分发育深度在30.0m以上，局部达到50.0m。

(5)水浸窝地下河：发育于龙凤塘村西侧，是区内最大的地下河。溶洞发育沿240°～260°方向延伸，呈廊道式展布，宽一般为2.0～3.5m，最宽为12.5m。高一般15.0～20.0m，最高35.0m，埋深为40～60m。溶洞主要沿构造带发育，除在接近出水口有一小支流外，其他无支流发育，溶洞总长约1300m。

3)地质构造

本区构造断裂主要有2组。

(1)北东向构造带：走向70°，倾向北西，倾角近陡立，构造面平直，开启程度较好，具有先压后张的特征，主构造带主要分布于龙凤塘村至库区一带，沿构造带，岩溶发育强烈，区内的地下河沿该断裂带发育。沿该构造带从地表上多反映为裂隙发育，有串珠状的洼地分布。可见最大溶蚀裂隙宽度2m，洼地底部均被第四系土层覆盖。由于地下岩溶发育强烈，地下河空间较大，沿途地表的洼地中多处出现塌陷现象。如08号点曾发生过塌陷两次，最大塌陷深度可见2.2m。

(2)北西向构造带：沿该构造发育的主要为库区的岩溶洼地，洼地长轴方向330°。沿洼地底部见有串珠状发育的塌陷分布，现为库区的主要漏水点，与地下河相连通。

三、岩溶渗漏的方式与途径

1. 岩溶发育与渗漏

区内属碳酸盐岩分布区，岩溶发育强烈，地貌上以丘峰和峰丛洼地为主，洼地一般走向北东，地表岩

溶形态各异，各种奇形异石，犬牙交错，风景优美。可见大于30m的地下河天窗4处，其中有一处天窗有明显的微风吹出。另外，落水洞、漏头随处可见。如在库盆底部，可见连续发育的3处落水洞与下部地下河直接连通。该落水洞是造成库盆漏水的主要渗点。

2. 区域构造带渗漏

区内构造主要有北东向和北北西向2组。

(1)北东向构造带，走向北东70°，倾向北西，倾角近陡立，构造面平直，开启程度较好，具有先压后张的特征，主构造带主要分布于龙凤塘村至库区一带，沿构造带岩溶发育强烈，地下河就发育在该断裂带中，埋深40～70m，为狭长廊道式展布。根据物探分析，在地下河床以下岩溶发育较弱，对渗漏影响不大。

构造带从地表上多反映为裂隙发育，有串珠状的洼地分布。可见最大溶蚀裂隙宽度为1～2m，洼地底部均被第四系土层覆盖。由于地下岩溶发育强烈，地下河空间较大，沿途地表的洼地中见有塌陷现象。如08号点曾发生过塌陷两次，最大塌陷深度可见2.2m。沿构造带局部裂隙直接与地下河相通，对绕坝渗漏会造成一定的影响。

(2)北西向构造带，沿该构造发育的主要为库区的岩溶洼地，洼地长轴方向330°。沿洼地底部仅在库区见有串珠状漏水洞，但均与地下河相连通，与地下库合为一体，对水库的渗漏没有影响。

3. 邻谷渗漏

库区位于高位的溶丘洼地上，洼底标高为371.0m，四面环山，西南向为水库的补给区，北东向为径流排泄区。在东部0.8～1.0km处为一残峰谷地，谷底高程为307.0m，与库底高差为34.0m。周边地下水天然露头点较少，仅在谷地边缘见有2处表层泉出露，从水文地质条件分析，泉水与库区内无任何水力联系，库区周边除有沿构造带发育的裂隙外，均为完整基岩，故区内不存在邻谷渗漏问题。

4. 坝下渗漏

从调查和前人资料分析，渗漏主要产生于地下河内的坝址区。以坝下渗漏为主。渗漏的主要原因是，该坝修建于北东向和北西向断裂交会带的南端地下河段。坝下附近有一垂直发育的整井深为19.0m。水坝建于洞内堆积的黏土、淤泥之上，堆积物厚度大于15.0m。据物探探测在该段岩溶发育深度为75.0m，为岩溶深槽。建坝时由于清基不彻底，蓄水后在水头压力的作用下，击穿下部黏土层而产生渗漏。虽经多次灌浆和坝前铺盖或填料处理，均由于处理没达到有效深度，导致再次被击穿产生严重渗漏。

如上所述本区岩溶库区的渗漏问题普遍存在，但是查清渗漏原因和条件，对渗漏的治理是至关重要的。因此，除了要总结分析原有的基础资料，进行野外地质和洞穴调查及地球物理探测，综合分析该库的渗漏方式和原因，也要从地下河系统与水文地质结构特征分析，研究地下水的循环交替，评估渗漏规模和强度，为设计治理方案和措施提供科学依据。

四、溶洼水库渗漏治理对策

新田河流域的岩溶山区修建了大量的水利水电工程，由于岩溶渗漏使一些水库不能正常发挥效益。实践证明，渗漏的水库采用合理、正确的方法处理，是可以杜绝渗漏，保证稳定的。调查结果表明，本区岩溶渗漏较严重的水库多建于深度较浅的碟型洼地，地形高差一般为30～50m，库岸和坝段处于岩溶发育强烈段，断层裂隙、节理裂隙和层间裂隙的岩溶化，构成水库库区和坝区渗漏的主要通道。据已施工的防渗工程分析，其中防渗帷幕灌浆是主要的有效处理方法，它可以全面解除浅层和深层的岩溶渗漏，只要帷幕设计合理、布置格局得当并保证施工质量，均能达到预期防渗的效果。因此，对于任一漏库，必须开展详细岩溶渗漏工程勘探，查明渗漏段的空间格局、岩溶发育程度，确定渗漏带的规模和空间位置，因地制宜地制定防渗处理方案。

五、水浸窝水库地下坝堵漏工程补充工程方案

（一）工程基本概况

水浸窝水库位于新田县毛里乡刘家桥行政村龙凤塘村辖地，坐落在一个四面环山的岩溶洼地中，汇水面积为5.1km^2，总库容为196×10^{4}m^3，灌溉面积为5000余亩。蓄水区为北西向的条带状构造溶蚀洼地，并还有一条长约1.3km的地下河道及库区岩溶含水层为主要的蓄水空间，是一典型的地表水、地下水联合小（一）型水库。暗河中地下水由南向北，排泄于龙凤塘村灌溉冷水井乡、毛里乡2乡6个行政村。

该库原地下坝建于地下河北段，距地下河出口约180m的地下河天窗附近，埋深为47m，坝宽为2.5～3.5m，厚为3m，高为9m。2003年下半年在原老坝的前方76m处建一新坝，坝底高程为346m，坝宽为4m，坝长为9m，坝高为4～9m，蓄水为80×10^{4}m^{3}时，水位为382m，由于地质构造复杂，施工场面狭窄。2005年5月水位为388m，库容为186×10^{4}m^{3}时，水位升高压力增大，在坝下的左端击穿下部裂隙松散沉积物产生渗漏。

（二）渗漏水的原因与特征

岩溶裂隙渗漏水是该库坝下渗漏水的主要原因，因该坝下有一近直交的北西向溶蚀裂隙，溶缝发育深度约90m，宽度为0.4～0.9m，产状较陡均在75°左右。前期防渗施工要求进行高压灌浆，但因灌注不均，对溶缝风化层和冲填的泥土和细砂固化强度不足，从冲出的泥土和细砂分析，岩石表面风化物是被水击穿的重要物质，蓄水水位升高、压力增大，致使坝下击穿渗漏水。

渗漏水在岩溶区的水库来说是普遍存在，查清渗漏水的原因和条件对渗漏水的处理至关重要，因此在总结分析原有资料的基础上通过实地洞穴调查发现，沿坝下左端有走向70°～250°，倾角75°的溶缝，宽为0.4～0.9m，溶缝宽窄不一，很不规则，有两侧岩壁较完整的坝下漏水通道，渗漏水出口在主坝外6m处，出口直径约1.5～2m，深为8m，直通主坝下左端；渗漏水进口在主坝内5m处，有口径为1.8m的一条狭长15m的渗漏水通道，最大流量为3.5～4.5m^3/s，沿老坝漏水溶洞进入到龙凤塘村地下河出口为渗漏水排泄口。

（三）工程设计

1. 工程方案

（1）渗漏段实施勘探孔4个，控制地下坝段40m×20m×95m地块，结合井中透视，查明漏水溶缝的规模与空间产状。

（2）采用开挖—清基—堵体—盖底—注浆工序，完成防渗工程。

2. 工程项目设计及工程量

（1）为了施工的安全，降低工程造价，经实地论证，在主坝上方打一口进出料竖井，直径为2m，深为30m。

（2）在坝前漏水口处打一口向下深为8～10m的竖井，然后再向坝内打5～8m倾角为30°的斜井，总深为18m，主要解决坝下清基，并建混凝土堵体。

（3）坝前用0.6m厚的混凝土盖底，对薄弱地段进行护坡防渗加固。

(4)坝外漏水出口进行清基，在坝外抽水，主要解决主坝漏水之间的淤泥清除，在坝下溶缝浇筑混凝土，冲填溶缝，实行内、外封堵，中间形成一堵墙。

(5)使施工面接触密实，防止漏水，对坝下溶缝进行多层高压灌浆防渗，从地面打 2 排、4 层次的注浆孔，总进尺 540m，进行高压射喷注浆。

(6)为准确查清坝区岩溶渗漏通道的空间特征，开展钻探和井中透视，施工勘探孔 4 个，总进尺 400m，跨孔测试 400m。

(7)从施工安全和施工困难角度出发，所有坝下需要的材料全部从新建竖井输送到坝下直接进入溶缝中。

(四)工程与经费估算

预算工程经费总计 67.12 万元，表内预算直接工程费 55.12 万元，施工人员管理费 2 万元、工程监理费 2 万元；表外预算施工管理和技术费共 8 万元(表 9－11)。

表 9－11　工程量与经费估算表

序号	工程项目	数量	单位	单价/元	合计/万元	说明
1	下料竖井	30	m	800/1000/1200	3.0	长度 10m 以上/10～20m/20m 以上，直径 2m
2	坝前竖井	10	m	1000	1.0	直径 1.5m
3	坝前斜井	8	m	1200	0.96	宽 1.2m，高 1.8m
4	清基础土石方	260	m^3	40	1.04	
5	洞壁清洗	480	m^2	6	0.288	
6	溶缝混凝土	160	m^3	580	9.28	包括斜井和坝前竖井混凝土
7	坝前混凝土盖底	24	m^3	580	1.392	
8	坝后混凝土封墙	6.8	m^3	580	0.394	
9	浆砌石护砌	32	m^3	162	0.518	
10	注浆钻孔进尺	540	m	310	16.74	包括钻孔及注浆台班费
11	竖井圈浆砌	4	m^3	150	0.06	包括材料及人工工资
12	嵌石开挖	50	m^2	60	0.3	
13	勘探孔	400	m	218	8.72	
14	跨孔透视	240	m	297	7.128	
15	工程测量	5	组	1000	0.5	
16	注浆水泥	60	t	400	2.4	包括运输道施工现场
17	洞内架木桥	6	m^3	500	0.3	
18	下井安全设备			6000	0.6	包岗
19	洞下施工抽水				0.2	包岗
20	照明			3000	0.3	
21	施工管理费				2.0	
22	监理费				2.0	
合计					59.12	

主要参考文献

袁道先,蔡桂鸿,1988.岩溶环境学[M].重庆:重庆出版社.

任美锷,刘振中,1993.岩溶学概论[M].北京:商务印书馆.

袁道先,刘再华,林玉石,等,2002.中国岩溶动力系统[M].北京:地质出版社.

袁道先,戴爱德,蔡五田,等,1996.中国南方裸露型岩溶峰丛山区岩溶水系统及其数学模型的研究[M].桂林:广西师范大学出版社.

袁道先,1994.中国岩溶学[M].北京:地质出版社.

袁道先,蒋勇军,沈立成,等,2016.现代岩溶学[M].北京:科学出版社.

沈照理,刘光亚,杨成田,等,1985.水文地质学[M].北京:地质出版社.

劳文科,蒋忠诚,等,2008.中国西南岩溶丘陵地区典型岩溶水系统研究——以石期河岩溶流域为例[M].北京:地质出版社.

韩行瑞,2015.岩溶水文地质学[M].北京:科学出版社.

湖南省地质调查院,2017.中国区域地质志·湖南志[M].北京:地质出版社.

夏日元,等,2018.西南岩溶石山区地下水资源调查评价与开发利用模式[M].北京:科学出版社.

苏春田,罗飞,杨杨,等,2019.湖南新田富锶矿泉水形成机理浅析[J].中国矿业,28(S1):347-348.

苏春田,聂发运,邹胜章,等,2018.湖南新田富锶地下水水化学特征与成因分析[J].现代地质,32(3):554-564.

苏春田,黄晨晖,邹胜章,等,2017.新田县地下水锶富集环境及来源分析[J].中国岩溶,36(5):678-683.

夏日元,邹胜章,唐建生,等,2017.南方岩溶地区1∶5万水文地质环境地质调查技术要点分析[J].中国岩溶,36(5):599-608.

夏日元,蒋忠诚,邹胜章,等,2017.岩溶地区水文地质环境地质综合调查工程进展[J].中国地质调查,4(1):1-10.

苏春田,张发旺,夏日元,等,2017.湖南新田发现大型富锶矿泉水及机理研究[J].中国地质,44(5):1029-1030.

湖南省地质矿产局,1997.湖南省岩石地层[M].武汉:中国地质大学出版社.

王增银,刘娟,崔银祥,等,2003.延河泉岩溶水系统Sr/Mg、Sr/Ca分布特征及其应用[J].水文地质工程地质(2):15-19.

王大纯,张人权,史毅虹,等,1995.水文地质学基础[M].北京:地质出版社.

王增银,刘娟,王涛,等,2003.锶元素地球化学在水文地质研究中的应用进展[J].地质科技情报,22(4):91-95.